入海河口水生态环境质量评价方法研究

刘录三 等 著

科学出版社

北京

内 容 简 介

本书在借鉴国际上关于河口先进研究实践与管理经验的基础上，以我国具有代表性的大辽河口、长江口以及九龙江口为代表，通过开展入海河口特征污染物迁移转化过程及生态效应研究，面向河口水环境管理需求，阐述了河海划界和河口水生态分区、河口水环境质量评价指标筛选、各类评价指标的标准值确定等技术方法。基于对国际上现有水质评价方法、生物评价方法、综合评价方法等进行分析比选，初步提出我国入海河口水环境质量评价方法，并在大辽河口、长江口和九龙江口进行适用性验证。最后，对入海河口生态环境研究和管理提出了若干建议，包括坚持从流域视角看河口（河海兼顾）、精细化河口划界和分区、河口环境管理实行“一口一策”、开展环境基准值与生态基准值研究、开展河口综合研究等。

本书可供河口海岸领域的科研人员、教师和学生使用，可为生态环境管理人员以及热心环保的社会各界人士提供参考，也可为维护河口生态系统健康、实现河口地区经济社会可持续发展提供科技支撑。

审图号：GS 京（2023）0599 号

图书在版编目（CIP）数据

入海河口水生态环境质量评价方法研究/刘录三等著. —北京：科学出版社，2023.3

ISBN 978-7-03-064725-2

Ⅰ. ①入… Ⅱ.①刘… Ⅲ. ①河口–水质标准 ②河口–水环境质量评价 Ⅳ.①X-651②X824

中国版本图书馆 CIP 数据核字（2020）第 047161 号

责任编辑：马 俊 付 聪 付丽娜 / 责任校对：郑金红
责任印制：赵 博 / 封面设计：无极书装

科学出版社出版
北京东黄城根北街 16 号
邮政编码：100717
http://www.sciencep.com
天津市新科印刷有限公司印刷
科学出版社发行 各地新华书店经销
*
2023 年 3 月第 一 版 开本：787×1092 1/16
2025 年 3 月第三次印刷 印张：16 3/4
字数：394 000

定价：180.00 元

（如有印装质量问题，我社负责调换）

《入海河口水生态环境质量评价方法研究》

著者名单

刘录三　林卫青　曹文志　邵君波

卢士强　李　黎　弓振斌　刘　静

汪　星　林岿璇　朱延忠　刘云龙

王　瑜　蔡文倩

前　言

河口（river mouth/estuary）是河流的终段，是河流注入海洋、湖泊、水库及河流等受纳水体的结合地段。按受纳水体类型划分，河口可分为入海河口、入湖河口、入库河口和支流河口等。就入海河口而言，它是流域汇入海洋的通道，是淡水生态系统和海洋生态系统之间的过渡区域。入海河口通常具有生物多样性丰富和初级生产力高的特征，是许多鱼类、贝类、鸟类及其他野生动物的产卵场、索饵场和越冬场，同时也是重要的运输通道，为人类提供了不可多得的经济社会活动和休闲娱乐场所，具有重要的生态服务功能。作为连接流域和海洋的枢纽，河口区域既是流域物质的归宿，又是海洋的开始，陆海相互作用特别强烈，受人类活动与全球气候变化影响极为显著。全世界河流携带的入海悬浮物质及化学元素/污染物总量的75%～90%均来自于河口区，全球60%的人口和2/3 的大中城市集中在河口海岸带地区。日益加剧的人类活动增加了河口海岸地区的压力，加上全球变化引起的海平面上升等环境问题，不可避免地影响着河口地形地貌、水文水质以及生物地球化学过程，引起环境恶化、资源匮乏和灾害频发，对区域生态安全和人类生存质量构成严峻挑战。

2013 年，环保部在国家环保公益性行业科研专项中设立“入海河口区水质标准和水环境质量评价方法研究”项目（201309007），旨在借鉴欧美、日、澳等国际上的先进经验，通过分析我国代表性入海河口在流域环境胁迫下的物理、化学和生态特征，研究典型污染物在河口水域的迁移转化过程和生态效应，进一步明确河口边界以及河口生态分区技术方法，建立客观反映河口生态环境状况的指标体系，确定相应的评价标准与评价方法，并在长江口、大辽河口、九龙江口开展适用性验证。希冀助力实现《地表水环境质量标准》（GB 3838—2002）与《海水水质标准》（GB 3097—1997）在河口水域的有机衔接，为提高我国河口区水环境管理水平、维护河口生态系统健康、实现河口地区经济社会可持续发展提供科技支撑。

本书是该项目相关成果的系统性梳理，共计 7 章。第 1 章系统介绍了河口的定义和特征、河口突出生态环境问题、国内外河口管理实践以及本研究的总体思路，由刘录三、刘静、刘云龙执笔。第 2 章阐述了大辽河口、长江口和九龙江口的生态环境特征，由林岿璇、林卫青、曹文志、李黎执笔。第 3 章详细介绍了河口典型污染物迁移转化过程及生态效应，由刘静、曹文志、卢士强执笔。第 4 章面向河口水环境管理需求，系统阐述了河口边界确定与水生态分区技术，由刘录三、汪星执笔。第 5 章详细介绍了涵盖生态类指标和有毒有害类指标的河口水生态环境质量评价指标与评价标准，由刘录三、弓振斌、刘静执笔。第 6 章初步提出河口水生态环境质量评价方法，并在大辽河口、长江口和九龙江口进行适用性验证，由刘云龙、刘静、曹文志、弓振斌、朱延忠、王瑜、蔡文倩执笔。第 7 章对河口水生态环境管理研究以及应用实践提出了若干建议和研究展望，由刘录三、曹文志、林卫青、邵君波执笔。全书由刘录三、刘云龙统稿。

本研究由中国环境科学研究院牵头，上海市环境科学研究院、厦门大学、浙江省舟山海洋生态环境监测站协作完成，国家海洋局东海环境监测中心给予了大力支持。本研究的圆满完成得益于上述各单位的通力合作以及众多科研工作者的辛勤劳动！此外，衷心感谢中国环境科学研究院乔飞博士、周娟助理研究员、刘勇丽工程师等，他们各尽其责、不懈努力，为本研究做出了巨大贡献。项目的实施得到了上海市环境科学研究院卢士强研究员、浙江省舟山海洋生态环境监测站唐静亮高级工程师等项目组人员，以及国家海洋局东海环境监测中心叶属峰研究员的大力支持，在此表示衷心感谢！特别感谢中国环境科学研究院郑丙辉研究员，他对本研究的总体设计、具体执行及成果凝练等方面均提出了许多建设性意见。

特别指出，从研究结束到汇成书稿，历时四年有余。其中原因，一方面是对河口复杂生态过程认知的不确定性，研究越多，未知越多，难以形成相对成熟、令人信服的科学理论；另一方面该项目试图破解《地表水环境质量标准》（GB 3838—2002）与《海水水质标准》（GB 3097—1997）在河口水域的有机衔接问题，鉴于这两个标准在水质类别、指标类型的巨大差异，以及两个标准本身也已历经 20 年左右，亟须修订，给本研究带来了额外的挑战，而且挑战本身处于不断变化之中，无法一概而论。近来，应从事生态环境管理工作的朋友要求，把项目相关成果重新整理，考虑到科学本身就是在不断的否定中前进，当前的认知即便是片段性的、浅显的“一家之言”，只要遵从严谨细致的科学态度，秉承实事求是的科研道德，对从事河口科研或环境管理的同路人、有心人，或多或少总是有所裨益的。正如寺田寅彦所言，科学的历史，从某种意义上说，就是错觉和失败的历史，是伟大的顽愚者以笨拙和低效能进行工作的历史。如此，便又鼓起了编撰成稿的勇气。

书稿撰写过程中，作者力求做到科学性、前沿性和应用性的有机结合，但由于本书研究内容涉及动力水文学、水化学、水生态学等多学科，且科学发展日新月异，加之作者水平有限，书中难免存在不足之处，衷心期望读者不吝批评指正。

刘录三

2020 年 3 月 7 日于北京

目　录

前　言
第 1 章　总论……1
1.1　河口的定义和特征……1
1.1.1　定义……1
1.1.2　特征……1
1.2　河口突出生态环境问题……2
1.3　国内外河口管理实践……5
1.3.1　河口边界的确定……5
1.3.2　河口生态分区……7
1.3.3　河口分区实践案例……8
1.3.4　河口水生态环境质量评价方法……8
1.3.5　河口水生态环境质量基准标准……15
1.3.6　国际经验启示……20
1.4　研究思路……23
第 2 章　我国典型河口生态环境特征……25
2.1　大辽河口……25
2.1.1　区域概况……25
2.1.2　河口理化特征……26
2.1.3　生物群落特征……36
2.2　长江口……53
2.2.1　区域概况……53
2.2.2　河口理化特征……55
2.2.3　生物群落特征……70
2.3　九龙江口……81
2.3.1　区域概况……81
2.3.2　河口理化特征……82
2.3.3　生物群落特征……103
2.4　本章小结……112

第 3 章 河口典型污染物迁移转化过程及生态效应……113
3.1 大辽河口典型污染物响应规律……113
3.1.1 河海界面和潮汐界面的确定……113
3.1.2 河口区重金属响应规律……115
3.1.3 河口区营养盐响应规律……122
3.2 长江口不同形态氮磷营养盐转化……125
3.2.1 不同形态氮磷营养盐转化比例……125
3.2.2 盐度及悬浮颗粒物对不同形态氮磷营养盐的影响……128
3.2.3 数学模型在研究河口氮磷营养盐转化过程中的应用……130
3.3 九龙江口水体硝化反硝化作用……136
3.3.1 水体中含氮营养盐随盐度的变化趋势……136
3.3.2 河口硝化作用……137
3.4 河口典型污染物生态效应……140
3.4.1 大辽河口……140
3.4.2 长江口……143
3.4.3 九龙江口……144
3.5 本章小结……145
第 4 章 河口边界确定与水生态分区技术研究……146
4.1 河口边界确定技术……146
4.1.1 确定原则……146
4.1.2 确定方法……146
4.1.3 研究实例……147
4.2 河口水生态分区技术……152
4.2.1 分区方法……152
4.2.2 研究实例……153
4.3 河口水生态分区验证……160
4.3.1 沉积环境差异性检验……160
4.3.2 营养盐差异性检验……164
4.3.3 生物类群差异性检验……167
第 5 章 河口水生态环境质量评价指标与评价标准研究……177
5.1 评价指标分析……177
5.1.1 生态类指标……178
5.1.2 有毒有害类指标……180

5.1.3 特征污染物筛选……180
5.2 河口水环境功能分类及标准设置……187
5.3 河口营养盐基准确定方法……187
5.3.1 通用方法……187
5.3.2 长江口各分区营养盐基准研究……189
5.3.3 九龙江口各分区营养盐基准研究……193
5.3.4 大辽河口各分区营养盐基准研究……203
5.4 河口生物基准确定方法……205
5.5 河口有毒有害类污染物基准与标准确定方法……207
5.6 本章小结……210
第 6 章 河口水生态环境质量评价方法及适用性研究……212
6.1 评价方法的确定……212
6.1.1 基本思路……212
6.1.2 评价方法的筛选……212
6.2 评价技术框架……220
6.3 评价适用性……221
6.3.1 大辽河口适用性研究……221
6.3.2 长江口适用性研究……230
6.3.3 九龙江口适用性研究……235
6.4 本章小结……241
第 7 章 河口水生态环境管理思考与研究展望……243
7.1 秉承从山顶到海洋的全流域理念，突出河口纽带作用……243
7.2 实施基于河口分区的精细化管理，科学应对突出问题……243
7.3 加强入海河口多学科综合性研究，攻克系列关键技术……244
主要参考文献……245

第1章　总　　论

1.1　河口的定义和特征

1.1.1　定义

本书所述河口，专指入海河口。国内外有关河口的研究历史悠久，河口定义也经历了不同的发展阶段。“河口”（estuary）一词起源于拉丁语 *Aestus*，即“潮汐的”。Ketchum（1951）曾明确提出，河口是河水与海水混合并在一定程度上将海水冲淡的水体。在此基础上，河口的定义屡次被更新，直到 Prichard（1967）提出：河口是一个与开阔海洋自由相通的半封闭的海岸水体，其中的海水在一定程度上被陆地排出的淡水冲淡。该定义综合考虑到物理学和化学的诸多因素（地形地貌、水文过程以及盐度等），特别突出了淡咸水混合的特征，在 20 世纪 60 年代被普遍使用，也成为河口的经典定义。

随着对河口认识的深入，Fairbridge（1980）主张以潮汐作用来划定河口上游界线，认为河口是河流与海洋之间的通道，它向陆地延伸到潮水的上限。根据该定义，河口通常划分为三段：海洋段或河口下游段，与开阔的海洋自由连通；河口中游段，此段盐淡水发生混合；河口上游段或近河端，主要为淡水控制，受潮汐的影响。该定义进一步明确了潮汐淡水区与上游河流尽管都由淡水主导，但因潮汐涨落而具有独特的水位周期性变化，该区域具有显著的生态学意义。此后，Fairbridge 对河口的定义逐渐成为主流。

进入 21 世纪后，随着水域和海洋科技水平的不断进步，越来越多的科研人员开始将河口的物理过程、生物地球化学过程和生态过程进行耦合，以系统、全面、综合的视角研究河口，并赋予河口更丰富和更有内涵的界定。Khlebovich（1990）提出，河口是一个河流与海洋间的跨界区域，淡水与咸水在该区域内相互混合。作为一个特殊的半封闭水体，其生态系统由多种相互作用的生物和非生物组分构成，在该系统中，各构成要素以及与之伴随的物理、化学和生物过程，均沿着盐度梯度表现出规律性时空变化。

1.1.2　特征

河口特征复杂多样，其物理和化学等构成因素（如地形地貌、溶氧含量和盐度水平）存在很大的时空差异，栖息的生物群落也显著不同。总体来看，将河口与河流以及海洋相比较，河口均具有淡咸水混合、潮汐变化等一些共性特征，包括但不限于以下几点。

（1）水动力特征

受径流、潮汐、波浪等不同驱动因素影响，加上河口独特的地形地貌，河口具有显著不同的水动力特征，通常出现往复流、垂向环流等水动力特征。与此对应，河口往往具有高浓度的悬浮物质，这与径流输入以及河口独特的水动力特征直接相关，它对河口富营养化的形成和发展具有重要的影响。

（2）水质特征

受内陆径流和海洋潮汐双重作用，污染物在河口输移、回荡、随潮汐涨落的时空变化特点十分明显。各类水质指标在不同河口甚至同一河口具有明显的区域特征，环境背景值相去甚远。特别是随着河口水域盐度、悬浮物以及氧化还原条件的时空变化，河口区重金属元素、营养元素、有机污染物的赋存形态也出现相应变化，甚至在河口上下游表现出显著差异。

（3）水生态特征

河口生物长期适应于独特的盐度、温度、海流、水团、底质类型等环境条件，呈现出与河流、海洋显著不同的水生生物类群组成特征，河口生态系统也成为与淡水生态系统及海洋生态系统迥然不同的过渡性生态系统。此处既有淡水生物栖息，也有海洋生物生存，还有仅在河口才出现的半咸水物种，以及生活史中横跨江河和海洋的洄游性生物。图 1-1 显示了河口水域的物种渐变模式（双向生态渐变模型）。

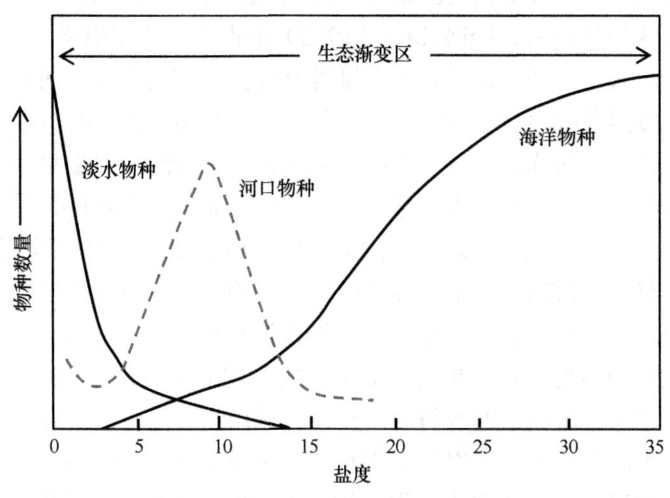

图 1-1　双向生态渐变模型（仿 Attrill and Rundle，2002）

1.2　河口突出生态环境问题

（1）陆源污染物种类增加，环境风险亟待加强管控

我国海洋环境污染物有 80%以上来自陆地，其中绝大部分来自河流输入。从 1989 年以来的中国环境状况公报和中国海洋环境质量公报可以看出，长江口、杭州湾、珠江口等重要河口海湾污染状况长期处于超标状态，环境污染风险并未有效降低。例如，2012 年和 2018 年长江口、杭州湾、珠江口的劣四类水体占比较高，达 60%～100%的问题一直存在（图 1-2）。其中，营养盐始终是河口海湾污染的主要超标因子。进入 21 世纪

后，典型持久性有机污染物、环境内分泌干扰物等被大量检出。此外，联合国环境署的陆源统计资料表明，全球每年大约有 640 万 t 垃圾及微塑料进入海洋。大量研究表明，经陆源污染入海的有毒有害物质已对我国河口水环境质量构成潜在威胁。

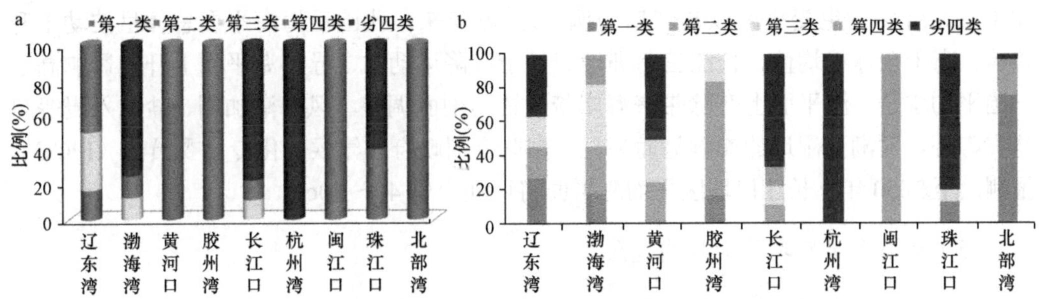

图 1-2　重点河口海湾海水水质情况（彩图请扫封底二维码）

a. 引自《2012 年中国环境状况公报》；b. 引自《2018 年中国生态环境状况公报》

（2）海底生物荒漠化，传统经济渔业种类资源衰退

“荒漠化”一词，最早出现在 Lavauden（1927）的一篇科学论文中，他使用“desertification”一词来描述撒哈拉（Sahara）地区荒漠化的景观，指出这一地区的荒漠化完全是人为因素造成的。1977 年联合国荒漠化大会上采用了“desertification”（荒漠化）这一名词，并明确定义：土地滋生生物潜力的削弱和破坏，最后导致类似荒漠的情况，它是生态系统普遍恶化的一个方面，它削弱或破坏了生物的潜力。荒漠化的实质是土地退化，是土地生物生产力下降，土地资源丧失和地表类似荒漠景观的出现。而受围填海、采砂、风暴潮、养殖、捕捞、水利工程等因素影响，入海河口生态系统同样出现荒漠化现象，河口生物多样性下降，传统经济渔业种类资源衰退、生物群落低级化；破坏了多种河口生物的洄游通道、产卵场和索饵场，危及多种生物的生存；同时泥沙锐减已造成多个河口水下三角洲出现大范围侵蚀等。

（3）生物入侵严重，影响本土生物遗传多样性

生物入侵是指非本地物种由于自然或人为因素从原分布区域进入一个新的区域（进化史上不曾分布）的地理扩张过程（Williamson，1996）。近年来，随着我国海洋运输业的发展和海水养殖品种的传播与引入，生物入侵呈现出物种数量增加、传入频率加快、蔓延范围扩大、危害加剧和造成经济损失加重的趋势。例如，互花米草是一种世界性恶性入侵植物，是 2003 年列入我国首批 16 种外来入侵物种名单中唯一的海洋入侵种，一旦入侵，能很快形成单种优势群落，排挤其他物种，给生态系统带来不可逆转的危害。互花米草被引入我国之后，在保滩促淤方面发挥了一定的作用。但其良好的适应性和旺盛的繁殖能力，在自然和人为因素综合作用下，造成了大面积的暴发式扩散蔓延，导致入侵地原有生物群落的衰退和生物多样性的丧失。20 世纪 90 年代，在厦门马銮湾和福建东山相继发现一种原产于中美洲的海洋贝类——沙筛贝，沙筛贝的入侵造成虾贝等本土底栖生物的减少，甚至绝迹。外来物种同时还会带来遗传污染，通过与当地物种杂交或竞争，影响或改变原生态系统的遗传多样性。

（4）全球变暖致海洋生态系统结构改变

全球气候变化对人类的影响是灾害性的。与此同时，随着全球变暖和环境污染的加剧，海平面上升，海洋盐沼湿地、红树林等生态系统受到巨大威胁，海洋生物种群结构和生态系统将发生变化。以长江口为例，近 30 年来，我国沿海海平面总体呈波动上升趋势，高于全球平均值，长江三角洲地壳处于沉降运动中，导致海平面上升的影响高于全国平均水平。海平面上升除带来海岸带侵蚀与剖面调整、风暴潮加剧、盐水入侵等自然灾害外，对潮滩湿地的影响显而易见。据联合国政府间气候变化专门委员会（IPCC）推测，至 2050 年，长江口地区平均海平面将可能上升 40～70cm。

（5）生态灾害频现且向口内蔓延

在我国着眼海洋、大力发展蓝色经济的同时，赤潮、绿潮与水母等生态灾害频发，对沿海人民的财产安全、沿海地区的经济发展和海洋生态构成威胁，海洋环境灾害防治任重而道远。与 20 世纪相比，我国不仅赤潮的发生频率和累计面积呈现明显增加的态势，赤潮时空分布也不断扩大，全年各月份和全国近岸海域乃至近海海域均有赤潮发生。与 20 世纪 90 年代相比，21 世纪以来，无论是发生频次，还是涉及的海域面积，赤潮灾害都呈现骤增趋势。通过对长江口及毗邻海域近 40 年来海域赤潮发生事件的统计，截至 2009 年，该海域发生了 174 次赤潮，赤潮使长江河口及邻近海域营养盐结构发生改变，河口水域生物种群结构发生巨大变化，赤潮发生次数呈现逐年增加趋势，赤潮发生范围已呈现向口内蔓延的态势。

（6）河口湿地、红树林等典型生态系统退化严重

我国的盐沼湿地主要分布在长江、黄河、珠江、辽河、海河等河流入海处，即河口区域。我国主要河口湿地面积大于 $1.14\times10^6 km^2$，具有代表性的河口湿地包括长江口、黄河口、双台子河口和珠江口的河口湿地。目前，长江口水下三角洲与部分潮滩湿地已出现明显蚀退，导致长江口生态系统的生物多样性自我更新功能下降，主要表现在功能物种（关键种）生存必需的小生境日渐消失，资源类生物和珍稀濒危物种种群呈现不同程度的退化。红树林是典型海洋生态系统，是全球海洋生态与生物多样性保护的重要对象。过去 50 年来，受到各种自然和人为因素干扰，红树林湿地面积大为缩小，红树林种类也有所减少。《2012 年中国海洋环境状况公报》显示，我国南部海域典型红树林生态系统中，红树林面积曾达到 25 万 hm^2，20 世纪 50 年代锐减至 5.5 万 hm^2，80～90 年代减少至 2.3 万 hm^2，21 世纪初面积约为 2.2 万 hm^2，红树林面积缩减速率有所放缓，但仍呈减少趋势。红树林的消失严重影响了海湾的生态系统，使生物多样性和滨海环境质量下降。

（7）咸水入侵

咸潮是沿海河口附近的一种水文现象，它是由太阳和月球（主要是月球）对地表海水的吸引力引起的。河口地区咸潮上溯是注入海洋型河流的河口最主要的潮汐动力过程之

一，是河口特有的自然现象。咸潮在沿海地区，尤其是河口区域常见，多发生在冬春旱季。但是近几年来，沿海咸潮频繁发生受到人类活动的影响。例如，滥采河沙行为愈演愈烈，致使江河下游河床坡度减小，导致咸潮上溯的范围扩大、次数增多。

1.3　国内外河口管理实践

1.3.1　河口边界的确定

1. 欧盟

2002 年发布的《欧盟过渡和海岸水体分类方法及参照条件导则》（*Guidance on Typology, Reference Conditions and Classification Systems for Transitional and Coastal Water*）指出，河口是沿海附近的地表水体，由于接近沿岸海域，水体略带咸味，但基本上受淡水径流影响。欧盟建议根据以下特征或要素确定河口与近岸海水的边界：①盐度梯度特征，较大河流输入淡水的影响很可能会延伸到近岸水域；②地形特征，如岬和岛屿，也可以用来定义河口水与近岸海水的边界，其形态特征可能与生物学边界相符；③模型及有关国家和地区法规中定义的边界。在确定河口与淡水段边界线方面，欧盟主要建议如下两种方法：淡水/咸水边界或潮汐影响的界限。在较大的河口，潮汐影响的界限比淡水/咸水边界更深入内陆，并且比处于不断变化过程中的淡水/咸水边界更容易确定。

2. 澳大利亚

澳大利亚昆士兰州 2013 年发布的《昆士兰水质导则》（*Queensland Water Quality Guideline*）指出，河口的一般定义应该包括淡咸水混合且潮汐作用明显的河流终端；感潮河口由于接触海岸线开始变宽；半封闭水体，海水被径流淡水偶尔稀释。Moss 等（2006）把河口定义为具有下列特征的半封闭近岸水体：来自大洋的盐水与来自陆地的淡水混合，具有不同盐度梯度，海洋和河流沉积物共同存在。

3. 美国

美国环境保护署（United States Environmental Protection Agency，USEPA）2001 年发布的《河口与近岸海域营养盐基准技术指南》（*Nutrient Criteria Technical Guidance Manual: Estuarine and Coastal Marine Waters*）认为，经典的河口与近岸海域定义聚焦于所选择的物理特性，如可与外海自由连通的半封闭沿海水体，海水在这里被由陆地流入的淡水所冲淡。联邦地理数据委员会（Federal Geographic Data Committee，FGDC）于 2012 年发布的《近岸海域生态系统分类标准》（*Coastal and Marine Ecological Classification Standard*）指出，河口系统由盐度和地形所定义。该系统包括被潮汐所影响的河口水域，河口上游界限为受潮汐影响平均振幅最小为 0.06m 处水域，下游界限为在平均低潮线时连接陆地向海最前缘的虚拟连线，它将河口水团环绕在内。

4. 中国

对于河口边界的划分，我国在法律层面至今还未进行明确界定。全国人民代表大会常务委员会于1996年5月15日批准了《联合国海洋法公约》(以下简称《公约》)且在我国实行，并以此作为最重要的海洋基本法律，有如下规定：如果河流直接流入海洋，基线应是一条在两岸低潮线上两点之间横越河口的直线，这里的两岸大潮最低低潮线与《公约》第九条的两岸低潮线为同一概念，仅定义了河口下界与海域的分界线。现行《中华人民共和国水污染防治法》(2008修订)中第二条“本法适用于中华人民共和国领域内的江河、湖泊、运河、渠道、水库等地表水体以及地下水体的污染防治”,《中华人民共和国水法》(2002年)中第二条“本法所称水资源，包括地表水和地下水”,《中华人民共和国海洋环境保护法》(1999年修订)中第二条“本法适用于中华人民共和国内水、领海、毗连区、专属经济区、大陆架以及中华人民共和国管辖的其他海域”,《中华人民共和国环境保护法》(2014年修订)中第二条“本法所称环境，是指影响人类生存和发展的各种天然的和经过人工改造的自然因素的总体，包括大气、水、海洋、土地、矿藏、森林、草原、湿地、野生生物、自然遗迹、人文遗迹、自然保护区、风景名胜区、城市和乡村等”，这里的水是指能参与全球水循环、在陆地上逐年可以得到恢复和更新的淡水资源，包括地表水和地下水。海洋则是指由海水水体、溶解或者悬浮于其中的物质、生活于其中的海洋生物、邻近海面上空的大气和围绕海洋周围的海岸和海底组成的统一体。《中华人民共和国环境保护法》(2014年修订)中第三条“本法适用于中华人民共和国领域和中华人民共和国管辖的其他海域”。这里领水包括内水和领海。根据《中华人民共和国领海及毗连区法》的规定，内水为中华人民共和国领海基线向陆地一侧的水域；领海为邻接中华人民共和国陆地领土和内水的一带海域，其宽度从领海基线量起12海里。由此可知，作为连接水及海洋水体的河口均未在《中华人民共和国环境保护法》《中华人民共和国水法》《中华人民共和国海洋环境保护法》等法律中体现。

虽然可以视为软法的国家标准作了补充性规定，但是由于法律位阶效力不够，相关管理部门之间很难相互认同，执行困难。《近岸海域环境功能区管理办法》中第九条“对入海河流河口、陆源直排口和污水排海工程排放口附近的近岸海域，可确定为混合区”。《地表水环境质量标准》(GB 3838—2002)的适用范围包括我国领域内江河、湖泊、运河、渠道、水库等具有使用功能的地表水水域，且与近海水域相连的地表水河口水域，根据水环境功能按《地表水环境质量标准》(GB 3838—2002)相应类别标准值进行管理。《河口生态监测技术规程》(HY/T 085—2005)提到，入海河口，即河流的终段与海洋相结合的地段。该地段既包括受到海洋因素影响的河流下段，也包括河流因素影响的滨海地段。上界在潮汐或增水引起的水位变化影响小时的某个断面，下界在由合理入海泥沙形成的沿岸浅滩的外边界；或者上界是盐水入侵界，下界是河口湾的湾口。《湿地分类》(GB/T 24708—2009)中指出，河口是河流在入海口处由于与海水相互作用形成的湿地系统，包括河口永久性水域和河口三角洲系统，其范围包括从近口段的潮区界(潮差为零)至口外河滨段区域。这些定义，基本上已初步明确河口水体单元管理的独立性。事实上,《河口生态监测技术规程》(HY/T 085—2005)中河口定义的规定比《湿地分类》(GB/T 24708—2009)更为全面，初步从我国河口分类学的角度正视了这个问题，考虑了我国目前河口主要的两种类型，即河流主导型河口和海湾型河口的边界划定方法。争议的焦点主要集中在两点：一是上边界是划在潮区界还是盐水入侵界；二是下边界是划在沿岸浅滩的外边界还是河口湾的湾口。此外，目前河口因特殊的地理位置涉及三套水功能区划标准，即针对地表水的《水功能区划分标准》（GB/T 50594—2010）、近岸海域的《近岸海域环境功能区划分技术规范》（HJ/T 82—2001）以及海洋的《海洋功能区划技术导则》（GB/T 17108—2006），上述功能区划制定的法律法源不同，因水质标准的适用范围不明确使得功能类别设置交错混乱。

可以发现，各相关法律均未明确地表水、河口、海水法定管理范围，据此补充的国家或行业标准《地表水环境质量标准》（GB 3838—2002）、《海水水质标准》（GB 3097—1997）、《近岸海域环境功能区管理办法》（2010 年修正）、《河口生态系统监测技术规程》（HY/T 085—2005）等存在缺失管理边界或法律效力级别不够而无法有效执行的情况，至此产生数十年的陆海、河海边界之争。

1.3.2　河口生态分区

1. 美国

在实践中，往往针对管理需求和河口生态环境特征对不同河口分别开发不同的分区方法。佛罗里达州环境保护部于 2012 年提出河口及近海水质基准值推荐稿（*Water Quality Standards for the State of Florida's Estuaries and Coastal Waters*），对辖区内的河口进行了分区，将盐度、海草分布特征等作为河口划分的依据，将单个河口划分为多个特征鲜明的小区域。通常来说，依靠某单一指标进行河口分区可能无法客观反映河口的复合特点，所以分区的实际操作过程往往是多指标的综合运用，是地理、地质、水文、气候以及生态特征的集中表现。俄勒冈地区根据河口区域沉水植被、食物链对营养盐的响应，以及枯季氮源来源情况，通过 N 同位素相关数据和扩散模型，将辖区内的河口划分为海洋主导区和河流主导区。

2. 澳大利亚

昆士兰州的《昆士兰水质导则》在确定河口上下边界后，将河口进一步分为河口上部（upper estuary）、河口中部（middle estuary）、河口下部（lower estuary）以及封闭海湾（enclosed coastal）。河口上部的上边界通过以下特征进行界定：①昆士兰州湿地计划制图中存在的岛屿；②约定俗成（被当局所认定）的界限；③能够阻挡盐水向上运动的坝；④盐生植物的生长边界；⑤盐水所能影响的上限以及研究区域水文特征所确定的边界。通常，河口上部在不同长度的河口中占有不同的比例，河口长度大于 15km 时，河口上部约占整个河口长度比例的 15%；河口长度小于 15km 时，河口上部约占整个河口长度的 10%。如果可以用水质模型来确定河口中部下边界，就优先选用水质模型，此为第一种方法。第二种方法是通过盐度来确定河口中部的下边界，下河口和封闭海湾的向海边界一般通过水体滞留时间来确定，但考虑到封闭海湾的水体交换有限，还可以通过水质调查确定（该方法的前提是水体受人类影响非常小）。如果上述两种方法都无法实现时，利用昆士兰湿地计划地图或者天文低潮以下 6m 等深线进行界定。

3. 中国

目前，我国与河口水体相关的功能区划主要有 3 个，即《水功能区划分标准》（GB/T 50594—2010）、《近岸海域环境功能区划分技术规范》（HJ/T 82—2001）、《海洋功能区划技术导则》（GB/T 17108—2006）。3 个功能区划作用于同一河口水域，通常会出现功能类别交错混乱、水质要求高低不同等问题。以长江口为例，对比《上海市水环境功能区划》（2011 年修订版）和国家环保总局的《上海市海洋功能区划（2011—2020 年）》可以发现，南支区部分水域在近岸海域功能区划中执行Ⅰ～Ⅱ类水质要求，而水功能区划执行Ⅱ～Ⅳ类水质要求，同一水体区域执行标准混乱时有出现。为缓解上海用水紧张问题，从徐六泾到口门处建有三座水库，分别是陈行水库、青草沙水库、东风西沙水库，使得长江口水域又具有了饮用水源地功能。

1.3.3 河口分区实践案例

拉普拉塔河-巴拉那河（La Plata-Parana River）是南美洲仅次于亚马孙河的第二大河流，是世界第十三大河。拉普拉塔河位于南美洲乌拉圭和阿根廷之间，始于源流格兰德（Grande）河和巴拉那伊巴（Paranaiba）河交汇处，向西南流经巴西中南部至瓜伊拉（Guairá），而后穿行于巴西与巴拉圭之间，过科连特斯（Corrientes）进入阿根廷，然后转为往东南流，与乌拉圭河汇合后称拉普拉塔河，最后注入大西洋。从源头巴拉那伊巴河算起，拉普拉塔河-巴拉那河全长 4100km，流域面积约 400 万 km^2。Cortelezzi 等（2007）首先以水深、盐度以及底质粒径为依据对拉普拉塔河口进行分区，在河口管理实践上具有较强的指导意义。具体操作步骤如下。

1）通过对研究区域水文特征、盐度、底质类型、地形的监测以及周边环境资料的搜集，综合考虑所需分区河口上下游界限内盐度带的实际分布情况、水文特征、底质类型以及地形等要素，对河口内部（口内）、河口中部（口中）以及河口外部（口外）进行初步划分。也可以根据不同河口的具体情况，将河口分为 4 段甚至更多。

2）以河口初步划分的不同区域为研究对象，采集各区域内的浮游生物（浮游藻类或浮游动物）或底栖动物，进行聚类分析与 β 多样性分析。所用的聚类分析法，是指将聚类分析中同组的采样站位划为一个区域，对初步分区的范围进行调整与修正；而 β 多样性分析法，则是将出现梯度陡峰的采样站位所在区域归为河口中部，将两侧的采样位点所在的区域定为河口内部与河口外部，以此对初步分区的范围进行调整与修正，这两种方法的综合使用能使分区的精度得到进一步提升。

3）综合初步的分区结果与水生生物的修正结果，得出验证后的河口分区范围。然后通过 ArcGIS 软件，实现河口分类单元的分区，即单个河口的分段。最终得到拉普拉塔河口分区图。

1.3.4 河口水生态环境质量评价方法

按评价要素，河口水生态环境质量评价通常可分为水质评价、富营养化评价、生物评价以及综合评价。在具体管理实践中，各种评价要素并没有进行严格区分，而是根据管理需求以及数据丰富程度，做出相应取舍，或者相互兼顾。

1.3.4.1　河口水质评价

目前常用的水质评价方法有单因子指数法、综合污染指数法、层次分析法、主成分分析法和模糊数学法等数十种方法。单因子指数法是在所有因子中选择其中最差级别作为该水域的水质状况类别，该方法能突出主要污染物，但无法反映水环境的整体污染情况，而其他的几种方法都是采用多种指标来描述水质，能较好地反映水质的总体情况，分析结果接近实际情况，也较为可靠，但是计算过程较为复杂。单因子指数法广泛应用于地表水和海水水质评价，评价标准分别为《地表水环境质量标准》（GB 3838—2002）和《海水水质标准》（GB 3097—1997），其评价标准在全国范围内是统一的。

在学术研究方面，我国许多学者依据河口压力响应关系，参考美国河口/海湾营养状况评价综合法（ASSETS），开展了以水质评价为基础，兼顾富营养化的河口生态环境质量评价研究工作。例如，叶属峰等（2016）将评价因子分为 3 类，即压力、状态和响应，具体的评价步骤包括：①将河口分为 3 个盐度区（＜0.5、0.5～25、＞25）；②根据人为的溶解无机氮（DIN）浓度比率，对总人为影响定级评分（高、中高、中、高低、低，相应分值分别为 1 分、2 分、3 分、4 分、5 分）；③对每种富营养化症状定为 3 个（高、中、低）或 2 个级别（观测到、未知），然后根据每种症状的空间覆盖度［＞50%为高，25%～50%（范围含上不含下）为中，10%～25%（范围含上不含下）为低，≤10%为很低，未知］、症状持续期（从几天、几周到几个月）和症状频率（周期性、偶发性、未知）进行评分，最后综合各种症状的分值并给出总的初级症状和总的次级症状的 3 个级别（高、中、低）；④将初级症状和次级症状的分值合并为总的富营养化状态等级，给予次级症状较高的权重，最后得到 5 个可能的级别；⑤预期的未来营养盐压力与河口敏感度评价分值合并，产生 5 个可能的级别；⑥综合三大类别及压力-状态-响应中每个类别的评价分值，得到评价海域富营养化状况总级别，状态和压力类别的分值在最后的综合评价中占主导地位。俞志明和沈志良（2011）依据水域特点，选择反映富营养化程度的水质和生态响应等评价参数，根据各评价参数的历史数据、当前数据和海水水质标准，设置水域各评价参数的阈值和范围，运用逐步逻辑决策方法，建立基于“压力-状态-响应”富营养化模型的综合评价方法，构建水质状态-生态响应评价体系。其中，水质模块中评价参数包括 DIN 浓度、磷酸盐浓度和化学需氧量（COD），生态响应模块中的评价参数包括直接响应评价参数和间接响应评价参数。直接响应评价参数包括浮游植物叶绿素 a（Chla）与甲藻细胞丰度比例和大型藻问题，间接响应评价参数包括有毒有害藻华和底层水体溶解氧（DO）浓度。

1.3.4.2　河口富营养化评价

富营养化是国内外河口海岸水质评价关注的重点。近 30 年来，随着人们对河口富营养化问题认识的不断深入以及相关技术［如数值模拟技术、数据分析技术以及地理信息系统（GIS）、卫星图像处理等］的发展，河口富营养化评价方法得以不断丰富和完善。大致来看，河口富营养化评价可划分为以下几个阶段：①以淡水湖泊富营养化评价方法为基础的单因子评价方法；②以营养状态质量指数（NQI）、富营养化指数（EI）、富营养化状态指数（TRIX）为代表的综合指数评价方法；③利用软件计算和统计学方法建立的富营养化评价方法；④基于压力-状态-响应模型的富营养化综合评价体系。

其中，河口营养盐负荷-响应关系概念模型（图 1-3）有助于人们理解其中的因果关系并据此推断营养盐引起的损害程度，同时能证实一些可能的假定。在该模型基础上发展起来的“压力-状态-响应”评价法已成为目前评价河口富营养化状态的主流方法，下面分别简单介绍欧盟的综合评价法（OSPAR-COMPP）、美国的河口/海湾营养状况评价综合法（ASSETS）以及澳大利亚的距离评价法。

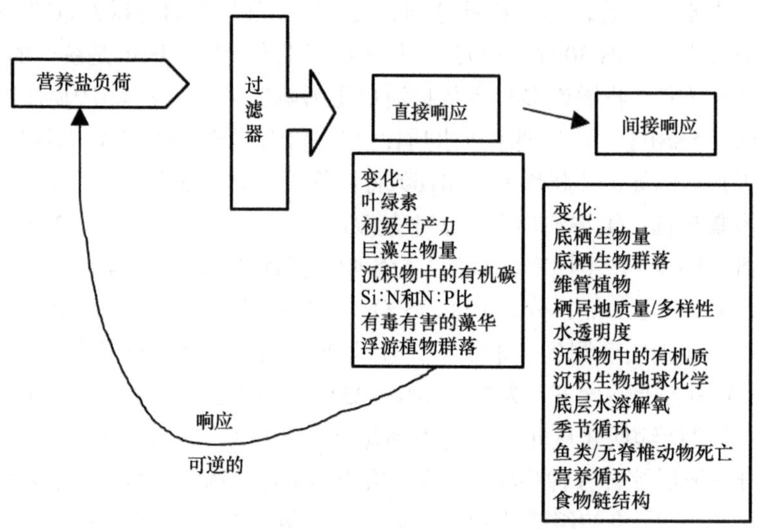

图 1-3　河口营养盐负荷-响应关系概念模型（Clorne，2001）

（1）OSPAR-COMPP

该方法是由 OSPAR 于 2003 年提出并广泛应用于欧盟国家的近岸海域富营养化状况评价方法，为反映东北大西洋的富营养化状况而专门创立。该方法利用开发的通用程序判定海域富营养化状况（表 1-1），并将其分为问题区域、潜在性问题区域和非问题区域。其中，以类型专属的区域背景值作为评价标准是这种评价方法的优点，因为这样可以比较准确地区分人为影响和自然变化。可以看出，拥有足够丰富的数据是该方法得以成功应用的基础，因为类型专属区域背景值的确定是一个非常复杂的过程，需要较长时间的资料（尤其是早期的资料），以及深入和细致的科学研究。然而，对我国目前大多数河口而言，往往存在数据不足的状况，从而限制了该方法的推广和应用。

（2）河口/海湾营养状况评价综合法

河口/海湾营养状况评价综合法（ASSETS）是对美国河口富营养化评价法（NEEA）的精炼和改进，NEEA 是关于河口海湾富营养化水平评价的综合模型，评价参数多，评价结果较为准确，使各研究结果之间具有可比性，一个时期内被广为应用。ASSETS

表1-1　OSPAR-COMPP 评价因子及标准（OSPAR Commission，2003）

类别	指示因子	环境要素	评价标准
营养盐富集程度（致害因素）	海水富营养化的直接原因	河流和直排总氮（TN）/总磷（TP）通量	比前一年增加和（或）趋势增加50%以上
	海水富营养化的直接结果	冬季目标海域DIN和无机磷（DIP）浓度	高出与盐度相关的和（或）区域专属背景值的50%以上
		冬季目标海域的N/P值	≥25
富营养化的直接效应（生长期）	海水富营养化初级症状	目标海域Chla浓度最大值和平均值	高出区域专属背景值的50%以上
		目标海域海洋浮游植物指示种	生物量增加、持续期延长
		目标海域大型植物包括大型藻类	从长期优势种转变为短期优势种或有害种
富营养化的间接效应（生长期）	海水富营养化次级症状	目标海域海水缺氧程度	DO＜2mg/L为急性危害；4mg/L≤DO＜5mg/L为危害（缺乏）；5mg/L≤DO＜6mg/L为不足
		目标海域海水中有机碳、有机物浓度	浓度增加（适用于沉积区）
	海水富营养化长期环境生态效应	目标海域底栖动物	生物量、种类组成出现的长期变化
		目标海域鱼类	主要由缺氧和（或）有毒藻所导致的死亡
富营养化可能产生的其他效应	海水富营养化衍生效应	目标海域藻类毒素泻痢性贝毒/麻痹性贝毒（DSP/PSP）贻贝传染事件	

采用了压力-状态-响应的综合评价理念，由定量和半定量评价构成，包括3个方面的评价：影响因子（impact factor，IF）、富营养化症状和富营养化发展预期，最后进行综合评价。根据盐度（S）对研究海域进行区域划分，一般划分为3个区域：潮间淡水区（$S<0.5$）、混合区（$0.5\leq S\leq 25$）、海水区（$S>25$）。ASSETS 对富营养化影响因子的评价包括系统敏感性评价和营养盐负荷评价。系统敏感性评价基于潮汐、径流等条件对营养盐的稀释和冲刷能力的评价因子包括容积、潮差、径流量；营养盐负荷评价因子包括陆源输入负荷和外海输入负荷。发展后的ASSETS已经被用于157个河口或海湾富营养化评价，评价水域总覆盖面积达134 600.437km^2，评价水域包括中国、澳大利亚、美国、欧盟等的水域，具有较好的适用性。

（3）距离评价法

距离评价法是澳大利亚新南威尔士州政府环境和遗产办公室在自然资源监测、评价和报告项目“河口生态健康评价-采样、数据分析和报告草案”中提出的方法，基本上沿用了昆士兰州生态健康监测项目（ecosystem health monitoring program）中生态系统健康指数（ecosystem health index，EHI）的计算方法。该方法的突出特点是，在确定区域状态分级评分中考虑了最好状态（或基准值）和最差状况的距离，因此具有更好的敏感性和区分度。

1.3.4.3　河口生物评价

生物评价是以生物对环境污染的表现为基础、应用生物指标来评价环境质量状况，被广泛应用于评价特定区域环境质量现状及未来发展趋势，评价受损水体生态恢复的程度，以及诊断引起环境质量下降的原因。生物与环境是相互作用的统一整体，环境中各种理化条件的改变直接或间接地影响生活在该环境中的生物，影响生物体的内部功能和种间关系，以致破坏生态平衡。而生物又不断地通过自身行为改变着周围环境，二者相互依存，协同进化。与传统的理化监测方法相比，生物监测的优越性主要体现在：①生物监测能够表明外源性化学物质影响生物物种或生物调控过程的细微变化，而这些变化可能被常规分析错过；②在环境中，多种污染物之间可能会发生协同作用，使污染物的危害程度加剧，生物监测能较好地反映出环境污染对生物产生的综合效应；③当低浓度甚至痕量的污染物进入环境后，在能直接检测或人类直接感受到以前，一些生物体就能够迅速做出反应，显示出可见症状，从而对环境污染做到早发现、早预报。虽然物理和化学监测能够给出一定时间和空间范围内某种污染物的变化规律，但监测结果不能表明污染物可能导致的效应和危害；而生物是环境污染最终效应的体现者和环境保护的对象，所以生物监测指标最能够反映人类活动干扰或污染所造成的影响。

传统的环境质量化学评价方法能直接迅速地响应水体（沉积物）污染物的类别和浓度，花费较少，可行性高，但无法反映污染的危害程度与作用机理，尤其是复合污染物对生态系统的综合影响；生物评价则能够响应污染物的复合效应并反映这种效应的长期变化。这类指标与物理性和化学性指标是相辅相成的。生物评价还可以指示栖居地的早期退化（或污染），用于监测污染效应的动态变化规律。海洋水体和沉积物中的污染物会直接或间接地影响栖居于此的生物，产生一系列生物效应，在生物的个体、种群、群落等方面均有响应，这也使得底栖生物对环境的指示作用有多个层级与尺度，即个体（如性畸变）、种群（如某一物种的出现频率、种群动力学变化）、群落（如群落结构指标的增加或降低）及生态系统（如全球尺度下的生态系统健康状况）等。其中，群落水平因具有深厚的研究基础、世界通用的响应指标、能够响应污染的实际效应和环境污染的长期变化而常被人们用来指示海洋环境质量状况。为便于政府部门和环境管理者清晰地了解某一给定海域的生境质量变化状况，世界各国政府及海洋生物学家一直致力于开发更加简单、务实、科学性强的生物指数。美国的《清洁水法案》（*Clean Water Act*），澳大利亚、加拿大的《海洋法案》（*Oceans Act*），欧洲的《欧盟水框架指令》（*European Water Framework Directive*）或《欧盟海洋战略框架指令》（*European Marine Strategy of Framework Directive*），南非的《南非共和国水法》（*The Republic of South Africa Water Law*）等的颁布实施，极大地促进了生物指数研究的蓬勃发展，而一些代表性的指数，如欧洲质量自控组织海洋生物指数（AZTI's marine biotic index，AMBI）、多元欧洲质量自控组织海洋生物指数（multivariate AZTI's marine biotic index，M-AMBI）、底栖生物完整性指数（Benthic-Index of Biotic Integrity，B-IBI）等，陆续开始在全世界范围内用于指示海洋生态环境质量状况。在评价方法方面，可用于生物完整性评价的方法很多，大致可以分为指示生物法、多样性指数法、生物指数法、多变量方法等。

1. 指示生物法

指示生物法是根据物种的特性和出现的情况，用简单的数字表达污染的程度或生态环境质量状况的一种方法。Thieneman 1914 年真正提出了生物监测的概念，标志着生物监测方法的诞生。早期从事生物评价研究的先驱提倡使用水生生物（包括植物与动物）

在污水分类体系内进行河流健康的评价。在关注人为活动对淡水生态系统影响的研究中，这一方法成为生物指示因子得以发展的基石。1916 年，德国学者 Wilhelmi 首先提出用小头虫（*Capitella capitata*）来指示海洋污染，开辟了利用生物评估海洋污染的研究领域。目前，小头虫仍广泛应用于指示海洋底栖环境的有机污染。贻贝和牡蛎对重金属、有机农药及人工放射性元素都有很强的富集能力，通过测定这两种生物样品中污染物质的含量可以指示水体污染状况。利用贻贝对污染物的敏感性，美国于 1976～1977 年制定并进行了贻贝监测计划。1978 年，贻贝监测计划被列为全球海洋环境污染研究（GIPME）的一项内容。贻贝被用于几乎所有常见污染物质的生物监测，如三丁基锡（TBT）、多环芳烃（PAH）等，还有研究者利用贻贝作为下水道污水污染的指示种。

2. 多样性指数法

通常认为，在未受污染或扰动影响的水环境中生物种类多样、个体数量分布均匀。环境污染后，敏感种减少甚至消失，耐污种栖息密度急剧增加，群落结构单一，多样性下降。基于这个原理研究者建立了很多生物多样性指数，主要包括马格列夫丰富度指数（Margalef 丰富度指数，*d*）、辛普森多样性指数（Simpson 多样性指数，*D*）、香农-维纳多样性指数（Shannon-Wiener 多样性指数，*H'*）和皮卢均匀度指数（Pielou 均匀度指数，*J*）等。多样性指数可以较好地反映生物群落的变化，广泛用于监测群落结构的改变，与其他生物或理化指标结合可指示水生环境变化。

3. 生物指数法

生物指数法是在综合分析各生物分类类群的相对丰度及其对污染的敏感性或耐受性的基础上形成的一个指数或评分系统。指示生物对不同的环境胁迫，如有机物、重金属、杀虫剂、富营养化和 pH 等，其敏感性或耐受性在物种间是各不相同的。因此，这些种属特异化的污染指示作用可以反映栖息地的环境状况。目前，生物指数法广泛应用于水生生物完整性评价，很多生物指数法已被开发出来，如 Glémarec 和 Hily（1981）提出的生物指数（biotic index，BI），Borja 等（2000）在 BI 模型基础上建立的 AMBI，Nilsson 和 Rosenberg（1997）的底栖栖息地质量指数（benthic habitat quality index，BHQI），以及 Simboura 和 Zenetos（2002）提出的 Bentix 指数等。

Karr 等（1986）基于溪流鱼类提出栖居地质量评价定量打分方法，即鱼类生物完整性指数（fish index of biological integrity，F-IBI），而后逐渐发展出淡水、溪流及河口底栖生物完整性指数（B-IBI）。随后，Diaz 等（2004）对 B-IBI 的指标筛选及打分标准进行了详细的规定。具体来说，B-IBI 建立在生物群落及其栖息环境的多个量化指标（物种数量指标、重量相对百分比指标、指示种指标、营养结构指标等）上，并将指标的综合评价效果与参考值进行比较，这有效地降低了区分是自然差异还是环境差异引起群落变化的难度。目前，该指数在美国 EPA 的倡导下，已成为水体生物监测的常用方法，在淡水、河口海湾及近岸海域等生态系统中均有使用。此外，该指数也可结合其他生物指数一起使用，如 Borja 等（2008）首次同时采用 B-IBI、AMBI 及 M-AMBI 对切萨皮克湾的环境质量状况进行评价，结果表明，3 个指数的评价效果较为相似。我国于 1992 年首次采用生物完整性指数评价安徽九华河的水质状况，随后在湖泊、水库、溪流等生态系统均进行了适用性验证，评价结果均达到预期目标。目前，B-IBI 在我国主要用于淡水生态系统的快速生物评价，而在河口海湾及近海海域应用较少。

生物指数（BI）通过海洋底栖群落组成变化的相关指数来反映受扰动的环境对软基底质大型底栖动物群落影响的等级，用一种半定量的方法来反演生态系统的健康和生态环境的状况等级。Glémarec 和 Hily（1981）根据底栖动物对环境压力的敏感度把软基底质的大型底栖动物群落按序分成 5 组：组Ⅰ，物种对有机物的富集非常敏感，出现在无污染状态下；组Ⅱ，物种对有机物的富集不敏感，在轻微变化过程中；组Ⅲ，物种能耐受过量有机物的富集；组Ⅳ，第二级机会种（环境从轻微失衡到显著失衡状态过渡）；组Ⅴ，第一级机会种（显著失衡状态）。根据这些底栖动物对污染压力的敏感度，将它们按生态类群分组，并给出相对应的从 0 到 7 整数的 BI 值。BI 可提供一个监测站位的扰动和污染等级，从而指示底栖群落的健康状况。

AMBI 是建立在 BI 模型的 5 个生态群落丰度比例（EG）的基础上，每个样品都获得一个连续的 AMBI 值。AMBI 最早应用于欧洲沿海和河口海域生态系统健康与环境质量状况指示。目前，AZTI 网站（http://www.azti.es）里可以获得免费的 AMBI 应用软件和物种分类目录，物种分类目录提供了欧洲和北美洲部分海域的 5000 多种底栖动物和对应的物种 EG 等级列表。随着研究的深入，该目录不断增补更新，使 AMBI 具有更普遍的适用性和有效性。

4. 多变量方法

多变量方法最先起源于英国，研究者开发了 RIVPACS 系统，用来评价河流的生物状态。多变量方法采用统计分析方法来预测在没有环境压力的条件下某一水域的动物分布模式，然后在比较实际分布模式和期望模式的基础上评价环境质量。海洋环境中适用的多变量方法有基于《欧盟水框架指令》发展起来的 M-AMBI。这种方法是建立在因子分析的基础上的，考虑了 AMBI 值、物种数、Shannon-Wiener 多样性指数，并定义了参照状态。为了获得《欧盟水框架指令》规定的生态环境质量比率（EQR）值，M-AMBI 的监测结果需要与参照状态进行比较。在良好的环境质量状态下，参照状态被认定为是一种理想状态，EQR 值接近 1；而在差的环境状态下，M-AMBI 值接近 0。M-AMBI 值可以通过 AZTI 提供的软件计算。

我国于 20 世纪 80 年代引入生物多样性指数来评估淡水藻类对白洋淀水域污染的状况，丰度/生物量比较曲线（ABC 曲线）于 1992 年开始用于厦门湾底栖生物群落受扰动状况评价。目前来看，我国多是引入国外较为成熟的指数来评价生态环境质量，如物种多样性指数、ABC 曲线、AMBI、B-IBI 等。值得注意的是，蔡立哲（2003）在 ABC 曲线的基础上，建立了评价海洋环境质量的大型底栖动物污染指数（macrozoobenthos pollution index，MPI），将图形数字化，评价结果比 ABC 曲线更符合实际，已成功应用于评价厦门湾的生态环境质量。总的来看，我国对底栖生物指数的研究还是集中在单变量指标上，而国外引入的新指数又缺乏深入的适用性验证。

1.3.4.4 河口综合评价

将河口水质评价、富营养化评价、生物评价等各要素评价结果，以某种数学方式进行综合，以指示河口水域的生态环境质量状况，称为河口环境综合评价。在实际应用中，不同河口所获取的数据差异较大，评价重点各有侧重，常常先对现有数据的代表性和有效性进行分析，选取代表性指标进行客观评价。在整合不同要素的评价结果进行总体评价时，通常采用均值或赋予一定比例权重系数，或者直接取各要素的最低等级，作为河口最终评价结果。例如，切萨皮克湾的生态健康评价中，水质指标包括 Chla 浓度、DO 浓度、透明度，生物指标包括底栖群落指数、水草指数、浮游植物群落指数，采用水质评价和生物评价的均值作为综合评价结果。在莫顿湾则采用了生态系统健康监测计划（EHMP）的通用指标，河口水质指标包括 TP 浓度、TN 浓度、DO 浓度、Chla 浓度、浊度，生物指标包括海草床深度范围、珊瑚盖度、营养盐迁移转化过程及污水扩散，以权重法作为综合结果。欧盟在河口综合评价推荐方法中以生物学要素质量为主、物理化学和水文形态学要素质量为辅，以“one-out all-out”（OOAO）原则（即所有要素中的最低等级作为综合评价的等级）作为综合评价结果。

以 2012 年澳大利亚塔玛河口水环境质量评价为例，水质指标包括 TP 浓度、TN 浓度、Chla 浓度、DO 浓度、重金属（Al、As①、Cd、Cu、Hg②、Pb、Zn）浓度、大肠杆菌浓度等。首先，根据关键栖息地参数（如水草、珊瑚礁、湿地）、关键过程、人类影响（营养盐浓度和重金属浓度，如 TN 浓度、Zn 浓度等）以及盐度对塔玛河口进行分区。其次，基于澳大利亚历史监测数据及 EHMP 项目报告指标库，筛选合适的指标，分为水质以及娱乐指标。再次，对数据进行分析，与《ANZECC 淡咸水水质标准技术导则》《塔斯马尼亚地表水水质标准技术导则》《塔斯马尼亚公共健康法案娱乐用水水质标准技术导则》的基准值比较，进行权重评价。最后，形成塔玛河口水环境质量报告卡。

1.3.5 河口水生态环境质量基准标准

1.3.5.1 营养盐基准

关于营养盐基准，欧盟 2002 年发布了《欧盟过渡和海岸水体分类方法及参照条件导则》；澳大利亚则是分别针对单个河口（如布里斯班河口、菲茨罗伊河口等）制定水质管理目标值（以菲茨罗伊河口指标及指导值为例，参见表 1-2），并发布相关文件；美国目前还没有全国统一的水环境质量标准，EPA 于 2001 年发布《营养盐基准技术指导手册——河口与近岸水域》（*Nutrient Criteria Guidance Manual: Estuarine and Coastal Marine Waters*）之后，沿海各州的环保部门也分别制定了营养盐基准发展计划，并发布相应的文件，如 *Water Quality Standards for the States of Florida's Estuaries, Coastal Water and South Florida Inland Flowing Waters*（2012 年发布）等。以佛罗里达州为例，其 19 个河口系统 89 个水域区段分别制定了 TN 浓度、TP 浓度和 Chla 浓度的基准建议值，适用于佛罗里达州法律规定的二级和三级用途水体（该州没有一级用途水体），为管理提供参考。

---

① As 为类金属，但由于其性质与重金属相近，本研究将其作为重金属处理；②Hg 也作为重金属处理。

表 1-2 澳大利亚昆士兰州菲茨罗伊河口指标及指导值

指标	统计方法	定量评价	统计类型	指导值
DO浓度	全年中位数	全年最小值	全年中位数	ECLE：85～105； ME：85～105； UE：80～105
	代表参照环境DO浓度的中间范围值（白天），因为通常晚上的值较低，白天数值提供了有效的趋势指示作用	最小值通常与排入的大量有机物相关。细菌的消耗将会降低DO浓度，DO浓度最小值向上或向下趋势将会增加或恶化集水区管理。来自DERM（Division of Enviromental Resources Management）的连续监测记录认为河口区夜晚的DO浓度值比白天数值低10%～15%	全年最小值	＜50
浊度（NTU）	全年中位数	全年最大值	年均值	ECLE：6； ME：8； UE：25
	代表参照环境浊度的中间范围	最大值与泥沙量负荷相关，最大值反映细泥沙流失的程度，但是河口区浓度水平也受河口长度的影响，较长的河口趋向截留更多的细泥沙	全年最大值	变化太大
透明度	全年中位数	全年最小值	—	—
	代表参照环境水体透明度的中间范围	最小值与泥沙量负荷相关，最小值反映了河口泥沙流失的程度和水动力行为	—	—
硝酸盐浓度	全年中位数	全年最大值	全年中位数	ECLE：0.003； ME：0.010； UE：0.015
	代表了在参考条件下硝酸盐浓度的中间范围	最大值与溶解氮浓度负荷相关，最大值反映了集水区氮损失的程度	全年最大值	＞0.400表明人类活动影响明显
	第80个百分位数	—	—	—
	统计结果表明，硝酸盐浓度较高，如果数据表现较高的趋势则采用该百分比	—	—	—
TP浓度	全年中位数	全年最大值	全年中位数	ECLE：0.020； ME：0.025； UE：0.040
	代表参照环境TP浓度的中间范围	最大值与溶解态和颗粒态磷负荷相关，最大值反映了集水区磷损失的程度	全年最大值	＞0.200表明人类活动影响明显
	第80个百分位数	—	—	—
	统计结果表明，TP浓度较高，如果数据呈较高的趋势则采用该百分比	—	—	—
Chla浓度	全年中位数	全年最大值	全年中位数	ECLE：2； ME：4； UE：8
	代表参照环境Chla浓度的中间范围		全年最大值	洪水后15～30为正常值
	第80个百分位数	—	—	—
	统计结果表明，Chla浓度春夏较高，如果数据呈较高的趋势则采用该百分比	—	—	—
pH	—	—	全年最小值	—

注：引自 *Brisbane River Estuary Environmental Values and Water Quality Objectives-Environmental Protection (Water and Wetland Biodiversity) Policy*，2019年发布。ECLE代表封闭海岸/河口下部（enclosed coastal/lower estuary）；ME代表河口中部（middle estuary）；UE代表河口上部（upper estuary）

1.3.5.2　有毒有害类物质的水质基准

一般来说，目前国际上河口区有毒物质阈值的确定方法有 3 种：直接沿用海水水质基准值法、直接沿用海水水质标准法加外推系数法和取淡咸水水质基准最严值法。

1. 直接沿用海水水质基准值法

该法常见于欧盟国家和澳大利亚，如在欧洲 2000 年发布的《欧盟水框架指令》的指导下，意大利于 2003 年 11 月 6 日发布了意大利地表水水质标准。该标准按 10 个类别，即金属类、有机金属类、多环芳烃类、挥发性有机物类（VOCs）、硝基芳烃类、卤代酚类、苯胺类、农药类、半挥发性有机物类及其他化合物，分别规定了 160 多种污染物应达到的标准值，控制目标分为 A 级（2015 年）和 B 级（2008 年），标准值分别按淡水（D）、潟湖（L）和海水（M）3 种情况制定。

2. 直接沿用海水水质标准法加外推系数法

该法为英国采用的，针对有毒物质指标，主要采用外推法即评估因数（AF）/安全系数（SF）制定重金属和有机污染物的环境质量标准。除了 Hg 和 Cd 指标，其他指标的环境管理值与海水的基本一致。一种是以年平均浓度（AA）来表示，指当水生生态系统持续暴露于这种浓度时不会产生任何不利影响的最高浓度；另一种是以最大可接受浓度（MAC）来表示，这种浓度是瞬时最高浓度，预计不会对水生生物产生急性不利影响。

3. 取淡咸水水质基准最严值法

采用这种方法的代表为美国路易斯安那州，其有毒物质的数值基准大多是在参照 EPA 基准值的基础上、考虑本州自然背景条件制定而成的，这有效地保证了数值基准的科学性和代表性。路易斯安那州金属和无机物、特殊有毒物质的基准值见表 1-3 和表 1-4，其中，河口区基准值均取自淡水和海水水质基准的最严值。举例来说，三溴甲烷的海水急性基准值为 1790μg/L、慢性基准值为 895μg/L，淡水急性基准值为 2930μg/L、慢性基准值为 1465μg/L，最终河口的急性基准值定为 1790μg/L、慢性基准值定为 895μg/L。

表 1-3　路易斯安那州金属和无机物的基准值（US EPA，1985）　（单位：μg/L）

有毒物质	保护水生生物						保护人体健康
	淡水		海水		河口		饮用水供给
	急性	慢性	急性	慢性	急性	慢性	
As	339.8	150	69.00	36.00	69	36	10
Cr（Ⅳ）	16	11	1100	50	16	11	50
Hg	2.04	0.012	2	0.025	2	0.012	2.0
Zn	急性：$e^{\{0.8473[\ln(硬度)]+0.8604\}}\times 0.978$	慢性：$e^{\{0.8473[\ln(硬度)]+0.7614\}}\times 0.986$	90	81	—	—	5×10^{-6}
Cd	急性：$e^{\{1.128[\ln(硬度)]-1.6774\}\times\{1.1366-[\ln(硬度)(0.041838)]\}}$	慢性：$e^{\{0.78528[\ln(硬度)]-3.49\}\times\{1.1016-[\ln(硬度)(0.041838)]\}}$	45	10	—	—	10

注：硬度代指水体的硬度

表 1-4 路易斯安那州特殊有毒物质的基准值（US EPA，1985） （单位：μg/L）

有毒物质	保护水生生物						保护人体健康	
	淡水		海水		河口		饮用水源	非饮用水源
	急性	慢性	急性	慢性	急性	慢性		
艾氏剂	3.00	—	1.300	—	1.300	—	4×10^{-5}	4×10^{-5}
苯	2 249	1 125	2 700	1 350	2 249	1 125	0.58	6.59
联苯胺	250	125	—	—	250	125	8×10^{-5}	1.7×10^{-4}
溴二氯甲烷	—	—	—	—	—	—	0.52	6.884
三溴甲烷	2 930	1 465	1 790	895	1 790	895	3.9	34.7
四氯化碳	2 730	1 365	15 000	7 500	2 730	1 365	0.22	1.2
氯丹	2.40	0.004 3	0.090	0.004 0	0.090	0.004 0	1.9×10^{-4}	1.9×10^{-4}
三氯甲烷	2 890	1 445	8 150	4 075	2 890	1 445	5.3	70
2-氯酚	258	129	—	—	258	129	0.10	126.4
4-氯酚	383	192	535	268	383	192	0.1	—
氰化物	45.9	5.4	1.0	—	1.0	—	663.8	12 844
DDE	52.5	10.5	0.700	0.140 0	0.70	0.140 0	1.9×10^{-4}	1.9×10^{-4}
DDT	1.10	0.001	0.130	0.001	0.130	0.001 0	1.9×10^{-4}	1.9×10^{-4}
狄氏剂	0.237 4	0.055 7	0.710	0.001 9	0.237 4	0.001 9	5×10^{-5}	5×10^{-5}
硫丹	0.22	0.056	0.034	0.008 7	0.034	0.008 7	0.47	0.64
异狄氏剂	0.086 4	0.037 5	0.037	0.002 3	0.037	0.002 3	0.26	0.26
二氯甲烷	19 300	9 650	25 600	12 800	19 300	9 650	4.4	87

注：DDT，双对氯苯基三氯乙烷；DDE，双对氯苯基二氯乙烯

另外又如狄氏剂，海水的急性水质基准值为 0.710μg/L、慢性水质基准值为 0.0019μg/L，淡水的急性水质基准值为 0.2374μg/L、慢性水质基准值为 0.0557μg/L，最终河口的急性水质基准值选择淡水基准值、慢性水质基准值选择海水水质基准值。

1.3.5.3 我国河口水质标准的选用

我国没有针对河口水域制定专门的水质标准，在实际应用中，通常根据评价目的、评价主体等选用《地表水环境质量标准》或《海水水质标准》。水环境质量标准是水环境管理的基础，是确定水质保护目标以及水环境容量大小的主要依据。我国水质标准的制定工作始于海水水质标准，在分析研究 1979 年以前国外水质基准、标准的基础上，结合我国国情制定了《海水水质标准》(GB 3097—1982)，该标准自 1982 年颁布实施后，于 1997 年进行了第一次修订，即现行的《海水水质标准》(GB 3097—1997)。自 1983 年国家首次发布《地面水环境质量标准》(GB 3838—83）以来，经历了三次修订，1988 年进行了第一次修订（GB 3838—88)，1999 年为第二次修订（标准名称改为《地表水环境质量标准》，标准编号 GHZB 1—1999)，2002 年为第三次修订（标准编号 GB 3838—2002)，即为现行的《地表水环境质量标准》(GB 3838—2002)。此外，针对不同使用功能，《渔业水质标准》(GB 11607—1989)、《景观娱乐用水水质标准》(GB 12941—1991)、《农田灌溉水质标准》(GB 5084—2021)、《城市污水再生利用 工业用水水质》(GB/T 19923—2005)、《生活饮用水卫生标准》(GB 5749—2022）等相继出台，丰富了水环境

质量标准体系。

1. 地表水与海水水质标准异同分析

主体内容方面，现行《地表水环境质量标准》（GB 3838—2002）包括前言、适用范围、规范性引用文件、水域功能和标准分类、标准值、水质评价、水质监测、标准的实施与监督 8 个方面，以及地表水环境质量标准基本项目标准限值、集中式生活饮用水地表水源地补充项目标准限值、集中式生活饮用水地表水源地特定项目标准限值、地表水环境质量标准基本项目分析方法、集中式生活饮用水地表水源地补充项目分析方法、集中式生活饮用水地表水源地特定项目分析方法 6 个表。现行《海水水质标准》（GB 3097—1997）包括主题内容与标准适用范围、引用标准、海水水质分类与标准、海水水质监测、混合区的规定 5 个方面，以及海水水质标准、海水水质分析方法 2 个附表。

水体功能类别方面，依据地表水水域环境功能和保护目标，按功能高低依次划分为五类，将海水划分为四类。环境功能在两个标准中既相互联系又相互区别，如地表水标准中，Ⅰ类水体主要适用于源头水、国家自然保护区，Ⅱ类水体主要适用于集中式生活饮用水地表水源地一级保护区、珍稀水生生物栖息地、鱼虾类产卵场、仔稚幼鱼的索饵场等。而海水标准中，第一类水体适用于海洋渔业水域、海上自然保护区和珍稀濒危海洋生物保护区。可以发现，地表水Ⅰ类中国家自然保护区及Ⅱ类中珍稀水生生物栖息地与海水第一类中海上自然保护区和珍稀濒危海洋生物保护区在水质要求上并无太大差异，从理论上讲，现行地表水标准中Ⅰ类和Ⅱ类水体与现行海水水质标准第一类水体在使用功能上是基本相同的，都是以保护水生生物、生物资源为目标，为了保护地表水和海水生物所栖息的环境不受人类活动的干扰，水质应尽可能保持天然理想状态。

项目设置方面，现行的《地表水环境质量标准》（GB 3838—2002）包括地表水环境质量标准基本项目、集中式生活饮用水地表水源地补充项目、集中式生活饮用水地表水源地特定项目。现行《海水水质标准》（GB 3097—1997）中水质项目只有一类，即海水水质标准项目，将营养盐、重金属、有机物、放射性核素等指标进行统一管理。

标准值设置方面，现行的《地表水环境质量标准》（GB 3838—2002）的主要依据是：Ⅰ类水体以美国水生生物慢性基准为依据；Ⅱ类水体以美国水生生物慢性基准和人体健康基准为依据，由于考虑了生物富集和生物链的影响，有“三致”作用（致突变、致癌、致畸）的 Hg、Cd 等指标严于饮用水卫生标准；Ⅲ类水体，以美国水生生物慢性基准和人体健康基准为依据，对降解性污染物指标适当放宽；Ⅳ类、Ⅴ类水体在进一步放宽可降解性污染物指标的同时，以美国水生生物急性基准为依据。因此，在Ⅳ类、Ⅴ类水体达标功能区内，不会发生公害和其他污染事故。现行的《海水水质标准》（GB 3097—1997）的主要依据是：第一类和第二类均从保护水生生物和人体健康角度出发，以水生生物的急慢性基准和人体健康基准为依据，同时考虑生物富集和生物链的影响，第一类更加侧重于水生生物的保护；第二类侧重于非接触的人体健康基准；第三类设置的原则为与人体健康无关的水体使用功能，经过常规净化可使用；第四类设置的原则为与人体健康无关的水体使用功能，且为了获得经济效益，牺牲局部环境效益，以不发生公害为管理目标。

2. 河口水环境质量评价指标分析

从历年河口水环境质量评价结果来看，自改革开放到现在，营养盐始终是河口主要的超标因子；90 年代起，重金属和持久性有机污染物被普遍检出，呈现逐年增加的趋势；进入 21 世纪后，典型持久性有机污染物、环境内分泌干扰物等被普遍检出，研究表明，经陆源污染入海的有毒有害物质已对我国河口环境质量构成潜在威胁。我国现行的《海水水质标准》（GB 3097—1997）仅涉及 39 种指标 33 种污染物，包括营养盐、重金属、放射性核素等；现行的《地表水环境质量标准》（GB 3838—2002）指标项目共计 109 项，包括地表水环境质量标准基本项目 24 项、集中式生活饮用水地表水源地项目 85 项。而美国所颁布的国家推荐水质基准中，按优先控制污染物、非优先控制污染物和感官效应的顺序，于 2002 年分别给出了 158 种污染物的淡水水质基准和海水水质基准，均远多于我国现行水质标准所规定的指标。

但是我国目前的评价指标体系中未包含浮游生物和底栖生物群落、富营养化和赤潮、滨海湿地等生态指标，也未包含稀释和冲刷能力（海湾、河口等）等水动力指标。而恰恰这些指标是近岸海域生态环境质量评价中必不可少的、最重要的评价指标。

1.3.6 国际经验启示

污染物通过各种物理、化学和生物过程在流域-河口-海域层面迁移，水环境中湖库、河流、河口、近岸海域等各个水体类型不是单一的个体，而是有机的整体，相互联系，相互影响，需要考虑对下游的保护。国际上的最新理论对构建我国基于水生态系统健康的河口水环境质量管理体系具有重要的借鉴意义。需特别强调的是，河口与地表水河流、湖泊、海洋在生态系统上存在迥异的响应模式，本书提供的水生态环境质量评价方法仅适用于河口水体单元。

1. 河口水生态系统健康与水质目标管理

21 世纪初，海洋学术界和管理界高度重视海洋管理，特别是美国的海洋政策委员会提出了一个新的海洋管理途径——基于生态系统的区域海洋治理（ecosystem-based regional ocean governance），在基于生态系统的区域海洋管理框架中，该途径是指在一个更广泛的生物物理环境的范畴内考虑人类的活动、对整个生态系统的潜在影响，这种途径注重以生态系统定义管理的边界，而不是在行政边界内考虑多重的人类活动。21 世纪初，流域水质目标管理是以水质目标为基础的管理技术模式，根本目的是保护生态系统健康和人体健康。世界上各个国家都以水质目标作为环境管理的基础，如美国《清洁水法案》（*Clean Water Act*）规定了恢复和维持美国水体的化学、物理与生物完整性。根据我国“分区、分类、分级、分期”的管理要求，通过实施水生态功能分区、水环境质量基准、水环境质量评价等技术科学确定水质目标，实现水环境质量的科学管理。根据对生态系统现状、各个组成部分之间的相互作用及生态系统面临的压力等方面的科学评估结果，全面、综合地管理可能对水环境产生影响的所有人类活动。目前，生态系统方式已经成为环境资源管理的主流思想，并最终提高到国家管理层面。

可见，一个健康的河口生态系统，从自然属性来说，整个生态系统是完整的、稳定的、可持续的，对外界不利因素具有较强的抵抗力；从社会属性来说，具有持续提供完善的生态系统服务功能，为人类社会提供饮用、灌溉和生产用水，以及提供食物、水电和运输、文化与娱乐的功能。

2. 水生态分区与河口水生态环境质量标准的相互关系

从整个地球系统来看，世界各大河口分布在热带、温带等不同地理气候区，河口生态系统类型多种多样，差异性显著。河口海岸生境的结构在很大程度上控制着生态系统的生产力和群落结构，水生态环境质量中各类指标具有明显的区域特征，因而在监测和评价中不能一刀切，应选择具有区域特征的评价指标和评价标准。20世纪70年代末，美国EPA指出水环境管理不仅要控制污染问题，还要强化对水生态系统结构与功能的保护，提出了水生态区划的概念。水生态区划方案一经提出，便得到美国管理部门的普遍认可和应用，特别是用于区域监测点位的选择和建立区域范围内受损水生态系统的恢复标准，将生境结构中受自然变化影响的生物波动与人为导致的退化区分开，并把人类活动对河口的不利影响降到最低，达到基于区域风险和脆弱性选择管理措施的目的，实现了水质管理从水化学指标向水生态指标管理的转变。自美国提出水生态区划的概念和方法之后，欧盟、澳大利亚等陆续提出要以水生态区划为基础确定水体的参照条件。水生态分区是流域水生态系统管理的基本单元，在环境管理中具有如下作用：了解各地区水生态系统基本特征与水生生物分布情况、识别生境特征及主要功能区、开展水生态健康评价与问题诊断、明确水生态功能类型及其重要性，确定水生态系统保护目标、实施水环境基准的基本单元、研究人类活动对水生态系统的影响，根据参照条件评估水体的生态状况，最终确定生态保护和恢复目标的水生态系统保护原则，制定针对性的资源利用、水生态保护与修复措施。

河口某个种或较高分类单元的生物由于遗传性和适应能力不同，在河口中具有不同的分布区。生存在某河口或海域内各种、属和科等生物的自然综合被称为生物区系。通常生物区系以自然地理区域来划分，因为在一个自然地理区域内，有其特殊的物理性状、生态性状等，然后才形成一定的生物区系。换句话说，一个生物区系，在一定的环境条件下产生了一定的组成成分，这就是区系中的动植物种类。河口与河流海洋生物对温度、海流、水团等环境因子的反应很不相同，要全部统一划分为河流或海洋生物区系的方案在目前是不合理的。在这样一个大背景下，本书提出了我国河口水生态分区体系，考虑到管理的便利性和可行性，河口水体单元的管理同样如河流一样依附于流域管理，本书聚焦为单个河口层面上的水生态分区，将在后续章节中进行分析。

3. 划定水体单元，实施分类分级分区，奠定河口水生态环境质量管理基础

在尊重自然规律的基础上，科学划定河口水体单元，对维护生态环境部、国家林业和草原局、水利部等相关部门在水环境中的有序管理意义重大。水体类型的划分是水质标准制定的前提和基础，尤其是针对生态类型指标，其重要性不言而喻。我国已在“十一五”和“十二五”期间，开始了相关探索工作，如国家科技重大专项“水专项”中的相关成果——《湖库水生态环境质量评价技术指南（试行）》以及《河流水生态环境质量评价技术指南（试行）》，已进行试点并开展业务化运行。实践证明，由于生境、水文水动力，以及生物优势种的差异，对湖库和河流分别制定相应的管理措施是合理的。目前，我国河口主要采用河海划界的方式进行管理，实际操作中往往随意性较大，容易造成管理上的混乱，还未形成独立水体单元单独管理。河口边界的确定是水体类型划分的关键，流域水生态区在管理应用中最突出的特点之一就是体现流域边界，因此在河口水生态分区中，美国具有统一的小流域划分技术规范，并依此对全国的小流域进行划分，在我国，小流域边界的划分没有技术规范，流域边界的提取主要依据汇水面积进行提取。这样，河口上下游的边界也需考虑将流域边界作为参考标准之一。

目前，我国水质标准体系中水体类型主要包括地表水、海水和地下水，过于宽泛，湖泊、河口等又需作为单独的水体类型进行管理。在此基础上，水体单元才能进行不同亚类的分类。对于河口，国际上河口分类学应用于水质管理中的总体发展趋势主要包括两个阶段。第一个阶段，以单纯基于地貌地形、盐度或水动力因子等物理学要素的河口分类，水动力要素考虑了河口的层化作用、环流作用、余流的作用；地形要素主要考虑了地形起源以及不同尺度的地理形态结构，如地质成因。第二个阶段，以基于因果效应理论的河口分类，针对环境压力负荷下物理化学生物响应相似性的河口归类（如河流主导型河口、潟湖型河口、峡湾型河口等），在进行分类时，将相似的河口分在一起，可以提高管理响应的预测性能，突显了不同水体类型风险管理的重要性。而河口分类又是基于河口边界划分的，对河口分类的科学性和合理性至关重要。

4. 河口水生态环境质量标准在我国水环境质量标准中的地位与作用

现行的《地表水环境质量标准》（GB 3838—2002）和《海水水质标准》（GB 3097—1997）均是为了保护确定的目标制定的，而保护目标又具体存在于不同使用功能的水体中。由于水域具有多种使用功能，也就有多种保护目标。因此，在明确了使用功能与保护目标之间的关系后，根据保护目标对水体使用功能进行归类，成为当时制定水质标准的首要任务。然而，随着科技的发展，发现两大水质标准均出现了保护目标与功能用途之间因果关系倒置的问题，这种以功能用途为依据的分级管理模式已明显制约了以保护生态环境质量为目标的水环境标准体系的发展。功能用途主要包括水生态和人类使用功能，集中体现在水生生态保护、水产养殖、工业用途、饮用水源地等。《地表水环境质量标准》GB 3838—2002 与 GHZB 1—1999 相比，GB 3838—2002 避免了 GHZB 1—1999 中把水生生物、水体生态功能以及饮用水源地水质保护要求综合考虑而造成的标准偏严或偏宽，以单值体系的形式设置了集中式生活饮用水地表水源地补充项目和特定项目，无疑是我国水质标准中功能用途划分的一大进步，然而，这远远不够。对于强调水生态系统和人体健康的地表水与海水水质标准来讲，水生生物水质基准标准是评定娱乐景观、农田灌溉等功能用途的一个方面。换言之，保护水生生物用途应在我国水环境质量标准体系中作为单一保护要求进行管理。由于现行《地表水环境质量标准》（GB 3838—2002）和《海水水质标准》（GB 3097—1997）在标准值设置上存在人体健康基准和水生生物基准相互交叉，没有充分考虑到生态类指标设置需求，不利于维护水生态系统的结构和功能等。需重新构建两大标准体系基于不同保护水平的水生态系统及对应的环境功能类别，即以水生态系统作为水体分级基础，对水质的要求既需满足功能用途标准，又需达到保护水生态系统的目的。

河口具有独特的水生态系统：①亟待作为一个独立的水体单元进行管理，共同作为我国水环境质量（地表水、地下水、河口水体、海水）管理的重要部分，建立独立的评价指标和方法体系，建议与现行的《地表水环境质量标准》（GB 3838—2002）和《海水水质标准》（GB 3097—1997）结合起来使用；②河口水质标准的确定应能够反映污染物压力与生态响应之间的关系，并为下游总量控制、限制标准的出台提供约束；③突出河口区在我国水质标准体系中重要的“承上启下”作用，海洋作为污染物最终受纳水体，标准的制定建议考虑以海定陆、以下游约束上游的思想，从保护良好海水水质出发，逐级设置海水—河口—地表水环境质量标准，以便实现多个标准在河口区水质管理中的良好过渡，最终达到陆海统筹，实现海洋可持续发展。

5. 建立河口水环境质量评价方法，科学反映水环境质量现状及变化趋势

河口水环境质量评价是按照一定的评价标准，运用一定的评价方法对某一区域的环境质量进行评价和预测。相比于国际发展趋势，我国河口水环境管理水平相对滞后，仅限于水质指标的监测评价，从评价指标结构来看，由于我国的水环境质量标准以水化学指标为主，缺乏生物类群项目，对水环境的重要组成部分——水生生物质量的评价尚处于空白状态，造成无法表征水生态系统对水质变化的响应关系，不能全面反映水体生态状况，导致我国的环境保护工作一直都是在充满矛盾和效果不理想的状态下运转。生物指标能直接度量固有水生物种在环境受污染时的反应，这类指标与理化指标是相辅相成的。水环境质量评价方法也存在若干问题，以单因子评价法为主，要素单一，不能反映水生态系统的健康状况。因此难以满足我国未来水环境管理的需求，严重制约着我国水环境管理工作的进一步发展。国家环保部门已经在“十一五”期间开展了水生生物监测与评价的相关工作，并部分应用到实践中。

“十一五”和“十二五”期间，我国开展了河流生态系统健康评价方法研究，重点强调河流物理-化学-生物完整性，采用人为判读和打分方式进行，直接对河流的物理生境和水文生境进行评估，对分析河流目前受到的人为活动干扰程度、了解生态系统的退化诊断、采取恢复措施具有重要意义。虽然生态完整性评价有一定的积极作用，但是如何有效地与水环境管理相结合，尤其是与水环境质量标准的制定、修订过程和评价方法形成统一的共识，仍然需要从河口实际生态特征出发。考虑与国际的差距，借鉴相关经验，本书将着重从管理层面重点考虑生态分区、基准、现行标准、评价方法在河口的衔接等相关内容。

1.4 研究思路

我国海岸线长，入海河口众多，仅河流长度在 100km 以上的河口就有 60 多个，许多河口都具有鲜明的特色。本研究选择我国 3 个典型河口（北方出现冰封现象的大辽河口、超大型河流的长江口、南方海湾型的九龙江口），基于历史资料的统计分析并结合现状调查结果，通过分析入海河口水文、水动力、水质、沉积物以及生物群落的空间分布特征，来阐明河口水生态系统的长期演变过程与规律；通过研究河口物理过程、生物地球化学过程和生态过程之间的耦合机制，来辨析自然变化和环境污染对河口生态系统结构与功能的影响；综合考虑分区的科学性与管理上的便利性，来开展入海河口区水环境管理分区技术方法研究；通过统筹《地表水环境质量标准》（GB 3838—2002）与《海水水质标准》（GB 3097—1997），建立符合我国国情的河口区水环境质量评价指标体系，研究各类指标标准值的制定原则、制定流程与制定方法，来初步构建河口区水环境质量评价体系，探索河口区水环境质量应用与管理模式，以期实现《地表水环境质量标准》（GB 3838—2002）与《海水水质标准》（GB 3097—1997）的有效衔接。

本研究采取的技术路线如图 1-4 所示。

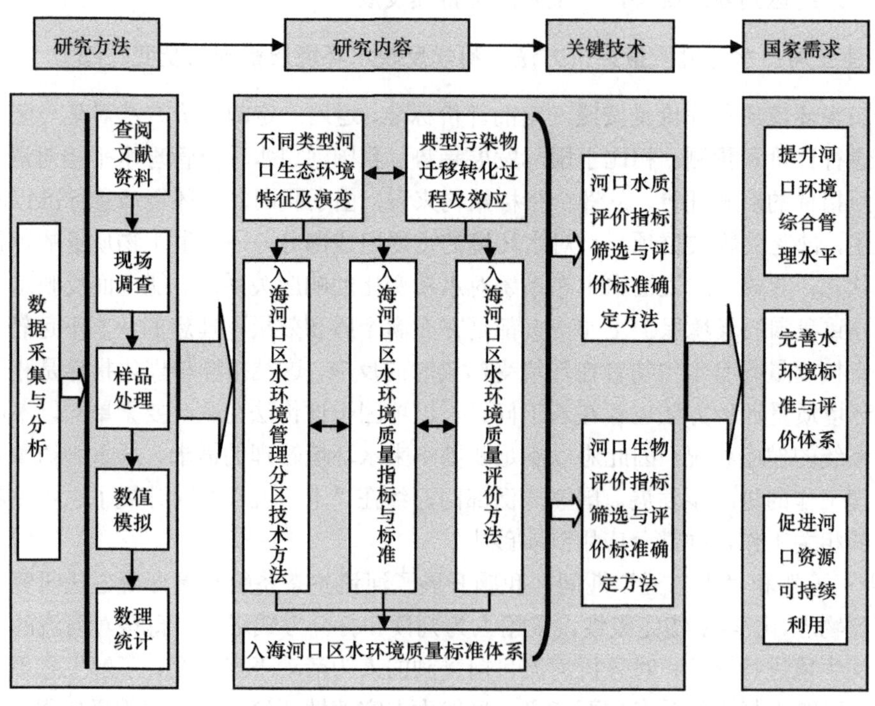

图 1-4 “入海河口水质标准与水环境质量评价方法研究”技术路线

第 2 章　我国典型河口生态环境特征

针对我国数量众多、时空变化剧烈的河口环境，科研工作者在资源开发和河口治理方面已经做了许多研究工作，实例甚多，但对不同河口之间的比较综合研究尚不深入，限制了人们对河口过程的深入认识。本章选择我国 3 个典型河口——北方出现冰封现象的大辽河口、超大型河流的长江口及南方海湾型的九龙江口，分析各河口水文、水动力、水质、沉积物及生物群落的空间分布特征，阐明河口水生态系统的长期演变过程与规律。

2.1　大 辽 河 口

2.1.1　区域概况

大辽河口（北纬 40°40′～41°01′，东经 122°05′～122°26′）位于辽宁省东南部，由浑河与太子河汇合后自营口市入海，全长 95km。大辽河口为三角洲河口，按动力特征可划分为缓混合型陆海相河口。大辽河口所处地质构造单元为中朝准地台华北断坳下大辽河断陷带内。地层主要由粉质黏土、砂层和黏性土组成，岩土排渗能力弱，地下水位较浅。

大辽河口平均气温 8.9℃，7 月最高，为 24.8℃，1 月最低，为–9.4℃，累年年较差为 34.2℃。累年年平均降水量为 667.4mm。累年年平均蒸发量为 1616.0mm。辽河口蒸发量的季节变化非常明显，夏季高温，蒸发量大，平均为 615mm；冬季寒冷，蒸发量小，平均为 173mm。多年平均水温 11.3℃。多年月均水温季节性变化非常明显，春季 4 月和 5 月分别为 9.1℃和 16.1℃；夏季升温明显，6～8 月为 21.6～25.6℃。秋季（9 月、10 月、11 月）表层水温急剧下降，9 月平均为 20.6℃，11 月则降至 4.7℃，冬季（12 月，1～3 月），各月表层水温降至–1.5～2.1℃。辽东湾顶部 11 月中下旬结冰，翌年 3 月中下旬终冰，冰期 80～130 天。1 月下旬进入严重冰期，严重冰期约 30 天。

辽河和双台子河多年平均流量分别为 $4.66\times10^9m^3$ 和 $3.95\times10^9m^3$。两河流多年平均入海水量约 $9.0\times10^9m^3$。径流量季节变化非常明显，夏季 8 月最大，辽河为 $1.37\times10^9m^3$，双台子河为 $1.28\times10^8m^3$；冬季（2 月）辽河和双台子河分别为 $0.5\times10^8m^3$ 和 $0.12\times10^8m^3$。辽河口属于非正规半日潮。受径流和河道地形影响，存在潮汐日不等现象。潮差由口外向上游减小，三道沟平均潮差为 2.89m，四道沟平均潮差为 2.71m。逐年平均海平面变化小，在 10cm 以内。辽河口潮流占海流的绝对优势，涨潮流流向呈北东或北北东向，落潮流流向呈南西或南南西向。平均流速一般 40～60cm/s，最大实测流速 130cm/s。潮流性质以正规半日潮流为主，落潮流历时大于涨潮流历时，越靠近港口或航道附近，落潮流历时越长。潮流主要方向与 M^2 优势分潮流椭圆长轴走向一致。

太子河平均含沙量为 $0.61kg/m^3$，年最大输沙量为 4.41×10^6t，年最小输沙量为 3.92×10^5t，

年平均输沙量为 1.73×10^6t。邢家窝堡水文站 26 年水文资料显示，平均含沙量为 $0.53kg/m^3$，年最大输沙量为 5.35×10^6t，年最小输沙量为 6.52×10^4t，年平均输沙量为 1.30×10^6t。计算得出，大辽河年输沙量为 3.03×10^6t。

2.1.2 河口理化特征

2.1.2.1 调查及分析方法

根据大辽河口的环境特征，河段区域布设线状站位，河口近海区域布设辐射条状站位。研究区域内共设置站位 30 个，其中近河端 17 个站位，近海端 13 个站位（图 2-1）。研究期间，分别于 2013 年 5 月、8 月、11 月开展春季、夏季、秋季大辽河口野外生态调查的水体理化性质现场测定、取样测试等工作。

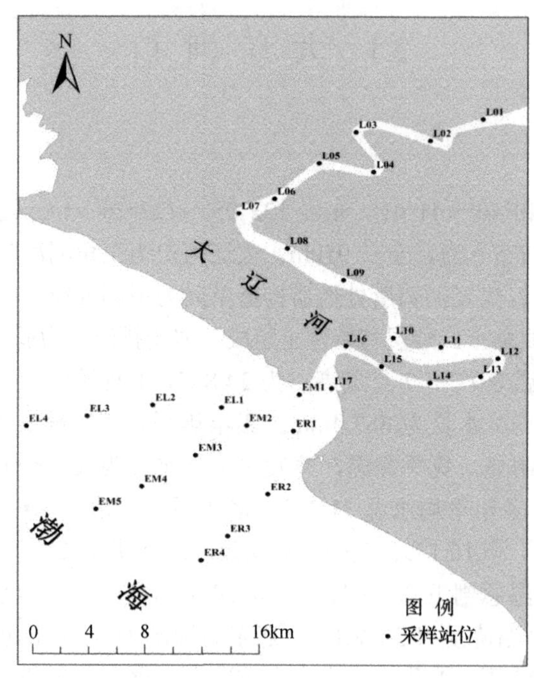

图 2-1 大辽河口采样站位示意图

调查中借助温盐深仪（CTD）、水质分析仪（YSI）及相关便携式仪器现场测定水深、水温、盐度、浊度、DO 浓度、pH 等环境参数。现场采集表层和底层水样，并冷冻保存带至实验室测定水体中的营养盐浓度、COD 浓度、固体悬浮物（SS）浓度、石油类浓度等环境参数，而沉积物则是选取 500g 表层底泥，用锡箔纸包裹后装入密封袋冷冻保存，并带至实验室测定有机污染物及重金属的浓度。上述项目的分析均按《海洋监测规范》（GB 17378—2007）、《海洋调查规范》（GB/T 12763—2007）、《水和废水监测分析方法》（第四版）中的标准方法进行。本研究中，COD 值均以高锰酸钾（$KMnO_4$）作为化学氧化剂进行测定。

2.1.2.2　水文特征

1. 盐度

春季盐度为 0.27～22.70，其中近河端盐度均值为 0.27，近海区变化较为明显，为 10.00～22.70；夏季为 0.00～20.44，其中近河端盐度比较稳定，均在 1.00 以下，近海区盐度急剧上升，为 12.00～20.44；秋季为 0.00～22.86，其中近河端盐度均值为 0.64，近海区盐度变化明显，为 9.20～22.86。3 个季节相比，秋季较夏季高，这与秋季降水量比较低、河流径流量减小、海水内侵有关（图 2-2）。

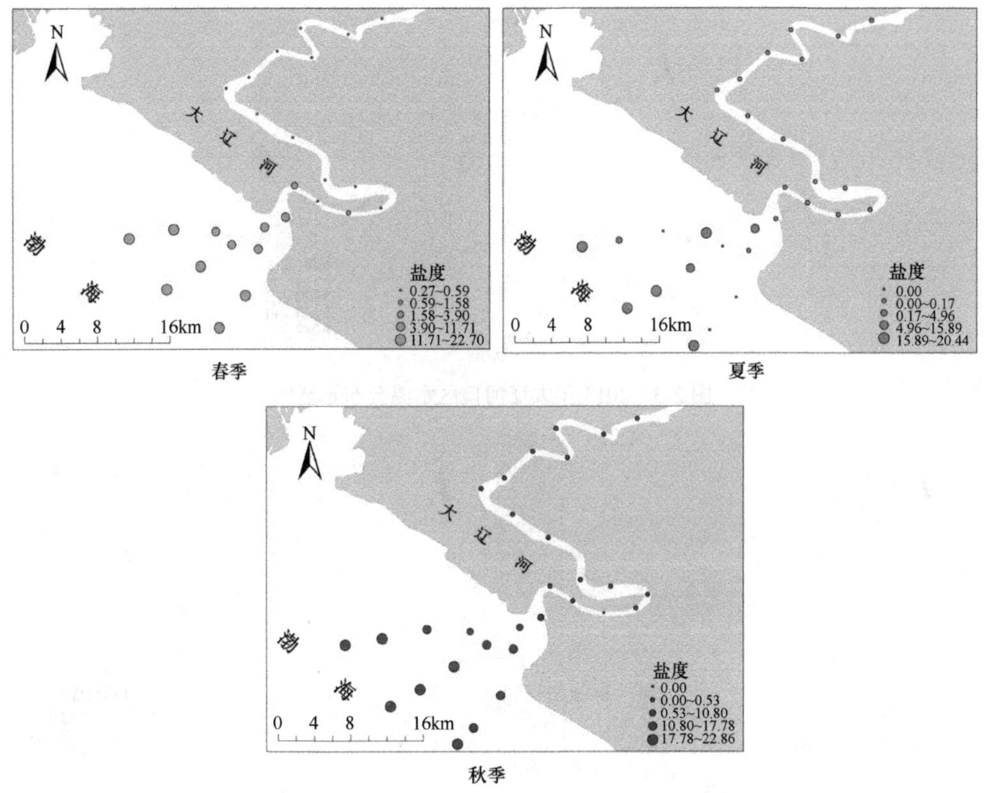

图 2-2　2013 年大辽河口区盐度分布示意图

范围自动划分，默认模式。全书下同

2. 水温

春季水温为 14.27～18.46℃，平均 16.8℃，各站位之间变化不显著；夏季为 23.96～26.99℃，平均 25.1℃；秋季为 4.35～7.18℃，平均 5.8℃。随着日照时间增加，水温呈略微上升趋势，夏季整体上淡水段的水温略微低于海水段的水温（图 2-3）。

3. 溶解氧

春季溶解氧（DO）浓度为 5.06～9.33mg/L，平均 6.56mg/L；夏季为 6.80～8.11mg/L，平均 7.46mg/L；秋季为 8.90～12.00mg/L，平均 10.70mg/L。不同季节之间相比较，夏季的水体 DO 浓度最低，秋季和春季水体 DO 浓度相对较高，淡水与海水交汇处属于低氧区（图 2-4）。

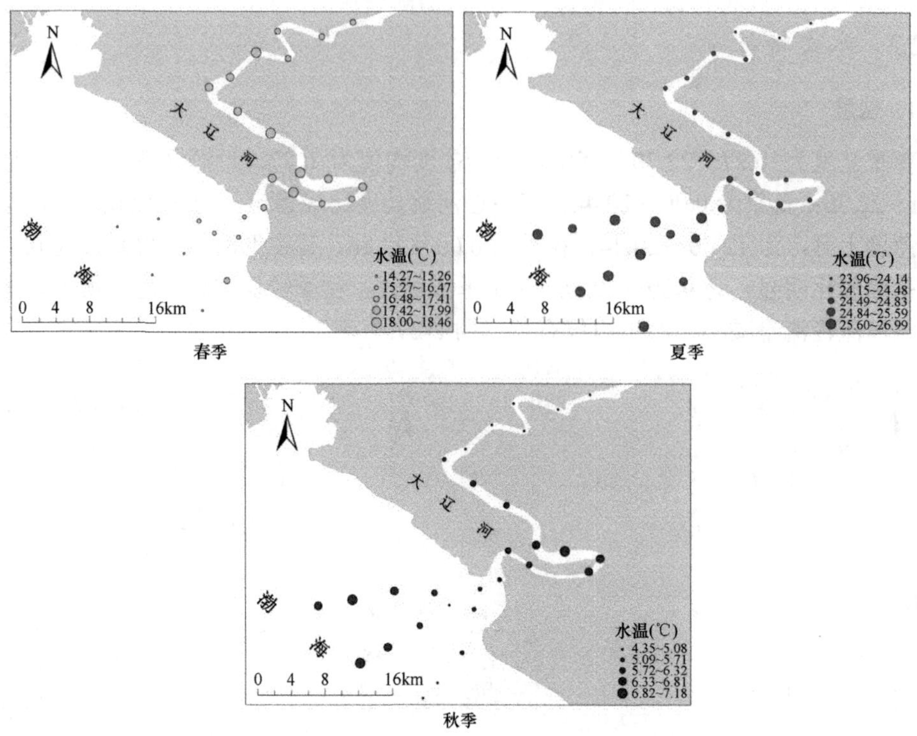

图 2-3 2013 年大辽河口区水温分布示意图

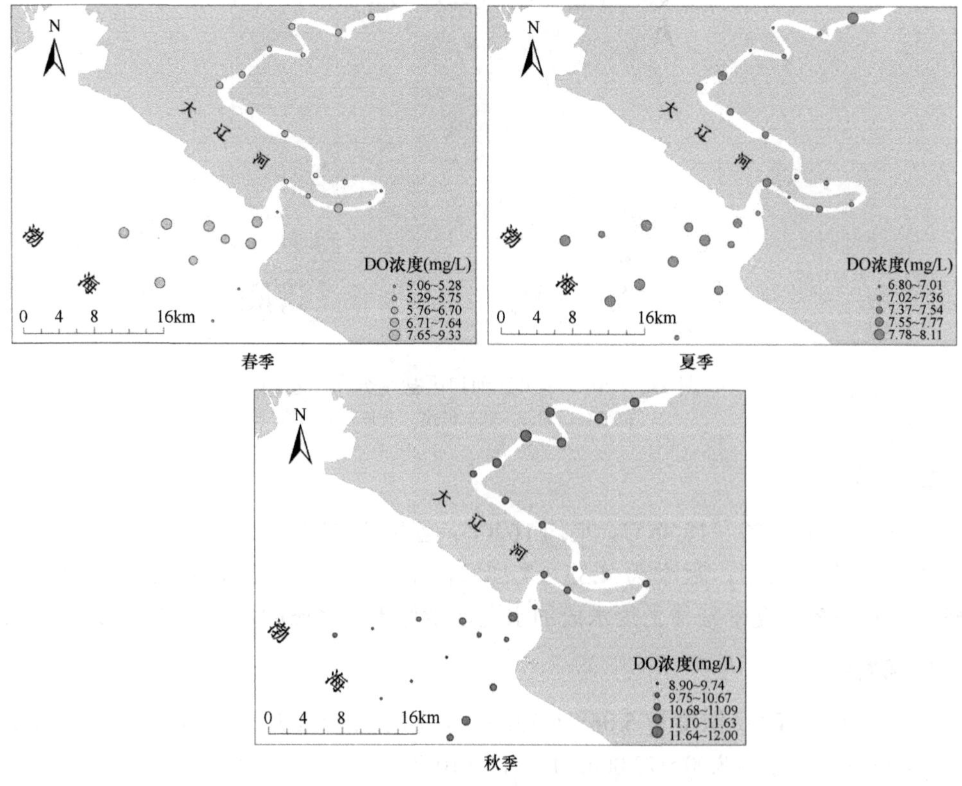

图 2-4 2013 年大辽河口区 DO 浓度分布示意图

4. pH

春季 pH 为 7.04～8.07，平均 7.68；夏季为 6.80～8.11，平均 7.52；秋季为 7.25～8.35，平均 7.89。

2.1.2.3　营养盐特征

1. 硅酸盐

春季硅酸盐（SiO_3-Si）浓度为 0.5～3.3mg/L，平均 2.2mg/L。夏季 SiO_3-Si 浓度为 2.8～7.1mg/L，平均 5.2mg/L；近河端浓度差异不显著，从近河端到近海区呈现浓度下降的趋势。秋季 SiO_3-Si 浓度为 3.3～15.4mg/L，平均 9.7mg/L，近河端较近海区的浓度高，变化趋势明显。3 个季节中，春季的浓度最低，秋季最高，呈现明显的季节性变化（图 2-5）。

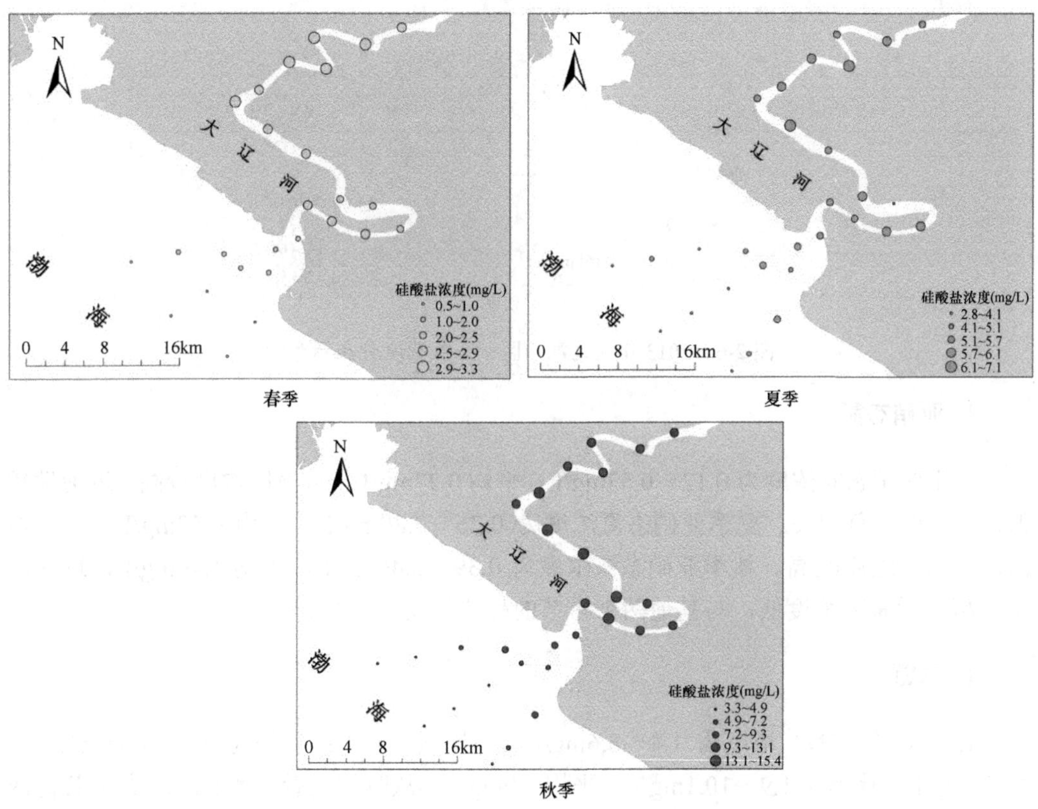

图 2-5　2013 年大辽河口区硅酸盐浓度分布示意图

2. 硝态氮

春季硝态氮浓度为 0.8～4.2mg/L，平均 2.96mg/L，近河端硝态氮浓度较高，随着盐度的升高，硝态氮有降低的趋势。夏季硝态氮浓度为 2.5～4.9mg/L，平均 3.84mg/L，各个站位没有显著差异，也没有出现与春季类似的状况。秋季硝态氮浓度为 1.3～5.8mg/L，平均 4.20mg/L，分布呈现梯度变化，近河端浓度较高，近海区浓度较低（图 2-6）。

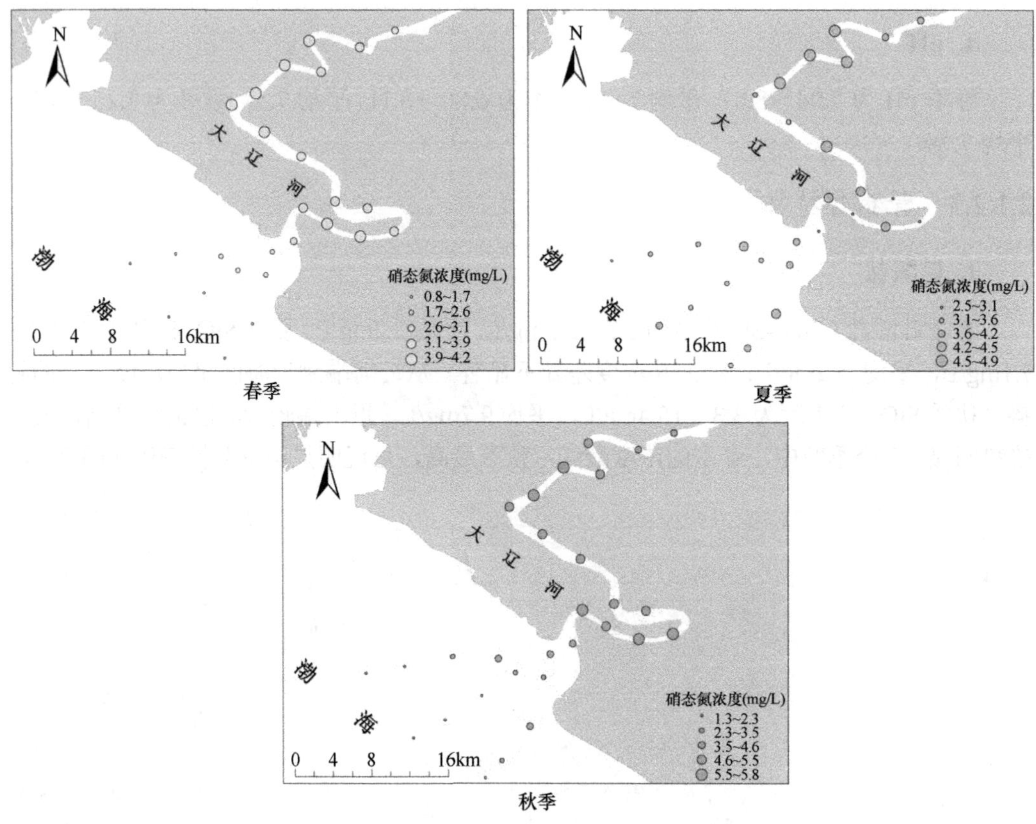

图 2-6 2013 年大辽河口区硝态氮浓度分布示意图

3. 亚硝态氮

春季亚硝态氮浓度为 0.12～0.53mg/L，平均 0.27mg/L，近海区浓度较高，近河端较低，与盐度呈负相关。夏季亚硝态氮浓度为 0.26～0.80mg/L，平均 0.52mg/L，近河端浓度较低，近海区高。秋季亚硝态氮浓度为 0.39～2.46mg/L，平均 1.40mg/L，近河端浓度高，近海区浓度低，与其他两个季节的趋势相反（图 2-7）。

4. 总氮

春季总氮（TN）浓度为 1.4～8.6mg/L，平均 5.7mg/L；夏季为 3.7～7.8mg/L，平均 6.1mg/L；秋季为 1.9～10.1mg/L，平均 7.0mg/L。从时间上看，秋季浓度高于其他两季；从空间上看，浓度呈梯度分布，随着盐度的增加有下降的趋势（图 2-8）。

5. 活性磷酸盐

夏季活性磷酸盐（PO_4-P）浓度为 0.008～0.021mg/L，平均 0.013mg/L，近河端和近海区没有显著差异；秋季为 0.006～0.014mg/L，平均 0.010mg/L，近河端浓度略高于近海区（图 2-9）。

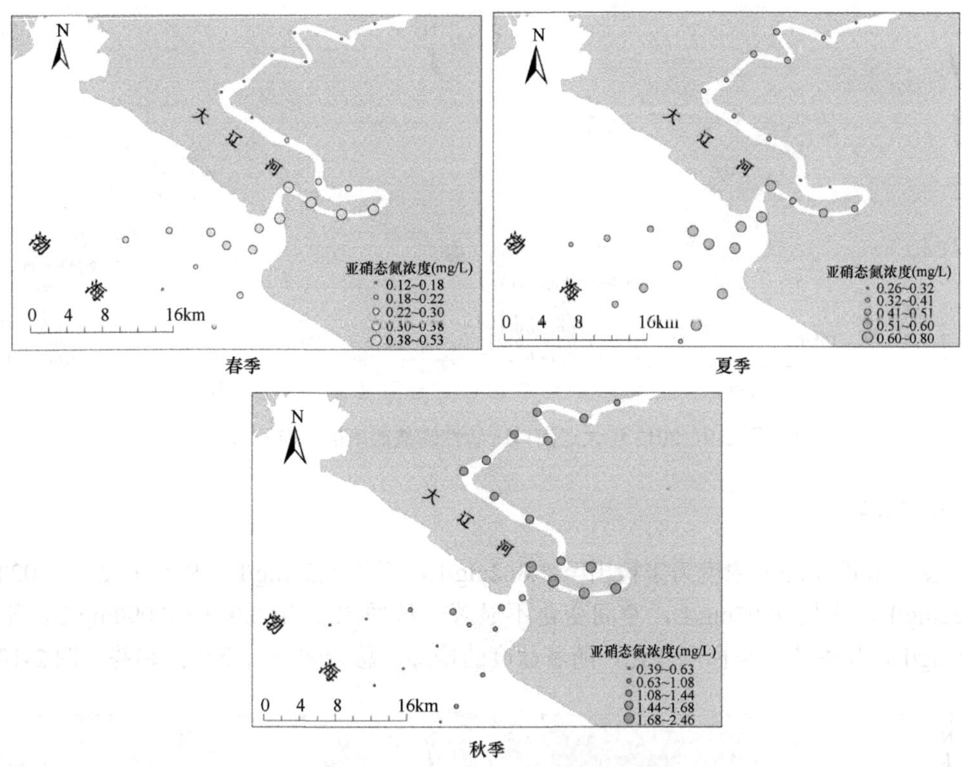

图 2-7　2013 年大辽河口区亚硝态氮浓度分布示意图

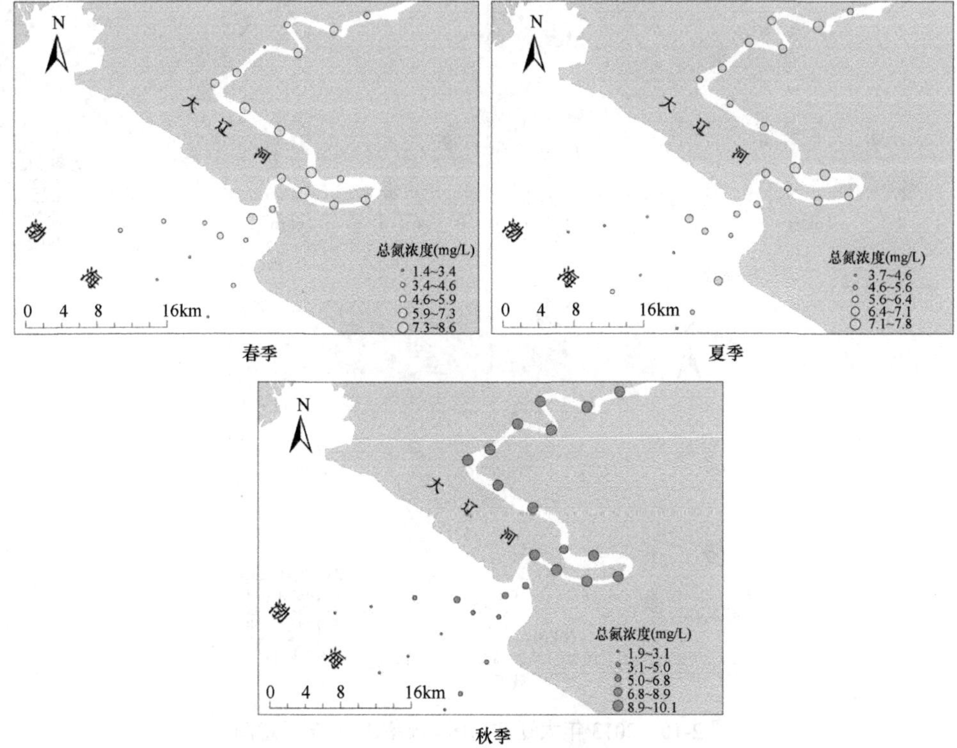

图 2-8　2013 年大辽河口区总氮浓度分布示意图

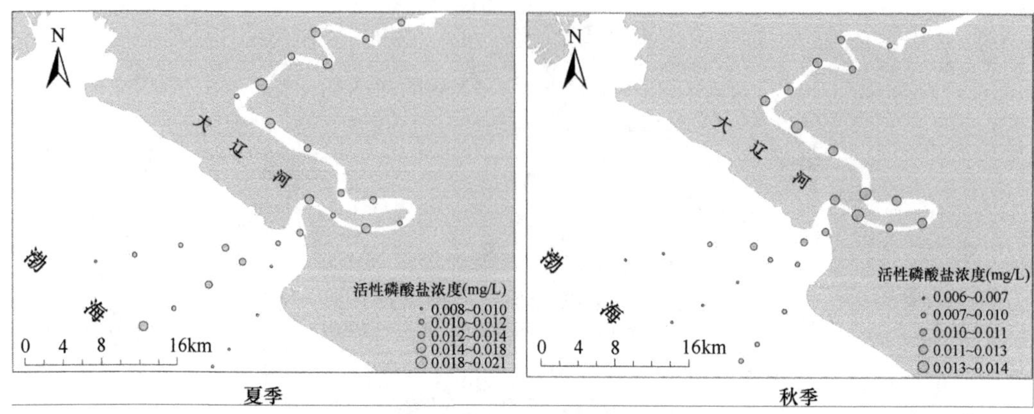

图 2-9 2013 年大辽河口区活性磷酸盐浓度分布示意图

6. 总磷

春季总磷（TP）浓度为未检出至 3.862mg/L，平均 0.32mg/L；夏季浓度为 0.023～0.322mg/L，平均 0.07mg/L，空间变化不显著；秋季浓度为 0.023～0.090mg/L，平均 0.05mg/L，秋季浓度呈梯度变化，随着盐度的增加，总磷浓度有下降的趋势（图 2-10）。

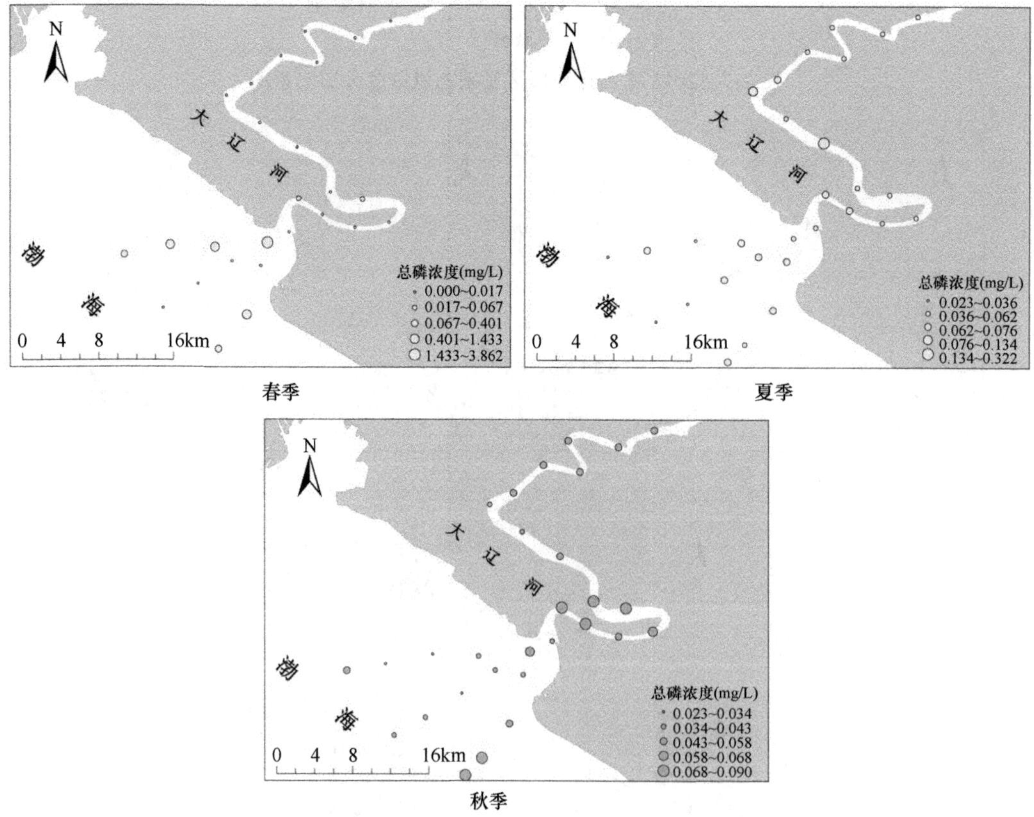

图 2-10 2013 年大辽河口区总磷浓度分布示意图

总体上来看，从近河端至近海区，大辽河口 N 和 P 浓度的变化趋势为逐渐降低：近河端 TN 和 NO_3 浓度较高，近海区较低，说明溶解无机氮（DIN）从河流进入海域后迅速降到较低的水平。另外，口外海域的东支各站 TN 和 DIN 浓度高于西支各站，反映出辽东湾东岸的工业、生活排污对大辽河口海域影响较大。

2.1.2.4　重金属特征

1. Cu

春季 Cu 浓度为未检出至 0.49μg/L，平均 0.30μg/L；夏季浓度为 0.78～3.57μg/L，平均 1.57μg/L，从空间分布来看，浓度变化不大；秋季浓度为 1.18～23.43μg/L，平均 2.67μg/L。3 个季节相比，夏季和秋季差异不大，春季浓度最低（图 2-11）。

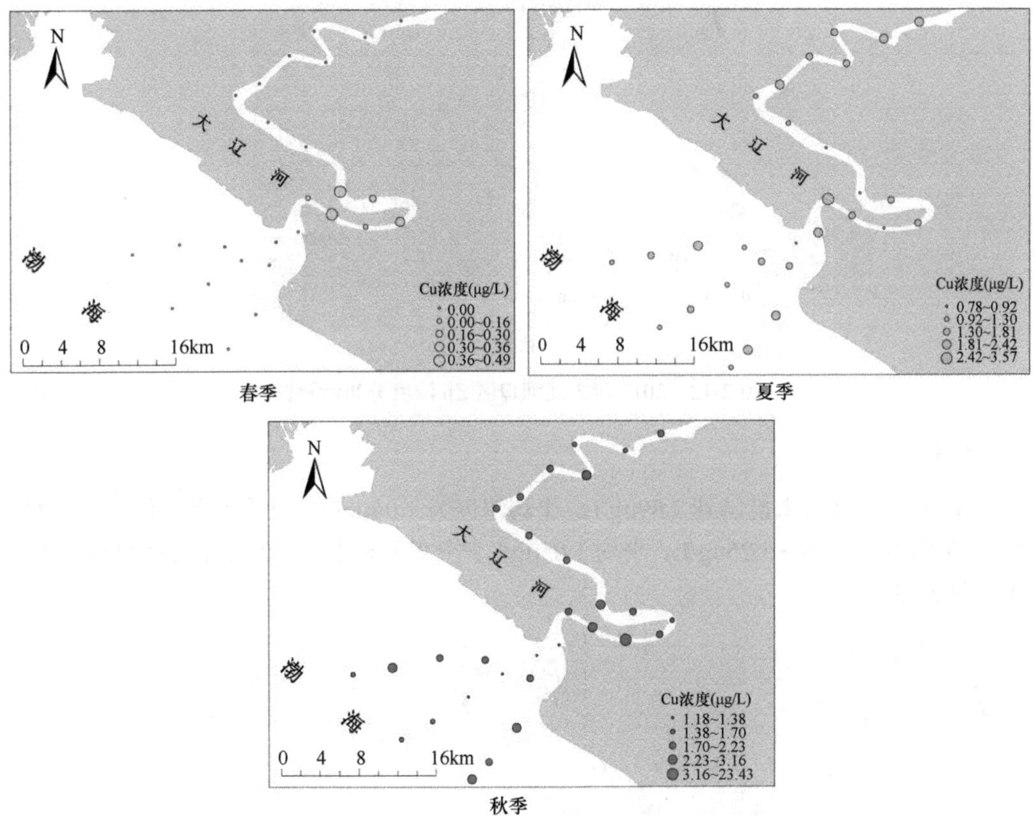

图 2-11　2013 年大辽河口区 Cu 浓度分布示意图

2. Zn

春季 Zn 浓度为 2.34～121.80μg/L，平均 25.43μg/L，近河端浓度相对稳定，近海区上升较大，说明口外海域 Zn 污染严重；夏季浓度是未检出至 65.48μg/L，平均 25.46μg/L，近海区浓度低于近河端；秋季浓度为 6.52～32.05μg/L，平均 18.67μg/L，近河端浓度略高于近海区。整体上，大辽河口秋季 Zn 浓度分布较为均匀、波动不大，春季近河端与近海区浓度差异显著（图 2-12）。

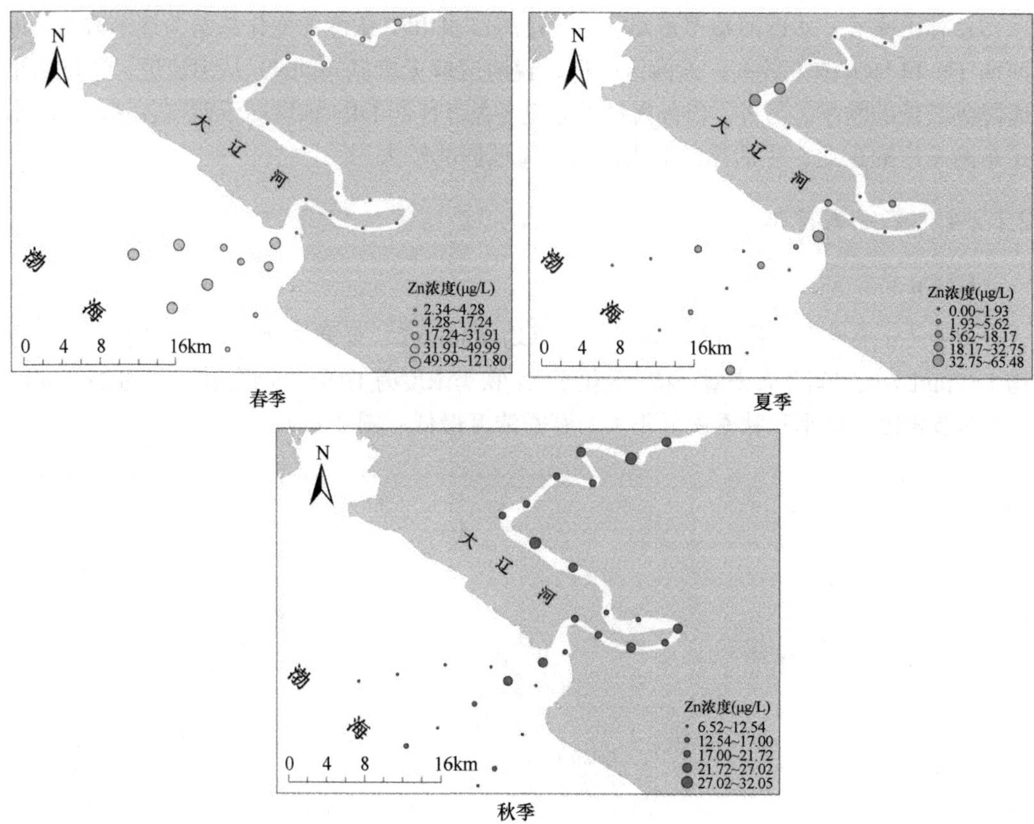

图 2-12　2013 年大辽河口区 Zn 浓度分布示意图

3. Cr

春季 Cr 浓度为未检出到 2.89μg/L，平均浓度为 1.04μg/L。夏季各个站位未检出 Cr。秋季 Cr 浓度为 0.10～3.25μg/L，平均 1.05μg/L。空间分布上，近河端浓度明显低于近海区（图 2-13）。

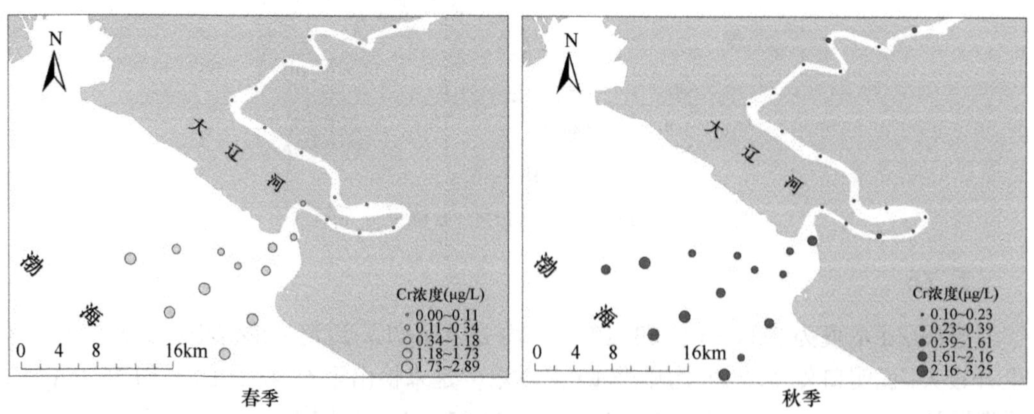

图 2-13　2013 年大辽河口区 Cr 浓度分布示意图

4. Cd

春季 Cd 浓度为 0.06～0.77μg/L，平均 0.23μg/L；夏季浓度为未检出至 0.48μg/L，平均 0.09μg/L，近河端与近海区的浓度变化不大；秋季浓度为 0.01～0.41μg/L，平均 0.12μg/L，近海区浓度高于近河端。从时间上来看，春季 Cd 的浓度高于夏季和秋季（图 2-14）。

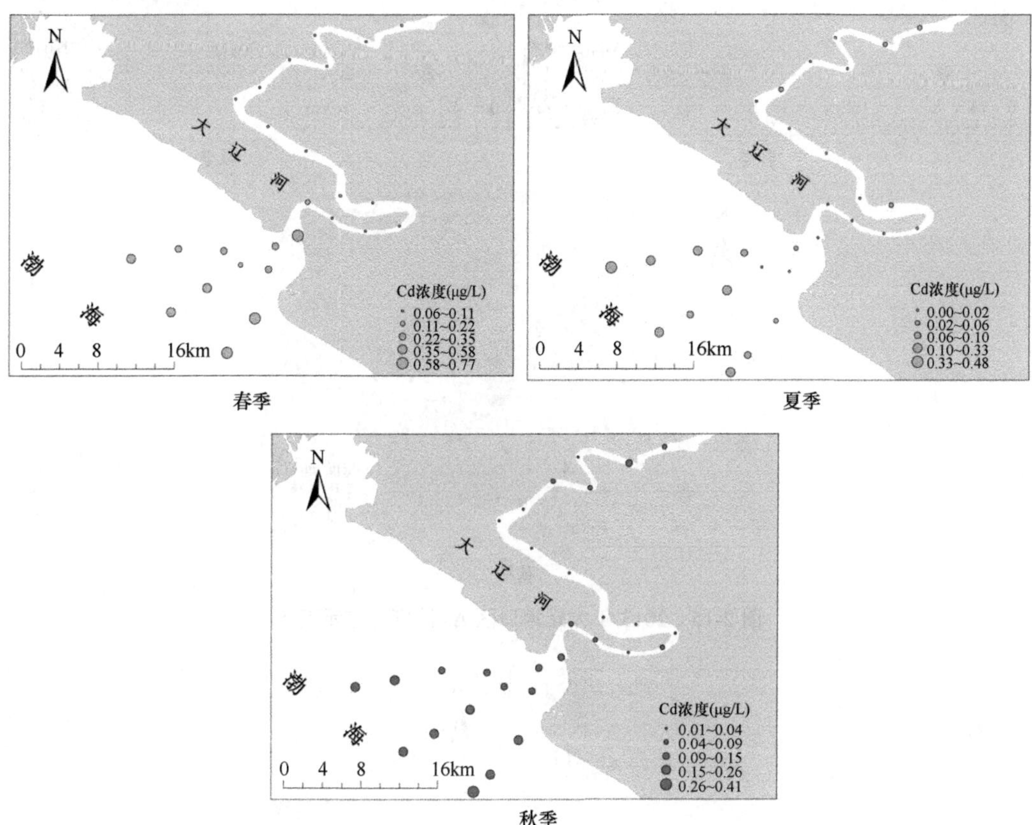

图 2-14　2013 年大辽河口区 Cd 浓度分布示意图

5. As

春季 As 浓度为 0.52～27.72μg/L，平均 8.60μg/L；夏季浓度为 1.60～6.91μg/L，平均 2.78μg/L；秋季浓度为 2.18～56.44μg/L，平均 17.78μg/L。从时间上来看，秋季 As 浓度高于夏季和春季；从空间上来看，从近河端到近海区 As 浓度呈现上升趋势，其中春季增幅最大，达 45 倍（图 2-15）。

6. Pb

春季各个站位均未检出 Pb。夏季 Pb 浓度为 0.17～10.31μg/L，平均 1.26μg/L。秋季浓度为未检出至 10.75μg/L，平均 0.60μg/L。从时间上来看，秋季 Pb 浓度最高值高于夏季；从空间上来看，夏季和秋季近河端和近海区 Pb 浓度无显著差异（图 2-16）。

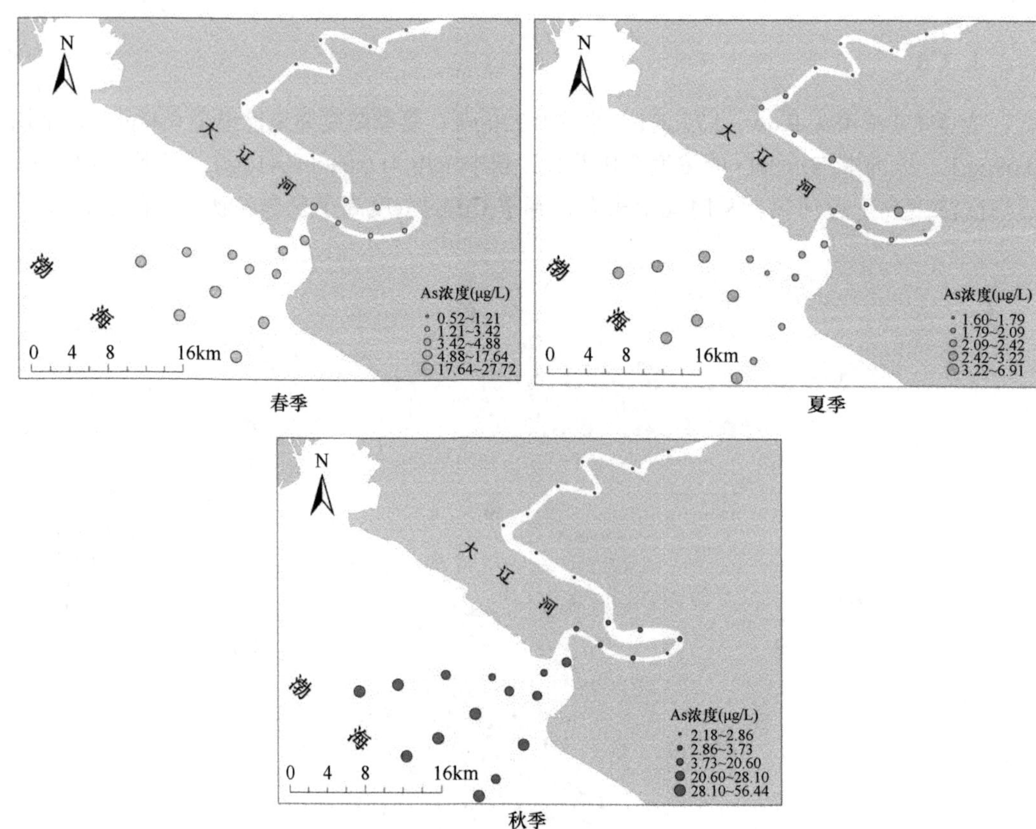

图 2-15 2013 年大辽河口区 As 浓度分布示意图

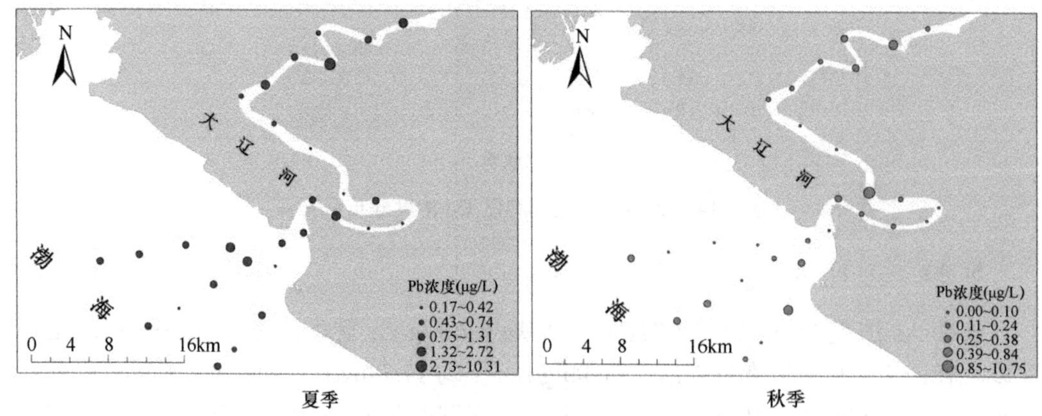

图 2-16 2013 年大辽河口区 Pb 浓度分布示意图

2.1.3 生物群落特征

2.1.3.1 调查及分析方法

1. 样品采集

分别于 2013 年 5 月、8 月进行春季和夏季大辽河口野外生态调查的生物群落特征测定、取样分析等，调查站位同水体理化性质调查站位，详见图 2-1。

（1）浮游生物

采用浅水 I 型和浅水 II 型浮游生物网由底到表垂直拖网对浮游动物进行定量、定性采集；用有机玻璃采水器采集表层水对浮游植物进行定量采集，采集后的样品用 5%的福尔马林固定后带至实验室进行分类、计数。

（2）大型底栖动物

采用面积为 0.05m^2 的抓斗式采泥器取样，每站取 3 个重复样，随后采用 0.5mm 孔径的网筛对大型底栖生物分选，所得样品用 75%的乙醇现场固定。大型底栖动物样品分类、计数、称重等在实验室内进行。

2. 数据分析

（1）群落结构指数

采用单变量群落结构指数来指示群落特征，主要包括 Shannon-Wiener 多样性指数（H'）、Pielou 均匀度指数（J）、Margalef 丰富度指数（d）、优势度指数（Y）等。一般来说，指数值越高，群落稳定性越强。

（2）生物群落结构分析

主要采用英国普利茅斯海洋研究所（University of Plymouth's Marine Institute）开发的 Primer 6.0 及 SPSS 18.0 软件包中的相关程序进行，同时采用 Surfer 7.0 和 ArcGIS 9.3 软件绘制平面分布图（克里金空间插值法）。群落结构分析采用非度量多维尺度分析（nMDS）。

为了减少机会种对大型底栖动物群落结构的干扰，删除总栖息密度中比例小于 1%的物种，保留其中在任一站位的相对栖息密度大于 3%的物种，再利用 Primer 软件进行多维尺度分析（MDS）并绘制 ABC 曲线。

原始栖息密度数据经四次方根转换后，以 Bray-Curtis 相似性为基础构建相似性矩阵（add dummy variable；添加虚拟变量值 1），再采用等级聚类分析将样点逐级连接成组（group-average-linkage），通过树枝图来表示群落结构。MDS 时按照样点间的非相似性等级顺序将样点放入标序图中。在聚类分析的基础上，应用相似性分析检验各聚类组之间物种组成的差异。采用相似性百分比分析计算各底栖动物对样本组间差异性和组内相似性的平均贡献率。

2.1.3.2　浮游植物

1. 物种组成

春季，调查水域共鉴定出浮游植物 8 门 115 种，群落组成以绿藻门、硅藻门、蓝藻门为主。其中，绿藻门占绝对优势，为 50 种，占 43.48%；其次为硅藻门（39 种），占 33.91%；蓝藻门 10 种，占 8.70%；裸藻门 7 种，占 6.09%；甲藻门 4 种，占 3.48%；金藻门 3 种，占 2.61%；黄藻门 1 种，占 0.87%；隐藻门 1 种，占 0.87%。常见种类有色球藻（*Chroococcus* spp.）、小环藻（*Cyclotella* spp.）、尖尾裸藻（*Euglena oxyuris*）、脆杆藻（*Fragilaria* sp.）、裸甲藻（*Gymnodinium* spp.）、二形栅藻（*Scenedesmus dimorphus*）等（图 2-17）。

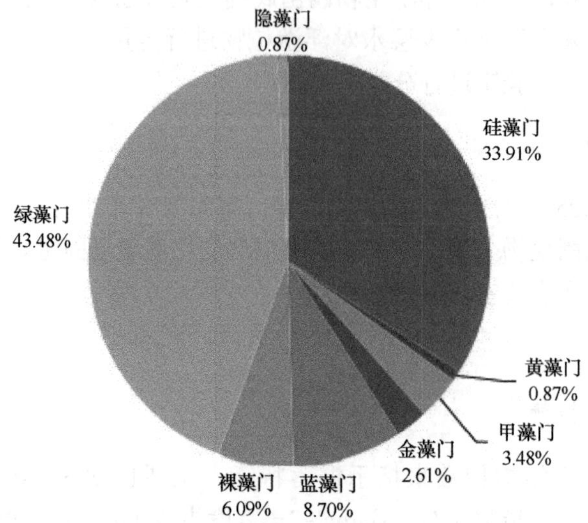

图 2-17　2013 年大辽河口春季浮游植物种类组成（彩图请扫封底二维码）

加和不是 100%是由于数据修约所致，本章余同

夏季，调查水域共鉴定出浮游植物 7 门 110 种，群落组成以硅藻门、绿藻门、蓝藻门为主。其中，硅藻门占绝对优势，为 51 种，占 46.36%；其次为绿藻门（36 种），占 32.73%；蓝藻门 14 种，占 12.73%；甲藻门 5 种，占 4.55%；裸藻门 2 种，占 1.82%；黄藻门 1 种，占 0.91%；隐藻门 1 种，占 0.91%。常见种类有颗粒直链藻（*Melosira granulata*）、脆杆藻、小环藻、肘状针杆藻（*Synedra ulna*）、菱形藻（*Nitzschia* spp.）等（图 2-18）。

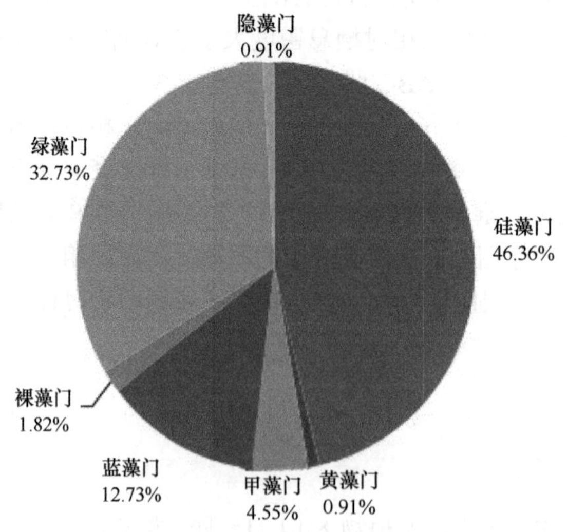

图 2-18　2013 年大辽河口夏季浮游植物种类组成（彩图请扫封底二维码）

2. 时空分布

（1）物种数

春季，调查海区浮游植物物种数为 0～43 种，平均 27.82 种。其中，高值区出现在田庄台上游水域，物种数 38 种以上；田庄台至大辽河公园附近河端，物种数在 30 种左右，且平面分布较均匀。夏季，调查海区物种数为 0～32 种，平均 21.4 种。其中，高值区出现在田庄台下游水域，物种数 30 种以上；田庄台至大辽河公园附近河端，物种数 20 种以上，且平面分布较均匀（图 2-19）。

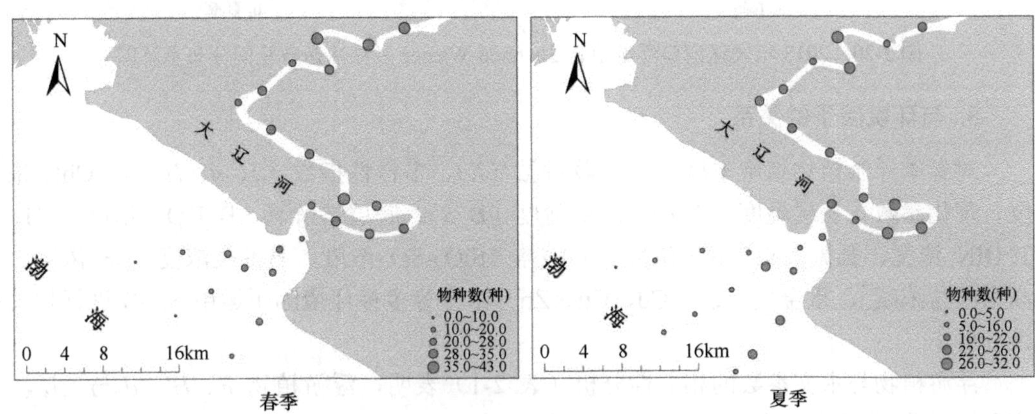

图 2-19　2013 年大辽河口浮游植物物种数空间分布示意图

从时间上来看，浮游植物物种数高值区在两个季节有所差异，春季调查站位出现的平均物种数高于夏季。

（2）丰度

春季，浮游植物细胞丰度为 9.77×10^4～3.31×10^6 个细胞/L，平均 5.41×10^5 个细胞/L，不同站位间密度变化较大。夏季，浮游植物细胞丰度为 8.70×10^4～7.50×10^6 个细胞/L，平均 8.95×10^5 个细胞/L，高值区出现在近河端上游，近海区形成大片低值区。从时间上来看，浮游植物丰度在春夏两季差异明显。

（3）物种多样性

春季，浮游植物 Shannon-Wiener 多样性指数（H'）平均值为 3.71，Pielou 均匀度指数（J）平均值为 0.79。H'（图 2-20a）和 J 由近河端至近海区呈现逐渐降低的趋势；田庄台上游和大辽河公园上游浮游植物多样性与均匀度均较高，分别在 3.6 和 0.72 以上。物种多样性和群落均匀度分析表明，河口外海域浮游植物多样性较差。夏季，H'平均值为 3.18，J 平均值为 0.73。高值区出现在大辽河公园上游河段，H'在 3.6 以上，J 在 0.73 以上；低值区出现在近海区，H'在 2.0 以下（图 2-20b），J 在 0.52 以下。

从时间上来看，夏季浮游植物 Shannon-Wiener 多样性指数和 Pielou 均匀度指数略低于春季。

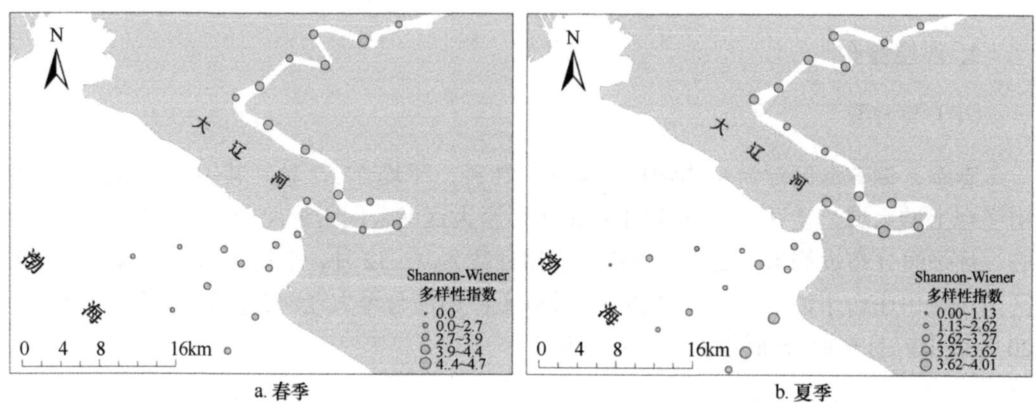

图 2-20 2013 年大辽河口浮游植物 Shannon-Wiener 多样性指数空间分布示意图

3. 与环境因子的关系

对春季浮游植物细胞丰度（*N*）、物种数（*E*）、多样性指数（*J*、*d*、*H*′）与 Chla 浓度、理化参数［表层温度（S_*T*）、底层盐度（B_*S*）、底层溶解氧（B_DO）浓度、pH、T_DIN 浓度、氨氮（NH_3-N）浓度、硅酸盐（SiO_3-Si）浓度、石油类浓度、SS 浓度、高锰酸盐浓度］、重金属（Cr、Cd、Cu、Zn）浓度等多种环境因子运用 SPSS 进行相关性分析。

浮游植物与水文参数的相关性分析（表 2-1）表明，浮游植物 *E*、*H*′、*d* 与表层温度呈极显著/显著正相关，与底层盐度和表层 pH（S_pH）呈极显著负相关。

表 2-1 浮游植物与环境因子的相关性

	E	*N*	*d*	*J*	*H*′	B_*S*	S_*T*	B_DO 浓度	S_pH	SS 浓度
E	1.000									
N	0.478*	1.000								
d	0.982**	0.363	1.000							
J	0.391*	−0.232	0.468*	1.000						
H′	0.891**	0.197	0.925**	0.723**	1.000					
B_*S*	−0.873**	−0.287	−0.880**	−0.362	−0.821**	1.000				
S_*T*	0.535**	0.152	0.526**	0.107	0.485*	−0.570**	1.000			
B_DO 浓度	−0.233	0.129	−0.272	−0.112	−0.266	0.184	−0.636**	1.000		
S_pH	−0.565**	−0.101	−0.545**	−0.393*	−0.650**	0.589**	−0.540**	0.111	1.000	
SS 浓度	0.120	0.223	0.076	−0.146	0.083	−0.143	0.278	0.220	−0.386*	1.000

注：*n*=27。*表示显著相关，$P<0.05$；**表示极显著相关，$P<0.01$

浮游植物与水体营养盐、COD 相关性分析（表 2-2）表明，浮游植物 *E*、*H*′、*d* 与 NH_3-N 浓度、DIN 浓度、SiO_3-Si 浓度和 Chla 浓度呈极显著正相关，与 COD 呈极显著负相关；细胞丰度与 Chla 浓度呈极显著正相关；Chla 浓度与 SiO_3-Si 浓度呈极显著正相关，与 DIN 浓度呈显著正相关，与 COD 呈极显著负相关。

浮游植物与 Chla、重金属、石油类、悬浮物等的相关性分析（表 2-3）表明，浮游植物 *E*、*H*′、*d* 与重金属 Cr、Cd、Zn 浓度呈极显著负相关；*E* 与 Cu 浓度呈显著正相关；

Chla 浓度与 Cu 浓度呈极显著正相关，与 Cr、Cd、Zn 浓度呈极显著负相关。

表 2-2　浮游植物与水体营养盐、COD 的相关性

	E	*N*	*d*	*J*	*H'*	COD	NH_3-N 浓度	T_DIN 浓度	SiO_3-Si 浓度	Chla 浓度
E	1.000									
N	0.459*	1.000								
d	0.985**	0.317	1.000							
J	0.351	−0.221	0.428*	1.000						
H'	0.896**	0.174	0.935**	0.672**	1.000					
COD	−0.818**	−0.199	−0.846**	−0.379	−0.774**	1.000				
NH_3-N 浓度	0.652**	0.087	0.664**	0.177	0.615**	−0.616**	1.000			
T_DIN 浓度	0.625**	−0.110	0.694**	0.186	0.605**	−0.730**	0.713**	1.000		
SiO_3-Si 浓度	0.810**	0.230	0.832**	0.341	0.771**	−0.891**	0.706**	0.745**	1.000	
Chla 浓度	0.793**	0.562**	0.750**	0.240	0.638**	−0.763**	0.353	0.481*	0.625**	1.000

注：n=27。*表示显著相关，P<0.05；**表示极显著相关，P<0.01

表 2-3　浮游植物与 Chla、石油类、悬浮物、重金属的相关性

	E	*N*	*d*	*J*	*H'*	Chla 浓度	石油类浓度	SS 浓度	Cr 浓度	Cu 浓度	Cd 浓度	Zn 浓度
E	1.000											
N	0.459*	1.000										
d	0.985**	0.317	1.000									
J	0.351	−0.221	0.428*	1.000								
H'	0.896**	0.174	0.935**	0.672**	1.000							
Chla 浓度	0.793**	0.562**	0.750**	0.240	0.638**	1.000						
石油类浓度	−0.030	−0.072	−0.016	0.075	0.014	0.150	1.000					
SS 浓度	0.187	0.017	0.185	0.049	0.197	0.447*	0.463*	1.000				
Cr 浓度	−0.853**	−0.245	−0.871**	−0.338	−0.800**	−0.747**	−0.103	−0.242	1.000			
Cu 浓度	0.393*	0.060	0.372	0.088	0.306	0.527**	0.012	0.360	−0.396*	1.000		
Cd 浓度	−0.795**	−0.267	−0.803**	−0.321	−0.732**	−0.673**	−0.138	−0.303	0.897**	−0.356	1.000	
Zn 浓度	−0.561**	−0.021	−0.594**	−0.371	−0.612**	−0.525**	−0.085	−0.140	0.707**	−0.358	0.429*	1.000

注：n=27。*表示显著相关，P<0.05；**表示极显著相关，P<0.01

2.1.3.3　浮游动物

1. 物种组成

调查水域共发现浮游动物 38 种，主要由桡足类、枝角类和浮游幼虫三大部分组成，其中桡足类 15 种，占 39.5%；枝角类 5 种，占 13.2%；浮游幼虫 7 种，占 18.4%；轮虫类 3 种，占 7.9%，糠虾类 2 种，占 5.3%；多毛类、毛颚类、介形类、端足类、箭虫类和水母类各 1 种，均占 2.6%。

春季，调查水域共鉴定出浮游动物 18 种（图 2-21），主要由桡足类和浮游幼虫两大部分组成。其中，桡足类 8 种，占 44.4%；浮游幼虫 3 种，占 16.7%；糠虾类 2 种，占 11.1%；多毛类、毛颚类、介形类、端足类和枝角类各 1 种，占 5.6%。以优势度（*Y*）≥0.02 计算，优势种类为近邻剑水蚤（*Cyclops vicinus*）（*Y*=0.663）、火腿许水蚤（*Schmackeria poplesia*）（*Y*=0.045），其中近邻剑水蚤为第一优势种，出现数量与频次均较高。

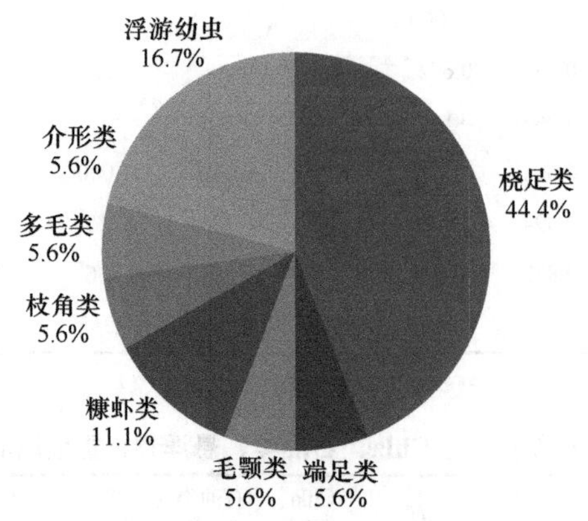

图 2-21　2013 年大辽河口春季浮游动物物种组成（彩图请扫封底二维码）

夏季，调查水域共鉴定出浮游动物 24 种（图 2-22），主要由桡足类、枝角类、轮虫类、浮游幼虫组成。其中，桡足类 10 种，占 42%；枝角类 4 种，占 17%；轮虫类 3 种，占 12%；浮游幼虫 5 种，占 21%；水母类和箭虫类各 1 种，占 4%。优势种类为小拟哲水蚤（*Paracalanus parvus*）（*Y*=0.111）、双毛纺锤水蚤（*Acartia bifilosa*）（*Y*=0.063）、长额象鼻溞（*Bosmina longirostris*）（*Y*=0.053）、萼花臂尾轮虫（*Brachionus calyciflorus*）（*Y*=0.041）、多刺裸腹溞（*Moina macrocopa*）（*Y*=0.028）、小长腹剑水蚤（*Oithona nana*）（*Y*=0.026）；其中，小拟哲水蚤成为第一优势种，出现数量与频次均较高。

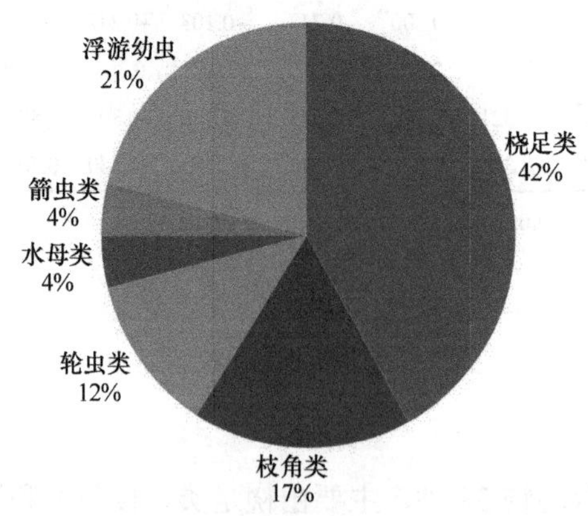

图 2-22　2013 年大辽河口夏季浮游动物种类组成（彩图请扫封底二维码）

受大辽河冲淡水和辽东湾近岸低盐水的双重影响，调查水域浮游动物组成以淡水类群、淡水-半咸水类群、近岸低盐类群为主（图 2-23）。淡水类群主要出现在大辽河口 L01

到 L17 站位，这一区域受大辽河淡水影响较大，以萼花臂尾轮虫、长额象鼻溞、近邻剑水蚤等浮游生物为主。淡水-半咸水类群种类较多，主要有中华华哲水蚤（*Sinocalanus sinensis*）、细巧华哲水蚤（*Sinocalanus tenellus*）、火腿许水蚤、指状许水蚤（*Schmackeria inopinus*）等，其中，许水蚤主要出现在河口区域及近岸的站位，华哲水蚤主要出现在河口上游水域。近岸低盐类群主要有强壮箭虫（*Sagitta crassa*）、双毛纺锤水蚤、腹针胸刺水蚤（*Centropages abdominalis*）、真刺唇角水蚤（*Labidocera euchaeta*）、长额刺糠虾（*Acanthomysis longirostris*）和儿岛小井伊糠虾（*Iiella koyimaensis*）等，该类群浮游生物种类体型较大，但数量不多，主要出现在口外的近岸海域。

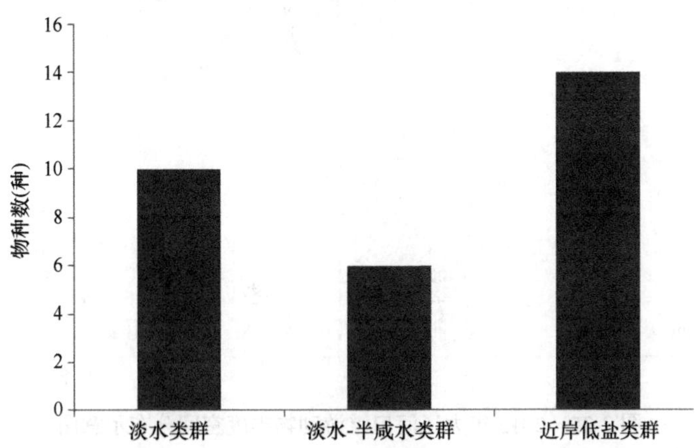

图 2-23　2013 年大辽河口浮游动物主要生态类群组成

2. 时空分布

（1）种类数

春季，调查水域浮游动物物种数为 3～12 种，平均 5.46 种，高值区出现在田庄台上游水域和河口外部近海区域；田庄台至大辽河公园附近河端物种数较低。夏季，物种数为 0～12 种，平均 9.8 种；分布比较均匀（图 2-24）。

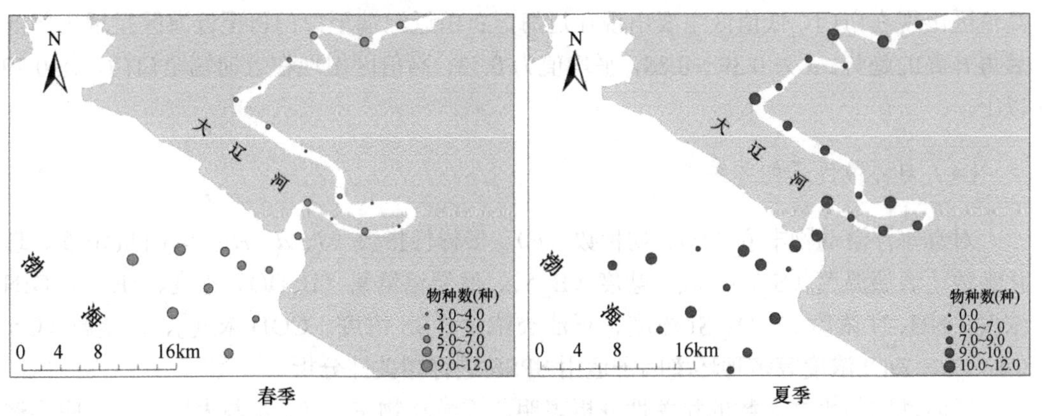

图 2-24　2013 年大辽河口浮游动物物种数空间分布示意图

（2）丰度

春季，调查水域浮游动物丰度为 225～29 937ind/m^3，平均 4387.7ind/m^3，高值区出现在营口港到口门附近水域，丰度在 8000ind/m^3 以上；营口港上游水域和近海区丰度较低，在 4000ind/m^3 以下。夏季，丰度为 0.0～55 879.1ind/m^3，平均 11 339.7ind/m^3，高值区出现在近海区，丰度在 15 000ind/m^3 以上，口门及上游水域丰度较低，在 10 000ind/m^3 以下（图 2-25）。

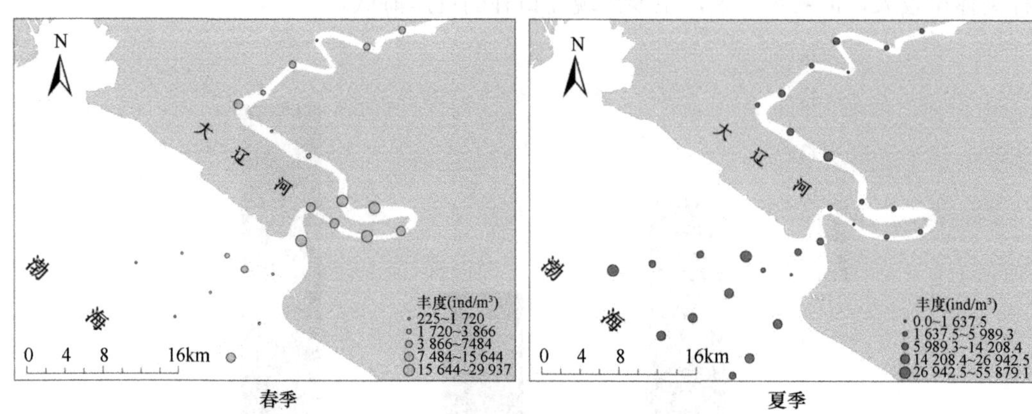

图 2-25　2013 年大辽河口浮游动物丰度空间分布示意图

（3）物种多样性

春季，调查水域 H'为 1.05～2.08，平均值为 1.53，高值区出现在近海区，总体呈现由近河端至近海区逐渐升高的趋势。d 为 0.24～1.95，平均值为 0.72，高值区出现在近海区，由近河端到口门再到近海区呈现出降低后再升高的趋势。J 为 0.43～0.83，平均值为 0.60，高值区出现在近河端中部至近海区，均匀度指数在 0.60 以上。

夏季，H'为 1.17～2.93，平均值为 2.41，高值区出现在近河端，H'在 2.5 以上；近河端至口门 H'变化不明显，口门至近海区 H'变化剧烈。d 为 0.56～1.51，平均值为 1.02，高值区出现在口门，低值区主要出现在近海区；由近河端至口门再至近海区呈现出降低后再升高的趋势。J 为 0.39～0.88，平均值为 0.73，高值区出现在近河端至口门，在 0.70 以上。

（4）与环境因子的关系

对春季浮游动物丰度（N）、物种数（E）、多样性指数（J、d、H'）与 Chla 浓度、理化参数［表层温度（S_T）、底层盐度（B_S）、底层溶解氧（B_DO）浓度、pH、T_DIN 浓度、NH_3-N 浓度、SiO_3_Si 浓度、石油类浓度、SS 浓度、COD 浓度］、重金属（Cr、Cd、Cu、Zn）浓度等多种环境因子运用 SPSS 进行相关性分析。

浮游动物与水文参数的相关性分析表明，浮游动物 E、H'、d 与表层盐度、底层溶解氧浓度和表层 pH 呈显著正相关，与表层温度呈显著负相关。浮游动物与营养盐浓度、

Chla 浓度的相关性分析表明，浮游动物物种数与 COD 浓度呈显著正相关，与营养盐浓度及 Chla 浓度呈显著负相关；丰度与营养盐浓度呈显著正相关，与 Chla 浓度呈不显著的正相关。从浮游动物与重金属浓度、石油类浓度、悬浮物浓度的相关性分析来看，浮游动物 E、H'、d 与重金属 Cr、Cd、Zn 浓度呈显著正相关，与 Cu 浓度呈显著负相关；丰度与重金属 Cr、Cd、Zn 浓度呈显著负相关，与 Cu 浓度呈显著正相关。

2.1.3.4　大型底栖动物

1. 物种组成

春季，共采集到大型底栖动物 48 种（图 2-26），其中，环节动物 30 种（多毛类 27 种、寡毛类 3 种），占 62.5%；软体动物 6 种，占 12.5%；甲壳动物 8 种，占 16.7%；棘皮动物 2 种，占 4.2%；其他类 2 种（纽虫、底栖鱼类各 1 种），占 4.2%。春季的优势种较少，仅有 2 种，其中，营埋栖生活的小型双壳类——光滑河篮蛤（*Potamocorbula laevis*），（Y=5.82）分布较广；颤蚓（Y=2.60）集中分布在上游河道离河口区较远的位点。

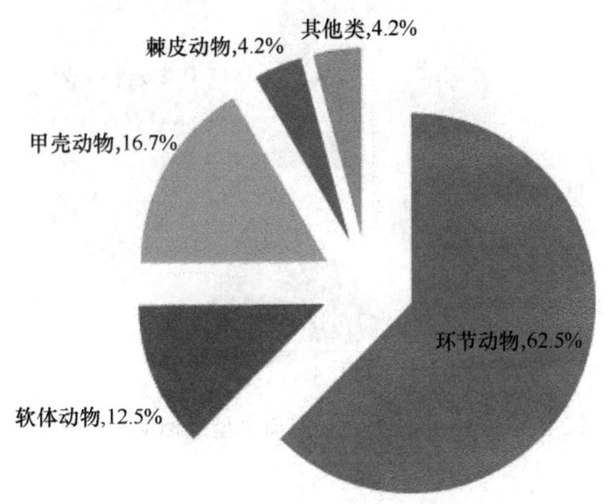

图 2-26　2013 年春季大辽河口大型底栖动物物种组成

夏季，共发现大型底栖动物 65 种（图 2-27），其中，环节动物 29 种（多毛类 24 种、寡毛类 5 种），占 44.6%；软体动物 15 种，占 23.1%；甲壳动物 12 种，占 18.5%；棘皮动物 3 种，占 4.6%；其他类 6 种（纽虫、螠虫各 1 种，底栖鱼类 4 种），占 9.2%。夏季的优势种与春季相同，也是光滑河篮蛤（Y=2.26）和颤蚓（Y=1.34），两个物种的空间分布模式与春季基本一致。

秋季，共发现大型底栖动物 49 种（图 2-28），其中环节动物 21 种（多毛类 17 种、寡毛类 4 种），占 42.9%；软体动物 9 种（海洋种类 7 种、淡水蚬类 2 种），占 18.4%；甲壳动物 12 种（含摇蚊幼虫 1 种），占 24.5%；棘皮动物 2 种，占 4.1%；其他类 5 种（纽虫、腔肠动物及曳鳃动物各 1 种，底栖鱼类 2 种），占 10.2%。与前两季相比，秋季并未发现明显的优势种，Y 值较大的为丝异蚓虫（*Heteromastus filiformis*）（Y=0.20）和颤蚓（Y=0.16）。

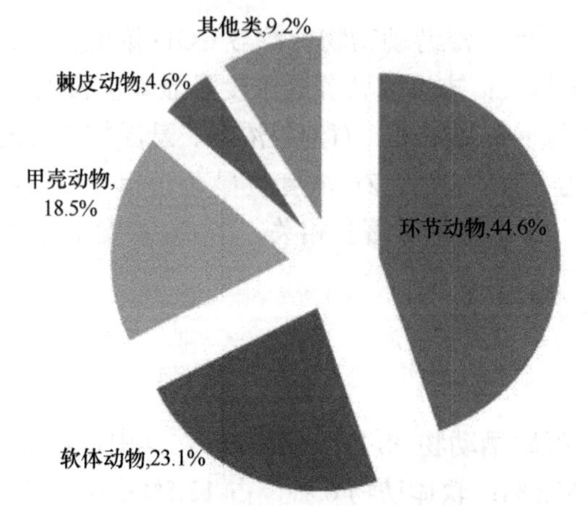

图 2-27　2013 年夏季大辽河口大型底栖动物物种组成

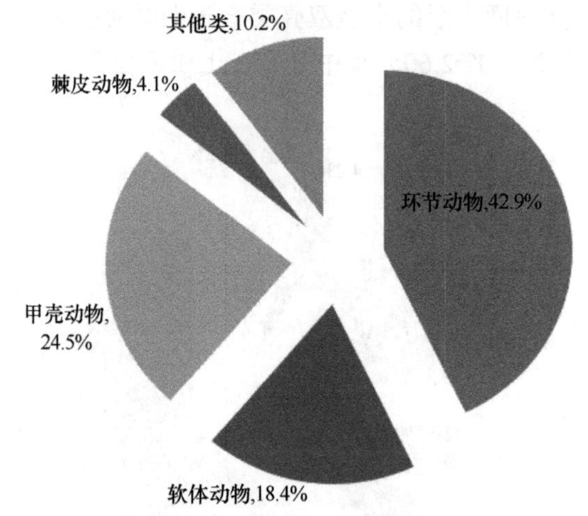

图 2-28　2013 年秋季大辽河口大型底栖动物物种组成

2. 时空分布

（1）物种数

调查水域大型底栖动物物种数分布如图 2-29 所示。春季、夏季、秋季物种数空间分布模式相似，近河端物种数量较低，沿口门向外物种数明显增加。

（2）栖息密度和生物量

春季，调查水域内总栖息密度为 0～6893.33ind/m^2，平均 424ind/m^2；总生物量为 0～565.82g/m^2，平均 44.56g/m^2。软体动物的总栖息密度最大，为 280.89ind/m^2，所占比例为 66%；其次为多毛类，为 112.44ind/m^2，所占比例为 27%。同样，软体动物的生物量也最大，达 33.73g/m^2，占总生物量的 76%；环节动物由于个体较小，尽管栖息密度较大，但生物量的比例却不高（2%）；棘皮动物生物量所占比例较小，不到 1%。栖息密度和生物量的空间分布模式基本一致，低值区集中分布在近河端（图 2-30）。

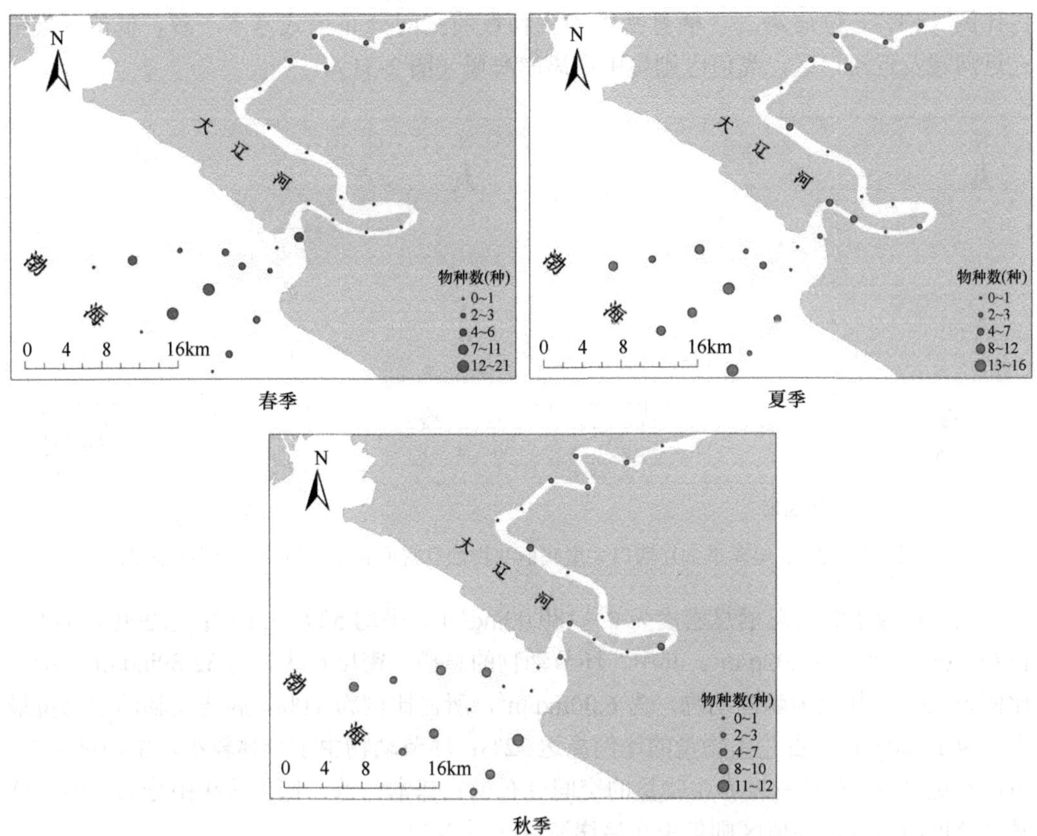

图 2-29　2013 年大辽河口大型底栖动物物种数空间分布示意图

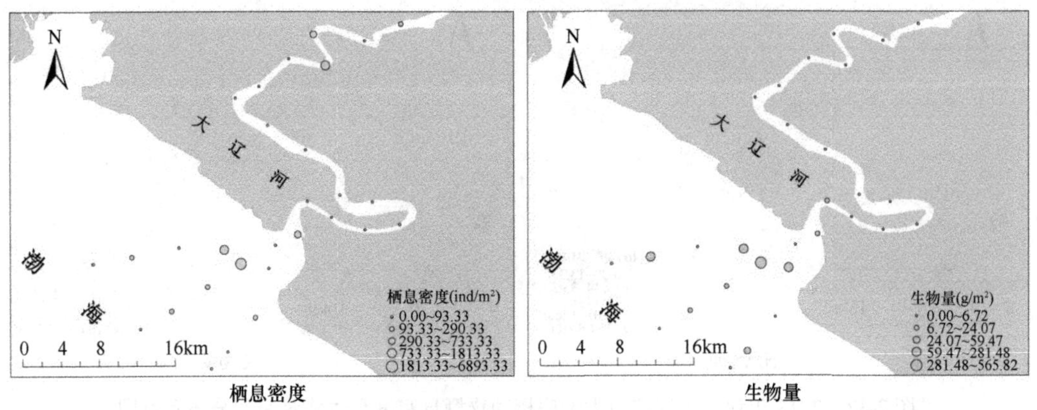

图 2-30　2013 年春季大辽河口大型底栖动物栖息密度和生物量空间分布示意图

夏季调查水域内总栖息密度为 0～4366.67ind/m^2，平均 222.67ind/m^2；总生物量为 0～435.99g/m^2，平均 22.33g/m^2。软体动物的总栖息密度最大，为 152.67ind/m^2，所占比例为 69%；其次为多毛类，为 58.67ind/m^2，所占比例为 26%。同样，软体动物的生物量也最大，达 16.97g/m^2，占总生物量的 76%；环节动物由于个体较小，生物量的比例不高，仅占 3%；棘皮动物生物量所占比例不足 3%；鱼类尽管栖息密度较低，但生物量所占比例（13%）位居第二。栖息密度和生物量的空间分布模式基本一致，低值区集中在近河端及近河口区，高值区则集中在离岸海域（图 2-31）。

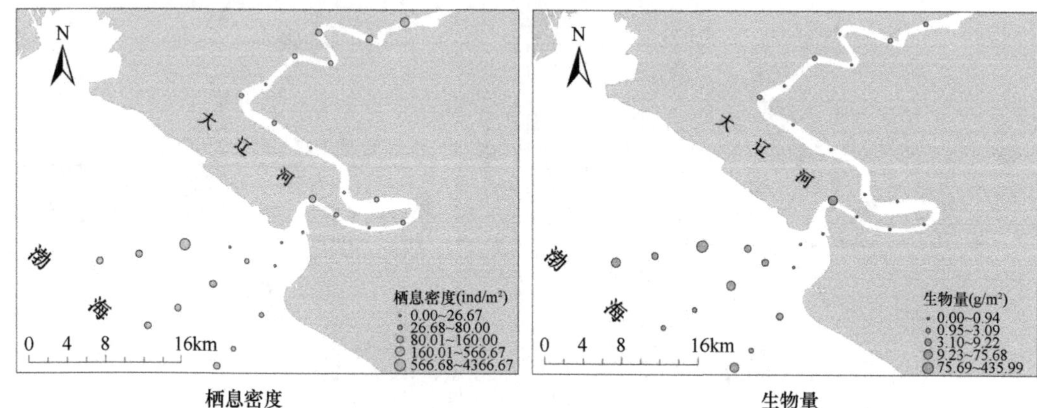

图 2-31 2013 年夏季大辽河口大型底栖动物栖息密度和生物量空间分布示意图

秋季调查水域内总栖息密度为 0～180.00ind/m^2，平均 52.67ind/m^2；总生物量为 0～158.62g/m^2，平均 18.02g/m^2。其中，环节动物的总栖息密度最大，为 32.89ind/m^2，所占比例为 63%；其次为棘皮动物，为 6.00ind/m^2，所占比例为 11%。棘皮动物的生物量最大，为 13.00g/m^2，占总生物量的比例高达 72%；环节动物由于个体较小，生物量最小，占比不足 1%。栖息密度和生物量的空间分布模式基本一致，低值区集中分布在河流感潮段及近河口区，高值区则集中在离岸海域（图 2-32）。

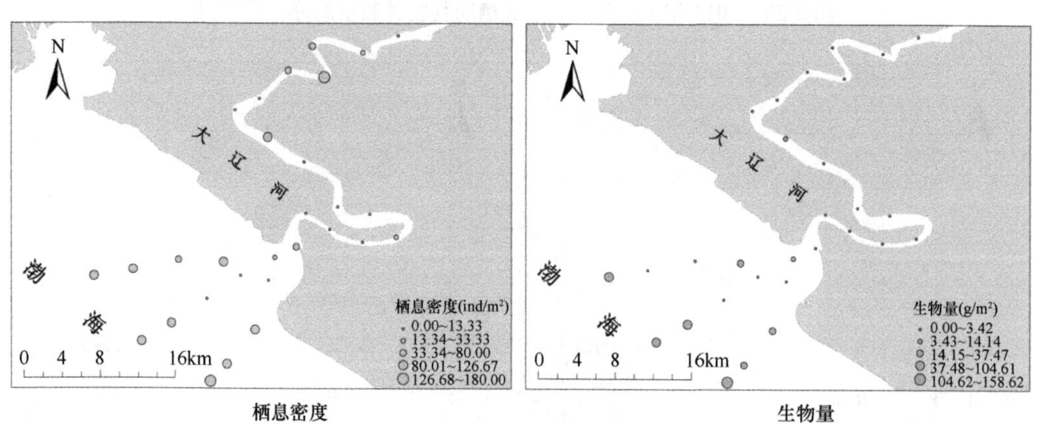

图 2-32 2013 年秋季大辽河口大型底栖动物栖息密度和生物量空间分布示意图

从时间变化上来看，春季的平均生物量和栖息密度均最高，秋季最低。多毛类的物种数和所占比例以秋季为最高，夏季最低。

（3）物种多样性

春季，大型底栖动物的 H'、d、J 较低，平均值分别为 0.45、0.18、0.25，说明调查区域群落结构较差。从空间分布来看，三者均呈现出相似的规律，近河端较低，离岸海域较高（图 2-33）。

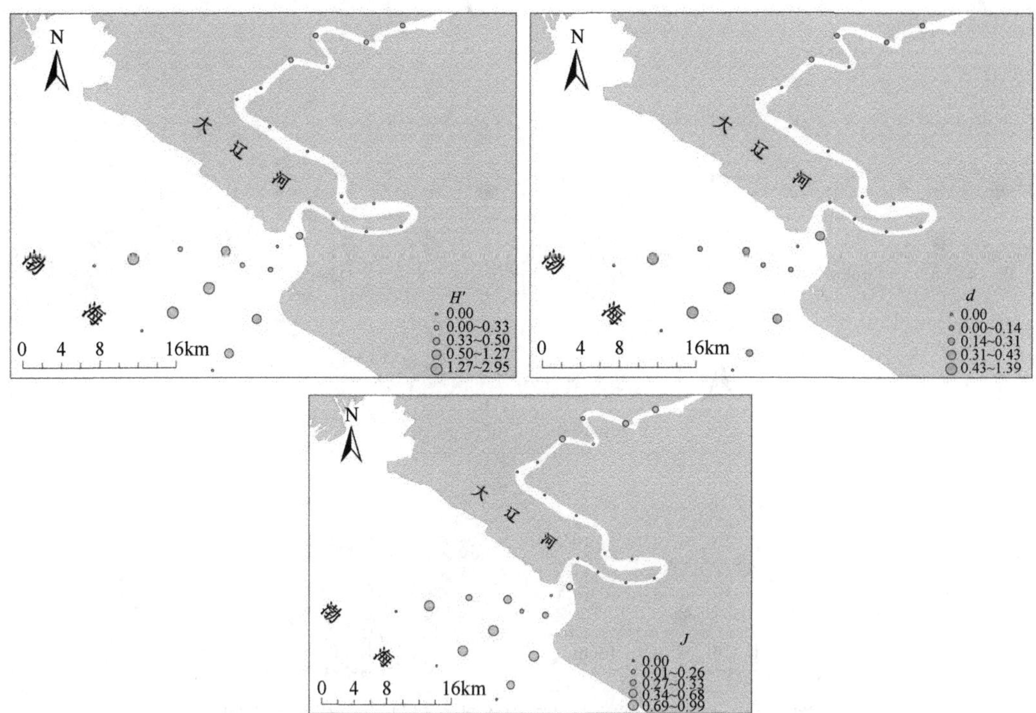

图 2-33　2013 年春季大辽河口物种多样性空间分布示意图

夏季，大型底栖动物的 H'、d、J 较低，平均值分别为 0.40、0.23、0.66，说明调查区域群落结构较差。从空间分布的角度看，三者呈现相似的空间分布规律，近河端较低，离岸海域较高（图 2-34）。

秋季，大型底栖动物的 H'、d、J 较低，平均值分别为 0.34、0.19 及 0.57，说明调查区域的群落结构较差。从空间分布的角度看，三者呈现相似的空间分布规律，近河端较低，离岸海域较高（图 2-35）。

从时间变化上来看，3 个季节的物种多样性指数并无明显的变化规律，整体上以夏季值较高，春季的 H' 高于其他两季，d、J 低于其他两季。

（4）群落结构多变量分析

春季，大型底栖动物群落结构聚类分析和 nMDS 排序结果如图 2-36 所示，以 15% 的相似度划分，19 个站位可分为 8 组。第Ⅰ组有 6 个站位，全部为河流站位，包括 L01、L02、L03、L04、L05 和 L12；第Ⅱ、第Ⅲ、第Ⅳ组都只有 1 个站位，分别为 L10、L08 和 L17；第Ⅴ组有 2 个站位，为 L16 和 EM1；第Ⅵ组 5 个站位，都是离岸较远的近海站位，包括 ER2、EL3、EM3、EM4、ER3；第Ⅶ组仅 1 个站位，为 EL2；第Ⅷ组有 2 个站位，包括 EL1 和 EM2。从 nMDS 排序图可以看出，河流站位的群落和近海站位区分明显，与聚类结果一致。

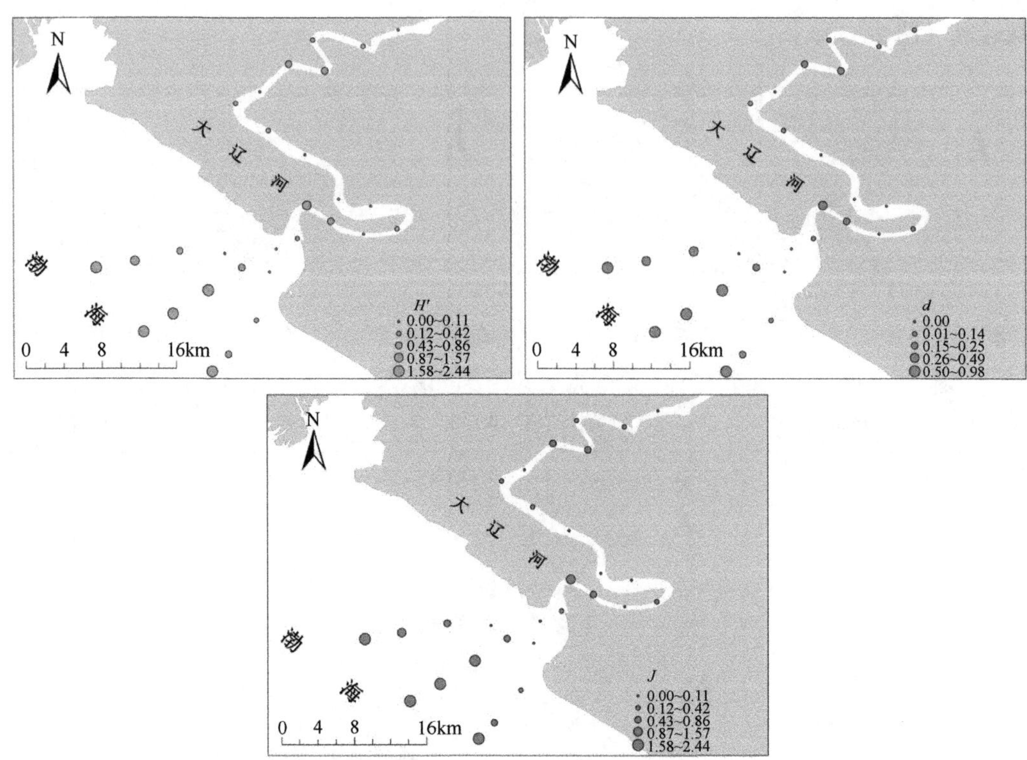

图 2-34 2013 年夏季大辽河口物种多样性空间分布示意图

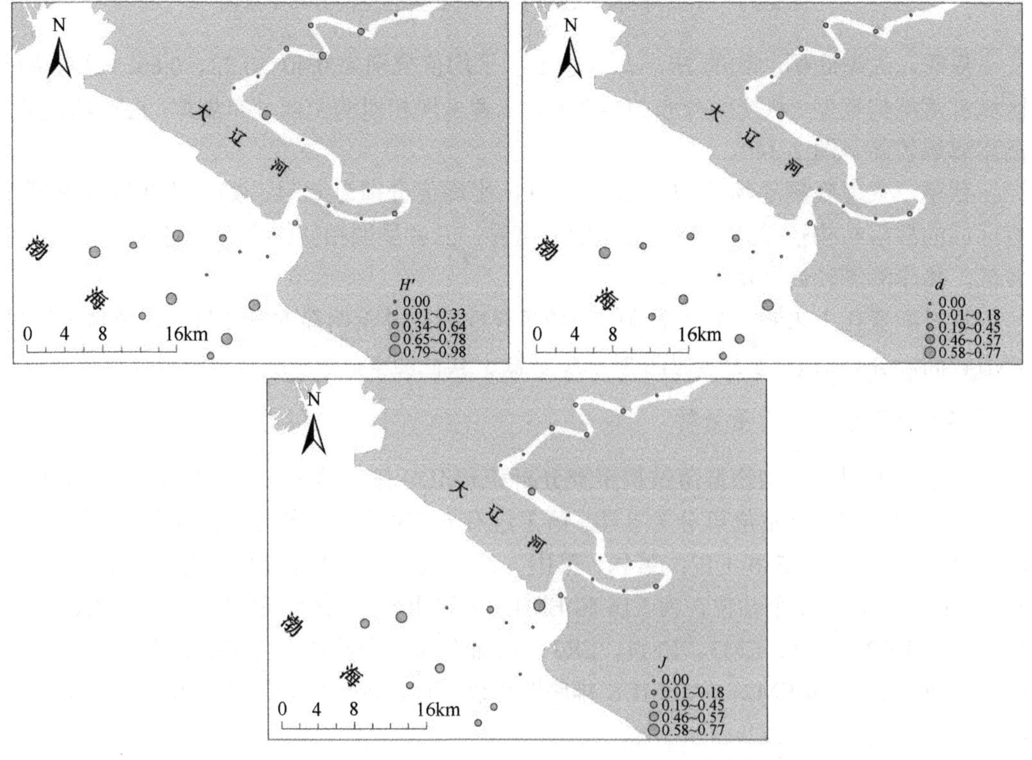

图 2-35 2013 年秋季大辽河口物种多样性空间分布示意图

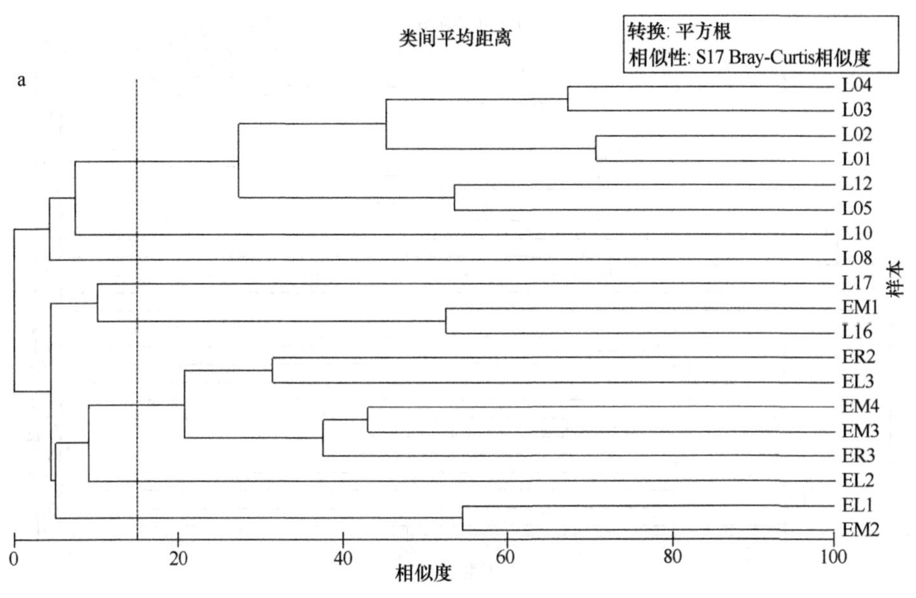

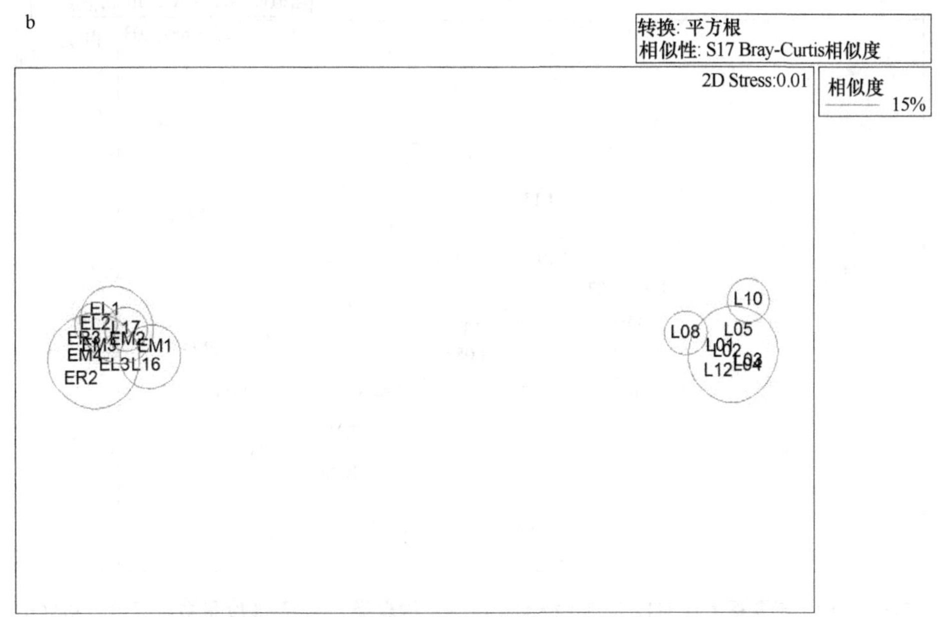

图 2-36　2013 年春季大辽河口大型底栖动物群落结构聚类（a）及非度量多维尺度分析（b）

夏季，大型底栖动物群落结构聚类分析和 nMDS 排序结果见图 2-37，以 15%的相似度划分，26 个站位可分为 8 组。第 I 组有 9 个站位，全部为河流站位，包括 L01、L02、L03、L04、L05、L07、L08、L10 和 L13；第 II 组只有 1 个站位，为 L11；第III组 2 个站位，包括 L15 和 L16；第IV、第 V 组都仅 1 个站位，分别为 L12 和 L06；第VI组有 10 个站位，为口门及近海站位，包括 L17、EL1、EL3、ER3、ER2、EM4、EM5、ER4、EM3、EL4；第VII、第VIII组都仅有 1 个站位，分别为 EL2、EM2。nMDS 排序趋势与聚类结果相似，河流站位的群落和近海站位群落区分较为明显。

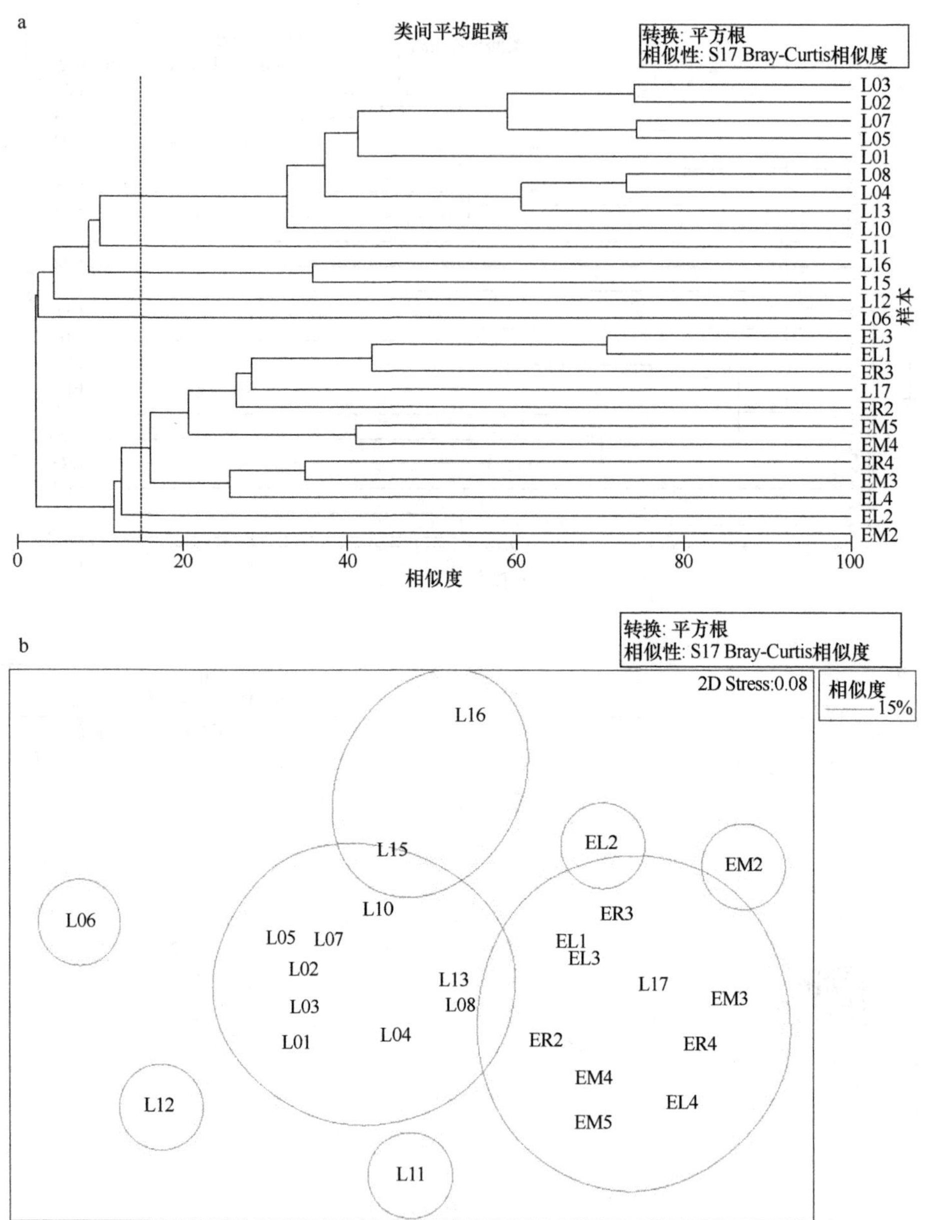

图 2-37　2013 年夏季大辽河口大型底栖动物群落结构聚类（a）及非度量多维尺度分析（b）

秋季，大型底栖动物群落结构聚类分析和 nMDS 排序结果见图 2-38，以 15%的相似度划分，21 个站位可分为 6 组。第Ⅰ组有 9 个站位，全部为近海站位，包括 EL1、EL3、ER4、EM5、ER3、EM4、ER2、EL4 和 EL2；第Ⅱ组 3 个站位，为口门及近口门站位，包括 L13、L16 和 L17；第Ⅲ组仅 1 个站位，为 L01；第Ⅳ组有 3 个河流站位，包括 L03、L04 和 L05；第Ⅴ组只有 1 个站位，为 ER1；第Ⅵ组包括 4 个河流站位，为 L11、L06、L02 和 L08。nMDS 排序趋势与聚类结果相似，河流站位群落和近海站位群落区分较为明显。

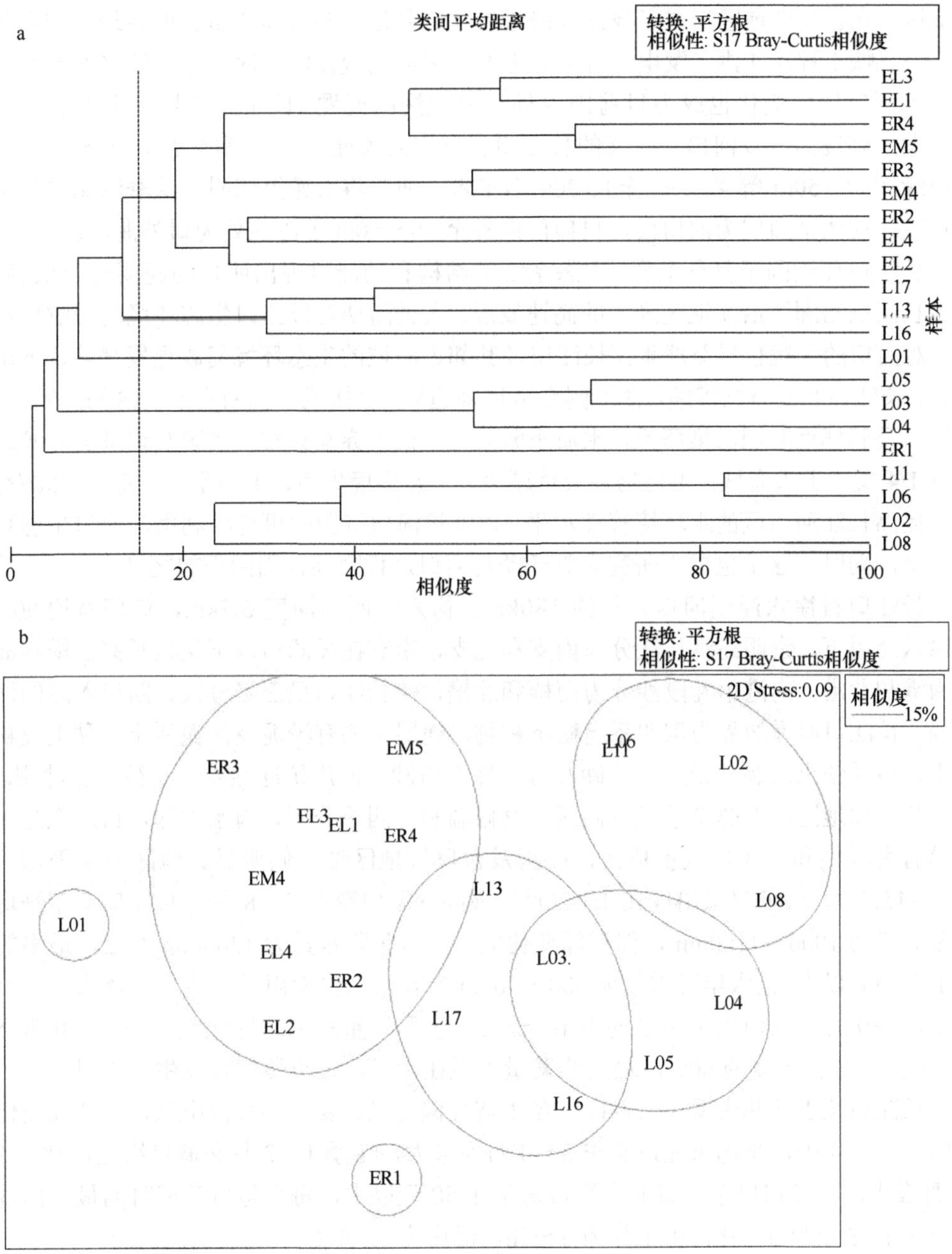

图 2-38　2013 年秋季大辽河口大型底栖动物群落结构聚类（a）及非度量多维尺度分析（b）

2.2 长　江　口

2.2.1　区域概况

长江口是我国第一大河、素有“黄金水道”之称的长江的入海口。长江也是注入西太平洋最大的河流，流域面积 $1.94\times10^6km^2$，流域内居住着大量人口和分布着众多的工农业区。在长江口地区形成了我国经济最发达的长江三角洲城市群。世界最大的水利工程——三峡工程在防洪、发电、航运等方面产生巨大效益的同时，由三峡水库蓄水可能引起的河口环境变化也成为目前国内外十分关注的问题。长江河口是一个丰水、多沙、中等潮汐强度的分汊河口。广义的长江口上自安徽大通（枯季潮区界），下至水下三角洲前缘（30～50m 等深线），全长 700 多千米。通常将大通至江阴（洪季潮流界）称为近口段，江阴至口门为河口段，自口门向外至 30～50m 等深线处为口外海滨。

长江口环境因子复杂多变，生态系统的结构和功能呈现出明显的脆弱性及敏感性。随着长江三角洲及沿江地区经济的高速发展，人类活动对长江口生态环境的影响日益加深，对河口的干扰也日益严重。长江口及其邻近海域的生态环境问题愈发严峻，突出表现在：长江口北支持续萎缩，盐水倒灌呈加剧趋势，直接威胁到南支水资源的开发利用；长江口及其邻近海域污染严重，水质不断恶化，口外赤潮频发，我国有记录的赤潮事件约有 1/4 发生于该海域；生物物种大量减少，生态环境失衡，生态系统衰退。由此看出，急需提高长江河口区的水环境管理水平，以维护河口资源的可持续利用与河口生态系统的健康，同时，这里也成为研究人类活动与河口过程交互作用的理想区域。

长江口自徐六泾至河口，长约 180km。徐六泾断面河宽 5.7km，口门宽约 90km。在徐六泾以下，崇明岛将长江分为南支和北支，南支在吴淞口以下又被长兴、横沙岛分为南港和北港，南港由九段沙分为南槽和北槽，使长江口呈三级分汊、四口入海的河势格局。长江口河道边界为第四系疏松沉积物。地层主要有淤泥及淤泥质土、黏土及粉质黏土、砂质粉土及黏质粉土、粉砂及含黏性土粉砂。河岸抗冲性差，易被水流冲刷。

长江口地区属亚热带季风气候区，气候温和，四季分明，雨水丰沛，日照充足。气候具有海洋性和季风性双重特征，梅雨及台风等地区性气候明显。地区多年平均气温 15.0～15.8℃，最低气温出现在 1～2 月，最高气温出现在 7～8 月。长江口多年平均降水量一般为 1000～1100mm，但年际变化大，丰水年降水量为 1200mm 左右，最多的可达 1400mm 以上，枯水年降水量为 600～700mm。长江口汛期雨量一般占年降水量的 50%以上，6～9 月是年内雨量最多的季节。长江口区蒸发量较周边区域大，一年中汛期（5～9 月）蒸发量占全年的 60%，最大蒸发量出现在 7 月，最小蒸发量发生在 1 月。

长江口位于亚热带季风气候区，冬季盛行偏北风，夏季盛行偏南风，季节性变化十分明显。一年中，平均风速以春季 3～4 月为最大，冬季 1～2 月和盛夏次之，秋季 9～10 月最小。长江口以东，海面全雾日每年在 50 天以上，每个雾日有雾时间最长出现在 2～5 月；佘山为 6～8h，引水船为 4～6h，沿岸为 3h 左右。

据大通水文站 1950～2003 年实测资料，多年平均径流总量为 9051 亿 m^3，年平均流量为 29 500m^3/s，最大年径流量为 13 590 亿 m^3，最小为 6760 亿 m^3，年际变化最大约相差 1 倍。径流量在年内分配存在明显的季节性变化，主要集中在 5～10 月，占全年的 71.3%，其中主汛期（7～9 月）占全年的 39.0%；枯季 11 月至翌年 4 月水量占全年的 28.7%。

长江口潮汐属于非正规浅海半日潮。在一个太阴日内，有两次高潮和两次低潮，两次高潮和两次低潮各不相等。本区域地处中纬度，潮汐日不等现象较明显，主要表现为高潮不等，从春分到秋分，一般夜潮大于日潮，从秋分到翌年春分，日潮大于夜潮。

长江口泥沙主要来源于长江径流输沙、北支倒灌泥沙和随南、北港涨潮流进入的泥沙。据大通水文站 1950～2004 年资料，长江径流输沙具有年际变化大、年内分配不均等特点。多年平均含沙量为 0.48kg/m^3，最大年平均含沙量为 0.697kg/m^3，最小年平均含沙量为 0.28kg/m^3。年最大输沙量为 6.79 亿 t，最小输沙量为 1.47 亿 t，多年平均为 4.15 亿 t；年内以 7～9 月输沙量最大，平均占全年的 58%，12 月至翌年 3 月输沙量最小，仅占全年的 4.2%。

长江口水域的盐度呈现枯季高于洪季、北支高于南支、口外高于口内的特征，盐度分布的时空变化明显。盐度日变化过程与潮位过程基本相似，在一天中出现两高两低，具有明显的日不等现象；日平均盐度在半月中也有一次高值和一次低值。盐度和径流一样呈季节变化，一般是 2 月最高、7 月最低，6～10 月为低盐期，12 月至翌年 4 月为高盐期；丰水年盐度低，枯水年盐度高。

2.2.2　河口理化特征

2.2.2.1　调查及分析方法

为监测长江口及邻近海域的生态环境质量，项目组于 2013 年 5 月、8 月在长江口邻近海域（口外及杭州湾）分别进行春季、夏季航次采样。调查站位分布在 30°40′N～32°00′N，121°00′E～123°00′E，面积约 1.72 万 km^2 的海域（站位信息见表 2-4）。

表 2-4　长江口春季、夏季采样站位信息

站位编号	实测北纬（°）	实测东经（°）
A2D31YQ029S	31.643	121.725
A2D31YQ030S	31.694	121.716
A2D31YQ031S	31.573	122.000
A2D31YQ039S	31.500	122.500
A2D31YQ041S	31.500	122.750
A2D31YQ042S	31.500	123.000
A2D31YQ037S	31.500	122.250
A2D31YQ001S	31.722	121.111
A2D31YQ002S	31.778	121.139
A2D31YQ021S	31.424	121.916
A2D31YQ015S	31.482	121.702
A2D31YQ028S	31.383	122.042
A2D31YQ004S	31.698	121.252
A2D31YQ043S	31.333	122.250
A2D31YQ045S	31.250	122.500
A2D31YQ009S	31.563	121.467
A2D31YQ046S	31.250	122.750
A2D31YQ022S	31.036	121.924

续表

站位编号	实测北纬（°）	实测东经（°）
A2D31YQ017S	31.183	121.836
A2D31YQ024S	30.939	122.000
A2D31YQ025S	31.090	122.002
A2D31YQ026S	31.250	122.000
A2D31YQ049S	31.000	122.250
A2D31YQ006S	31.563	121.350
A2D31YQ051S	31.000	122.500
A2D31YQ053S	31.000	122.750
A2D31YQ055S	31.000	123.000
A2D31YQ012S	31.467	121.533
A2D31YQ014S	31.338	121.672
A2D31YQ016S	31.225	121.791
A2D31YQ018S	31.133	121.917

环境参数测定方法同 2.1.2.1。

为探讨沉积物中重金属对底栖动物群落的影响，引入潜在生态风险指数（RI）。本研究中，长江口采用 Cu、Pb、Zn、Cd、Cr、As、Hg 及多氯联苯（Polychlorinated biphenyls，PCB）计算 RI 值，渤海湾则选用 Cu、Pb、Zn、Cd、Cr、As。RI 值判断各样点生态风险强度的阈值分级标准按方明等（2013）的规定执行。计算公式如下：

$$f_i = C_i / B_i \tag{2-1}$$

$$E_i = T_i \times f_i \tag{2-2}$$

$$\mathrm{RI} = \sum_{i=1}^{n} E_i = \sum_{i=1}^{n} T_i \times f_i = \sum_{i=1}^{n} T_i \times C_i / B_i \tag{2-3}$$

式中，f_i为重金属 i 的污染系数；C_i为沉积物中重金属 i 的实测值；B_i为重金属 i 的背景值；E_i为重金属 i 的生态风险系数；T_i为重金属 i 的毒性响应系数；RI 为所有重金属生态风险系数的总和。PCB 及 Cu、Pb、Zn、Cd、Cr、As、Hg 的毒性系数分别取 40、5、5、1、30、2、10、40，参比值采用上海市土壤背景值上限（分别为 0.01mg/kg、43.7mg/kg、34.2mg/kg、131.6mg/kg、0.331mg/kg、87.9mg/kg、13.3mg/kg、0.181mg/kg）。

2.2.2.2 水文特征

1. 透明度和水色

春季，长江口水域透明度为 0.1～3.0m，平均值为 0.36m；水色为 9～20。透明度与水色的平面分布特征几乎完全一致，且透明度大的区域，水色号小（图 2-39）。

夏季，透明度为 0.1～2.1m，平均值为 0.4m；水色为 14～20。透明度与水色的平面分布特征几乎完全一致，且透明度大的区域，水色号小（图 2-40）。

2. 水温

2013 年春季，水温为 12.78～21.24℃，平均值为 17.31℃，口内水温明显高于口外水域。底层水温显著低于表层，口外海域水温明显低于口内，表层、底层水温在口门附近变化梯度较大，特别在北支口门区域，主要是受黄海冷水团的影响（图 2-41）。

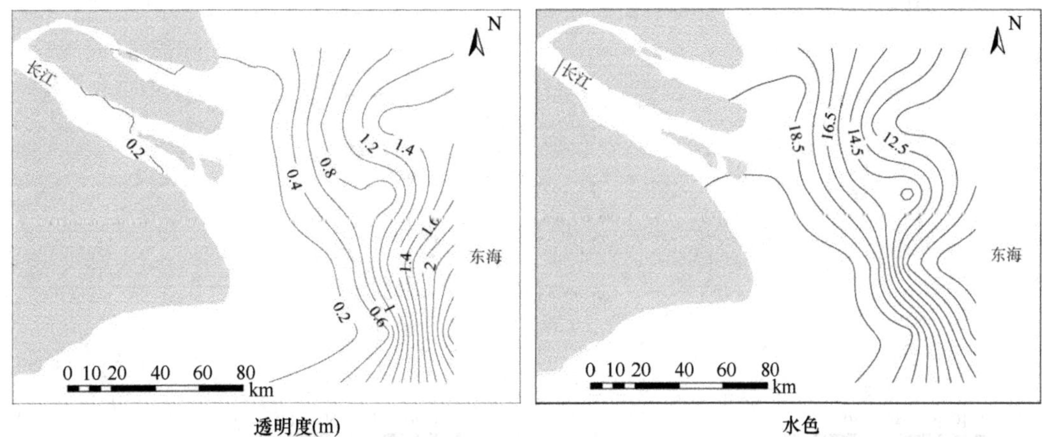

图 2-39　2013 年春季长江口水域透明度、水色分布示意图

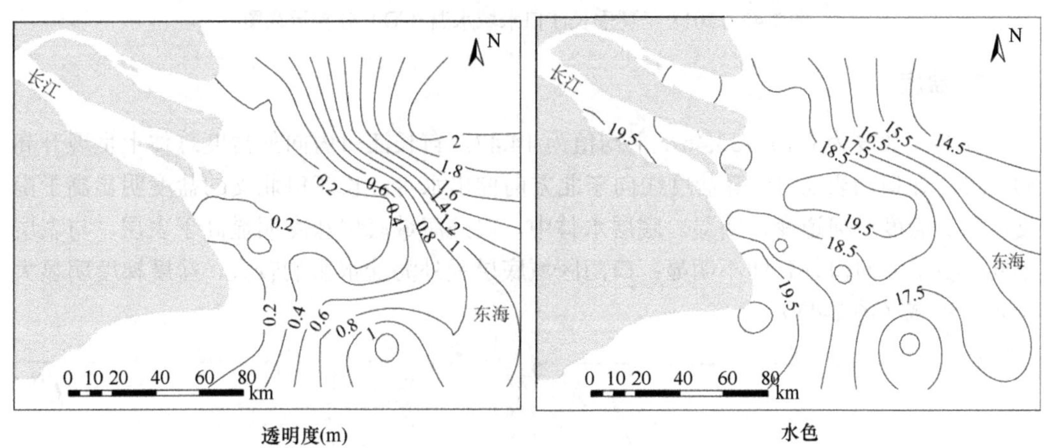

图 2-40　2013 年夏季长江口水域透明度、水色分布示意图

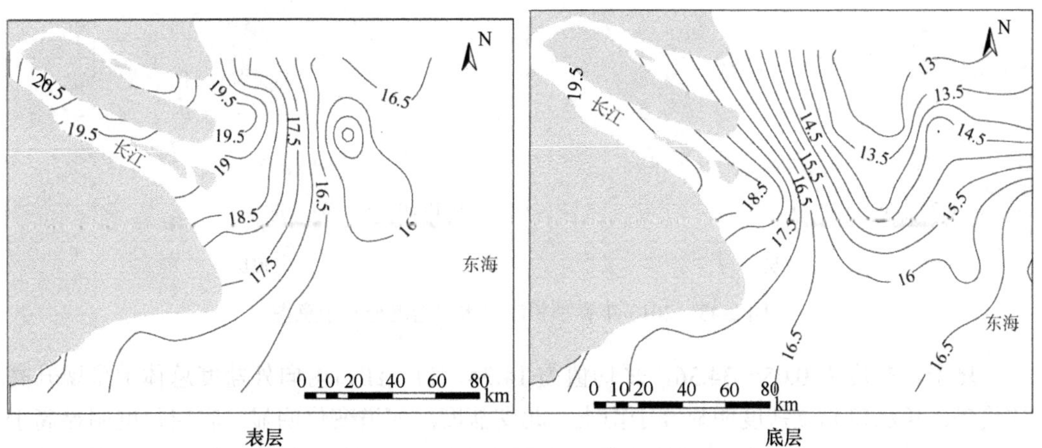

图 2-41　2013 年春季长江口水域水温（℃）分布示意图

夏季，全海域水温为 19.43～31.19℃，平均值为 27.86℃，口内水温明显高于口外水域。底层水温显著低于表层，表层、底层水温在口门附近变化梯度较大，特别在北支口门区域（图 2-42）。

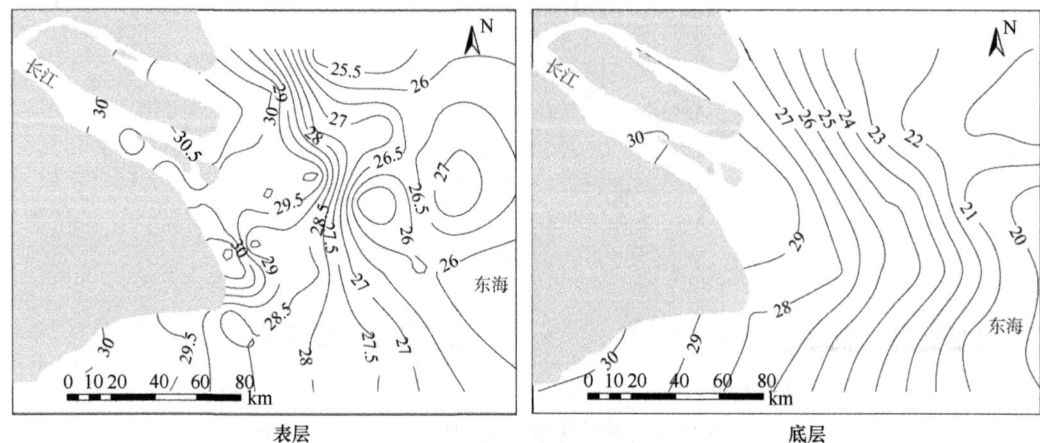

图 2-42　2013 年夏季长江口水域水温（℃）分布示意图

3. 盐度

春季，盐度为 0.14～33.46，平均值为 14.47，自长江口内向外盐度总体上呈现升高的趋势。在口门表层 15 等盐度线向东北方向伸出水舌，长江口北支的盐度明显高于南支，北支盐度沿河道变化明显。底层水体中，口外海域底层盐度明显高于表层，与表层不同，淡水舌向口外延伸不明显；口门区域底层受外海盐水影响较大，盐度梯度明显大于表层海域（图 2-43）。

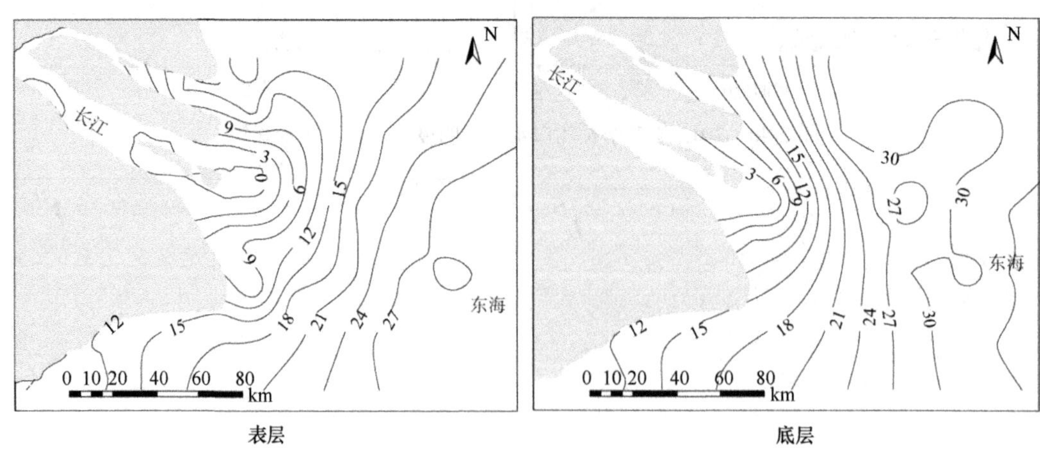

图 2-43　2013 年春季长江口水域盐度分布示意图

夏季，盐度为 0.05～34.36，平均值为 14.34，自长江口内向外盐度总体上呈现升高的趋势。长江口北支盐度明显高于南支，北支盐度沿河道变化明显；底层盐度明显高于表层；受冲淡水影响，在口门等盐度线向东北-东南方向伸出水舌，盐度梯度变化明显

（图 2-44）。

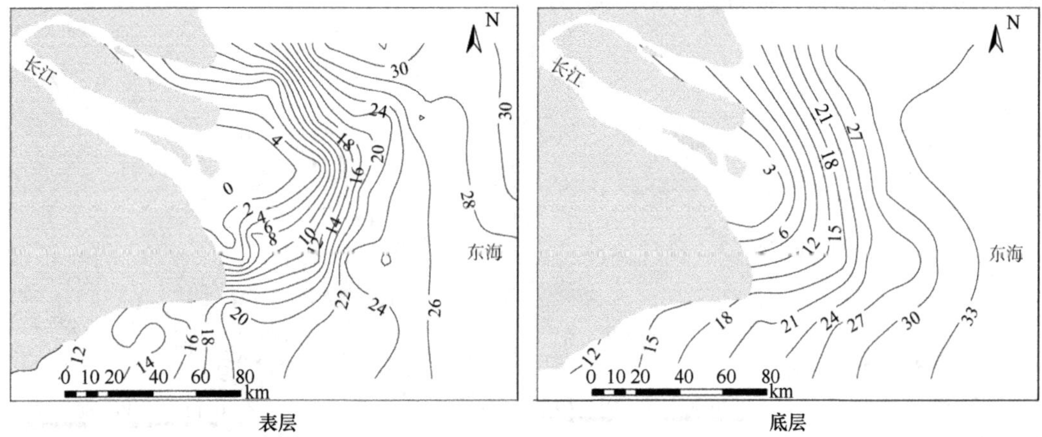

图 2-44　2013 年夏季长江口水域盐度分布示意图

4. SS

春季，SS 浓度为 8～2488mg/L，平均值为 394mg/L，表层 SS 浓度高值区域主要分布在北支口门处和杭州湾北岸海域等区域。底层水体 SS 浓度远远大于表层，南汇咀外海区域和杭州湾北部存在 SS 浓度明显高值区（图 2-45）。

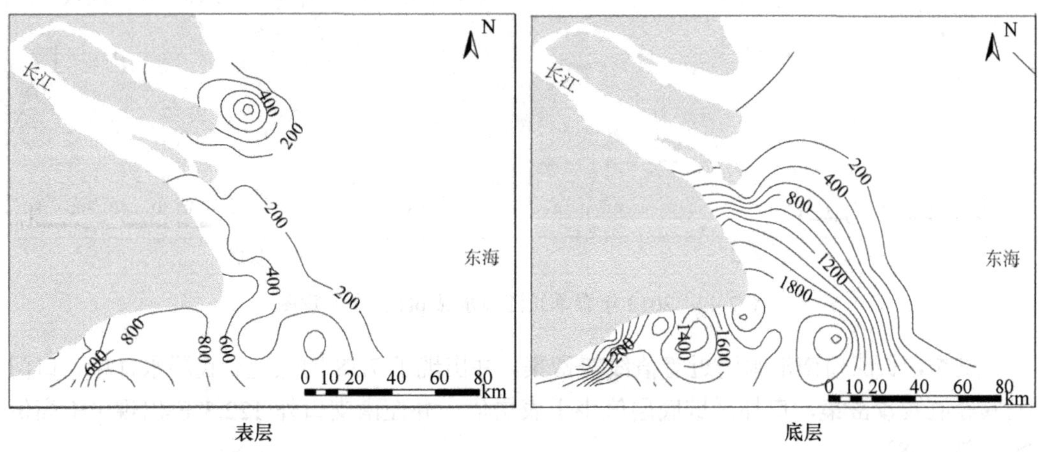

图 2-45　2013 年春季长江口水域 SS 浓度（mg/L）分布示意图

夏季，SS 浓度为 8～6206mg/L，平均值为 433.8mg/L，表层 SS 浓度高值区域主要分布在北港口门处和杭州湾北岸海域等区域。底层水体 SS 浓度远远大于表层，南汇咀外海区域和杭州湾北部存在 SS 浓度明显高值区（图 2-46）。

2.2.2.3　水质参数

1. pH

春季，长江口南支区域 pH 均小于 8，南支区域等值线较密集，并出现了 7.66 的低值。底层水体中，口门区域等值线较密集，口外区域底层值小于表层值，并在南支口外122.5°E以东出现pH高值区（图2-47）。

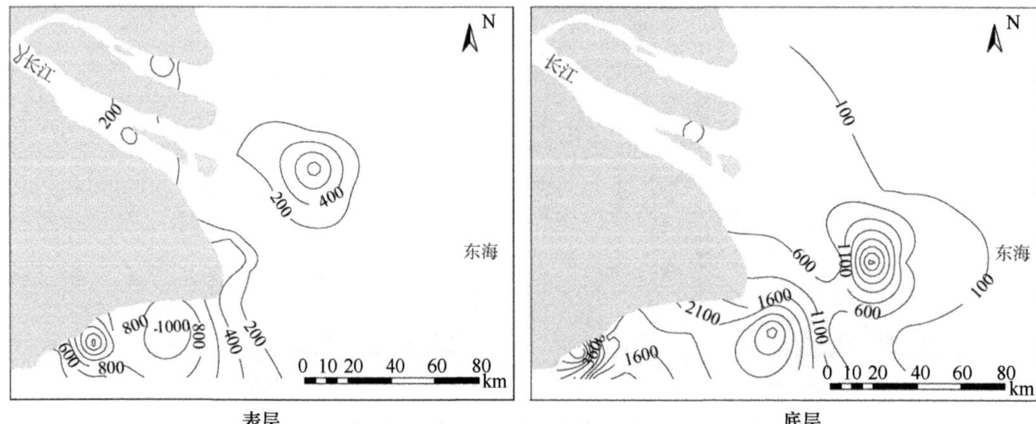

图2-46　2013年夏季长江口水域SS浓度（mg/L）分布示意图

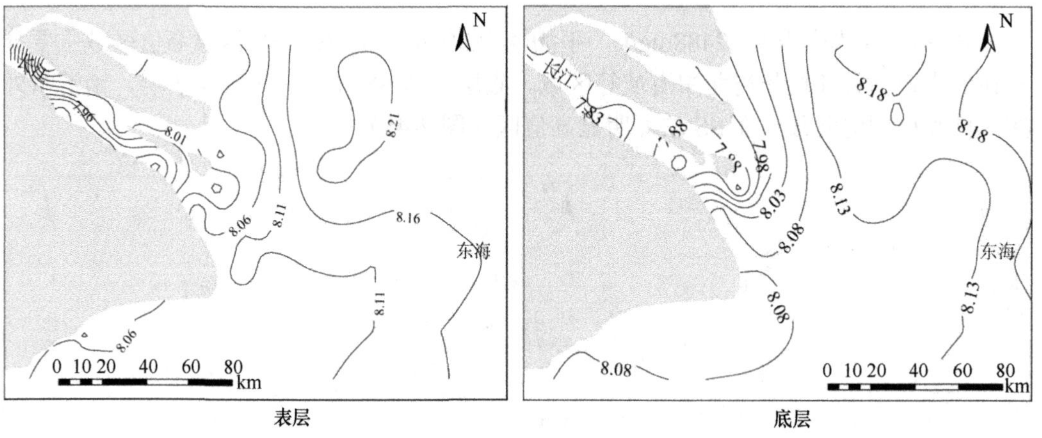

图2-47　2013年春季长江口水域pH分布示意图

夏季，长江口南汇咀附近等值线较密集，并出现了7.38的低值。底层水体中，口门区域等值线较密集，口外区域底层值小于表层值，并在南支口外122.5°E出现pH高值区（图2-48）。

2. DO

春季，长江口表层水体中，自口内湾内向口外浓度逐渐增大，在123°E附近海域DO浓度较高，最高达11.6mg/L。底层DO浓度远远低于表层，底层自口门处向外海逐渐减小，在123°E附近海域DO浓度最低，仅为5.7mg/L（图2-49）。

夏季，长江口表层水体中，口内湾内浓度明显小于口外浓度，在123°E附近海域DO浓度较高，最高达13.20mg/L。底层DO浓度远远低于表层，底层自口门处向外海逐渐减小，在123°E附近海域DO浓度最低，仅为2.12mg/L（图2-50）。

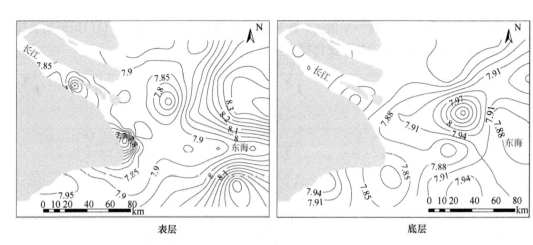

表层

底层

图 2-48　2013 年夏季长江口水域 pH 分布示意图

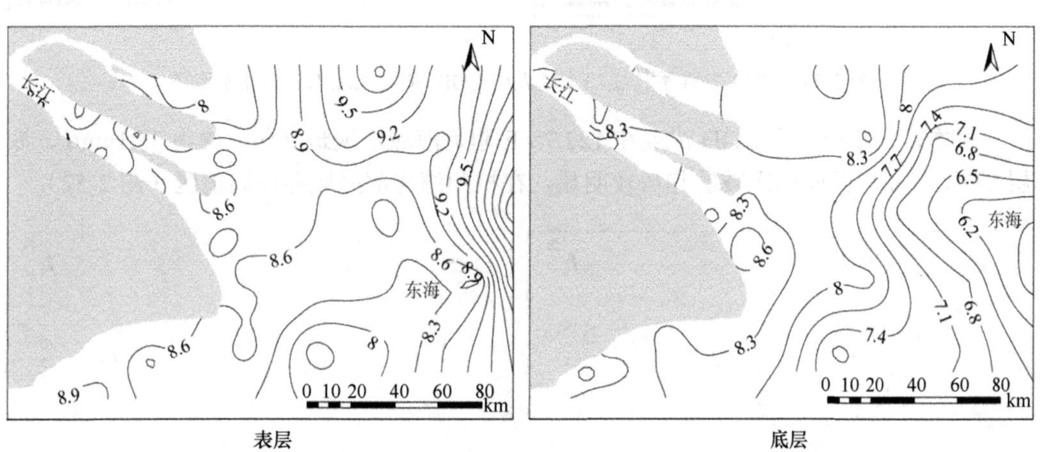

表层　　底层

图 2-49　2013 年春季长江口水域 DO 浓度（mg/L）分布示意图

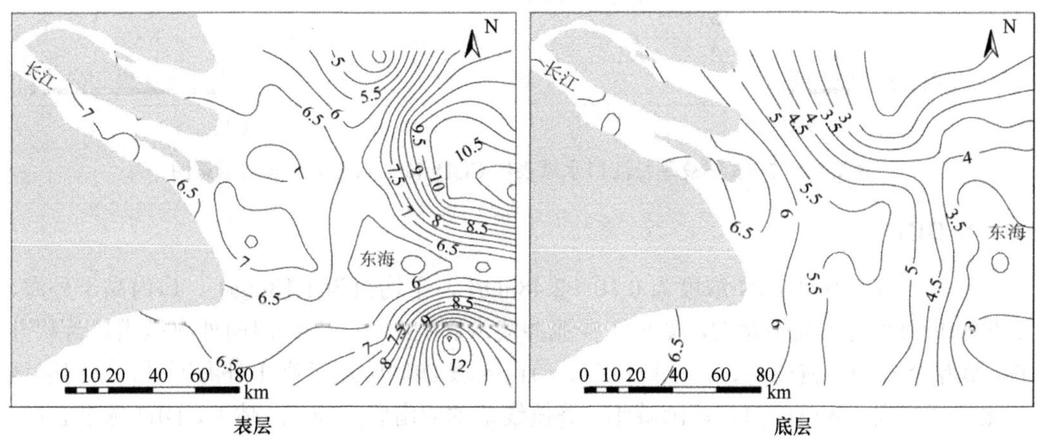

表层　　底层

图 2-50　2013 年夏季长江口水域 DO 浓度（mg/L）分布示意图

3. COD

春季，长江口表层、底层 COD 浓度自西向东递减的趋势较明显。表层、底层 COD

浓度在杭州湾北部海域均有一高值区，最大值约为 3.61mg/L。在长江口口门附近均表现为冲淡水影响的舌状形态，外海变化梯度较小（图 2-51）。

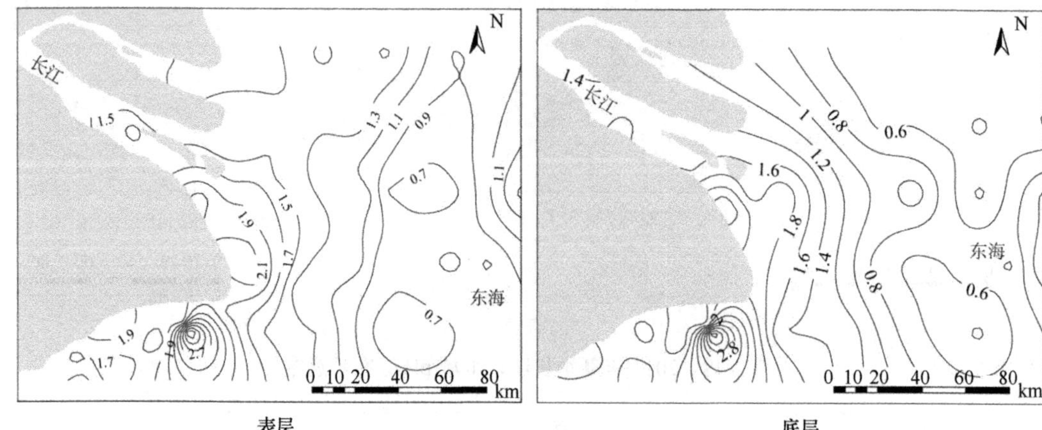

图 2-51　2013 年春季长江口水域表层 COD 浓度（mg/L）分布示意图

夏季，长江口表层 COD 浓度在 122.75°E 附近海域出现最高值，约为 3.21mg/L。底层 COD 浓度自西向东递减的趋势较明显，在杭州湾北部海域存在高值区（图 2-52）。

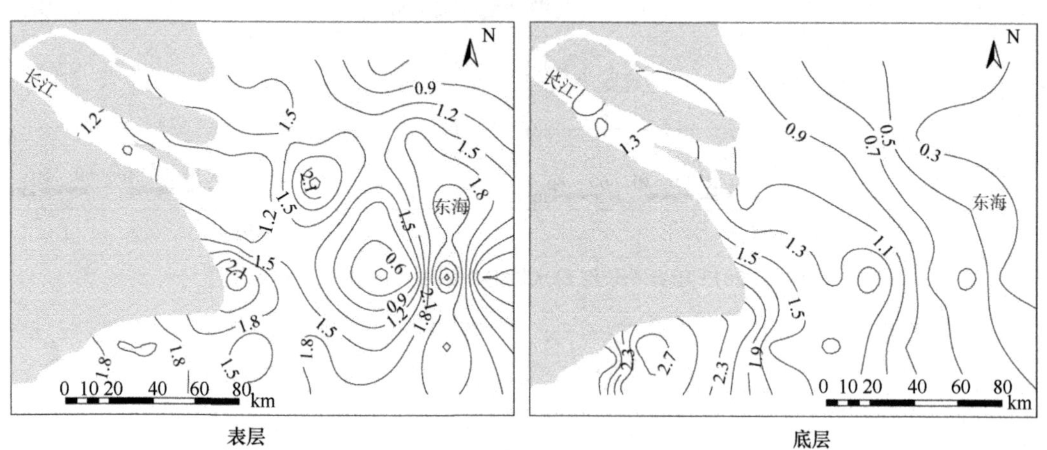

图 2-52　2013 年夏季长江口水域表层 COD 浓度（mg/L）分布示意图

4. DIN

春季，调查水域 DIN 浓度为 0.10～2.48mg/L，平均值为 1.18mg/L。口内高于外海，杭州湾北部和南支高于北支，受长江径流冲淡水影响明显，在口门向外海呈明显舌状分布。底层水体中，杭州湾、长江口口门、口内区域 DIN 浓度远高于外海区域，口门区域变化梯度较大，从口门向东逐渐减小，等值线基本为南北走向。总体上，DIN 浓度表层、底层分布特征与盐度表层、底层分布特征相似（图 2-53）。

夏季，调查水域 DIN 浓度为 0.01～2.62mg/L，平均值为 1.40mg/L。口内高于外海，杭州湾北部和南支高于北支，受长江径流冲淡水影响明显，在口门向外海呈明显舌状分布。底层水体中，杭州湾、长江口口门、口内区域 DIN 浓度远高于外海区域，口门区域变化梯度较大，从口门向东逐渐减小，等值线基本为南北走向。总体上，DIN 浓度表层、底层分布特征与盐度表层、底层分布特征相似（图 2-54）。

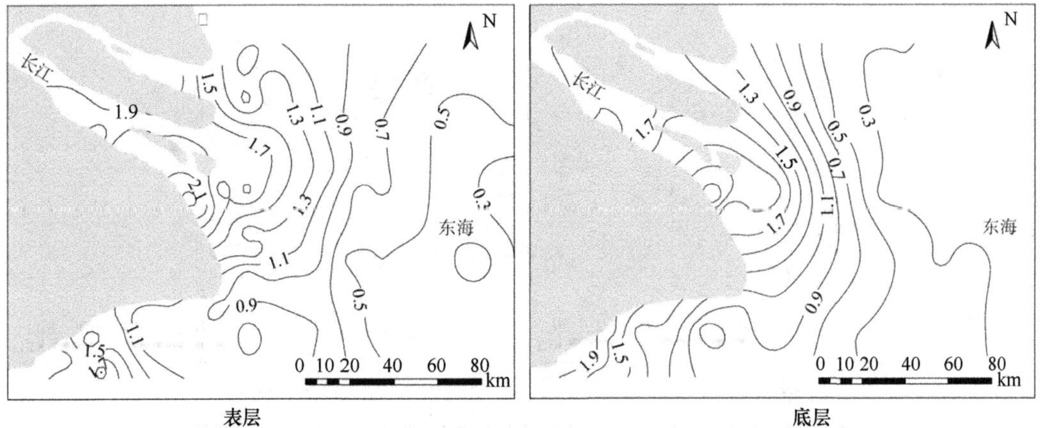

图 2-53　2013 年春季长江口水域 DIN 浓度（mg/L）分布示意图

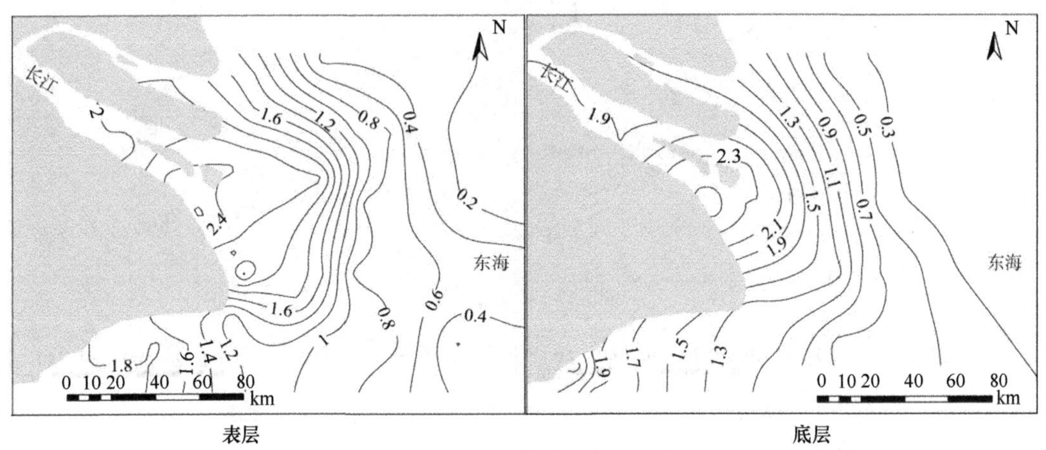

图 2-54　2013 年夏季长江口水域 DIN 浓度（mg/L）分布示意图

5. PO_4-P

春季，调查水域 PO_4-P 浓度为 0.007～0.083mg/L，平均值为 0.044mg/L。其分布特征与 DIN 浓度分布特征相似，表现为：口内高于外海，南支高于北支，受长江径流冲淡水影响明显，在口门向外海呈明显舌状分布（图 2-55）。

夏季，调查水域 PO_4-P 浓度为 0.001～0.102mg/L，平均值为 0.044mg/L。其分布特征与 DIN 浓度分布特征相似，表现为：口内高于外海，南支高于北支，受长江径流冲淡水影响明显，在口门向外海呈明显舌状分布（图 2-56）。

6. TN

春季，调查水域 TN 浓度为 0.10～3.63mg/L，平均值为 1.68mg/L。TN 浓度分布特征与 DIN 浓度分布特征相似，表现为：口内高于外海，南支高于北支，受长江径流冲淡水影响明显，在口门向外海呈明显舌状分布。底层水体 TN 浓度分布的梯度分布规律更明显，浓度由长江口内向外逐渐减小（图 2-57）。

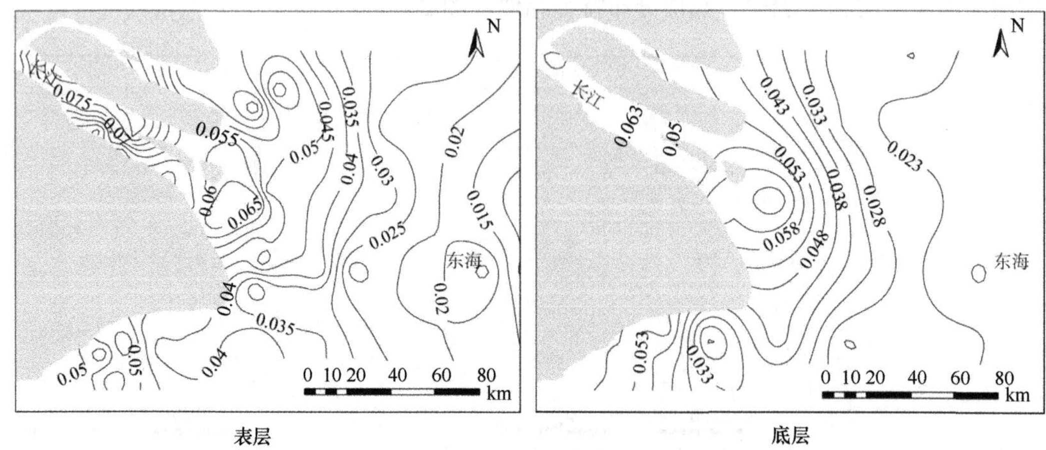

图 2-55　2013 年春季长江口水域 PO_4-P 浓度（mg/L）分布示意图

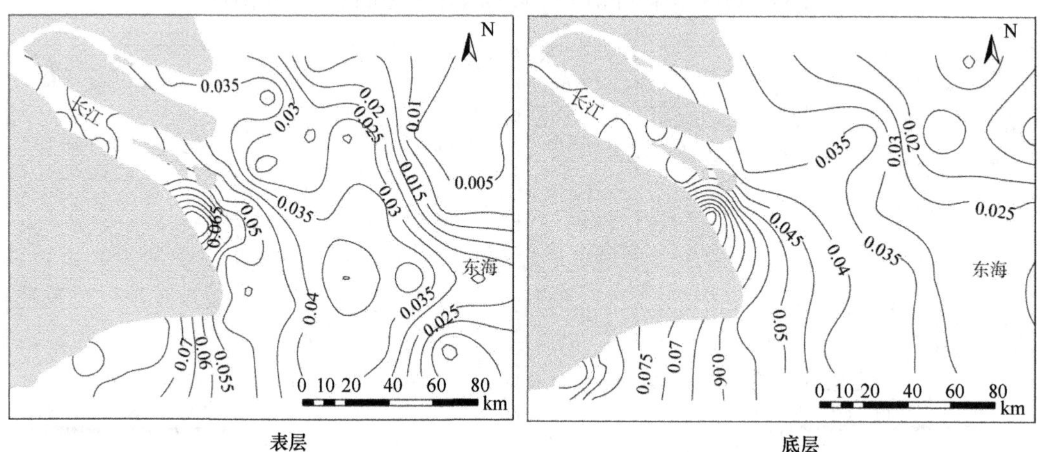

图 2-56　2013 年夏季长江口水域 PO_4-P 浓度（mg/L）分布示意图

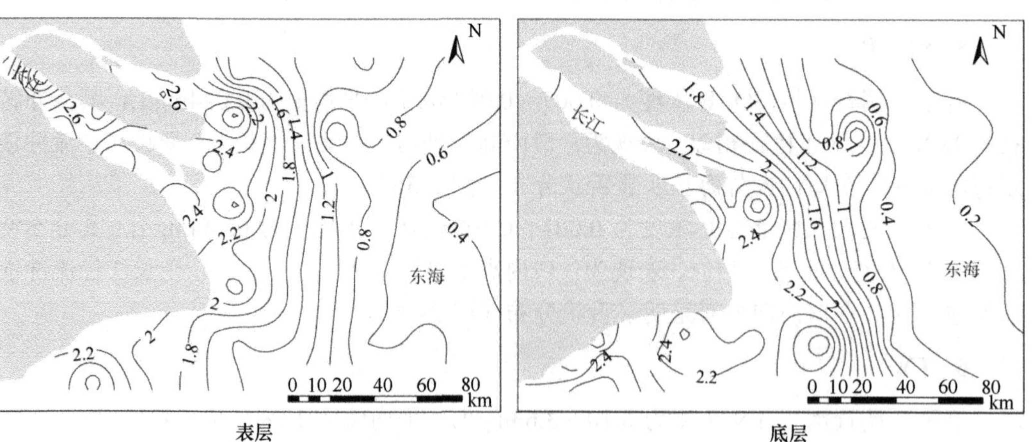

图 2-57　2013 年春季长江口水域 TN 浓度（mg/L）分布示意图

夏季，调查水域 TN 浓度为 0.154～3.700mg/L，平均值为 1.855mg/L。TN 浓度分布特征与 DIN 浓度分布特征相似，表现为：口内高于外海，南支高于北支，受长江径流冲淡水影响明显，在口门向外海呈明显舌状分布。底层水体 TN 浓度分布的梯度分布规律更明显，浓度由长江口内向外逐渐减小（图 2-58）。

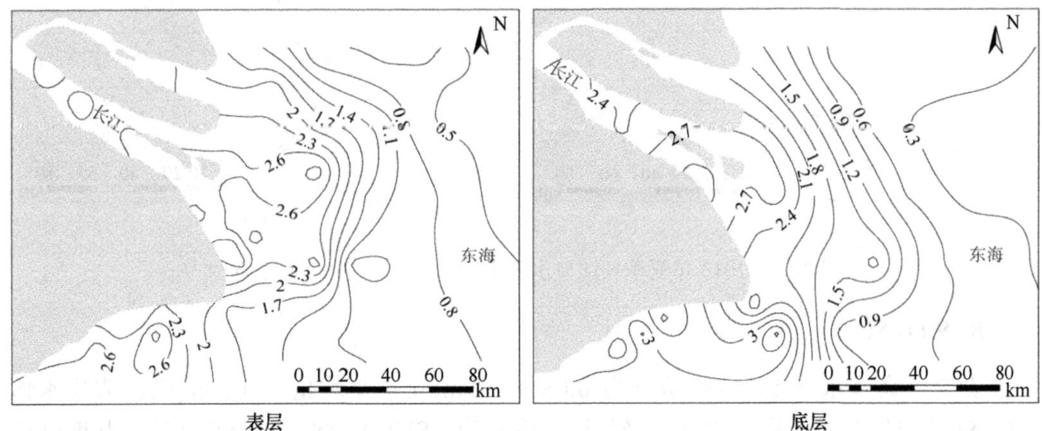

图 2-58　2013 年夏季长江口水域 TN 浓度（mg/L）分布示意图

7. TP

春季，调查水域 TP 浓度最大值 0.99mg/L，平均值为 0.24mg/L。表层水体 TP 浓度在北支口门海域、杭州湾北岸分别存在 TP 浓度的高值区，最大值出现在杭州湾流域的表层。总体上，表层、底层水体 TP 浓度的分布特征明显，浓度由长江口内向外逐渐减小（图 2-59）。

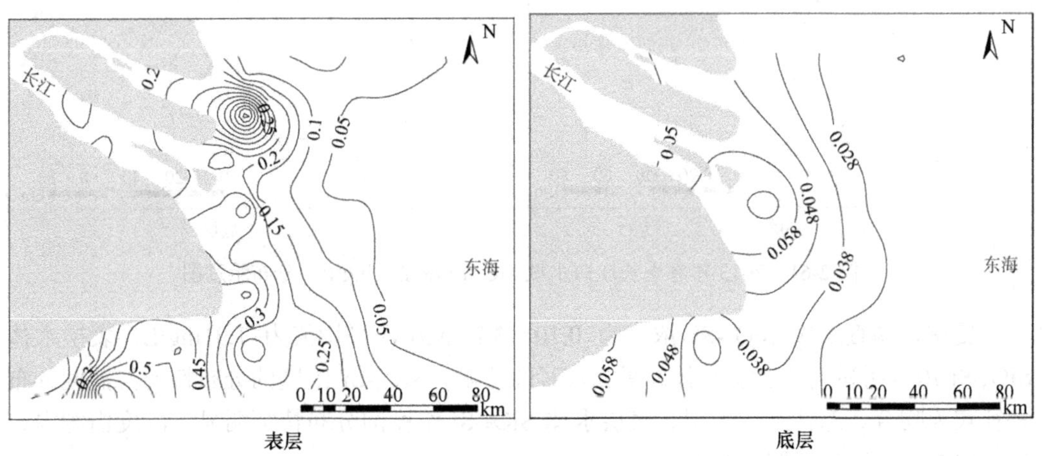

图 2-59　2013 年春季长江口水域 TP 浓度（mg/L）分布示意图

夏季，调查水域 TP 浓度为未检出至 1.06mg/L，平均值为 0.23mg/L。表层水体 TP 浓度在杭州湾北岸存在 TP 浓度的高值区，最大值出现在杭州湾流域的表层。总体上，表层、底层水体 TP 浓度的分布特征明显，浓度由长江口内向外逐渐减小（图 2-60）。

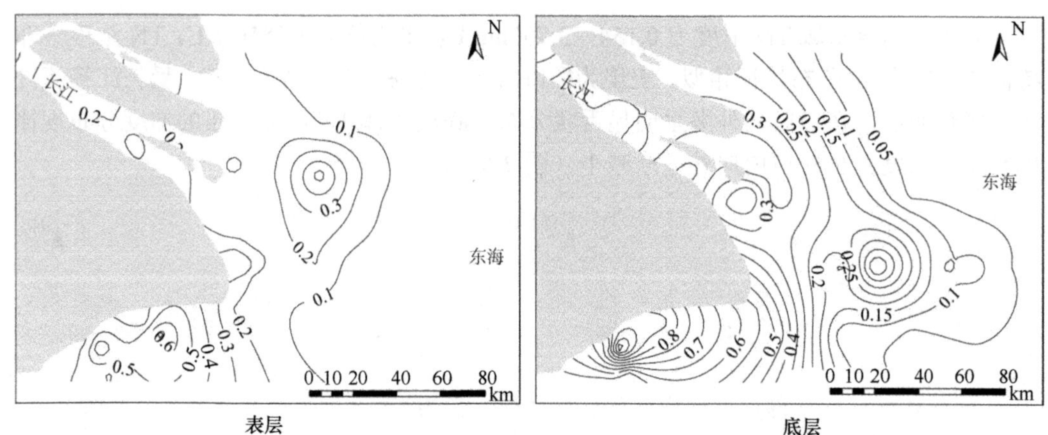

图 2-60　2013 年夏季长江口水域 TP 浓度（mg/L）分布示意图

8. SiO_3-Si

春季，调查水域 SiO_3-Si 浓度为 0.08～2.79mg/L，平均值为 1.53mg/L。表层水体 SiO_3-Si 浓度明显高于底层水体。受长江径流影响，SiO_3-Si 浓度的分布特征与盐度分布特征较为吻合。总体上，表层、底层水体 SiO_3-Si 浓度的分布特征明显，浓度由湾内和口内向外逐渐减小（图 2-61）。

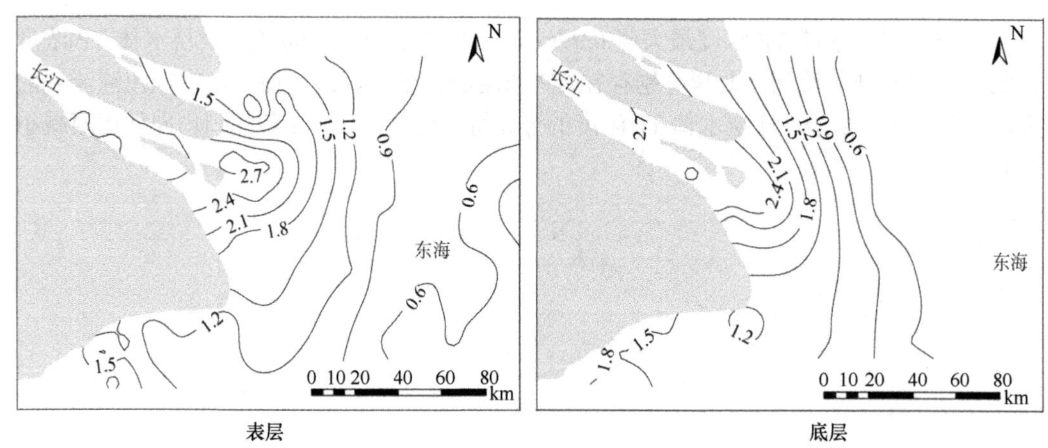

图 2-61　2013 年春季长江口水域 SiO_3-Si 浓度（mg/L）分布示意图

夏季，调查水域 SiO_3-Si 浓度为 0.10～3.25mg/L，平均值为 1.91mg/L。表层水体 SiO_3-Si 浓度明显高于底层水体。受长江径流影响，SiO_3-Si 浓度的分布特征与盐度分布特征较为吻合。总体上，表层、底层水体 SiO_3-Si 浓度的分布特征明显，浓度由湾内和口内向外逐渐减小（图 2-62）。

9. 油类

春季，调查水域油类浓度最大值 463.0μg/L，平均值 52.6μg/L；夏季最大值 73.7μg/L，平均值为 20.72μg/L。长江口水域油类的分布无明显特征，春季高值区主要分布在长江口南支和横沙东南海域，夏季高值区主要分布在长江口外海海域（图 2-63）。

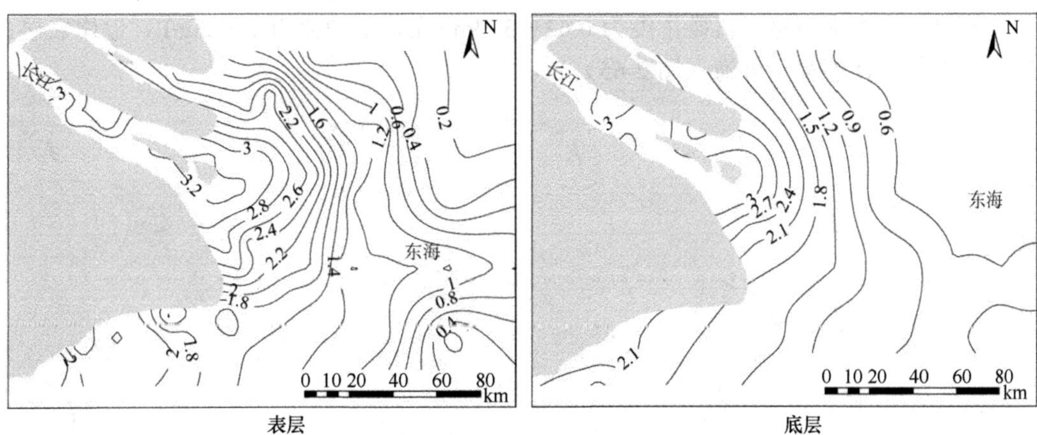

图 2-62　2013 年夏季长江口水域 SiO_3-Si 浓度（mg/L）分布示意图

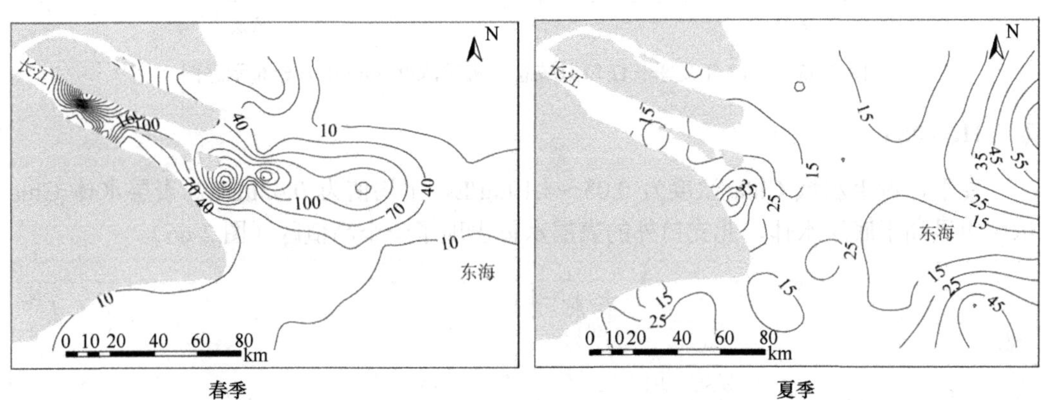

图 2-63　2013 年长江口水域油类浓度（μg/L）分布示意图

10. 总有机碳

春季，调查水域总有机碳浓度为 1.01～2.68mg/L，平均值为 1.86mg/L。长江口水域表层、底层海域的总有机碳浓度分布无明显规律（图 2-64）。

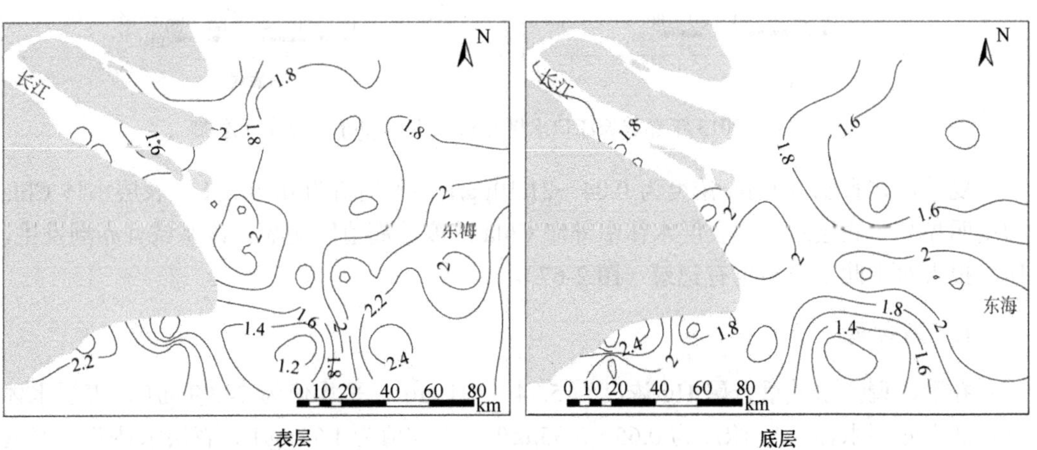

图 2-64　2013 年春季长江口水域总有机碳浓度（mg/L）分布示意图

夏季，调查水域总有机碳浓度为 0.62～3.29mg/L，平均值为 1.51mg/L，近岸表层、底层总有机碳浓度高于外海（图 2-65）。

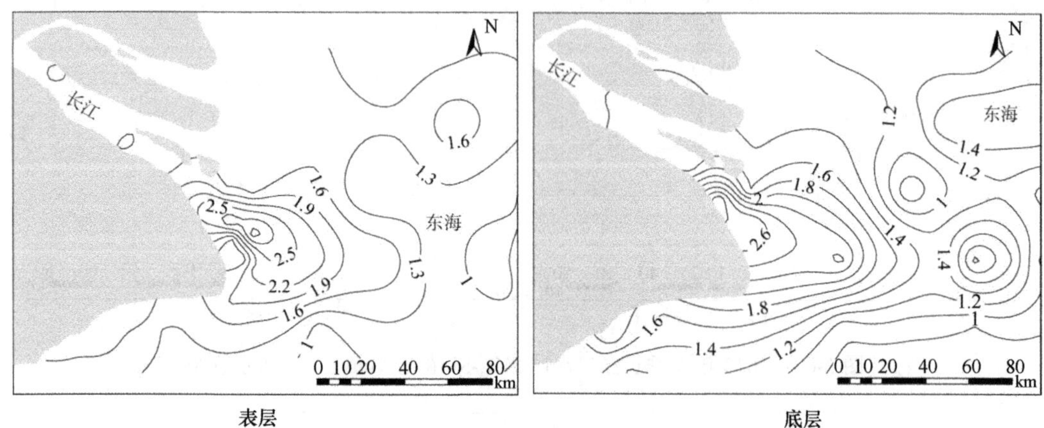

图 2-65　2013 年夏季长江口海域总有机碳浓度（mg/L）分布示意图

11. Chla

春季，调查水域 Chla 浓度为 0.05～4.10μg/L，平均值为 0.42μg/L。表层水体 Chla 浓度明显高于底层水体，北支口外的表层水体出现了一个高值区（图 2-66）。

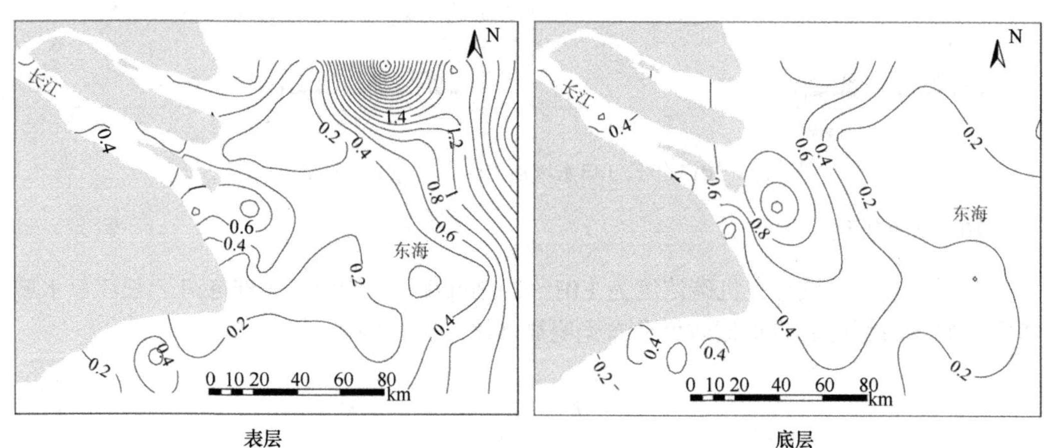

图 2-66　2013 年春季长江口水域 Chla 浓度（μg/L）分布示意图

夏季，调查水域 Chla 浓度为 0.04～21.10μg/L，平均值为 0.79μg/L。表层水体 Chla 浓度明显高于底层水体。表层水体中外海 Chla 浓度的高值区明显，该海域有赤潮发生，航次报告对于此次赤潮也有记录（图 2-67）。

12. 重金属

春季，调查水域重金属 Hg 浓度为 5.34～131ng/L，平均值为 24.09ng/L，表层水体含量低于底层水体；As 浓度为 0.65～3.35μg/L，平均值为 1.71μg/L，表层水体含量普遍高于底层水体，浓度梯度规律较为明显，自口内向外呈舌状逐渐减小；Cd 浓度为 0.0025～

0.10μg/L，平均值为 0.03μg/L；Cr 浓度为 0.0125～0.99μg/L，平均值为 0.17μg/L；Pb 浓度为 0.025～4.04μg/L，平均值为 1.15μg/L，表层水体含量略高于底层水体；Cu 浓度为 0.025～8.70μg/L，平均值为 1.20μg/L；Zn 浓度为 0.5～21.1μg/L，平均值为 8.06μg/L。

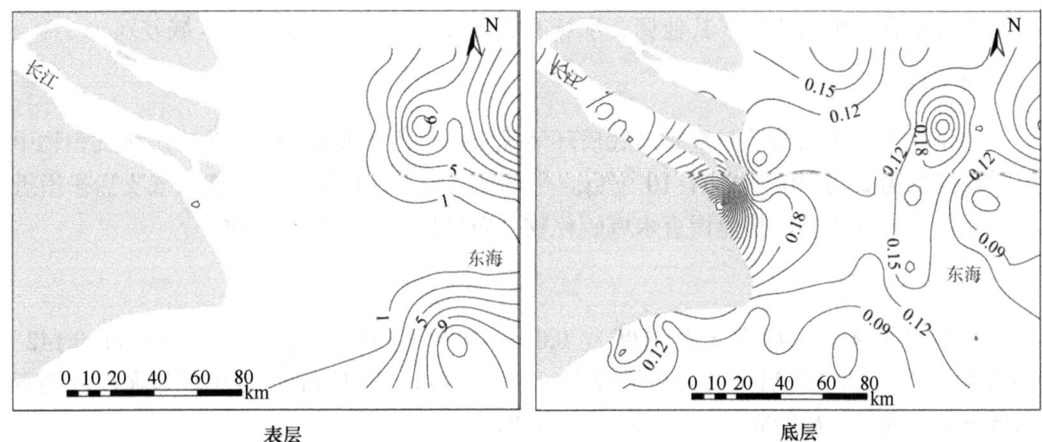

图 2-67　2013 年夏季长江口水域 Chla 浓度（μg/L）分布示意图

夏季，调查水域重金属 Hg 浓度为未检出至 82.00ng/L，平均值为 30.38ng/L，表层水体浓度低于底层水体；As 浓度为 1.03～2.92μg/L，平均值为 1.97μg/L，表层水体浓度普遍高于底层水体，浓度梯度规律较为明显，自口内向外呈舌状逐渐减小；Cd 浓度为未检出至 0.15μg/L，平均值为 0.043μg/L；Cr 浓度为 0.128～0.739μg/L，平均值为 0.263μg/L；Pb 浓度为 0.12～4.79μg/L，平均值为 1.0μg/L，表层水体浓度略高于底层水体；Cu 浓度为未检出至 9.37μg/L，平均值为 1.85μg/L；Zn 浓度为未检出至 17.2μg/L，平均值为 5.91μg/L。

2.2.2.4　沉积物参数

1. 粒径结构

长江口沉积物的主要类型是粉砂、砂和黏土质粉砂，分别占沉积物总站位的 43.2%、22.7%和 18.2%，另有砂质粉砂占 11.4%，粉砂质砂占 4.5%。

2. 空间分布

（1）氧化还原电位

氧化还原电位（Eh）作为沉积物的一项基本监测指标，可以反映沉积物的氧化还原环境。长江口水域沉积物中 Eh 值为−127～461mV。在长江口南支，Eh 值大于 100mV，为氧化型沉积物；杭州湾北岸及长江口外海区域 Eh 值基本都在 100mV 以下，为还原型沉积物。

（2）pH

长江口水域沉积物中 pH 为 6.88～7.96。从长江口内向外，pH 先降低后升高，在口门附近 pH 最低。

（3）有机碳

长江口水域沉积物中有机碳含量为 0.21%～0.91%，平均值为 0.50%。宝山近岸海域有机碳含量有一个高值区，其他调查水域有机碳分布较均匀，无明显区域差别。

（4）硫化物

硫化物浓度的高低是衡量海洋底质环境优劣的一项重要指标。长江口水域沉积物中硫化物浓度为 2.78×10^{-5}～9.64×10^{-5}g/kg，平均值为 4.00×10^{-5}g/kg。长江口北支启东附近海域硫化物浓度较高，其他调查水域硫化物分布较均匀，无明显规律。

（5）Cd

长江口水域沉积物中 Cd 浓度为 0.005×10^{-6}～0.456×10^{-6}g/kg，平均值为 0.142×10^{-6}g/kg。长江口北支启东嘴外海域存在一个高值区，杭州湾北岸金山近岸海域及调查水域东南方向 Cd 浓度偏高，其他海域浓度较低。

（6）Cu

长江口水域沉积物中 Cu 浓度为 4.21×10^{-6}～3.55×10^{-5}g/kg，平均值为 1.69×10^{-5}g/kg。Cu 分布无明显规律，长江口外中部海域 Cu 浓度较高，其他区域略低。

（7）Cr

长江口水域沉积物中 Cr 浓度为 8.79×10^{-6}～5.93×10^{-5}g/kg，平均值为 3.21×10^{-5}g/kg。长江口内 Cr 浓度偏低，长江口外 Cr 浓度偏高。

（8）Zn

长江口水域沉积物中 Zn 浓度为 2.53×10^{-5}～1.15×10^{-4}g/kg，平均值为 6.60×10^{-5}g/kg。长江口内 Zn 浓度略低，长江口外海域较高，南汇嘴外海域存在一个高值区。

（9）DDT

长江口水域沉积物中 DDT 浓度为 0.025×10^{-9}～6.25×10^{-9}g/kg，平均值为 0.809×10^{-9}g/kg。杭州湾北岸南汇近岸海域 DDT 浓度较高，其他区域分布较均匀。

（10）PCBs

长江口水域沉积物中 PCBs 浓度为 0.121×10^{-9}～8.06×10^{-9}g/kg，平均值为 2.11×10^{-9}g/kg。南汇以东方向存在一个 PCBs 高值区，其他区域分布较均匀。

2.2.3 生物群落特征

2.2.3.1 调查及分析方法

2011 年 5 月用 $0.025m^2$ 抓斗式采泥器采样，每站成功取样 6 次合为 1 个样品。2009

年 4 月、2010 年 3 月和 2013 年 5 月在长江口邻近海域（口外及杭州湾）每站位用 $0.1m^2$ 抓斗式采泥器采样 1 次。样品均采用 0.5mm 孔径的网筛对大型底栖生物分选。

为探讨富营养化对底栖动物群落的影响，本研究引入富营养化指数（EI）（邹景忠等，1983；殷鹏等，2011），其计算公式为：EI=（COD×DIN×DIP×10^6）/4500。COD、DIN、DIP 参数的单位均为 mg/L，DIP 采用 PO_4-P 代替。EI＜0.6，表明水体营养盐含量处于正常水平；EI=0.6～1.0，轻度富营养化；EI＞1.0，富营养化。

其余调查及分析方法同 2.1.3.1。

2.2.3.2　浮游植物

1. 种类组成

2013 年两期共鉴定出浮游植物 7 门 37 科 83 属 256 种。其中，硅藻门 162 种，占 63.3%；甲藻门 64 种，占 25.0%；绿藻门 15 种，占 5.9%；其余为蓝藻门（9 种），金藻门 3 种，裸藻门 2 种，隐藻门 1 种（图 2-68）。硅藻门和甲藻门是构成调查水域浮游植物群落的最主要类群。

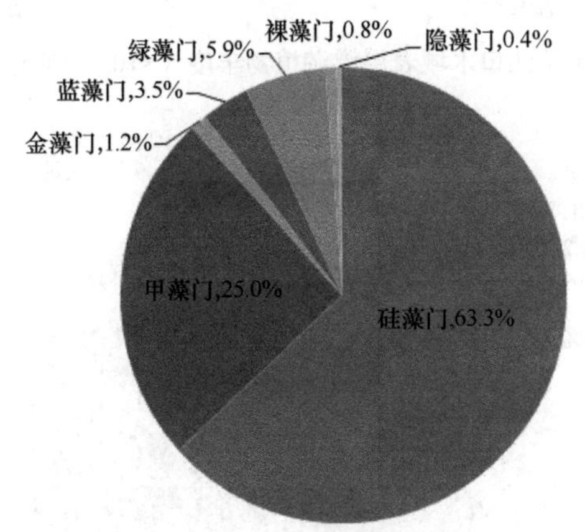

图 2-68　2013 年长江口水域浮游植物种类组成

由于数据修约，占比之和不是 100%

2. 时空分布

2013 年调查水域浮游植物细胞丰度测值为 9.90×10^3～2.88×10^6 个细胞/L，平均值为 4.66×10^5 个细胞/L。平面分布：春季总体呈现北部高南部低的趋势，高值区位于调查水域的西北角和东北角，浮游植物细胞丰度在 1.0×10^6 个细胞/L 以上，调查水域中部及南部浮游植物细胞丰度较低，在 4.0×10^5 个细胞/L 以下；夏季浮游植物细胞丰度总体低于第一期，总体由西部向东南海域呈半圆形逐渐递减趋势，高值区浮游植物细胞丰度大于 7.0×10^5 个细胞/L，调查水域东北部及西南部小于 1.0×10^5 个细胞/L（图 2-69）。

2.2.3.3　浮游动物

1. 种类组成

2013 年调查水域共鉴定出浮游动物 18 大类 116 种，其中，桡足类 31 种，占 26.7%；

水螅水母类 16 种，占 13.8%；浮游幼虫 15 种，占 12.9%；另外，端足类和浮游螺类各 7 种，管水母类和毛颚类各 6 种，被囊类、糠虾类和栉水母类各 4 种，樱虾类和枝角类各 3 种，浮游多毛类、介形类、涟虫类和磷虾类各 2 种，十足类和头足类各 1 种（图 2-70）。

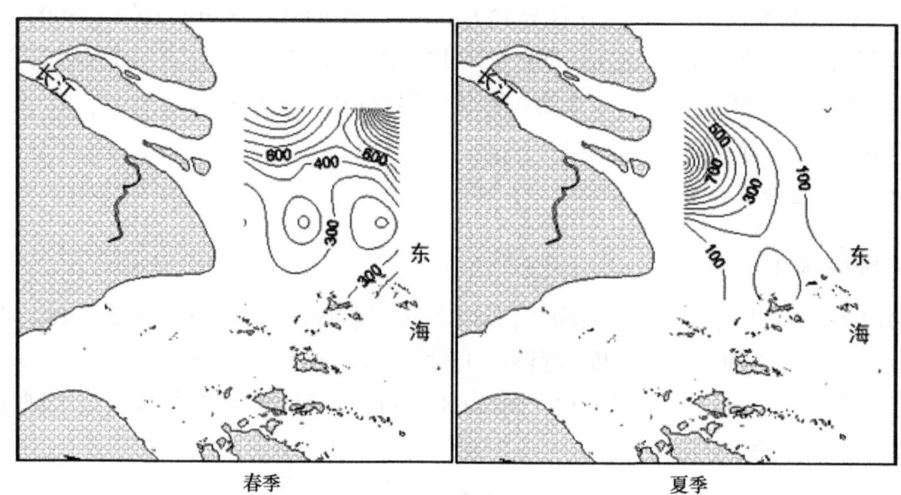

图 2-69　2013 年长江口水域表层浮游植物丰度（$\times 10^3$ 个细胞/L）分布示意图

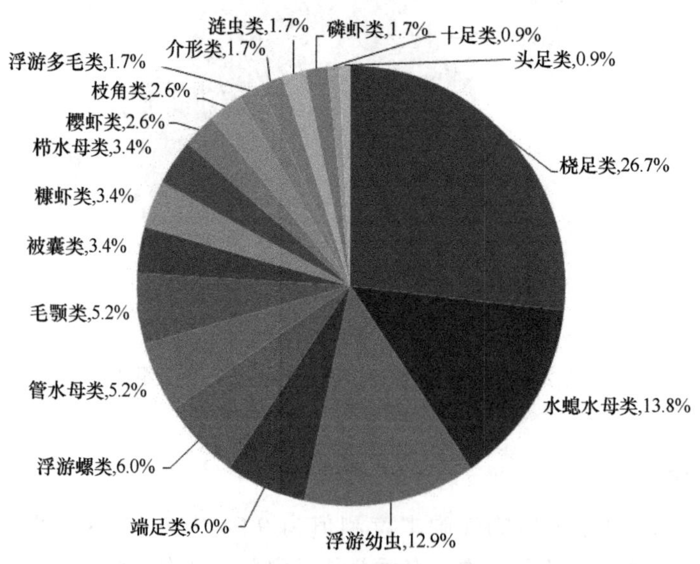

图 2-70　2013 年长江口水域浮游动物种类组成

由于数据修约，占比之和不是 100%

2. 时空分布

2013 年调查水域浮游动物密度测值为 16.4～987ind/m^3，平均值为 293ind/m^3。平面分布：春季由调查水域西部向东部呈递增态势，西部海域浮游动物密度小于 100ind/m^3，东北海域大于 700ind/m^3；夏季浮游动物丰度低于春季，但分布规律与春季相似（图 2-71）。

2013 年调查水域浮游动物生物量测值为 4.0～1638mg/m^3，平均值为 521mg/m^3。平面分布：春季生物量与密度分布较为相似，由西往东递增，西部浮游动物生物量小于 50mg/m^3，东北角在 1500mg/m^3 以上；夏季生物量在调查水域西部较低，东北部和南部较高（图 2-71）。

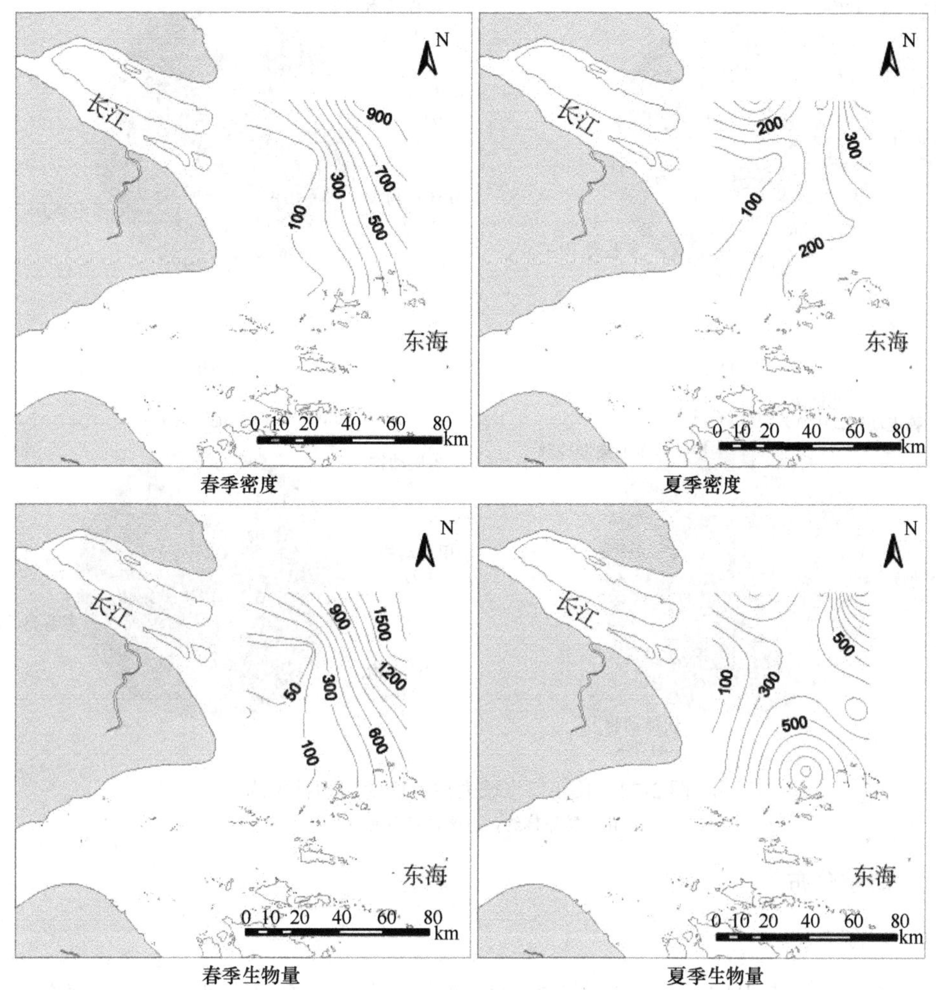

图 2-71　2013 年长江口水域浮游动物密度（ind/m^3）和生物量（mg/m^3）分布示意图

2.2.3.4　大型底栖动物

1. 物种组成

调查期间，长江口水域大型底栖动物物种组成如图 2-72 所示。其中，2009 年共发现大型底栖动物 54 种，其中多毛类 38 种（占 70.4%），软体动物 7 种（占 13.0%），甲壳动物 3 种，棘皮动物 2 种，底栖鱼类 1 种，其他种类 3 种；2010 年共发现大型底栖动物 30 种，其中多毛类 19 种（占 63.3%），软体动物 4 种（占 13.3%），甲壳动物 3 种，棘皮动物 2 种，其他种类 2 种；2011 年共发现大型底栖动物 24 种，其中多毛类 5 种（占 20.8%），软体动物 10 种（占 41.7%），甲壳动物 7 种（占 29.2%），棘皮动物 1 种，其他类 1 种；2013 年共发现大型底栖动物 41 种，其中多毛类 23 种（占 56.1%），软体动物 9 种（占 22.0%），甲壳动物 2 种，棘皮动物 4 种（占 9.8%），底栖鱼类 1 种，其他类 2 种。

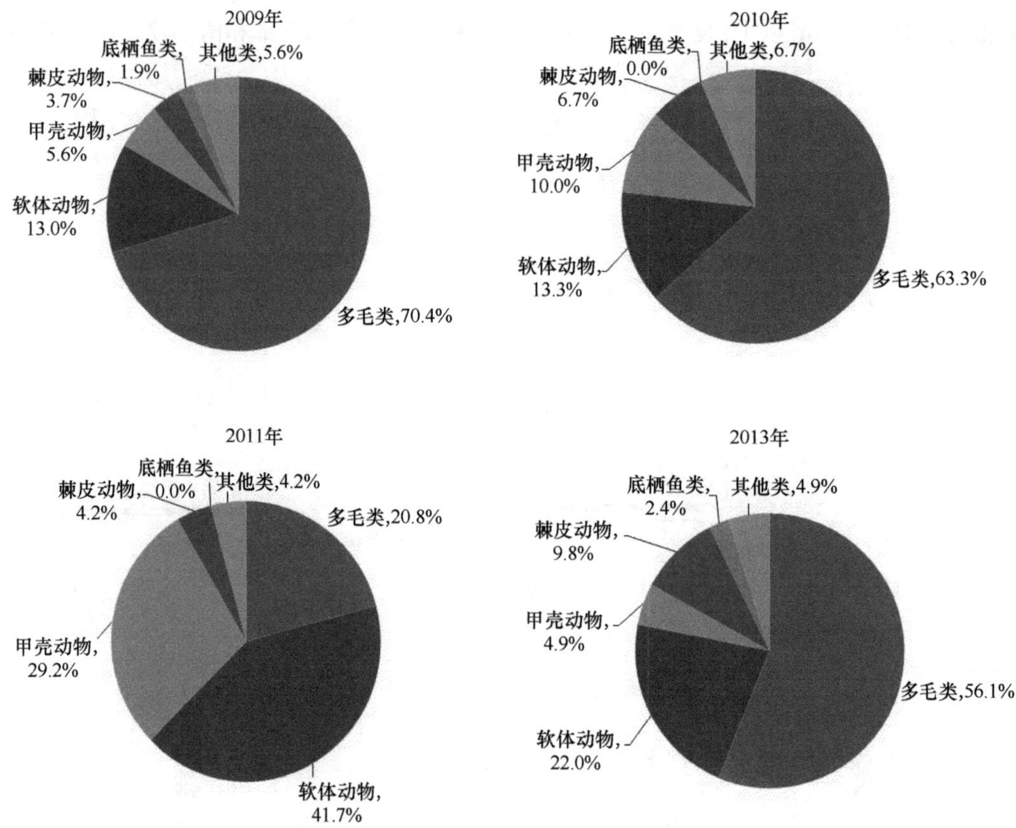

图 2-72 长江口水域大型底栖动物物种组成

由于数据修约，占比之和不是 100%

2. 时空分布

（1）物种数

2009 年，调查水域物种数为 1～21 种，平均 5 种，分布呈自西向东增加的趋势，东北角出现一个高值区；2010 年，物种数为 1～6 种，平均 3 种，分布模式与 2009 年大体一致，但高值区出现在偏南位置；2011 年，物种数为 1～9 种，平均 3.3 种；2013 年，物种数为 1～14 种，平均 4.9 种。

（2）栖息密度和生物量

2009 年，调查水域大型底栖动物栖息密度为 10～1230ind/m^2，平均 235ind/m^2，由西向东呈逐渐升高的趋势；2010 年，栖息密度为 0～290ind/m^2，平均 67ind/m^2。最高值和最低值均出现于长江口口外海域；2011 年，栖息密度为 3～107ind/m^2，平均 46ind/m^2，最高值出现于北支口门内，最低值出现于南支口门附近；2013 年，栖息密度为 10～410ind/m^2，平均 93ind/m^2，调查水域西南角出现一高值区。

2009 年，调查水域大型底栖动物生物量为 0.1～26.7g/m^2，平均 6.37g/m^2。2010 年，生物量为 0～33.07g/m^2，平均 4.8g/m^2。2011 年，生物量为 0.07～135.07g/m^2，平均 25.79g/m^2。大体呈近岸低、离岸高的趋势，高值区出现的经度为 122.5°E～122.7°E。

（3）物种多样性

2009 年，调查水域大型底栖动物的 d、J、H'平均值分别为 0.87、0.80、0.94；2010 年，d、J、H'平均值分别为 0.46、0.84、0.75，其中 d 和 H'在 4 次调查中均为同类别的最低；2011 年，d、J、H'平均值分别为 0.59、0.89、0.88；2013 年，d、J、H'平均值分别为 0.81、0.90、1.12。4 次调查的 H'大体呈沿岸低、离岸高的趋势，2009 年和 2010 年均在长江口以东及舟山岛西南出现低值区。

（4）群落结构多变量分析

2009 年调查水域大型底栖动物聚类分析和 nMDS 排序结果如图 2-73 所示。以 15%的相似度划分，19 个站位的底栖动物群落可划分为 7 组。第Ⅰ组包括 4 个站位，分别为 6、17、24 和 29；第Ⅱ组也有 4 个站位，为 7、22、SH3114 和 SH31JM；第Ⅲ组包括 5 个站位，分别为 18、20、28、35 和 37；第Ⅳ组 2 个站位，为 19 和 39；第Ⅴ组也是 2 个站位，为 30 和 34；第Ⅵ组和第Ⅶ组都仅有 1 个站位，分别为 15 和 36。相似性分析表明，7 个聚类组之间的大型底栖动物群落组成差异极显著（R=0.523，P=0.001）。

2010 年调查水域大型底栖动物聚类分析和 nMDS 排序结果如图 2-74 所示。以 15%的相似度划分，底栖动物群落可划分为 6 组。第Ⅰ、Ⅱ组均只有 1 个站位，分别为 17 和 20；第Ⅲ组包括 6 个站位，分别为 15、21、29、37、39 和 SH31Jm；第Ⅳ组 7 个站位，为 16、19、24、28、33、35 和 36；第Ⅴ组包括 2 个站位，为 6 和 SH3114；第Ⅵ组仅 1 个站位，为 22。相似性分析表明，6 个聚类组之间的大型底栖动物群落组成差异极显著（R=0.463，P=0.002）。

（5）生物群落指标与环境参数的关系

2009 年调查结果的相关性分析表明，环境参数与大型底栖动物丰度（ρ=0.098，P=0.112）、生物量（ρ=0.069，P=0.233）均无显著相关关系；Pearson 相关性分析表明，沉积物中硫化物含量与丰度（R=0.265，P=0.022）、生物量（R=0.365，P=0.007）均呈显著/极显著相关关系；多元回归分析结果表明，环境参数与丰度（R^2=0.233，F=7.310，P=0.046）和生物量（R^2=0.198，F=9.456，P=0.028）之间均呈显著相关。将环境参数与丰度进行 BVSTEP 分析，结果表明，最能解释群落差异的环境参数组合是沉积物 Pb 含量、有机碳含量、底层水 DO 含量（R=0.221），而环境参数与生物量之间的 BVSTEP 分析表明，最能解释群落结构差异的环境参数组合为沉积物 TN 含量、Zn 含量和底层水 DO 含量（R=0.326）。

2010 年调查结果的相关性分析表明，环境参数与大型底栖动物丰度（ρ=0.076，P= 0.163）、生物量（ρ=0.088，P=0.214）均无显著相关关系；多元回归分析结果表明，环境参数与丰度（R^2=0.196，F=9.32，P=0.032）和生物量（R^2=0.287，F=5.682，P=0.033）之间均呈显著相关。将环境参数与丰度进行 BVSTEP 分析，结果表明，最能解释群落差异的环境参数组合是底层水 DO 含量、亚硝酸盐含量和盐度（R=0.221），而环境参数与生物量之间的 BVSTEP 分析表明，最能解释群落结构差异的环境参数组合为底层水 DO

含量、磷酸盐含量和亚硝酸盐含量（R=0.326）。

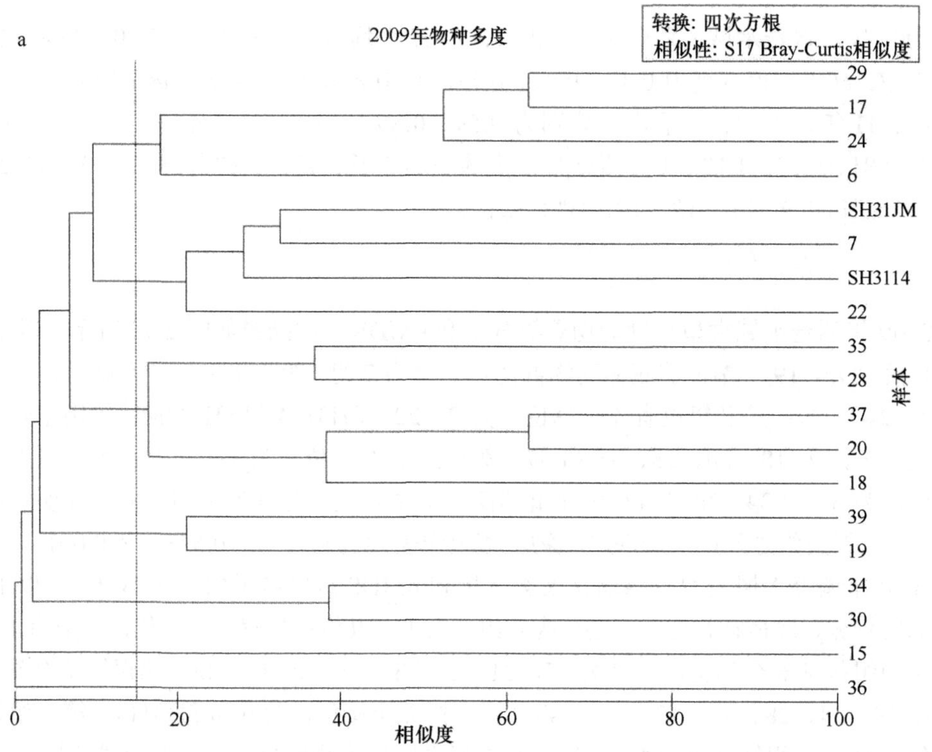

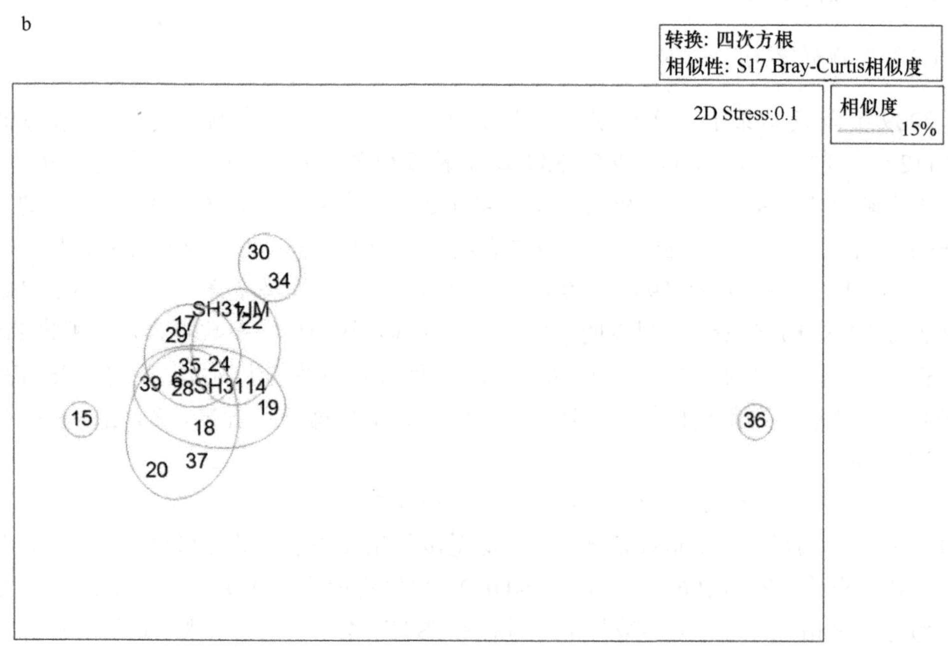

图 2-73　2009 年长江口水域大型底栖动物聚类（a）及非度量多维尺度分析（b）

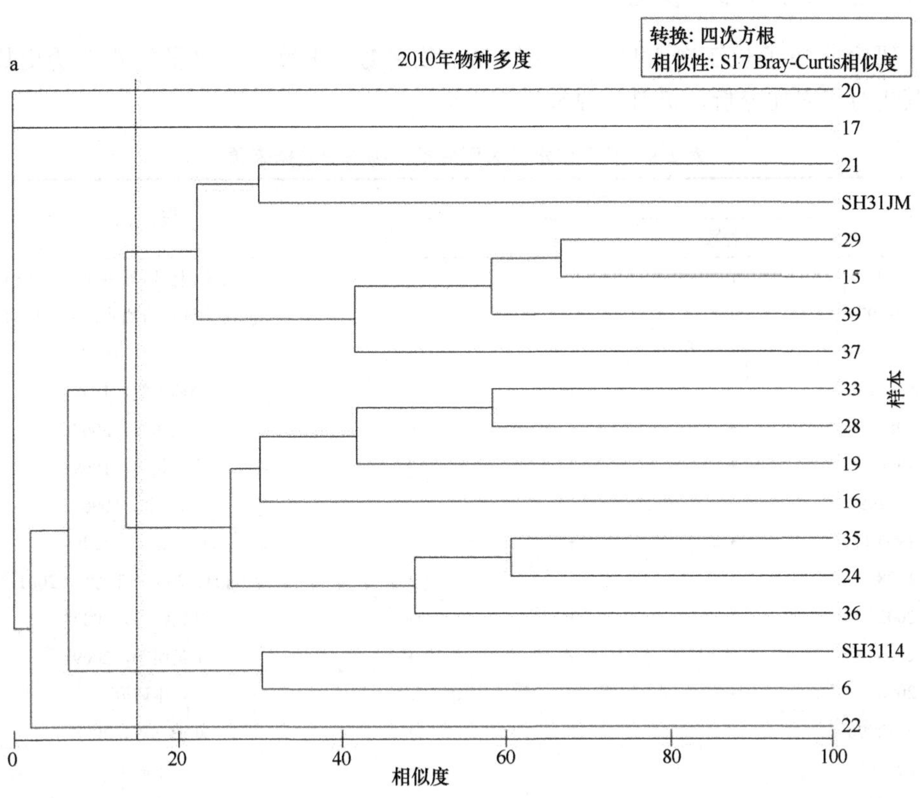

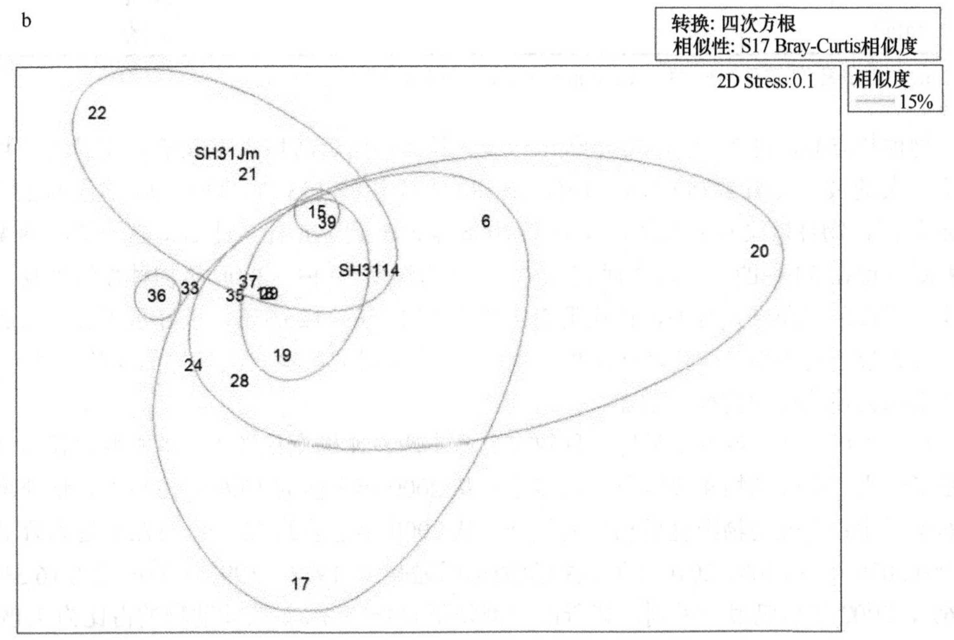

图 2-74　2010 年长江口水域大型底栖动物聚类（a）及非度量多维尺度分析（b）

（6）生物群落的长期变化

本研究收集了长江口水域大型底栖动物物种数、丰度、生物量等相关历史数据，并对其进行了对比分析，资料来源参见表 2-5。

表 2-5　长江口水域大型底栖动物历史数据来源

年份	数据类型			资料来源
	物种数	丰度	生物量	
1959	/	/	+	东海污染调查监测协作组，1984
1978～1979	+	/	/	东海污染调查监测协作组，1984
1982～1983	+	/	+	陈吉余，1988
1985～1986	/	/	+	刘瑞玉等，1992
1988	+	/	+	孙亚伟等，2007
1990	+	/	/	徐兆礼等，1999
1990～1991	+	/	/	陈吉余，1996
1996	+	+	+	徐兆礼等，1999
1998	+	+	+	上海市环境科学研究院，2001*
2002	+	+	+	叶属峰等，2002
2005	/	+	+	王延明等，2009
2005	+	+	/	本研究
2005～2006	/	/	+	刘录三等，2008
2006	+	+	+	本研究
2007	+	+	+	孙亚伟等，2007
2009	+	+	+	本研究
2010	+	+	+	本研究

注：“/”代表无相关资料数据；“+”代表有相关资料数据。*未公开发表数据

物种数方面，自 20 世纪 70 年代末以来，长江口附近海域大型底栖动物的物种数发生了较大的波动（图 2-75）。从 70 年代末 80 年代初的 153 种，降至 90 年代的 28 种。2005 年后，物种数又有所增加，本研究 2006 年调查到 196 种；此后文献记录的调查物种数则维持在 50 种的水平，本研究 2010 年只调查到 30 种。2006 年物种数特别高，这可能与调查范围和方式有关，该次调查区域在 122.3°E～123.3°E，正好覆盖长江口底栖生物分布最丰度的地带，且采样面积为 0.2m^2（为本研究其他航次采样面积的 2 倍），这些因素都会使获得的物种数增加。

物种组成方面，各主要类群物种数在群落中所占比例变化较大。其中变化较为明显的是多毛类、甲壳动物和底栖鱼类，多毛类从 2000 年之前的 15.6%～34.0%，迅速增加至 60%以上；甲壳动物则呈现相反的趋势，从 2000 年之前的 23.3%～37.5%逐渐降低至 11.1%(2009 年)和 10%(2010 年)；底栖鱼类也明显减少，1978～1998 年的占比为 16.3%～28.6%，2002 年后已很少采到，其所占比例降至 0%～5.3%。软体动物的占比为 7.4%～42.6%，最低值出现在 2009 年，最高值出现在 2006 年，其余年份无明显规律或在正常范围内波动。棘皮动物的占比略呈增加的趋势，以 2000 年为界，占比由之前的 0%～3.3%

增加至之后的 3.7%～9.8%。

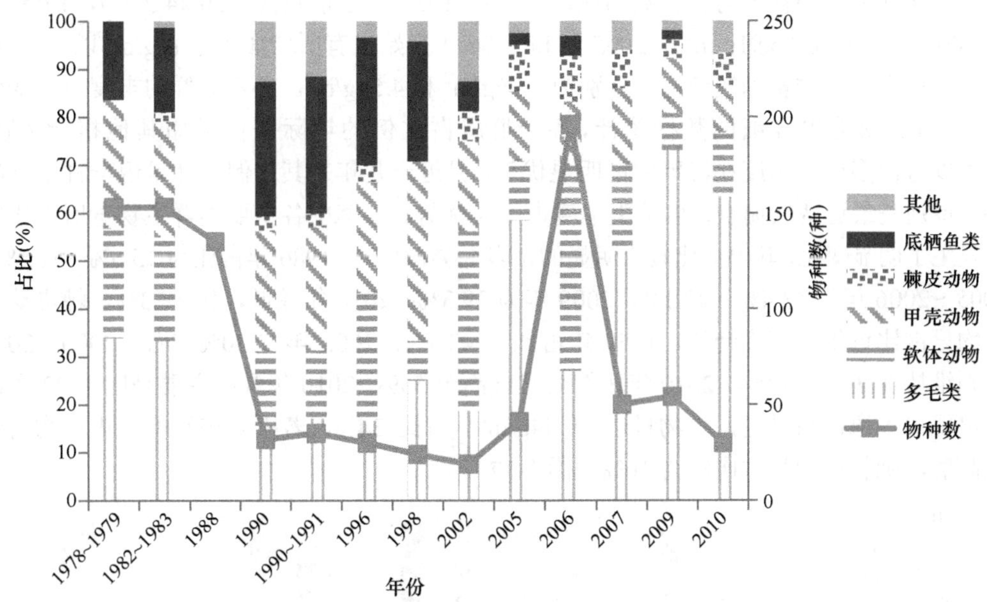

图 2-75　1978～2010 年长江口水域大型底栖动物物种数变化（相关数据资料来源见表 2-5）

丰度方面，2005 年之后大型底栖动物丰度明显增加，由 1996～2002 年的 21.6～64ind/m^2 迅速增加至 2005～2010 年的 67～336ind/m^2，其中，2006 年高达 336ind/m^2，2010 年较低，为 67ind/m^2（图 2-76）。

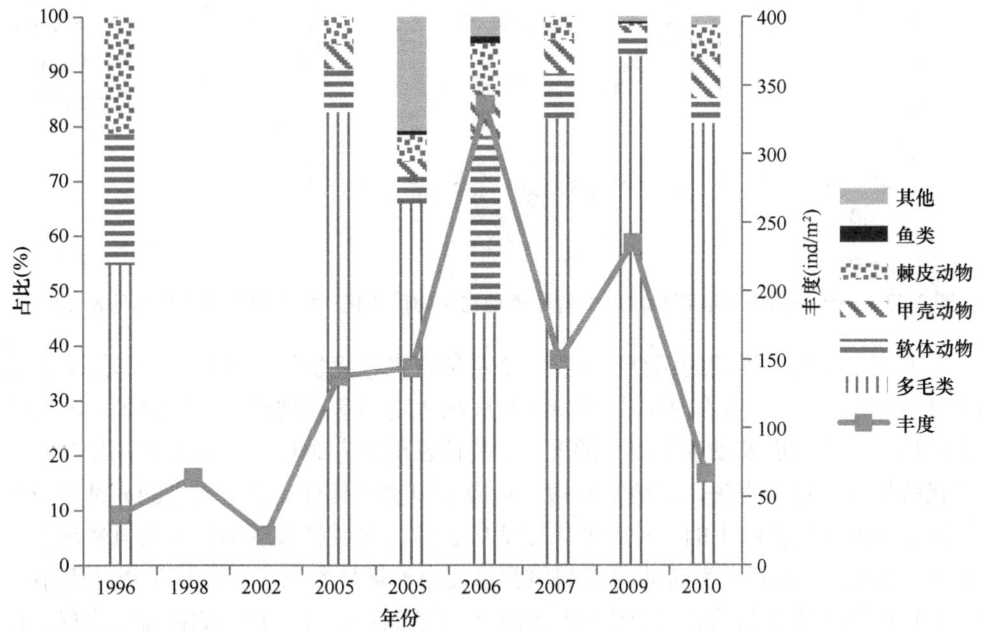

图 2-76　1996～2010 年长江口水域大型底栖动物丰度变化（相关数据资料来源见表 2-5）

生物量方面，1959 年以来，长江口附近海域大型底栖动物的生物量也发生了较大波动，变化和波动的模式与物种数相似，都是在 1988 年之前较高（20.44g/m^2），1988 年至 2005 年末偏低（6.91g/m^2），2005 年和 2006 年开始又有所增加（达 16g/m^2 以上），但最近两次调查生物量则较低，仅分别为 6.36g/m^2 和 4.55g/m^2。在各类群的丰度组成变化方面，由于缺乏更详细的数据统计，各类群所占比例的年际变化不如其他指标明显，但可以看出多毛类丰度在群落中占明显优势，且近十几年来其比例大体呈现一种上升趋势，特别是最近两次调查，多毛类丰度占绝对优势。群落中各主要类群生物量所占比例也发生了明显变化，其中变化较为明显的是多毛类，1959～1986 年占比为 15.6%～16.5%，2005～2006 年为 43.4%～47.1%，2009 年为 39.3%，2010 年较低，仅 18.3%。棘皮动物生物量占比近年有下降趋势，1959 年占比为 43.7%，2005 年占 30%左右，2006～2009 年则维持在 3%～11.9%，2010 年比例突然升高至 50%。2010 年升高主要是因为 22 号站位出现很多滩栖阳遂足，生物量达 29.44g/m^2，占比 34%，若剔除该站位棘皮动物的突兀高值，则棘皮动物占比约为 16%（图 2-77）。

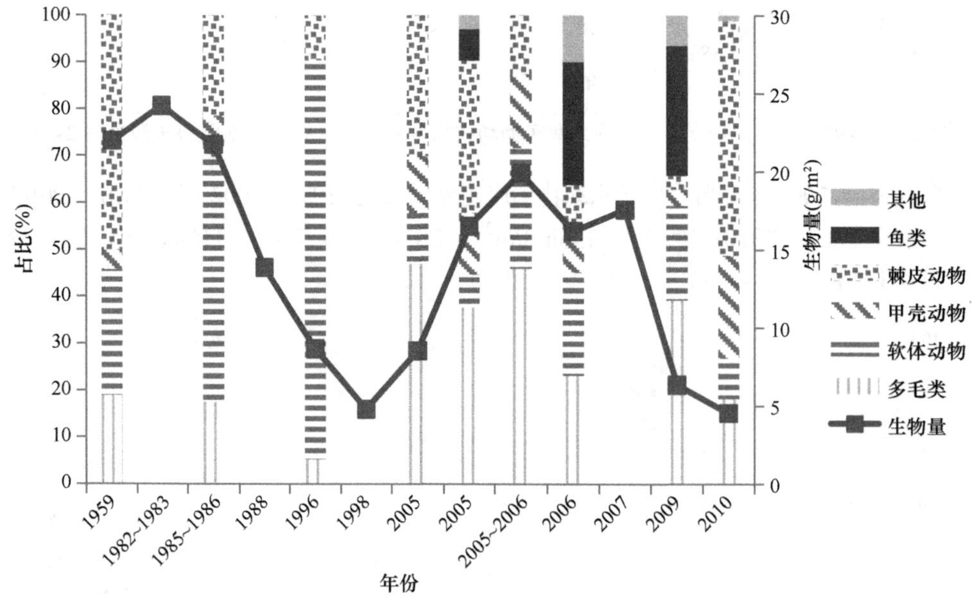

图 2-77 1959～2010 年长江口水域大型底栖动物生物量变化（相关数据资料来源见表 2-5）

开展底栖生物长周期的调查和分析，是定量研究环境条件长期变化引起的生物响应的较好的方法。过去 30 年来，长江口大型底栖生物群落在物种数、生物量、丰度以及群落结构组成等方面都发生了较大的变动，具体表现为寿命长、具有高竞争力的 *K* 对策种的优势地位正逐渐丧失，而被寿命短、适应能力宽、具有高繁殖能力的 *r* 对策种所取代，这是种群繁殖策略上的一种改变，以适应长江口水域越来越不稳定的自然环境（叶属峰等，2002）。随着人类活动的影响加剧以及自然环境复杂多变，这种以体型小、生长周期短的物种为主体的长江口水域底栖生物群落结构特征在短时间内难以逆转，并有愈来愈明显的趋势。已有的研究表明，长江口底栖动物群落结构的变化受多种因素的影响，如河口水文动力（唐启升和苏纪兰，2000）、河口以上大型水利工程（罗秉征，1994）、围垦（袁兴中等，2001）、航道工程（叶属峰等，2002）、沉积物粒径和盐沼高度（谢志发等，2007）等。总之，长江口底栖动物群落结构变化并不能归因于一种或几种环境因素的变化，而是气候变化（Barry et al.，1995）和人类活动干扰这两种因素相互作用的结果（Boesch et al.，1976；Buchanan et al.，1974；Kröncke et al.，1998）。

2.3 九 龙 江 口

2.3.1 区域概况

九龙江位于福建省南部，是福建省第二大河流，流域面积 14 741km^2，由北溪、西溪和南溪组成。九龙江流域位于 24°23′53″N～25°53′38″N，116°46′55″E～118°02′17″E，是闽南地区最大的河流。九龙江河口区位于厦门港西南部，与北部的厦门西港、东面的厦门外港构成倒“T”形格局。九龙江河口位于厦门湾内，是一个东西走向的山溪性沉溺河口，年均入海流量 1.48×10^{10}m^3，多年平均入海泥沙量为 3.07×10^{6}t。若按照 Prichard（1967）提出的以盐度为标准，将河口定义为盐度在 0.1～30 的海岸水体所在区域，并对边界进行简化处理，九龙江河口东西长约 35km，南北平均宽 6.5km，南、北地势高，多低山丘陵，西部地势低平，以三角洲平原为主。河口湾形状似倒坛，口小腹大，口门处宽约 4.5km，腹内最宽处达 8～9km。近河端处港道河汊发育，形成浒茂洲、乌礁洲、玉枕洲等数片沙洲。靠海端有海门岛、鸡屿等小岛屿。

九龙江河口是中国近岸一个重要的中等规模河口，是我国南方河口的典型代表。一直以来，该区域都是海洋学研究的一个热点区域，厦门大学在九龙江河口区开展过长期连续观测，积累了大量宝贵的历史资料。九龙江河口区域内人类活动剧烈，使用功能复杂，在划定的河口范围内囊括了养殖、港区、航道、排污、自然保护区、风景名胜区等多个功能区。过去 10 年，九龙江河口的污染物输入量和污染物浓度均有明显上升。由于九龙江河口位于厦门湾内，上游大量建闸筑坝和厦门岛的天然阻挡，水体交换相对缓慢，九龙江口尤其是厦门西港成为中国近岸典型的赤潮易发区和多发区，据统计，自 2000 年起，本区域已发生各类规模赤潮达 41 次，可见本区域生态系统对于营养盐等的输入具有很强的响应性，是研究人类活动造成的水质影响与河口水生生态系统响应及演变的一个理想区域。

九龙江属南亚热带季风气候，多年平均气温 19～21℃。多年平均日照时数 1800～2200h，多年平均太阳辐射量 46～52MJ/m^2。1 月平均气温 6.7～9.2℃，极低气温–2.0～5.7℃；7 月平均气温 27.2～28.8℃，极端高温 41.2℃。年无霜期 300～330 天。雨量充沛，气候湿润，年平均相对湿度 77%。冬季主导风向为东北风，夏季东南风，平均风力 3～4 级。由于太平洋温差气流关系，每年平均受台风影响 5～6 次，且多集中在 7～9 月。

九龙江流域多年平均降水量 1400～1800mm。北溪上游 1500～1600mm，西溪中上游 1600～1800mm，沿海 1200～1300mm。降水量年内分配很不均匀，春夏多雨，夏秋季节受台风影响频繁，易发生洪水灾害。4～9 月约占全年降水量的 75%。多年平均日最大降雨量 90～110mm，郑店站实测日最大暴雨量 204mm（1960 年 6 月 9 日）。流域多年平均水面蒸发量 1000～1500mm，陆面蒸发量 700mm 左右。流域年平均径流量 $1.49\times10^{10}m^3$。丰枯年径流量（丰年 $9.80\times10^9m^3$，枯年 $2.80\times10^9m^3$）相差悬殊。北溪多年平均流量（浦南站）$281.4m^3/s$，年平均径流量 $8.22\times10^9m^3$；西溪多年平均流量（郑店站）$117m^3/s$，年平均径流量 $3.68\times10^9m^3$。

2.3.2 河口理化特征

2.3.2.1 调查及分析方法

九龙江口监测站位依据九龙江口盐度梯度进行网格式布点，河口内区、河口混合区及口外区均有分布。夏季航次（2013 年 9 月），共设计 22 个采样站位，实际采样站位共 18 个（图 2-78a）；秋季航次（2013 年 11 月）、冬季航次（2014 年 2 月）和春季航次（2014 年 4 月），对夏季航次的站位进行调整，采样站位为 15 个（图 2-78b）。

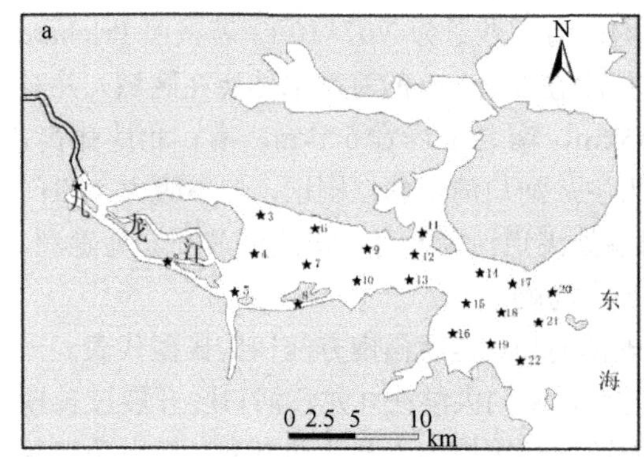

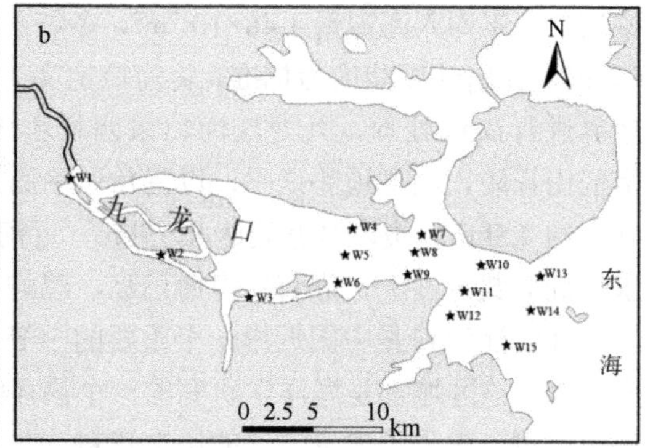

图 2-78　九龙江口采样站位示意图

a. 夏季航次；b. 秋、冬、春季航次

调查时借助 CTD、YSI 及相关便携式仪器现场测定水深、水温、盐度、浊度、DO 浓度、pH 等环境参数。现场采集表层和底层水样，并冷冻保存带至实验室测定水体中的营养盐浓度、COD 浓度、SS 浓度、油类浓度、有机污染物浓度等环境参数，而沉积物则是选取 500g 表层底泥，用锡箔纸包裹后装入密封袋冷冻保存，并带至实验室测定有机污染物的含量。上述项目的分析均按《海洋监测规范》（GB 17378—2007）、《海洋调查规范》（GB/T 12763—2007）、《水和废水监测分析方法》（第四版）中的标准方法进行。

2.3.2.2 水文特征

1. 盐度

九龙江口的盐度较高，通常在 0.00～30.17。盐度分布既有垂向梯度和纵向由西到东的梯度，在横向上也呈现较明显的由南向北递减的分布特点。中低潮时层状结构发达，靠近海端处有盐楔出现。高潮时混合较为剧烈，垂直分布趋于均匀，在海门岛与鸡屿之间的盐度梯度最大，可出现盐水上涌至表层的现象，这也暗示着河海水在此混合很强烈（王伟强，1986；杨逸萍等，1996）。夏季盐度为 0.00～26.00，秋季为 0.00～30.00，冬季为 0.15～29.71，春季为 0.00～30.17。其中，夏季的 10 号、11 号站位以及秋、冬、春季的 3 号、4 号站位盐度递增幅度较大，主要是因为夏季 11 号站位处于九龙江口与厦门西海域交汇处，受西海域盐度较大的海水影响，而秋、冬、春季 4 号站位处于海门岛与鸡屿之间，符合历史观察规律。

2. 温度

夏季水温为 28.5～30.5℃，秋季为 23.00～24.00℃，冬季为 13.48～15.06℃，春季为 20.11～23.70℃。夏季，随着日照时间增加，水温有略微上升趋势。秋季平水期和冬季枯水期，九龙江口受低温海水影响较大，除中午水温有所上升之外，随着盐度的增加，水温总体呈下降的趋势。

3. 透明度

秋季透明度为 0.12～0.84m，冬季为 0.16～1.00m，春季为 0.32～1.20m，透明度总体趋势为沿着近河端至近海区有所上升。其中，1 号、2 号、3 号站位处于九龙江口浑浊带区域附近，因此透明度较低。

4. SS

夏季 SS 浓度为 3.00～135.00mg/L，秋季为 11.43～86.07mg/L，冬季为 1.20～116.33mg/L，春季为 3.67～76.00mg/L。

2.3.2.3　水质参数

1. DO

秋季 DO 浓度为 4.57～8.40mg/L，冬季为 4.55～10.12mg/L，春季为 5.02～8.19mg/L。根据监测结果和历史数据，九龙江口表层 DO 浓度低值出现在近河端，以及海门岛以南近岸区域。

2. COD

夏季 COD 浓度为 3.98～8.00mg/L，秋季为 1.91～3.21mg/L，冬季为 0.42～4.75mg/L，春季为 0.90～4.00mg/L。1 号、2 号、3 号站位普遍偏高，说明受九龙江淡水影响，河口上游污染较严重。

3. pH

夏季 pH 为 7.25～7.85，秋季为 7.47～8.20，冬季为 7.11～8.03，春季为 7.46～8.13。总体上，pH 随着盐度的增加而升高。

4. Chla

（1）平面分布

调查水域水体表层 Chla 浓度分布如图 2-79 所示。

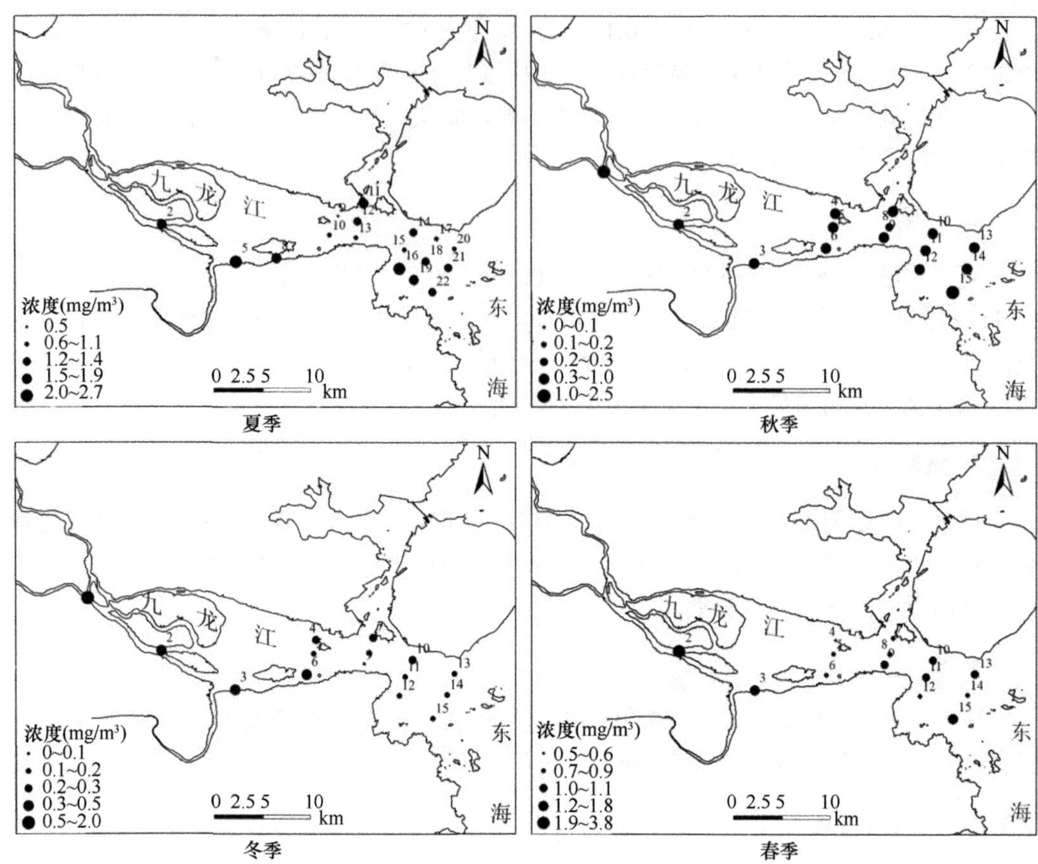

图 2-79　九龙江口水域水体表层 Chla 浓度（mg/m^3）分布示意图

夏季，九龙江口水体表层的 Chla 浓度为 0.474～2.712mg/m^3，平均 1.383mg/m^3。Chla 浓度呈不均匀分布，口门内以南溪口（5 号站位）为中心，出现一个 Chla 浓度次高值区；口门外，漳州开发区附近（16 号站位）Chla 浓度最高，越靠近厦门岛的站位，其 Chla 浓度越低。

秋季，水体表层的 Chla 浓度为 0.289～1.838mg/m^3，平均 0.629mg/m^3。秋季 Chla 浓度分布较均匀。Chla 浓度的最高值出现在近河端（1 号站位），浓度随着盐度升高而降低，在口门处（8 号站位）达到最低；口门外的区域，除了 15 号站位的 Chla 浓度比较高，靠近厦门岛的站位 Chla 浓度均较低。

冬季，水体表层的 Chla 浓度为 0.091～2.017mg/m^3，平均 0.361mg/m^3。冬季九龙江 Chla 浓度水平从总体上来看普遍较低，除近河端的 1 号站位外均小于 1.0mg/m^3。总趋势上来看，Chla 浓度随盐度升高而降低，在口门处的 9 号站位达到最低值。而口门外 Chla 浓度普遍较低，口门外的最高值位于 10 号站位，为 0.259mg/m^3，越靠近厦门岛 Chla 浓度越高。

春季，水体表层的 Chla 浓度为 0.505～3.820mg/m^3，平均 1.157mg/m^3。春季九龙江口 Chla 浓度水平较高，2 号站位的最高值超过 3.0mg/m^3，是 4 个季度中出现的 Chla 浓度最高值。春季的 Chla 浓度分布从总体上来说较均匀，但口门外厦门岛以南的站位 Chla

浓度比口门处的 3～9 站位浓度稍高，Chla 浓度随盐度的升高而增加。

从时间变化上来看，九龙江口各季节表层水体 Chla 浓度平均值的变化趋势为：夏＞春＞秋＞冬。

夏季表层的 Chla 的平均浓度为秋季的两倍，春季比夏季略低，冬季最低。相比而言，夏季九龙江口的 Chla 浓度是一年中最高的，其表层的 Chla 的平均浓度为 1.383mg/m^3；春季次之；冬季最低，表层的 Chla 的平均浓度仅为 0.361mg/m^3。Chla 浓度秋季较春季有所降低，春季有 7 个站位在 1.0mg/m^3 以上，而秋季则大多数在 0.5mg/m^3 以下。

（2）垂直分布

夏季，九龙江口门外的站位 Chla 垂直分布的总趋势呈现由上而下逐渐降低，且底层浓度变化幅度不大（0.6～0.8mg/m^3）。8 号站位位于近岸海门岛，底层的 Chla 浓度很高，该站位的 Chla 浓度呈现由上而下逐渐增加的趋势。10 号站位的情况和 8 号站位较相似，只是中层的 Chla 浓度有所下降。

秋季，Chla 浓度分层采样的站位较少，但从总体上来看，其垂直分布并没有较大的波动，底层与表层的 Chla 浓度差一般在 0.1mg/m^3 左右，9 号站位的 Chla 垂直分布非常均匀，都在 0.4mg/m^3 左右波动，只有 7 号站位的底层 Chla 浓度急剧下降，仅为 0.084mg/m^3。

冬季，Chla 浓度分层采样的站位较少，其中 1 号、8 号、9 号站位只分上层和下层采样，14 号站位分上、中、下三层采样。除了 1 号站位，其他站位的垂直分布呈由上至下逐渐增大的趋势，下层 Chla 浓度在 0.2～0.4mg/m^3 波动；14 号站位的 Chla 垂直分布呈现由上至下先减后增的趋势。

春季，Chla 浓度垂直采样的站位水深不超过 10m，故没有采集中层水样，只分析了表层水和底层水的 Chla 浓度。除 1 号站位的 Chla 垂直分布呈由上至下增加的趋势外，其他几个垂直采样的站位都呈现出由上至下逐渐降低的趋势。底层 Chla 浓度为 0.183～1.080mg/m^3，表层 Chla 浓度为 0.505～3.820mg/m^3，波动较大，可见春季九龙江口的 Chla 垂直分布并不均匀。

2.3.2.4　区域特征污染物

1. 邻苯二甲酸酯

（1）空间分布

夏季，6 种被检出的邻苯二甲酸酯（PAEs）的浓度为 1778.3～21 557.0ng/L。在 6 种被检出的 PAEs 中，浓度高低顺序基本为：DEHP＞DIBP＞DBP＞DINP＞DMP＞DEP。6 种被检出的 PAEs 浓度随盐度升高呈下降趋势，基本表现为从河口到外海逐渐降低的分布特征（图 2-80，图 2-81）。

秋季，表层水体中 6 种被检出的 PAEs 的浓度为 585.9～23 675.2ng/L。在 6 种被检出的 PAEs 中，浓度高低顺序基本为：DEHP＞DIBP＞DBP＞DINP＞DMP＞DEP。6 种被检出的 PAEs 浓度随盐度升高呈下降趋势，基本表现为从河口到外海逐渐降低的分布特征（图 2-82，图 2-83）。

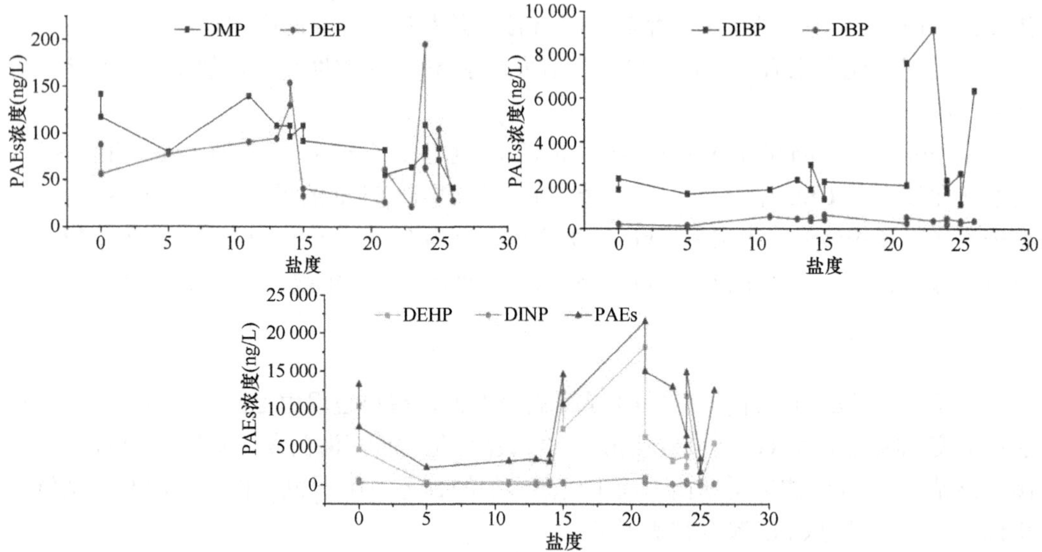

图 2-80　2013 年夏季九龙江口表层水体中 PAEs 浓度与盐度的关系

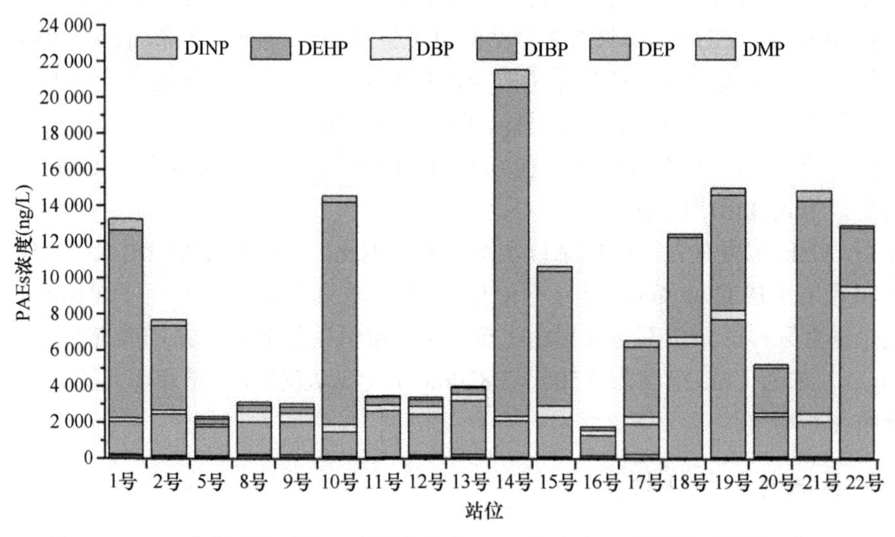

图 2-81　2013 年夏季九龙江口表层水体中 PAEs 的分布（彩图请扫封底二维码）

冬季，表层水体中 6 种被检出的 PAEs 的浓度为 1530.7～2842.5ng/L。在 6 种被检出的 PAEs 中，浓度高低顺序基本为：DIBP＞DEHP＞DBP＞DMP＞DEP＞DINP。6 种被检出的 PAEs 浓度随盐度升高呈下降趋势，基本表现为从河口到外海逐渐降低的分布特征（图 2-84，图 2-85）。

春季，表层水体中 6 种被检出的 PAEs 的浓度为 3507.6～6916.7ng/L。在 6 种被检出的 PAEs 中，浓度高低顺序基本为：DIBP＞DEHP＞DBP＞DMP＞DEP＞DINP，DINP 各站位均未检出。在 5 种被检出的 PAEs 中，DMP、DEP、DEHP 浓度随盐度升高呈下降趋势，基本表现为从河口到外海逐渐降低的分布特征；DIBP、DBP 浓度随盐度升高无明显变化趋势（图 2-86，图 2-87）。

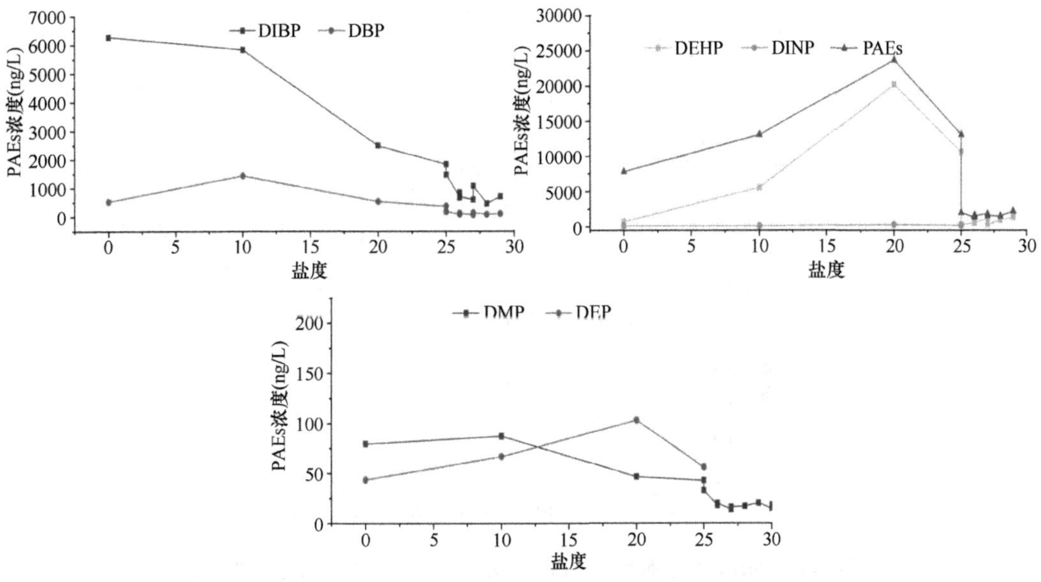

图 2-82　2013 年秋季九龙江口表层水体中 PAEs 浓度与盐度的关系

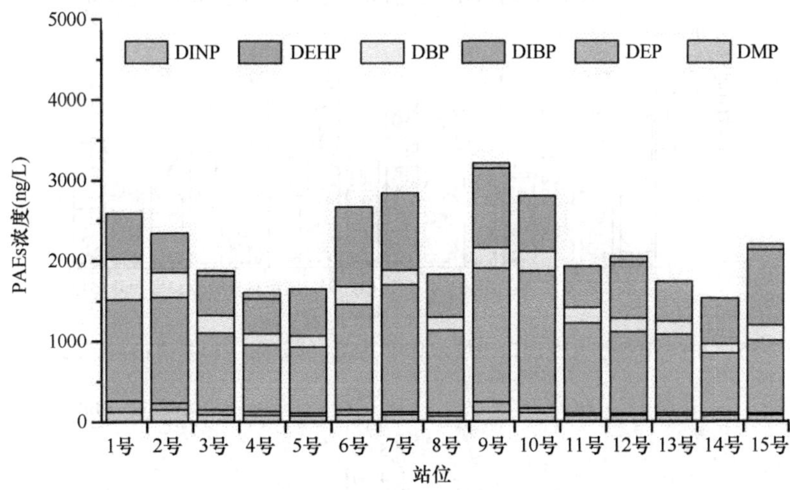

图 2-83　2013 年秋季九龙江口表层水体中 PAEs 的分布（彩图请扫封底二维码）

（2）季节变化

对于 DMP，夏季、冬季、春季浓度差距不大，且远高于秋季。DEP 浓度基本表现为夏季＞冬季＞春季＞秋季。DIBP 浓度基本表现为春季＞夏季＞秋季＞冬季。DBP 浓度基本表现为春季＞夏季＞秋季＞冬季。DEHP 浓度基本表现为夏季、秋季高于冬季、春季。DINP 浓度基本表现为夏季、秋季高于冬季、春季。6 种被检出的 PAEs 的浓度基本表现为夏季高于秋季和春季高于冬季（图 2-88）。

（3）历史数据对比

经对比九龙江口表层沉积物中 PAEs 浓度的历史数据和本研究结果，发现本研究

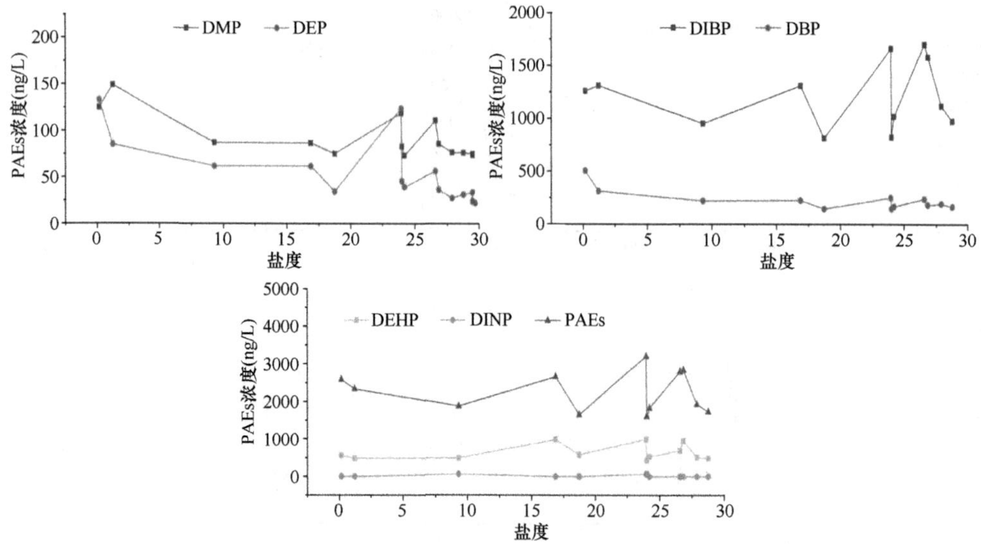

图 2-84　2014 年冬季九龙江口表层水体中 PAEs 浓度与盐度的关系

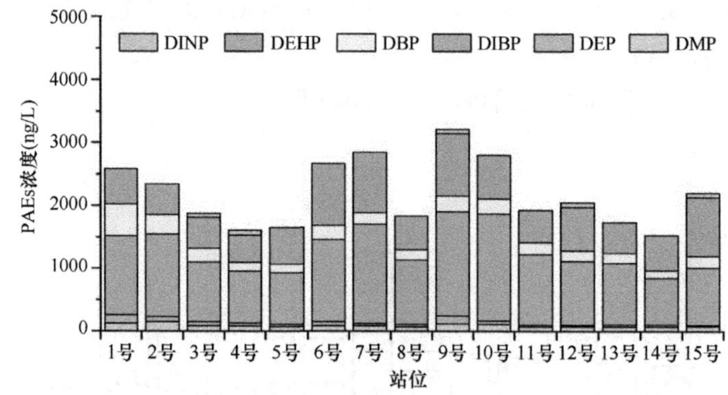

图 2-85　2014 年冬季九龙江口表层水体中 PAEs 的分布（彩图请扫封底二维码）

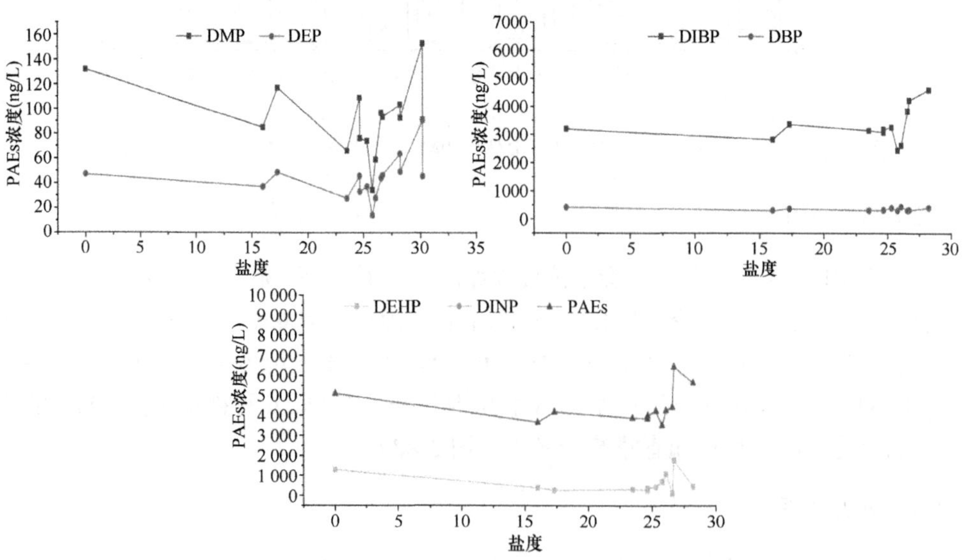

图 2-86　2014 年春季九龙江口表层水体中 PAEs 浓度与盐度的关系

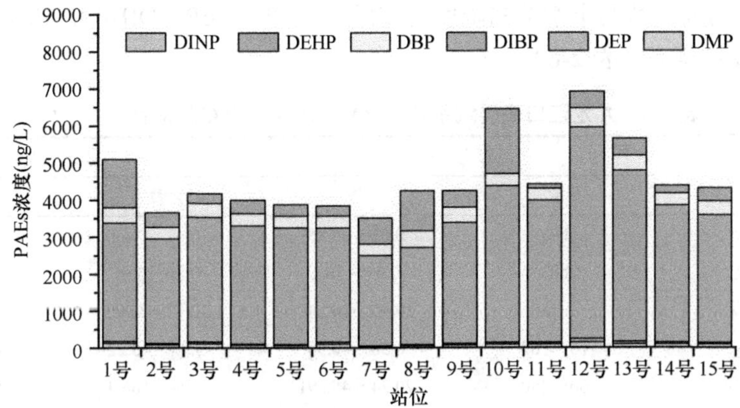

图 2-87　2014 年春季九龙江口表层水体中 PAEs 的分布（彩图请扫封底二维码）

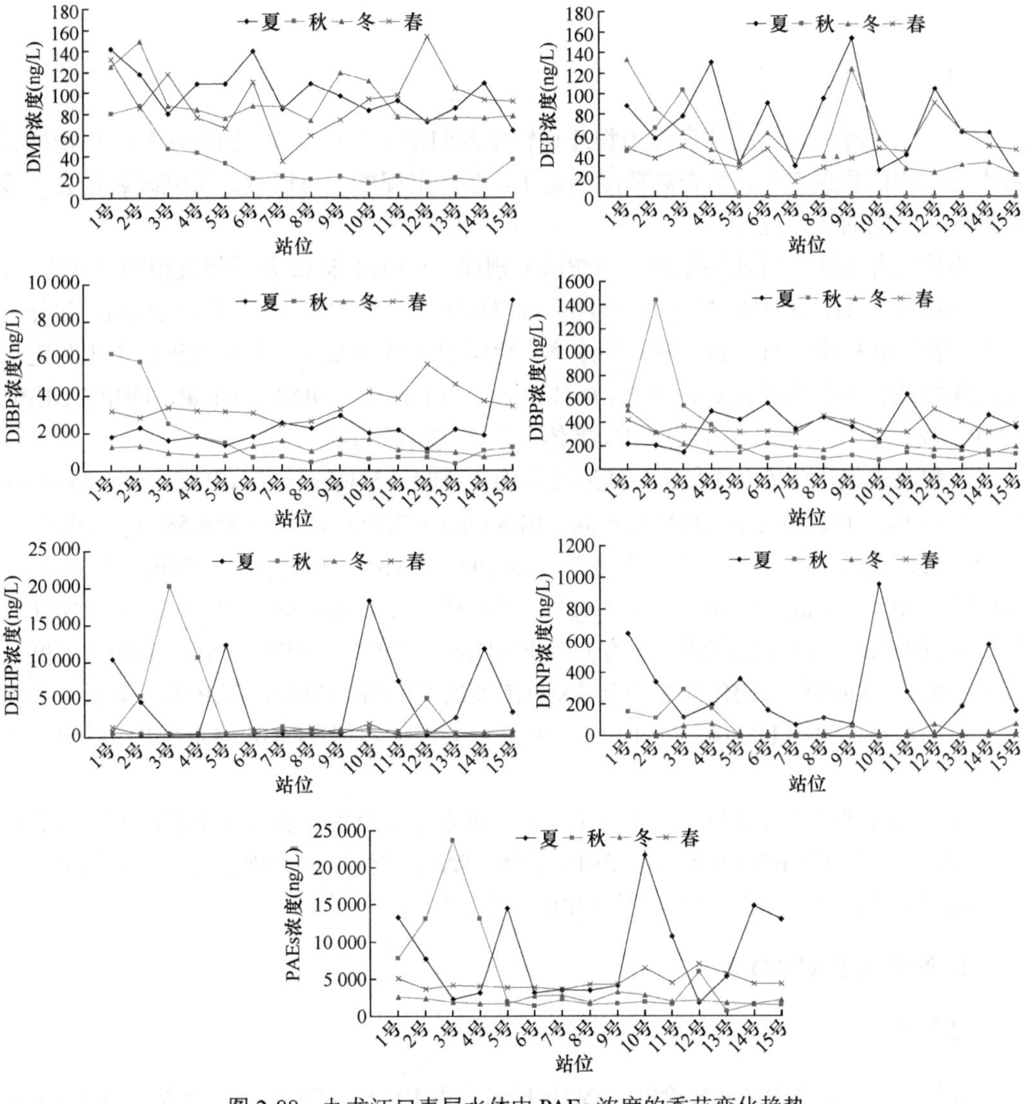

图 2-88　九龙江口表层水体中 PAEs 浓度的季节变化趋势

DBP、DEHP 的夏、秋两个季节的浓度均较低，DMP、DEP、DIBP 秋季的浓度均较低、但夏季的浓度均稍高（表 2-6）。

表 2-6　九龙江口表层沉积物中 PAEs 浓度研究结果对比　　（单位：μg/kg）

PAEs	参考文献		本研究结果	
	夏	秋	夏	秋
DMP 浓度	ND	0.67～36.85	0.67～7.43	0.40～2.28
DEP 浓度	ND	0.95～5.12	0.30～5.61	0.54～1.82
DIBP 浓度	～250	19.90～146.47	22.37～328.9	38.51～105.7
DBP 浓度	10～160	6.58～40.55	3.85～40.22	4.09～23.82
DEHP 浓度	60～450	70.24～488.91	4.04～166.4	10.70～128.6
DINP 浓度	—	—	～8.20	～7.47

注：“—”代表未测；ND 代表未检出

（4）历史演变过程

河口及近海沉积物是陆源污染物迁移转化的归宿地与积蓄库，因此研究沉积物柱状样中污染物的垂直变化，结合高精度的定年，在一定程度上可以反映研究区域过去一段时期内污染物的历史过程。

为探究九龙江口特征污染物的历史演变规律，于 2012 年 12 月采集沉积物柱状样品，采样站位为 JL01，地理位置为 24.394°N，117.923°E，沉积物柱状样长度 50cm，并分析了沉积物柱状样中 PAEs 和 PFCs 的浓度、化学组成特征及垂直分布并进行定年测定。在沉积物柱状样中共检出 6 种 PAEs 单体，分别为 DEHP、DINP、DIBP、DBP、DEP、DMP，反映了九龙江口这 6 种 PAEs 单体存在被使用的情况。

沉积物柱状样中 6 种 PAEs 单体浓度分别为 0.94～5.40ng/g（DMP）、0.54～4.00ng/g（DEP）、4.02～192.56ng/g（DIBP）、6.34～61.99ng/g（DBP）、60.85～158.58ng/g（DEHP）、32.59～83.72ng/g（DINP），平均值分别为 2.40μg/kg（DMP）、1.88μg/kg（DEP）、57.67μg/kg（DIBP）、19.64μg/kg（DBP）、94.64μg/kg（DEHP）、54.81μg/kg（DINP）；沉积物柱状样中 6 种 PAEs 单体浓度高低顺序为 DEHP＞DINP＞DIBP＞DBP＞DEP=DMP；浓度较高的 DEHP、DINP、DIBP 占 6 种 PAEs 总浓度的 89.6%，DMP、DEP 浓度最低，浓度变化范围最小，说明 DEHP、DINP、DIBP 三种 PAEs 单体比 DMP、DEP 更广泛应用于生产生活。

沉积物柱状样中各 PAEs 单体及 PAEs 在垂直方向呈现从表层至下层浓度降低的趋势，大约在表层 12cm 2006 年后各 PAEs 单体、PAEs 的浓度均表现出快速上升趋势，表明该站位 PAEs 污染在最近 10 年不断加剧（图 2-89）。

2. 多环芳烃（PAHs）

（1）空间分布

夏季，表层水体中 7 种被检出的 PAHs 的浓度为 192.6～825.3ng/L。各站位中 PAHs 浓度高低顺序基本为：Nap＞Fl＞Phe＞Pyr＞Flu＞BaA＞Chr。7 种被检出的 PAHs 浓度随盐度升高基本呈下降趋势，基本表现为从河口到外海逐渐降低的分布特征（图 2-90，图 2-91）。

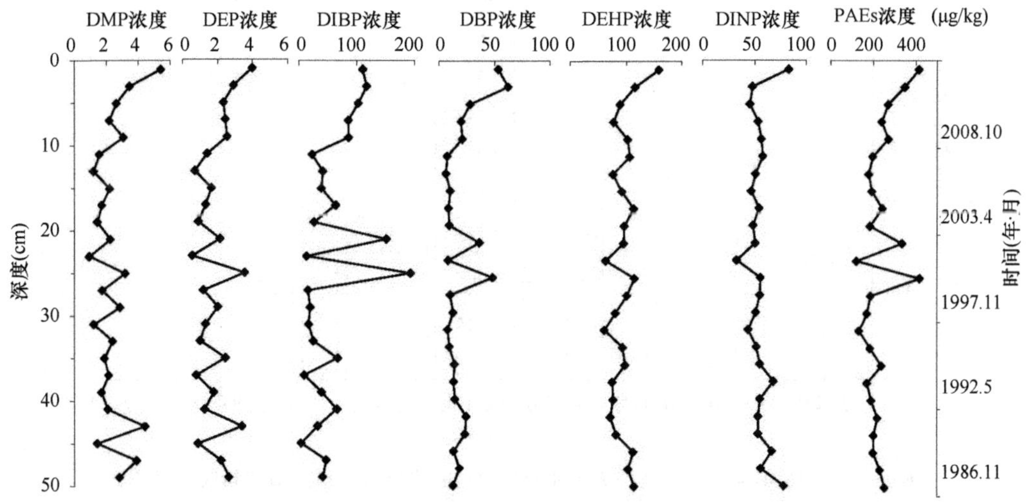

图 2-89　九龙江口 PAEs 的垂直分布并与年代相对应

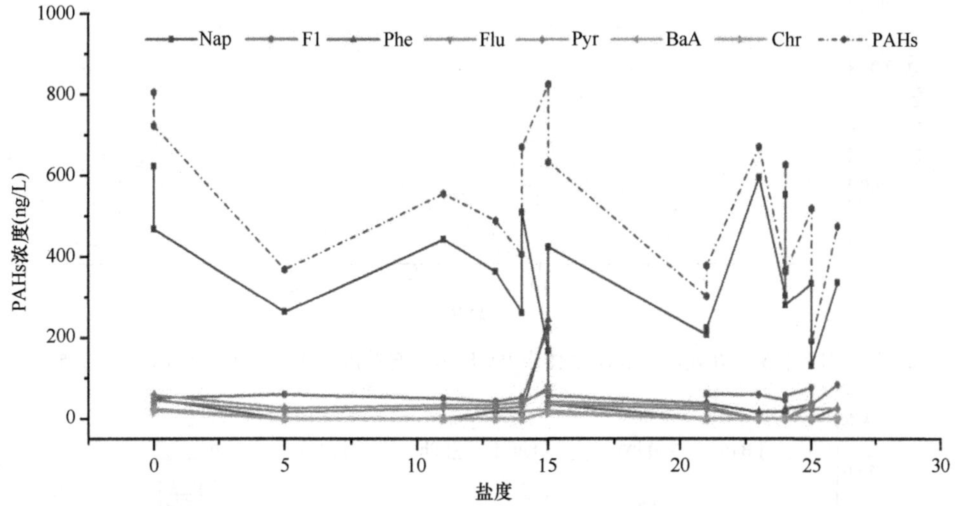

图 2-90　2013 年夏季九龙江口表层水体中 PAHs 含量与盐度的关系（彩图请扫封底二维码）

秋季，表层水体中 7 种被检出的 PAHs 的浓度为 168.7～584.1ng/L。7 种被检出的 PAHs 浓度高低顺序基本为：Nap＞Phe＞Flu＞Fl＞Pyr＞Chr＞BaA。7 种被检出的 PAHs 浓度随盐度升高基本呈下降趋势，基本表现为从河口到外海逐渐降低的分布特征（图 2-92，图 2-93）。

冬季，表层水体中 7 种被检出的 PAHs 的浓度为 706.2～1563.0ng/L。7 种被检出的 PAHs 浓度高低顺序基本为：Nap＞Fl＞Phe＞Flu，Pyr、Chr、BaA 在各站位均未检出。7 种被检出的 PAHs 浓度随盐度升高无明显变化趋势（图 2-94，图 2-95）。

春季，表层水体中 7 种被检出的 PAHs 的浓度为 381.8～1559.0ng/L。7 种被检出的 PAHs 浓度高低顺序基本为：Nap＞Phe＞Fl＞Flu＞Pyr，Chr、BaA 在各站位均未检出。

7 种被检出的 PAHs 浓度随盐度升高无明显变化趋势（图 2-96，图 2-97）。

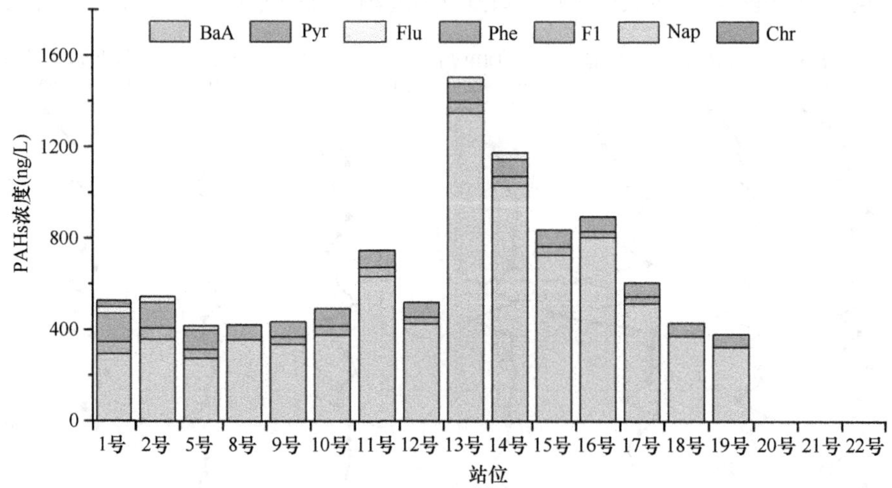

图 2-91　2013 年夏季九龙江口表层水体中 PAHs 的分布（彩图请扫封底二维码）

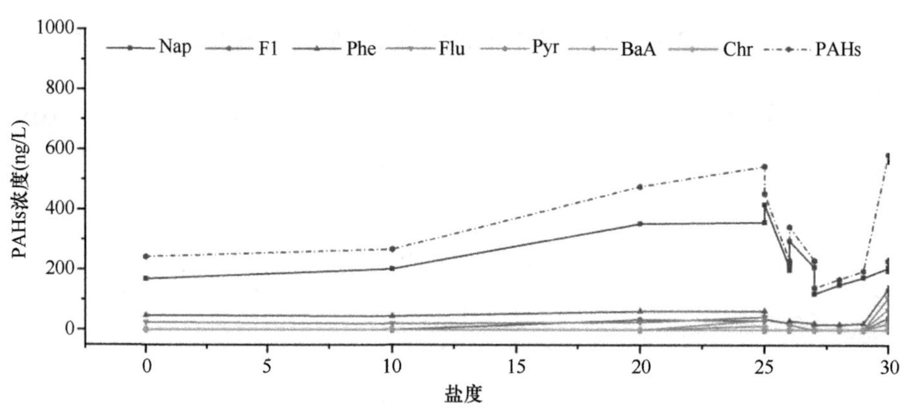

图 2-92　2013 年秋季九龙江口表层水体中 PAHs 浓度与盐度的关系（彩图请扫封底二维码）

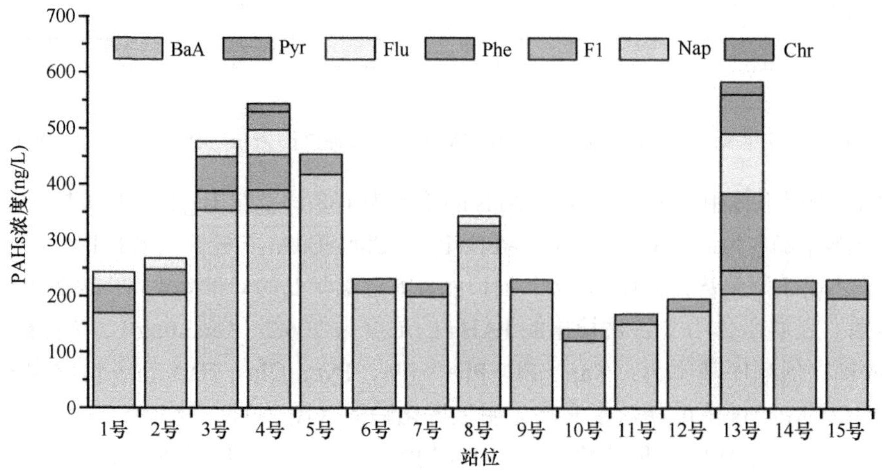

图 2-93　2013 年秋季九龙江口表层水体中 PAHs 的分布（彩图请扫封底二维码）

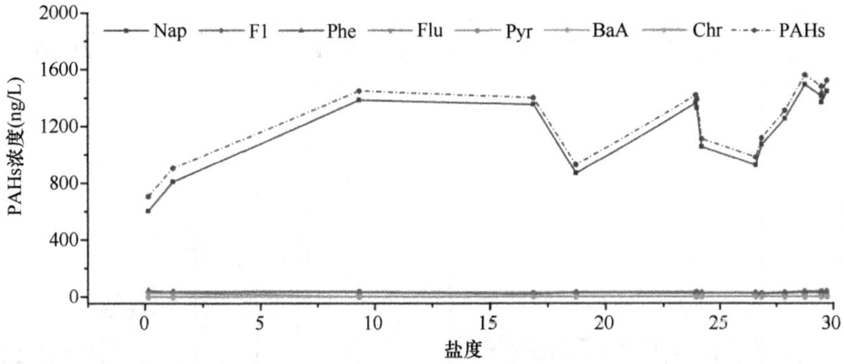

图 2-94　2014 年冬季九龙江口表层水体中 PAHs 浓度与盐度的关系（彩图请扫封底二维码）

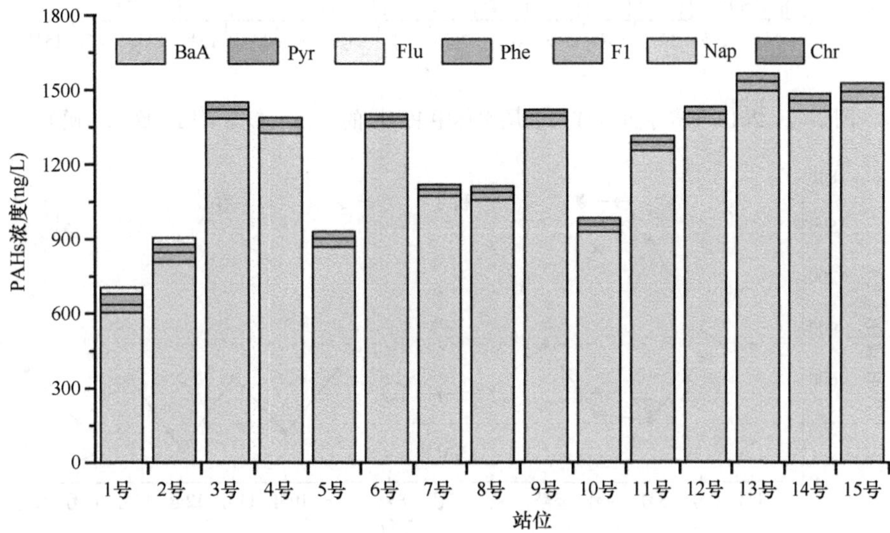

图 2-95　2014 年冬季九龙江口表层水体中 PAHs 的分布（彩图请扫封底二维码）

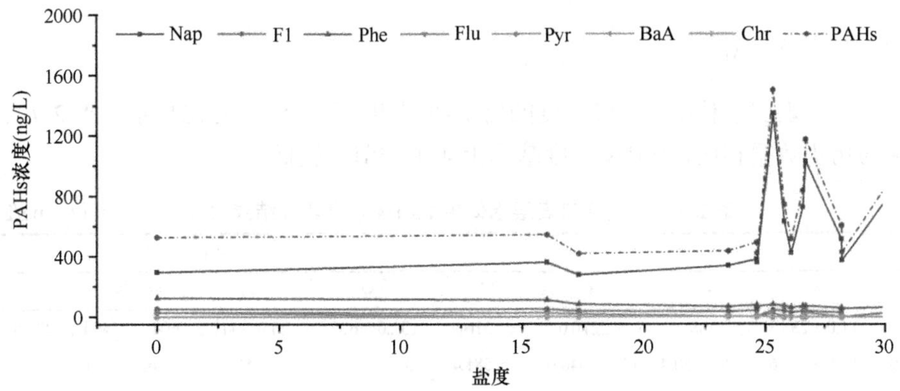

图 2-96　2014 年春季九龙江口表层水体中 PAHs 浓度与盐度的关系（彩图请扫封底二维码）

（2）季节变化

九龙江口表层水体中 PAHs 随季节的变化趋势如图 2-98 所示。PAHs 浓度基本表现为：冬季＞春季＞夏季＞秋季。

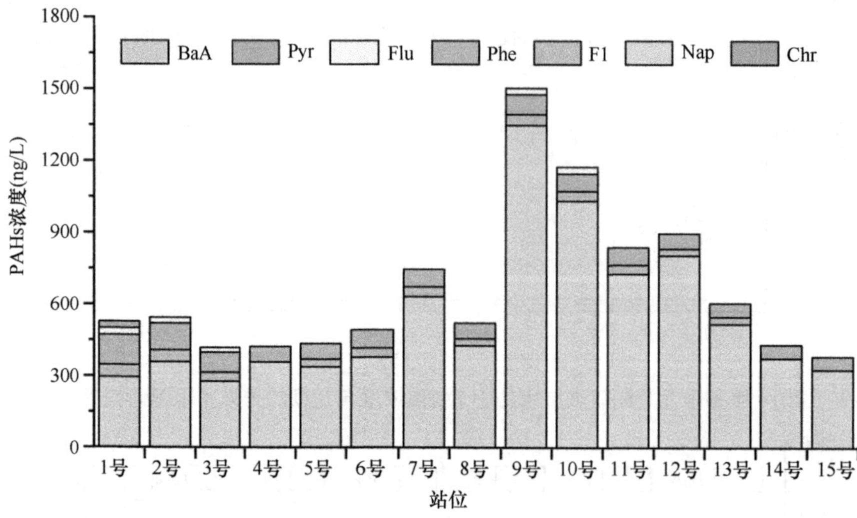

图 2-97 2014 年春季九龙江口表层水体中 PAHs 的分布（彩图请扫封底二维码）

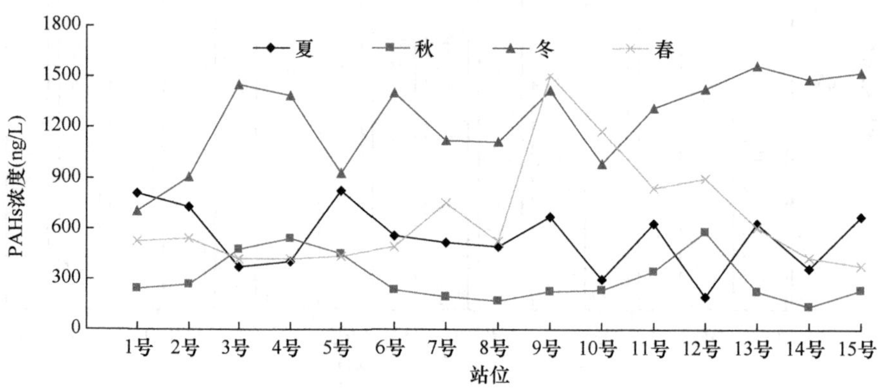

图 2-98 九龙江口表层水体中 PAHs 浓度的季节变化趋势

（3）历史数据对比

九龙江口表层水体中 PAHs 浓度的历史数据和本研究结果对比显示（表 2-7）。本研究结果与历史数据相比，PAHs 浓度基本上 4 个季节均较低。

表 2-7 九龙江口表层水体中 PAHs 浓度研究结果对比 （单位：ng/L）

PAHs	参考文献				本研究结果			
	夏	秋	冬	春	夏	秋	冬	春
Nap 浓度	11.0～288.3	～388.2	～2216.0	～516.9	132.0～622.9	120.9～417.2	604.1～1494.1	294.8～1349.8
Fl 浓度	15.5～211.6	33.9～550.4	12.4～646.0	～581.4	37.9～223.9	～41.7	26.6～42.1	～52.0
Phe 浓度	16.3～381.8	～938.7	40.2～231.7	76.8～621.4	～244.8	18.5～137.7	19.8～44.6	54.7～124.6
Flu 浓度	～338.4	～311.3	24.5～294.8	～532.0	～78.1	～107.0	～26.7	～30.3
Pyr 浓度	～271.0	～447.7	66.8～543.0	～61.5	～70.2	～70.2	ND	～27.2
BaA 浓度	ND	～684.3	25.1～974.3	～905.1	～25.9	ND	ND	ND
Chr 浓度	ND	～391.1	～347.0	ND	～21.8	～22.3	ND	ND

注：ND 代表未检出

3. 全氟化合物

（1）空间分布

夏季，表层水体中全氟化合物（PFCs）的浓度为 2.0～5.3ng/L；全氟辛烷磺酸（PFOS）浓度总体高于全氟辛酸（PFOA）的浓度；各种 PFCs 浓度均随盐度升高无明显变化趋势（图 2-99，图 2-100）。

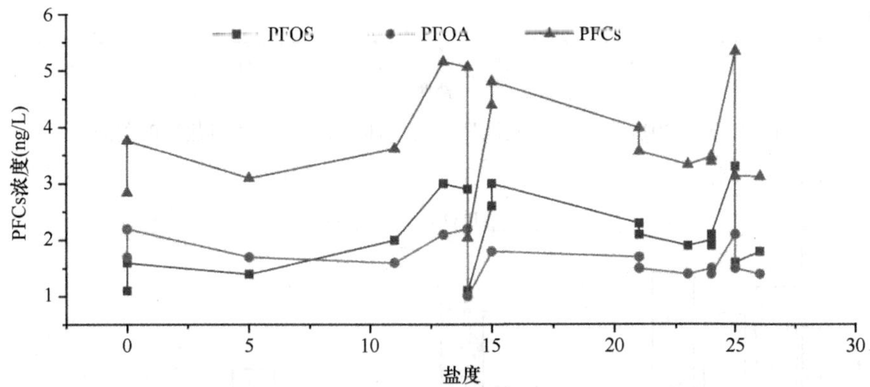

图 2-99　2013 年夏季九龙江口表层水体中 PFCs 浓度与盐度的关系

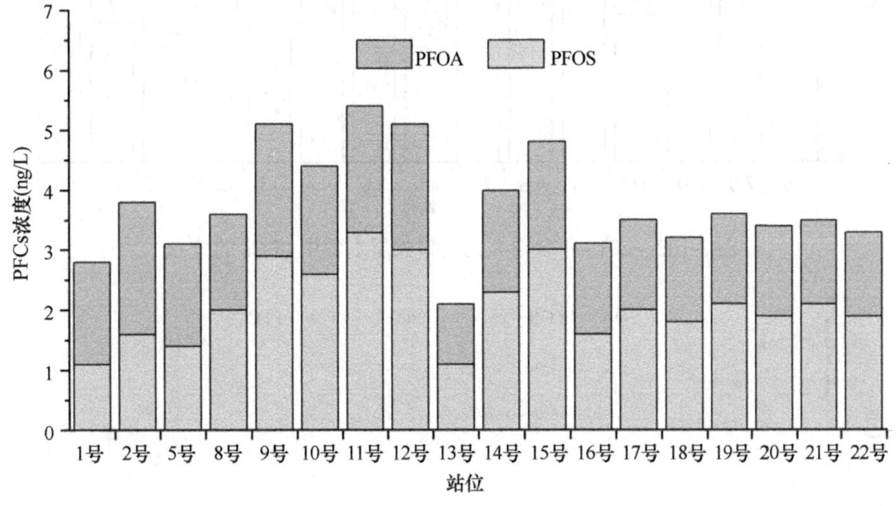

图 2-100　2013 年夏季九龙江口表层水体中 PFCs 的分布

秋季，表层水体中 PFCs 的浓度为 3.5～7.2ng/L；各站位 PFOS 浓度均高于 PFOA 浓度；各种 PFCs 浓度均随盐度升高呈下降趋势，基本表现为从河口到外海逐渐降低的分布特征（图 2-101，图 2-102）。

冬季，表层水体中 PFCs 的浓度为 4.7～11.8ng/L；各站位 PFOS 浓度均高于 PFOA 浓度；各种 PFCs 浓度均随盐度升高基本呈下降趋势，基本表现为从河口到外海逐渐降低的分布特征（图 2-103，图 2-104）。

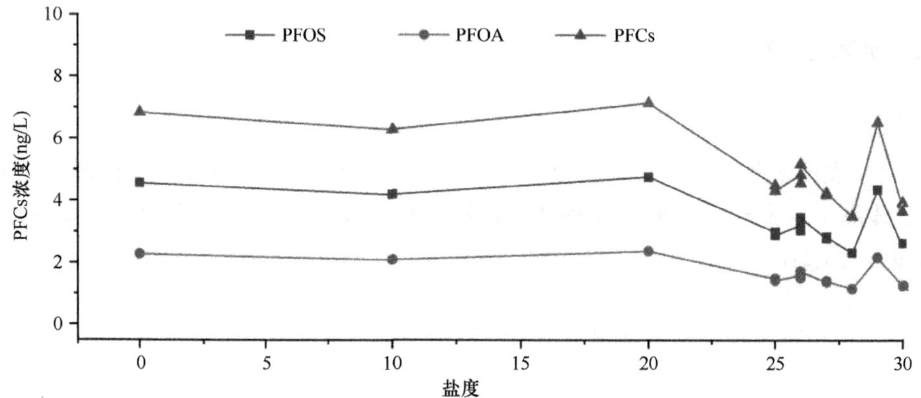

图 2-101　2013 年秋季九龙江口表层水体中 PFCs 浓度与盐度的关系

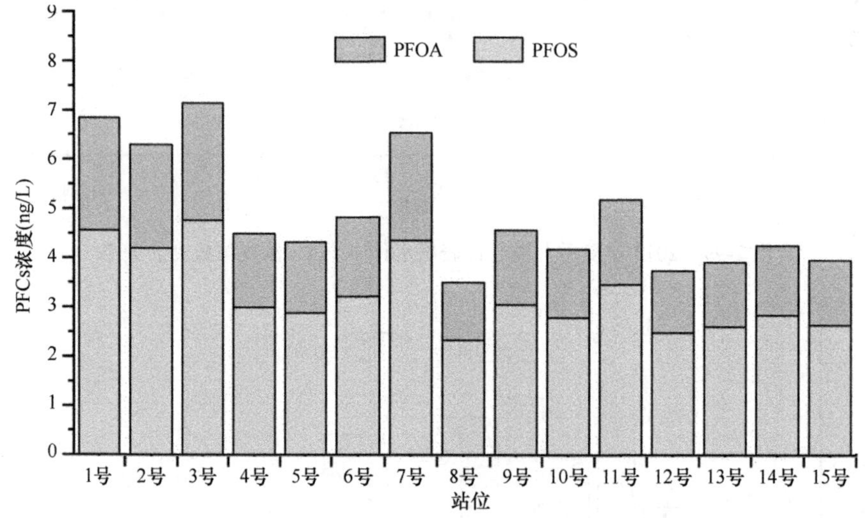

图 2-102　2013 年秋季九龙江口表层水体中 PFCs 的分布

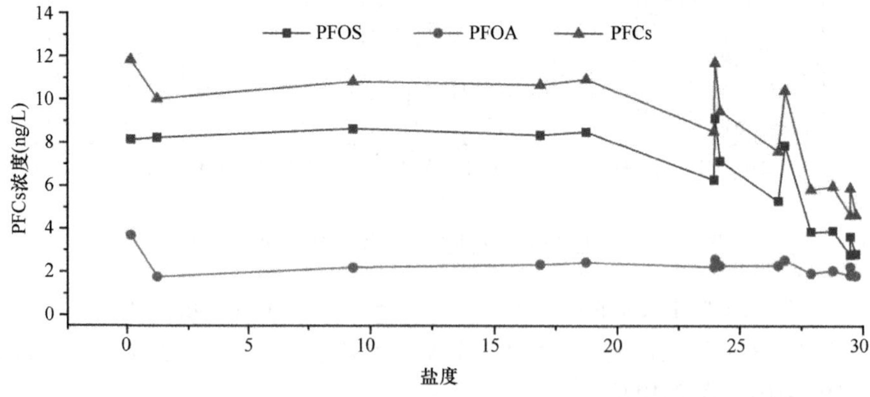

图 2-103　2014 年冬季九龙江口表层水体中 PFCs 浓度与盐度的关系

春季，表层水体 PFCs 的浓度为 7.7～20.6ng/L；PFOS 浓度随盐度升高呈下降趋势，基本表现为从河口到外海逐渐降低的分布特征；PFOA 浓度随盐度升高呈先升高后降低的趋势（图 2-105，图 2-106）。

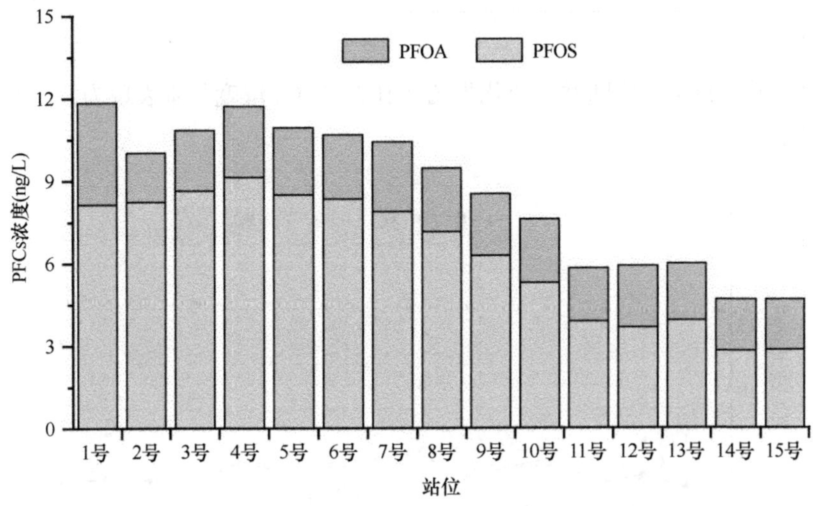

图 2-104　2014 年冬季九龙江口表层水体中 PFCs 的分布

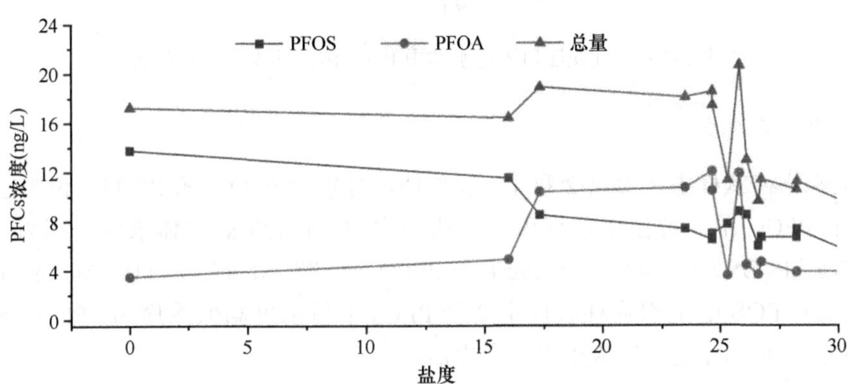

图 2-105　2014 年春季九龙江口表层水体中 PFCs 浓度与盐度的关系

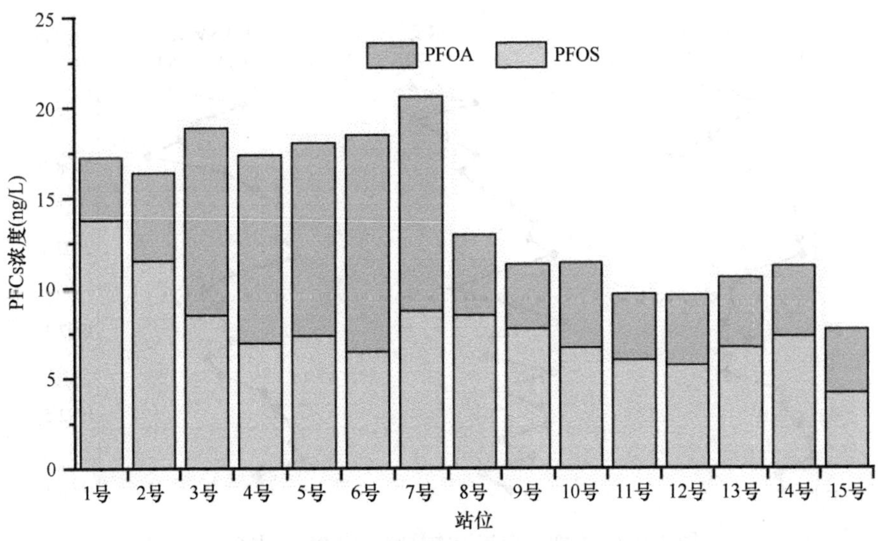

图 2-106　2014 年春季九龙江口表层水体中 PFCs 的分布

（2）季节变化

表层水体中 PFCs 浓度随季节变化见图 2-107。PFCs 浓度基本表现为：春季＞冬季＞秋季＞夏季。

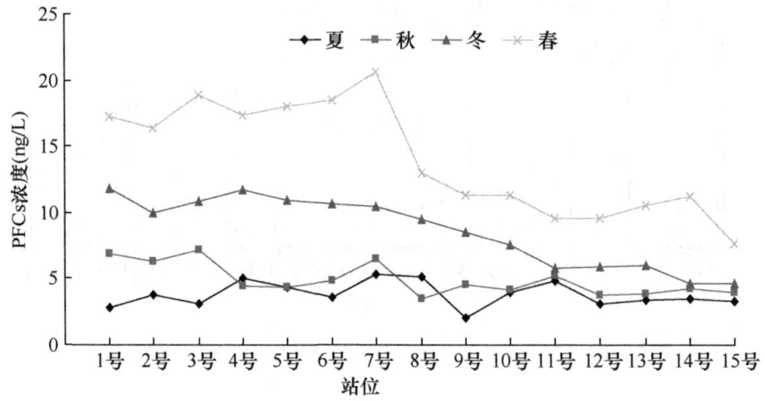

图 2-107　九龙江口表层水体中 PFCs 浓度的季节变化趋势

（3）历史演变

从沉积物柱状样中共检出 2 种 PFCs 单体，分别为 PFOA 和 PFOS，说明在九龙江口这两种 PFCs 单体被使用。沉积物柱状样中 2 种 PFCs 单体浓度分别为 315.4～721.4ng/kg（PFOS）、76.44～175.6ng/kg（PFOA），平均值分别为 119.2ng/kg（PFOA）、463.6ng/kg（PFOS）。沉积物柱状样中 2 种 PFCs 单体浓度高低顺序为：PFOS＞PFOA，说明 PFOS 比 PFOA 更广泛应用于生产生活。

从九龙江口沉积物中 PFCs 浓度的垂直分布特征来看，各 PFCs 单体及 PFCs 浓度年际无明显差异（图 2-108）。

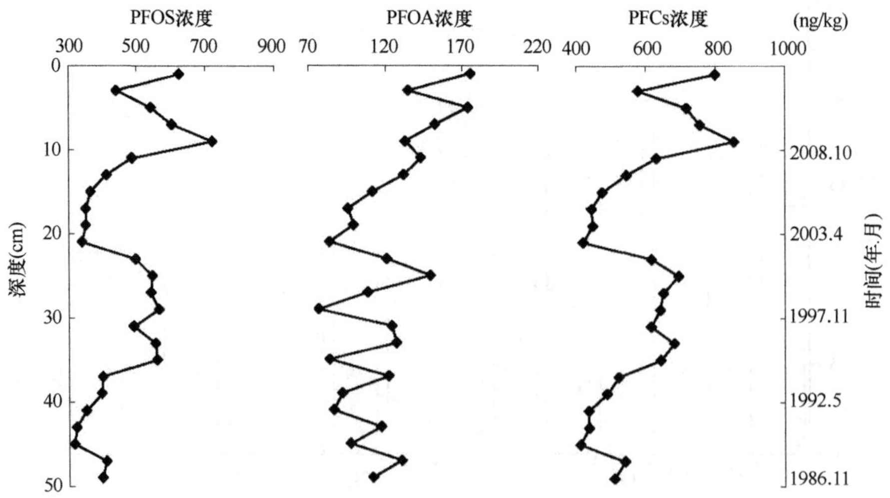

图 2-108　九龙江口沉积物柱状样中 PFCs 垂直分布

4. 磺胺类抗生素

（1）空间分布

夏季，表层水体中磺胺类抗生素（SAs）的浓度为 11.8～102.2ng/L；浓度高的站位主要位于近河端，受人类活动影响强烈。各种 SAs 浓度均随盐度升高呈下降趋势，基本表现为从河口到外海逐渐降低的分布特征（图 2-109，图 2-110）。

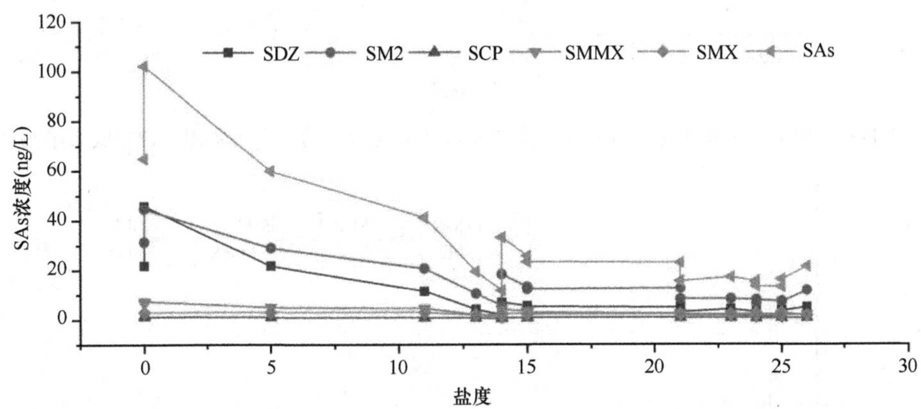

图 2-109　2013 年夏季九龙江口表层水体中 SAs 浓度与盐度的关系（彩图请扫封底二维码）

SDZ：磺胺嘧啶；SM2：磺胺二甲基嘧啶；SCP：磺胺氯哒嗪；SMMX：磺胺间甲氧嘧啶；SMX：磺胺甲噁唑，本章下同

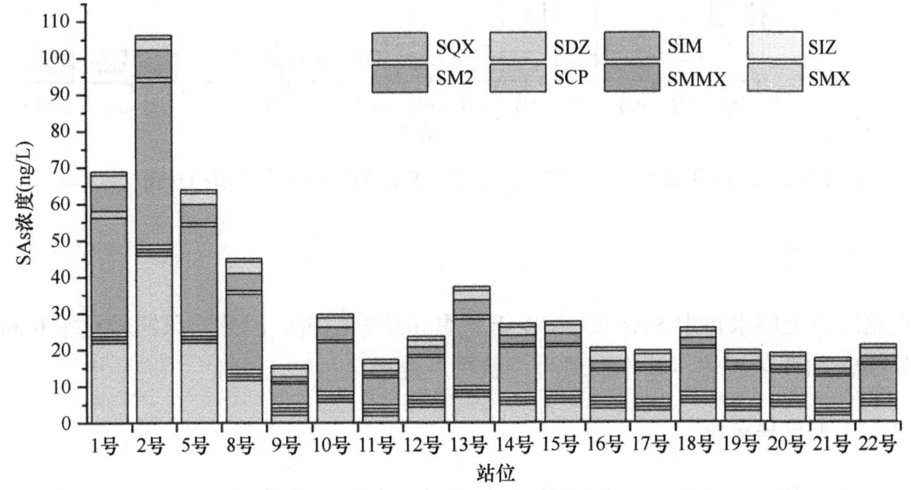

图 2-110　2013 年夏季九龙江口表层水体中 SAs 的分布（彩图请扫封底二维码）

SIM：磺胺二甲异嘧啶；SIZ：磺胺异噁唑；SQX：磺胺喹噁啉，本章下同

秋季，表层水体中 SAs 的浓度为 38.6～448.8ng/L；浓度高的站位主要位于近河端，受人类活动影响强烈。各种 SAs 浓度均随盐度升高呈下降趋势，基本表现为从河口到外海逐渐降低的分布特征（图 2-111，图 2-112）。

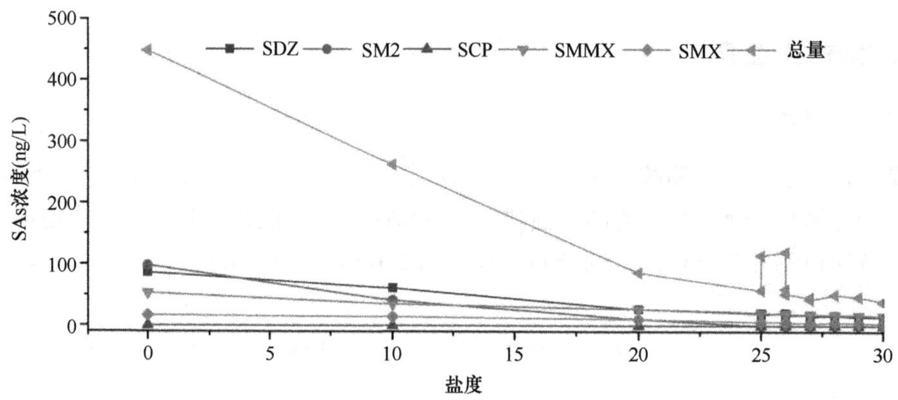

图 2-111　2013 年秋季九龙江口表层水体中 SAs 浓度与盐度的关系（彩图请扫封底二维码）

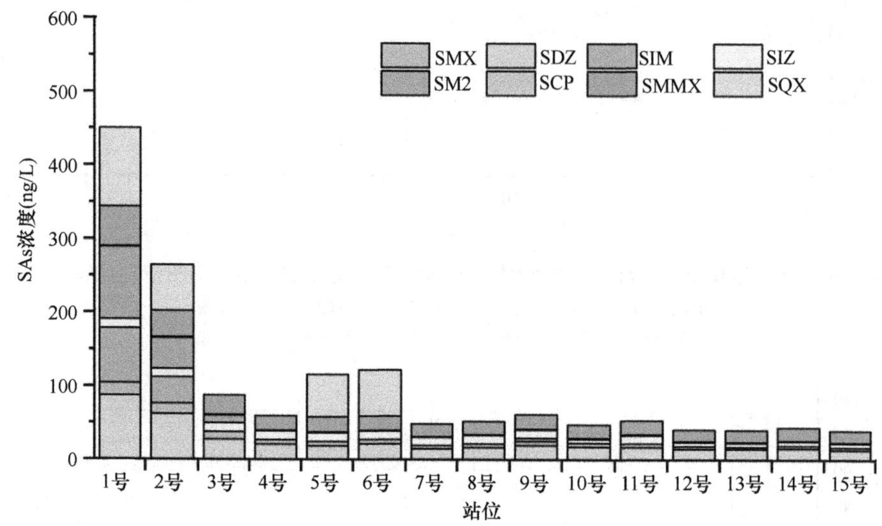

图 2-112　2013 年秋季九龙江口表层水体中 SAs 的分布（彩图请扫封底二维码）

（2）季节变化

九龙江口表层水体中 SAs 仅 2013 年夏季和秋季测定。因此，只比较夏季和秋季两个季节 SAs 的变化规律，基本表现为：秋季＞夏季。

（3）历史数据对比

九龙江口表层水体中 SAs 浓度的历史数据和本研究结果对比（表 2-8）显示，本研究 SDZ、SM2 的浓度整体较低，夏季 SMMX 的浓度也较低，但秋季浓度略高。

5. 烷基酚和烷基酚聚氧乙烯醚

（1）空间分布

夏季，烷基酚（AP）浓度远高于烷基酚聚氧乙烯醚（APEO）浓度，二者浓度分别为 144.3～1 271.2ng/L、52.4～243.9ng/L，各站位含量无明显差异。AP 浓度随盐度升高无明显变化趋势；APEO 浓度随盐度升高基本呈下降趋势，基本表现为从河口到外海逐渐降低的分布特征（图 2-113，图 2-114）。

表 2-8　九龙江口表层水体中 SAs 浓度研究结果对比　　（单位：ng/L）

SAs	参考文献	本研究结果	
		夏	秋
SDZ 浓度	5～163	1.7～45.8	13.9～87.1
SIM 浓度	—	ND	～74.7
SIZ 浓度	—	ND	5.4～12.0
SM2 浓度	3～153	5.6～44.6	～98.4
SCP 浓度	—	0.6～1.9	ND
SMMX 浓度	2～50	1.2～7.5	16.1～53.6
SMX 浓度	—	1.8～3.1	3.0～16.9
SQX 浓度	—	ND	～106.1

注：“—”代表未测；ND 代表未检出

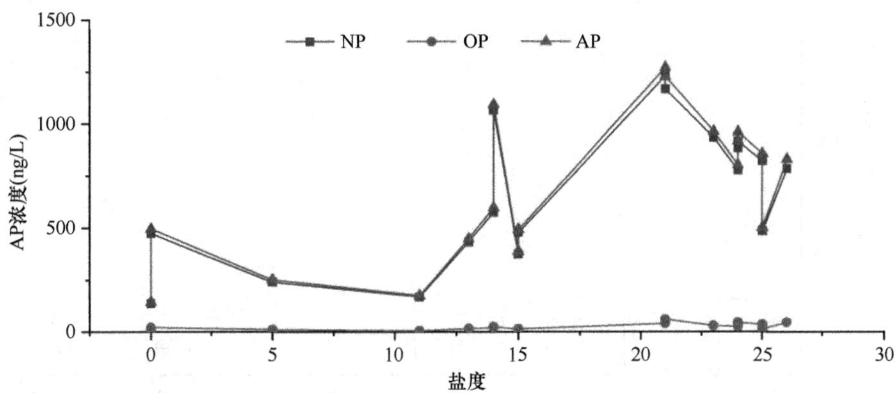

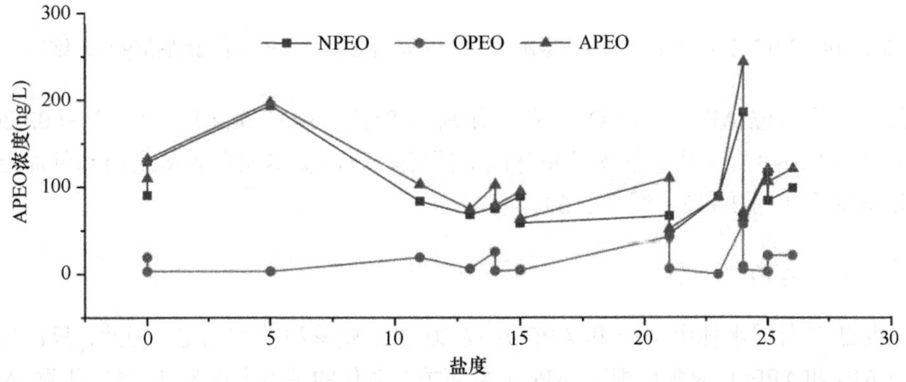

图 2-113　2013 年夏季九龙江口表层水体中 AP 和 APEO 浓度与盐度的关系

NP：壬基苯酚；OP：辛基苯酚；NPEO：壬基酚聚氧乙烯醚；OPEO：辛基酚聚氧乙烯醚

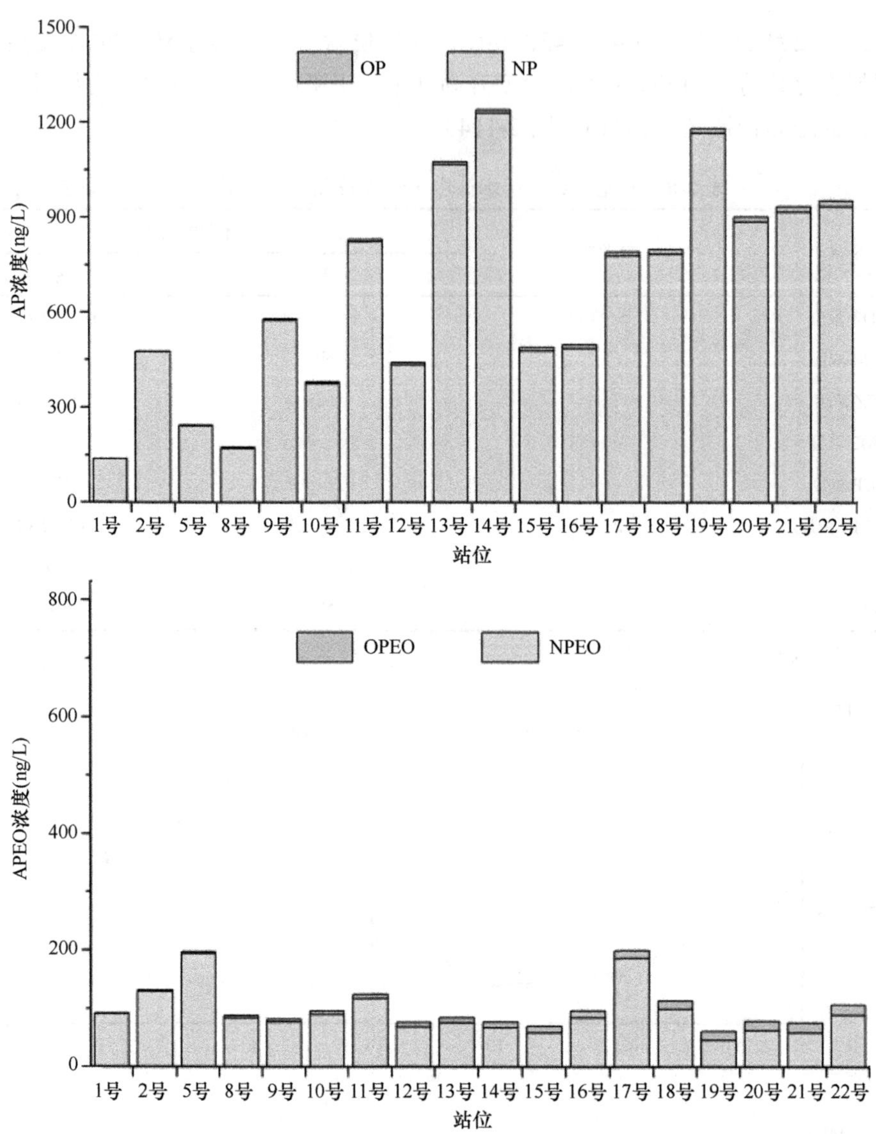

图 2-114 2013 年夏季九龙江口表层水体中 AP 和 APEO 的分布（彩图请扫封底二维码）

秋季，各站位 AP 和 APEO 的浓度分别为 85.2～1435.6ng/L、198.7～602.2ng/L。AP 和 APEO 均随盐度升高基本呈先升高后降低趋势，基本表现为从河口到外海逐渐降低的分布特征（图 2-115，图 2-116）。

（2）季节变化

九龙江口表层水体中 APs 和 APEOs 仅 2013 年夏季和秋季测定。因此，只比较夏季和秋季 APs 和 APEOs 的变化规律。APs 总量随季节变化的基本表现为：夏季＞秋季；APEOs 总量基本表现为：秋季＞夏季。

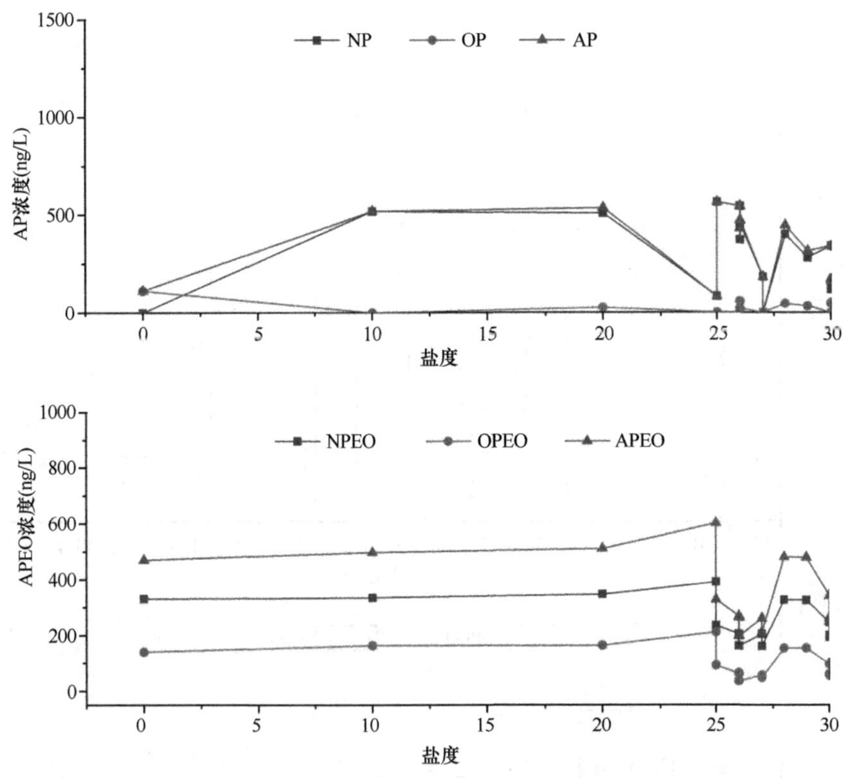

图 2-115　2013 年秋季九龙江口表层水体中 AP 和 APEO 浓度与盐度的关系

2.3.3　生物群落特征

2.3.3.1　调查及分析方法

分别于 2013 年 9 月和 11 月、2014 年 2 月和 4 月进行夏季、秋季、冬季、春季的九龙江口野外生态调查，调查站位同 2.3.2.1，采样及分析方法同 2.1.3.1。

2.3.3.2　浮游植物

1. 种类组成

九龙江口 3 个季节调查共记录浮游植物 7 个门类 73 属 155 种。其中，以硅藻门为主，有 44 属 96 种；绿藻门次之，有 13 属 29 种；甲藻门和蓝藻门较少，均为 6 属 12 种；裸藻门 2 属 4 种；金藻门和黄藻门均为 1 属 1 种。种类组成的季节变化明显，硅藻自春季增长到夏季最高值，保持到秋季；绿藻与蓝藻也如此，二者是典型的淡水类群；甲藻在夏季的检出最多，秋季与春季持平；裸藻在夏秋两季检出种类增多；黄藻仅检出一种，无季节变化；金藻仅在春季检出 1 种。

2. 主要生态类群及分布特征

根据九龙江口浮游植物的分布特点及其生态适应性，可将其主要的生态类群进行如下划分。

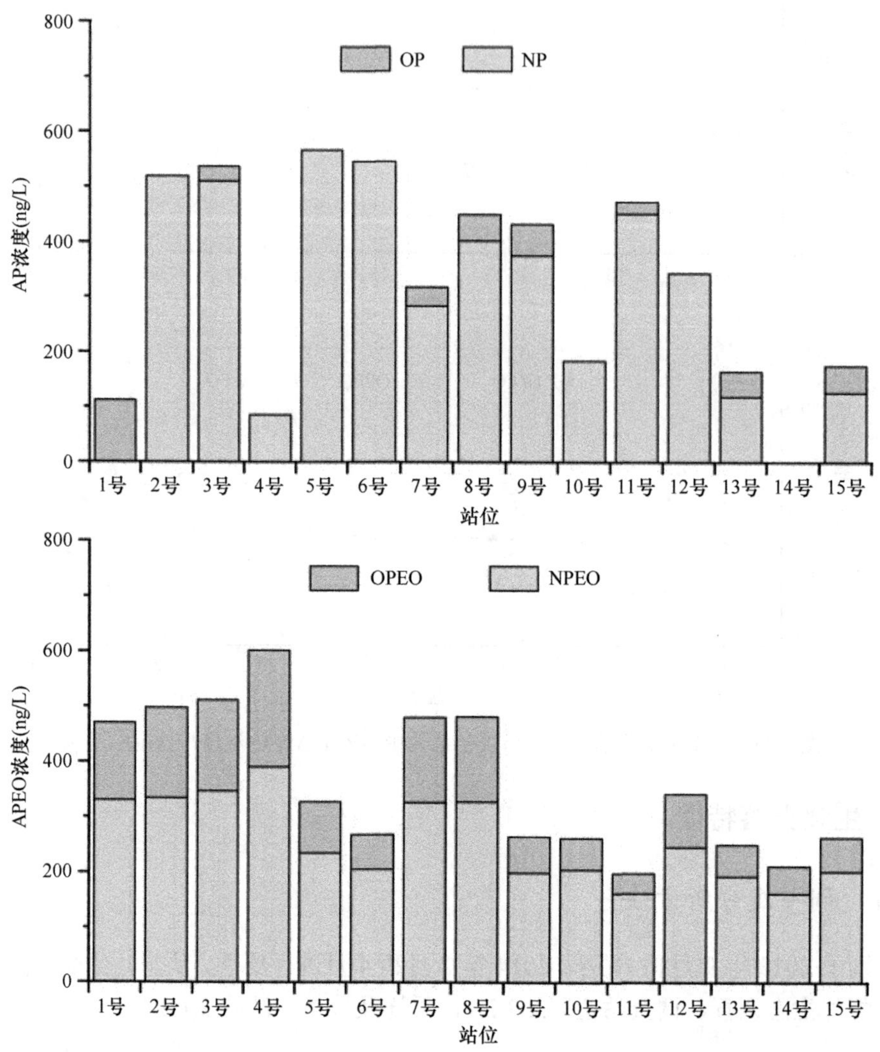

图 2-116　2013 年秋季九龙江口表层水体中 AP 和 APEO 的分布（彩图请扫封底二维码）

淡水类群：主要出现在上游水域，是典型的淡水种类，主要由绿藻、蓝藻、裸藻及部分硅藻种类组成，代表种类有浮球藻（*Planktosphaeria gelatinosa*）、盘星藻（*Pediastrum* spp.）、栅藻（*Scenedesmus* spp.）、微小色球藻（*Chroococcus minutus*）、点形粘球藻（*Gloeocapsa punctata*）、小席藻（*Phormidium tenue*）和优美裂面藻（*Merismopedia elegans*）等。该类群有较高的细胞密度，多分布在上游淡水水域，部分在河口淡咸水混合区出现。

近岸广温类群：代表种有中肋骨条藻（*Skeletonema costatum*）、短角弯角藻（*Eucampia zoodiacus*）、旋链角毛藻（*Chaetoceros curvisetus*）、圆筛藻（*Coscinodiscus* spp.）、丹麦细柱藻（*Leptocylindrus danicus*）、菱形海线藻（*Thalassionema nitzschioides*）等广温低盐种，还有较为特别的广温广盐性的微小亚历山大藻（*Alexandrium minutum*）。此外，

该类群还包括较多的半淡咸种和混入水体的底栖性种类，如肘状针杆藻（*Synedra ulna*）、微小小环藻（*Cyclotella caspia*）和华壮双菱藻（*Surirella fastuosa*），该类群数量最大，在河口淡咸水混合区及厦门西港海域均有检出，是九龙江流域及河口区最重要的类群。

高盐性近海类群：主要代表种有广温性的长耳盒形藻（*Biddulphia aurita*）、地中海指管藻（*Dactyliosolen mediterraneus*）、布氏双尾藻（*Ditylum brightwelii*）以及暖水性的长笔尖形根管藻（*Phizosolenia styliformis* var. *longisipina*）、海洋原甲藻（*Prorocentrum micans*）等。该类群的细胞密度不高，以厦门西港海域居多。

3. 群落结构特征及季节变化

九龙江口不同水域的浮游植物群落组成不同，种类的站位间差异很大，因而 Shannon-Wiener 多样性指数（H'）及 Pielou 均匀度指数（J）的时空差异明显。

Shannon-Wiener 多样性指数的空间差异剧烈。上游水域 H'保持较高水平，变动较缓和。河口混合区 H'变动剧烈，尤其在夏季，海门岛海域 H'相对较低，变动较大，这是优势种（中肋骨条藻）集中单一所致。

季节变化上，春、夏、秋三季 H'平均值分别为 2.41、1.18、2.79，这表明河口区的浮游植物群落结构并不稳定。由于中肋骨条藻在夏季的高密度和高检出率，优势类群的构成过度集中单一，因此 H'最低。春、夏、秋三季 J 平均值分别为 0.64、0.44、0.66，春、秋季差异不大，夏季相对较小。

2.3.3.3　*浮游动物*

1. 种类组成

九龙江口夏、秋、冬三个季节的调查共记录到浮游动物 8 个门类 77 属 133 种。其中种类数最多的为桡足类，共 42 种；水母类次之，共 36 种；浮游幼虫共 19 种；枝角类 11 种；其余较少的种类分别为被囊类、毛颚类、糠虾类、介形类等。

夏季调查，九龙江口共鉴定出浮游动物 77 种和浮游幼虫 17 类。其中，水母类和桡足类种类数最多，均为 28 种；软甲类次之，仅为 6 种；其余为枝角类、介形类、毛颚类和被囊类等。其中，优势种类有 7 个，分别为亚强次真哲水蚤（*Subeucalanus subcrassus*）（Y=0.16）、百陶箭虫（*Sagitta bedoti*）（Y=0.14）、锥型宽水蚤（*Temora turbinata*）（Y=0.05）、中华异水蚤（*Acartiella sinensis*）（Y=0.04）、真刺唇角水蚤（*Labidocera euchaeta*）（Y=0.03）、短尾类溞状幼虫（Y=0.05）和长尾类幼虫（Y=0.03）。

秋季调查，九龙江口共鉴定出浮游动物 62 种和浮游幼虫 15 类。其中，桡足类种类数最多，共 26 种；水母类次之，为 14 种；软甲类第二，仅 7 种；其余为轮虫、枝角类、介形类、毛颚类和被囊类等。其中，优势种类比夏季少，共 5 个，分别为火腿伪镖水蚤（*Pseudodiaptomus poplesia*）（Y=0.17）、中华异水蚤（Y=0.06）、刺尾纺锤水蚤（*Acartia spinicauda*）（Y=0.07）、真刺唇角水蚤（Y=0.06）和异体住囊虫（*Oikopleura dioica*）（Y=0.03）。

冬季调查，九龙江口共鉴定出浮游动物 43 种和浮游幼虫 9 类。其中，桡足类种数最多，共有 24 种；枝角类次之，仅有 7 种；其余为水母类、软甲类、毛颚类和被囊类等。其中优势种有 7 个，分别为太平洋纺锤水蚤（*Acartia pacifica*）（Y=0.23）、中华异水蚤（*Y*=0.11）、刺尾纺锤水蚤（*Y*=0.05）、短尾类溞状幼虫（*Y*=0.04）、火腿伪镖水蚤（*Y*=0.03）、捷氏歪水蚤（*Tortanus derjugini*）（*Y*=0.03）和右突歪水蚤（*Tortanus dextrilobatus*）（*Y*=0.02）。

夏、秋、冬三次调查发现，调查海区的浮游动物物种数呈现下降趋势，但随类群的不同而不同。例如，桡足类的物种数三个季节基本持平，但是随着温度的降低，物种数还是有小幅减少；水母类的物种数随季节的更替有大幅减少；糠虾类的物种数则在秋季呈现出增加趋势；被囊类中的海樽（*Doliolum* spp.）仅出现在夏季。浮游动物优势种类也存在明显的季节变化。例如，桡足类的主要优势种在夏季为亚强次真哲水蚤，秋季为火腿伪镖水蚤，冬季则为太平洋纺锤水蚤。

2. 数量分布

夏季，九龙江口浮游动物丰度为 9.26～479.41ind/m^3，平均 163.48ind/m^3。夏季浮游动物主要集中在口门以外的区域，口门以内的区域浮游动物丰度相对较低。可见，随着盐度的升高，浮游动物的数量有所上升（图 2-117）。

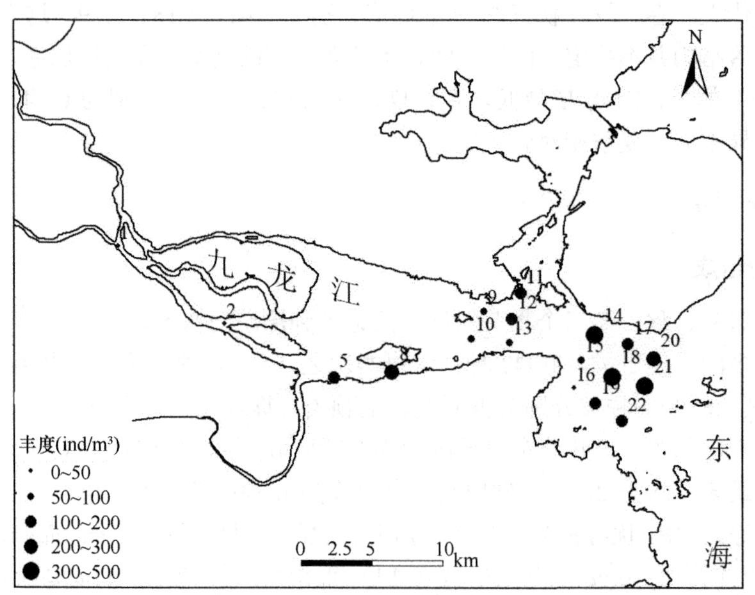

图 2-117　2013 年夏季九龙江口浮游动物丰度分布示意图

秋季，九龙江口浮游动物丰度为 44.35～2346.43ind/m^3，平均 298.43ind/m^3。秋季浮游动物主要集中在口门以内的区域，1 号站位的丰度更是高达 2346.43ind/m^3，在越偏向外海的区域浮游动物的数量则呈现逐渐减少的趋势。可见盐度高的区域浮游动物丰度反而下降，口门内盐度较低的区域浮游动物丰度较高（图 2-118）。

冬季，九龙江口浮游动物丰度为 21.26～641.46ind/m^3，平均 201.25ind/m^3。冬季浮游动物密集区主要分布在口门以内，丰度最高值出现在 1 号站位，为 641.46ind/m^3。在口门外的区域，浮游动物的丰度明显降低，最低值位于 15 号站位，仅为 21.26ind/m^3。总体来说，冬季浮游动物丰度的变化趋势与秋季较为相似，与夏季相反（图 2-119）。

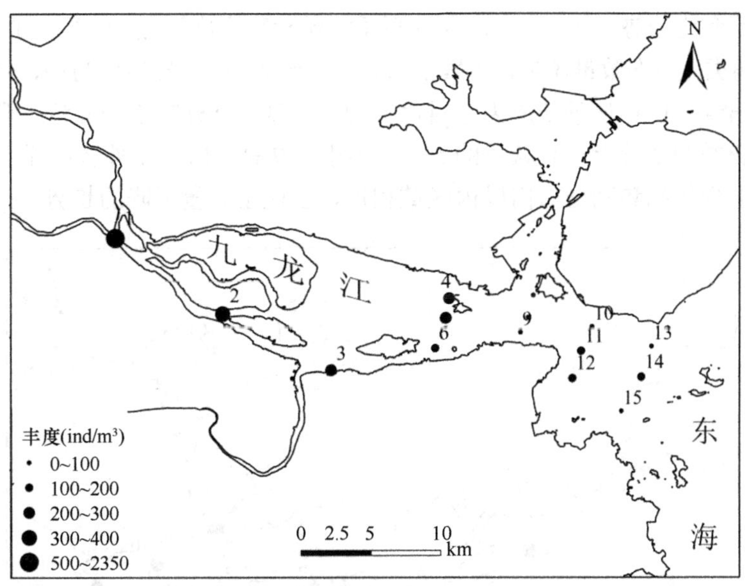

图 2-118　2013 年秋季九龙江口浮游动物丰度分布示意图

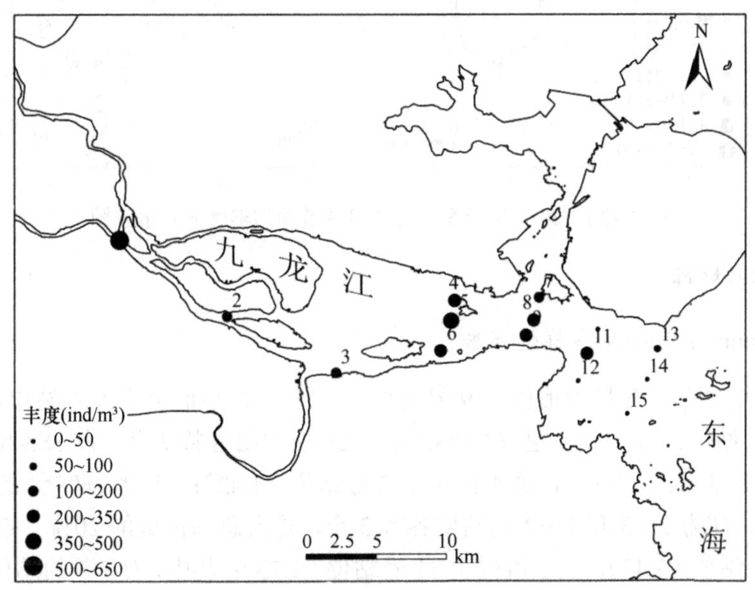

图 2-119　2014 年冬季九龙江口浮游动物丰度分布示意图

春季，九龙江口浮游动物丰度为 45.69～2253.52ind/m^3，平均丰度为 483.20ind/m^3。浮游动物丰度的空间分布呈现近河口端到口门外逐渐减少的趋势，丰度最高值出现在 7 号站位，为 2253.52ind/m^3，丰度次高值出现在 1 号站位，为 2077.92ind/m^3。在口门外的区域，浮游动物的丰度较低，最低值位于 15 号站位，仅为 45.69ind/m^3（图 2-120）。

总体而言，调查区域浮游动物秋季平均丰度约为夏季的 2 倍，冬季更低。夏、秋、冬三个季节都是桡足类数量最多，夏季桡足类平均丰度为 98.81ind/m^3，秋季为 206.25ind/m^3，而冬季为 82.53ind/m^3。但从平面分布上看，口门内外浮游动物丰度在夏季和秋冬季呈现出截然相反的变化趋势。口门以内区域在夏季浮游动物丰度较低，但是到了秋季和冬季，桡足类和枝角类无论在数量还是种类数上均有明显增加。以 1 号站位为例，火腿伪镖水蚤在夏季没有出现，但在秋季却成为绝对优势种（丰度为 1517.86ind/m^3），淡水枝角类的物种数也由夏季的 2 种上升到秋季的 5 种、冬季的 7 种。口门以外区域浮游动物丰度夏季和秋冬季的变化趋势则与口门以内区域相反，呈现出数量下降的趋势。

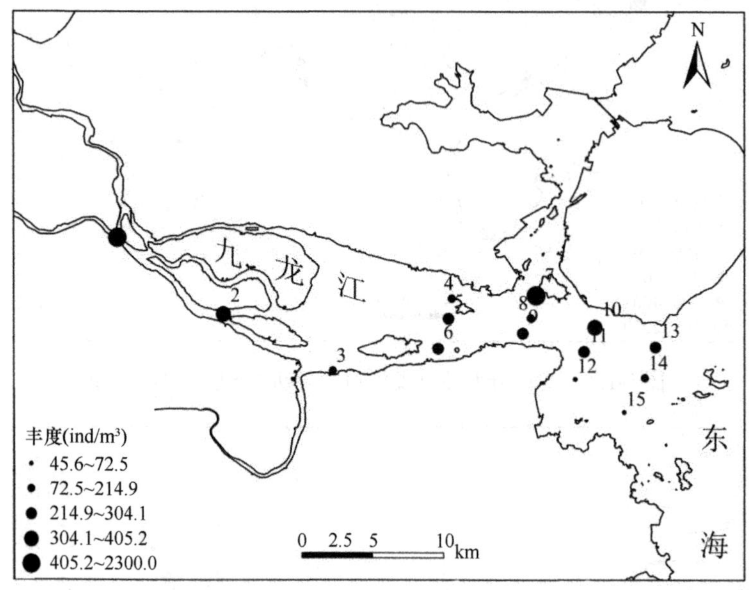

图 2-120　2014 年春季九龙江口浮游动物丰度分布示意图

3. 物种多样性

（1）Shannon-Wiener 多样性指数

夏季，九龙江口 H'最大值位于 9 号站位（4.25），最小值位于 5 号站位（2.05）；其中，$H'\geqslant 3$ 的站位共有 11 个，占 61.1%；H'为 2～3 的站位共 7 个，占 38.9%。秋季，H'最大值位于 8 号站位（3.85），最小值位于 2 号站位（1.42）；其中，$H'\geqslant 3$ 的站位共有 9 个，占 60%；H'为 2～3 和 1～2 的站位各有 3 个，均占总站位数的 20%。冬季，H'最大值位于 15 号站位（3.43），最小值位于 11 号站位（1.73）；其中，$H'\geqslant 3$ 的站位共有 6 个，占 40%；H'为 2～3 的站位共有 7 个，占 47%；H'为 1～2 的站位共有 2 个，占 13%。春季，H'最大值位于 14 号站位（3.99），最小是 1 号站位（1.74）；其中，$H'\geqslant 3$ 的站位共有 12 个，占所有站位的 80%；H'为 2～3 的站位有 1 个，占总站位数的 6.7%；H'为 1～2 的站位共有 2 个，占总站位数的 13.3%（图 2-121）。

总体来说，九龙江口浮游动物 Shannon-Wiener 多样性指数夏季高于秋季，而秋季高于冬季，海门岛以下区域 Shannon-Wiener 多样性指数高于海门岛以上区域。海门岛以上区域，Shannon-Wiener 多样性指数季节变化明显：物种数秋季比夏季丰富、冬季最少，但是冬季和秋季优势种占绝对的主导地位，在数量上远远超过其他种类，因此浮游动物多样性反而比夏季有所降低。

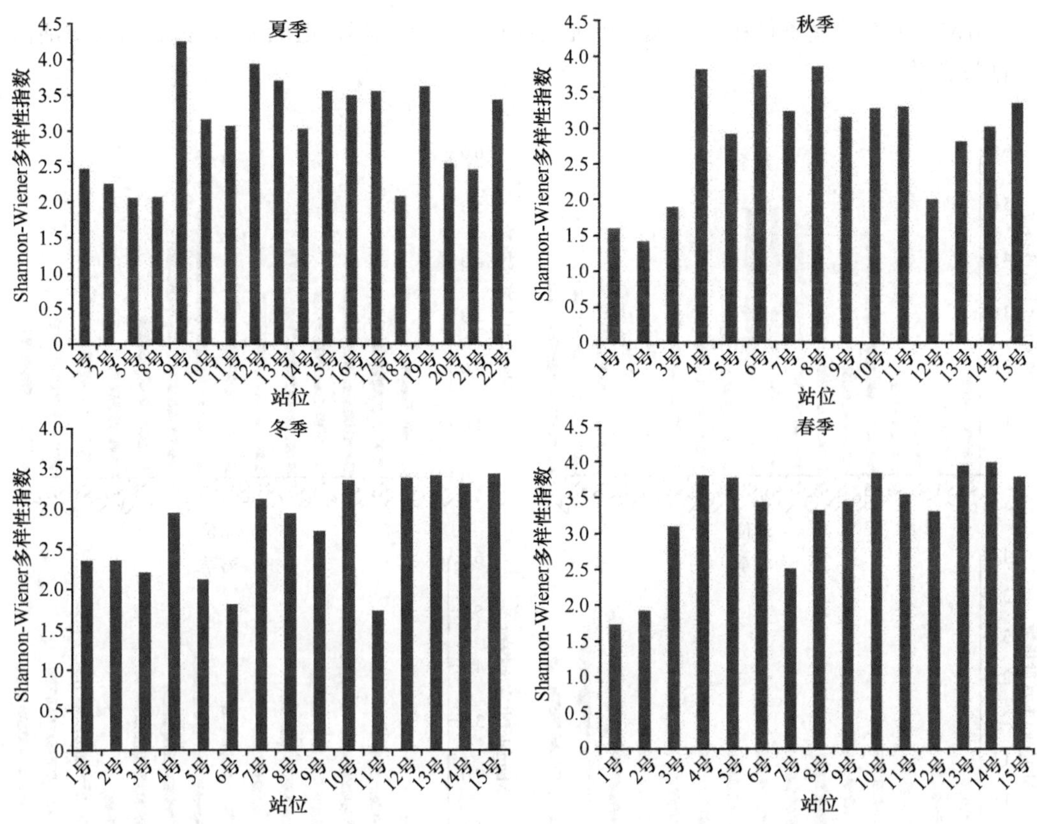

图 2-121　九龙江口各站位浮游动物 Shannon-Wiener 多样性指数

（2）Margalef 丰富度指数

九龙江口夏、秋、冬 3 个季节 Margalef 丰富度指数（*d*）平均值分别为 3.42、3.22、2.22。近河端的几个站位在不同季节一般呈现出较低的 *d* 值；夏季、秋季和春季口门处的 *d* 值较高，但在冬季口门外区域则呈现出较高的 *d* 值。夏、秋、冬 3 个季节的 Margalef 丰富度指数呈现随季节变化逐渐下降的趋势。总体而言，九龙江口 3 个季节浮游动物 Margalef 丰富度指数和 Shannon-Wiener 多样性指数的变化趋势基本一致（图 2-122）。

4. 生态评价

九龙江口群落结构较为简单，种间分布不均匀，多样性较低。浮游动物群落特征季节变化明显，其结构和分布受内陆径流、盐度以及人类活动等多种因素的共同影响，其中，内陆径流季节性变化引起水体盐度波动的影响最大。

夏季九龙江口浮游动物 *H'*平均值为 3.04，表明调查区域环境质量优良；秋季 *H'*平均值为 2.90，数值上略低于夏季，表明环境质量略有下降，属于一般状态；到了冬季，*H'*平均值为 2.75，数值上略低于秋季，表明调查区的环境质量相对于秋季而言有所下降，但也属于一般状态；春季 *H'*平均值为 3.30，为全年最高，说明环境质量较好。

九龙江口夏、秋、冬、春 4 个季节的浮游动物群落结构均处于良好状态，但口门以内、海门岛以上的区域（夏季 1 号、2 号、5 号、8 号站位，秋季 1～3 号站位，冬季 1～

3 号站位）生态环境条件相对较差，可能与两岸工业（尤其是造船业）、农业以及生活污水排放有关。

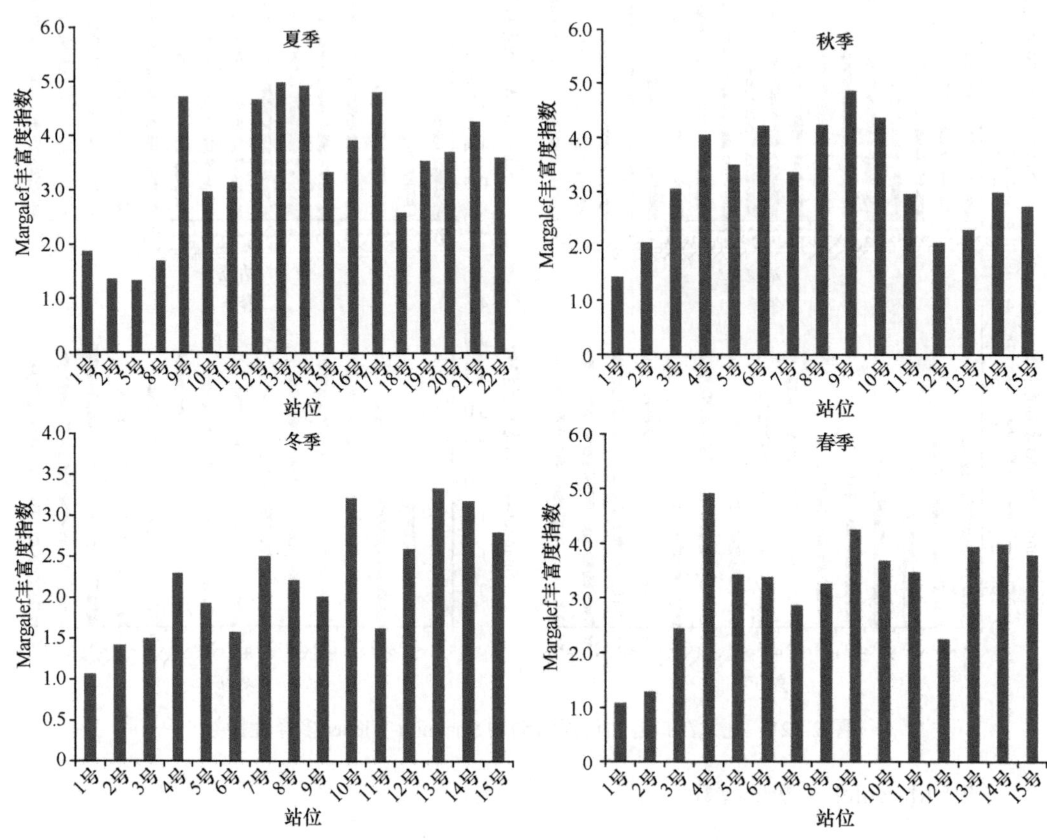

图 2-122　九龙江口各站位浮游动物 Margalef 丰富度指数

通过比较 20 年来九龙江口相同季节（秋季）、相同站位的数据资料，发现浮游动物的丰度总体呈下降的趋势。2004 年浮游动物总丰度急剧增加以及 2009 年急剧下降，这可能与九龙江水体逐步富营养化的趋势密切相关。20 年来九龙江口水域的 DIN 和 PO_4-P 一直处于持续上升的状态，浮游动物优势种的组成也随之发生变化，浮游动物朝小型化发展。

2.3.3.4　大型底栖动物

1. 种类数量及组成

调查期间，九龙江口大型底栖动物共鉴定出 224 种。其中，多毛类 117 类，占 52.23%；软体动物 32 种，占 14.29%；甲壳动物 46 种，占 20.54%；棘皮动物 16 种，7.14%；其他动物 13 种，占 5.80%。

夏季共鉴定出 99 种，其中多毛类 54 种（54.5%），软体动物 10 种（10.1%），甲壳动物 22 种（22.2%），棘皮动物 7 种，其他动物 6 种；秋季共鉴定出 70 种，其中多毛类 50 种（71.4%），软体动物 5 种（7.1%），甲壳动物 7 种（10.0%），棘皮动物 5 种，其他动物 3 种；冬季共鉴定出 129 种，其中多毛类 70 种（54.3%），软体动物 15 种（11.6%），甲壳动物 26 种（20.2%），棘皮动物 11 种，其他动物 7 种；春季共鉴定出 102 种，其中多毛类 55 种（53.9%），软体动物 8 种（7.8%），甲壳动物 19 种（18.6%），棘皮动物 6 种，其他动物 14 种（图 2-123）。

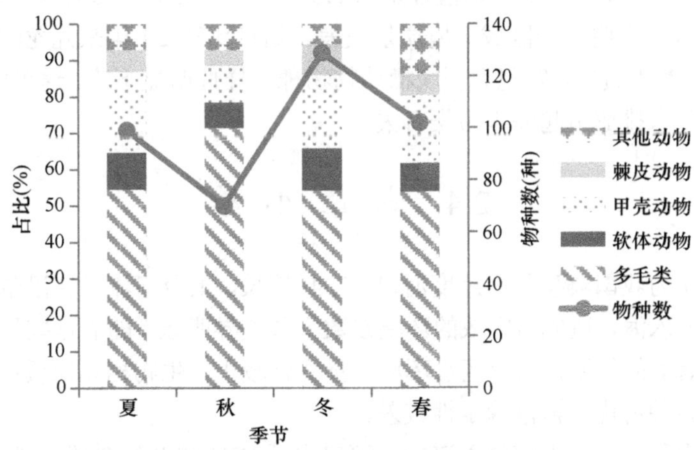

图 2-123　九龙江口大型底栖动物物种数及组成

九龙江口大型底栖动物物种数沿河口方向的变化呈现高—低—高—低—高的趋势。盐度稳定、环境变化随潮汐变化较小的淡水区以及外海区生物适应性好，生物种类较多；在淡咸水混合较充分的中部，生物种类数量亦呈现高峰；在混合充分区向海水稳定区过渡的区域海洋大型底栖动物的种类较少。此现象在夏秋两个季节表现较为明显。

2. 栖息密度及生物量

夏季九龙江口大型底栖动物平均栖息密度为 143.57ind/m^2，平均生物量为 10.75g/m^2；秋季平均栖息密度为 161.42ind/m^2，平均生物量为 7.60g/m^2；冬季平均栖息密度为 239.33ind/m^2，平均生物量为 6.86g/m^2；春季平均栖息密度为 7041.67ind/m^2，平均生物量为 33.60g/m^2。夏季和秋季生物栖息密度以多毛类居第一位，分别达到 98.57ind/m^2 和 142.50ind/m^2；甲壳动物居第二位（分别为 30.36ind/m^2 和 10.00ind/m^2）。冬季栖息密度以多毛类居首位，栖息密度达到 168.33ind/m^2。春季栖息密度以其他动物位居首位，达到 6912.00ind/m^2；其他动物居第二位，达到 29.67ind/m^2。夏季生物量以其他动物居第一位（4.46g/m^2），多毛类居第二位（3.89g/m^2）；秋季生物量以多毛类居第一位（3.24g/m^2），其他动物居第二位（2.14g/m^2）；冬季生物量以甲壳类居第 位（20.67g/m^2），多毛类居第二位（2.36g/m^2）；春季生物量以其他动物居首位（14.10g/m^2），棘皮动物居第二位（11.24g/m^2）。

随着九龙江的流向，大型底栖动物丰度呈现高—低—高—低—高的潜在趋势，这可能与海陆交汇处海水稳定性呈现一定范围的变化有关。根据数量和出现频率，九龙江口大型底栖动物优势种和主要种有吻沙蚕（*Glycera unicornis*）、小头虫、稚齿虫、丝异蚓虫（*Heteromastus* spp.）、模糊新短眼蟹（*Neoxenophthalmus obscurus*）和洼颚倍棘蛇尾

（*Amphioplus depressus*）等。

3. 物种多样性

九龙江口大型底栖动物 Shannon-Wiener 多样性指数（H'）各个季节的平均值都较低，夏、秋、冬、春 4 个季节平均值分别为 0.82、0.46、0.88、0.58。观察期间 4 个季节的 H'值都低于 1，表明调查区域环境质量较差。通过比较 20 年来九龙江口区域相同季节、相同站位的数据资料，发现大型底栖动物物种多样性明显下降，这可能与两岸工业、农业以及生活污水排放引起海水污染有关。

2.4 本章小结

大辽河口作为我国典型的高纬度河口，冰封期长，上游河流桃花汛带来的大量污染物在短期内排放入海，造成该区域的环境参数季节差异明显。随着近些年沿岸经济的发展、人类干扰活动的加剧，河口区水环境质量变化较大，生物栖息地质量变差，生物群落由小型的机会种占优，群落稳定性较差。

长江口作为我国第一大河的入海口，河口水域 DIN 和 PO_4-P 超标现象严重。PO_4-P 有 52.9%的站位劣于Ⅳ类海水水质标准；DIN 有 78.6%的站位劣于Ⅳ类海水水质标准。此外，河口区复杂的地形地貌条件阻碍了污染物扩散，影响了栖居于此的生物群落。

九龙江口表现出以高污染物陆源冲淡水在河口的混合稀释过程为主，水质主要受大陆径流、潮汐变化及北闸取水带来的径流方向变化影响。从生物群落分布状况看，近 20 年来生物多样性明显下降，尤其是九龙江口门以内海门岛以上的区域，这可能和两岸工业（尤其是造船业）、农业以及生活污水排放引起海水污染有关。

总体来说，受陆源农业、工业及生活污水排放的影响，三个河口的营养盐、重金属及特征污染物等均呈现明显的空间分布梯度，即浓度由淡水端向海水端逐渐降低，河口生物尤其是大型底栖动物群落呈现小型化、低质化的特征。

第 3 章　河口典型污染物迁移转化过程及生态效应

有效的环境管理政策与措施需要建立在人们对生态系统内关键过程的科学认识基础之上。针对河流径流将大量污染物输送进入河口与近岸海域造成河口生境退化甚至遭受根本性破坏的现状，本章以陆源物质入海作为切入点，利用化学解析、数值模拟、数理统计等手段，系统了解入海河口污染物组分、通量和分配，结合污染物的浓度和分布状况，探讨环境污染对河口生态系统各生物层次的影响情况。

3.1　大辽河口典型污染物响应规律

本节主要探讨重金属指标和营养盐指标在以盐度为基础的河海界面（freshwater seawater interface，FSI）和潮汐界面（tidal currents interface，TCI）的响应规律。

3.1.1　河海界面和潮汐界面的确定

关于河口边界的划定，美国、欧盟、澳大利亚等多以潮汐作用作为河口上边界划定方法之一。枯季，大辽河口从河口口门上溯至 94km 的三岔河处受潮汐流影响明显，因此，三岔河在本研究中既被视为潮汐界面（TCI），又被作为大辽河口的上边界。

底栖动物因其时空上相对固定的生活习性，被用作河口生态系统变化的常规监测指标。大辽河口淡咸水底栖动物物种随 TCI 沿程分布结果（图 3-1）显示，2013 年春季 L3～L15 为无底栖动物区域（箭头），L15 之后的站位开始出现淡咸水底栖动物物种转换。基于上述底栖动物物种分析结果，结合 2013～2014 年 4 个航次盐度数据进行相关分析，发现 L13、L15、L17 盐度几何均值分别约为 1、5、10，其中 L17 基本上以咸水种为主。同时，表层沉积物的不同粒径分布结果（图 3-2）表明，从 L15～L16 站位开始，粉质黏

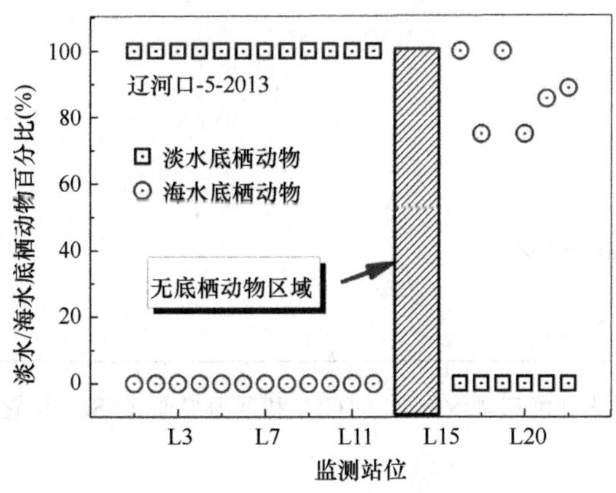

图 3-1　2013 年春季大辽河口大型底栖动物组成

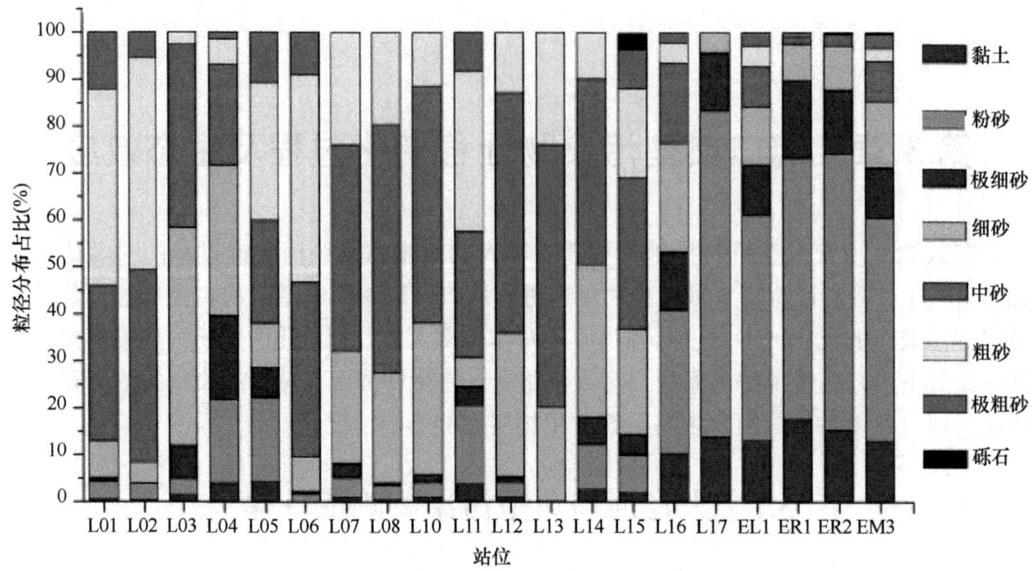

图 3-2 大辽河口表层沉积物粒径分布（彩图请扫封底二维码）

土、细砂含量显著增加，尤其是细砂、极细砂、粉质黏土，而中砂显著减少。从底栖动物、盐度、沉积物的结果综合确定河海界面位于 L13～L15 区域内，而在此范围内大辽河公园作为显著的地理特征，被最终确定为大辽河口的河海界面（FSI）。

根据 TCI 和 FSI，将大辽河口划分为两个区域：①潮汐淡水区，即从 TCI 至 FSI 区域范围，从上边界至大辽河公园范围，更多体现潮汐特征；②混合区（淡水咸水混合区），即从 FSI 至河口下边界区域范围，从大辽河公园至下边界范围，更多体现盐度特征、最大浑浊带和淡水水生生物与海洋水生生物双向生态渐变特征（图 3-3）。

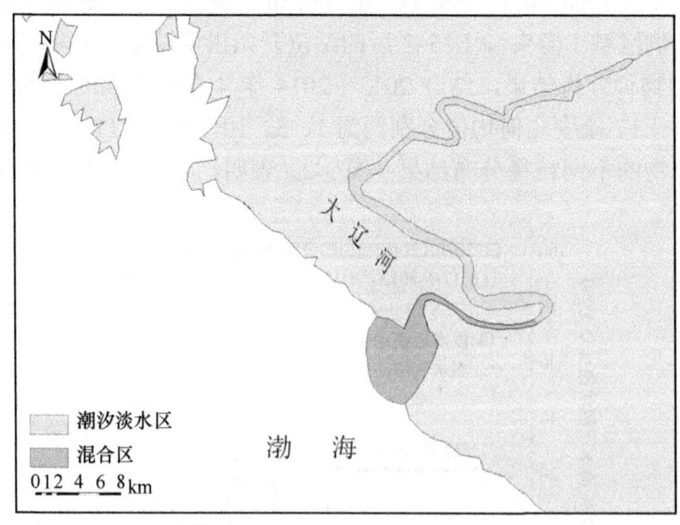

图 3-3 大辽河口潮汐界面（TCI）和河海界面（FSI）位置示意图

3.1.2　河口区重金属响应规律

3.1.2.1　潮汐周期内重金属指标的变化特征

为了分析潮汐状态对相关指标的影响，于 2013 年 7 月 1 日 8：00 至 2 日 12：00，对大辽河公园站进行了一个潮周期的连续采样(每 2 小时采样一次)，最大潮位为 367cm，最小潮位为 61cm，实测潮位过程如图 3-4 所示。可以看出，大辽河口表现出半日潮特征，期间涨潮历时（6：00～12：00，18：00～23：00）和落潮历时（23：00 至次日 6：00，12：00～18：00）显示，涨落潮历时基本对称。

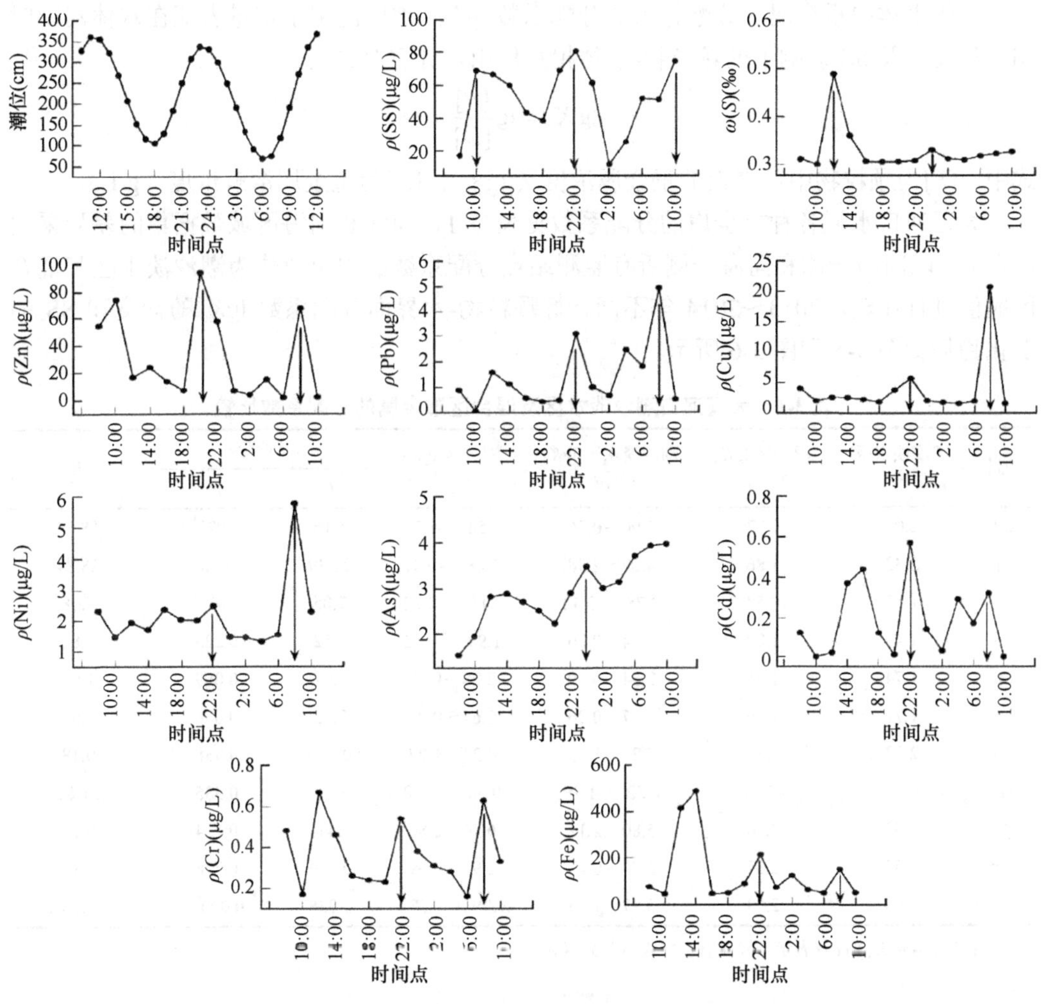

图 3-4　一个潮周期内大辽河公园连续站位各重金属指标的变化特征

SS 与潮位的变化特征基本保持一致，变化类似于塔玛河口（Tamar Estuary）。研究表明，SS 的中值粒径是潮汐状态的函数，且高潮时 SS 的中值粒径明显比低潮时高数倍。在该时间周期水体盐度和硬度半日潮特征在此处表现并不明显。可以发现，各重金属指标（除 As 外）在约 22：00 和 8：00 时均出现峰值。对于溶解 Zn、Cu、Pb、Ni 等指标，涨潮期间重金属的浓度比其他时间的浓度高，基本与 SS、潮位时间吻合，在盐度或硬度峰值时表现出较弱的响应特征，主要受 SS 及潮汐状态的影响。但是，As、Cr、Cd 及 Fe 指标不仅在涨潮时出现峰值，在低潮（10：00～18：00）时也出现了峰值，且浓度水平显著高于 22：00 和 8：00 的峰值，表明这些指标除受 SS、潮汐状态的影响外，盐度效应开始显现，从而导致在低潮时较高的浓度水平。

3.1.2.2 盐度和悬浮颗粒物对重金属分配系数的影响

河口盐度和 SS 都将影响化学物质在水体与其他介质之间的分配行为，本节将继续通过分配系数（$\lg K_d$）深入说明在 FSI 和 TCI 处的响应差异。

量化水体中重金属的分配行为的分配系数 $\lg K_d$，被广泛用于定量表征在水体滞留时间、盐度以及 SS 影响下的颗粒物-水体相互作用，计算公式为

$$\lg K_{\mathrm{d}} = \lg \frac{[P]}{[D]}$$

式中，$[P]$为颗粒物中可交换的重金属浓度（μg/g）；$[D]$为重金属溶解浓度（g/L）。

大辽河口水域各种重金属的分配系数见表 3-1，向河和向海区域数据集的差异采用 t 检验，以向河一侧和向海一侧所有监测站点分配系数的中位值作为潮汐淡水区和混合区阈值进行比较。2013～2014 年不同指标颗粒物-水界面分配系数 $\lg K_d$ 随盐度和 SS 的变化趋势如图 3-5 和图 3-6 所示。

表 3-1 大辽河口潮汐淡水区及混合区重金属的分配系数比较

项目	潮汐淡水区 $\lg K_d$ 中位值	混合区 $\lg K_d$ 中位值	潮汐淡水区 $\lg K_d$ 范围	混合区 $\lg K_d$ 范围	t 检验		R
					F	P	
Cd	2.04	0.77	2.90～0.36	2.54～-1.27	5.16	0.027*	18.62
Cr	3.32	1.86	4.09～2.38	3.28～-0.31	22.39	0.000**	28.84
As	1.43	0.58	2.78～-0.42	1.80～-2.02	7.05	0.010*	7.08
Zn	1.45	1.00	2.44～0.26	1.99～-0.52	1.52	0.223	2.82
Cu	1.74	1.45	2.54～0.19	2.28～0.28	3.72	0.069	1.95
Ni	1.71	1.89	2.97～0.26	2.64～0.07	3.02	0.086	0.66
Pb	2.72	3.47	4.26～1.23	4.23～1.27	0.006	0.938	0.18
Mg	0.13	-1.37	0.52～-1.79	0.30～-3.08	0.942	0.335	31.62
Al	3.92	4.76	5.80～2.12	6.76～2.86	2.445	0.124	0.14
Mn	1.65	2.37	2.79～0.27	2.96～0.59	0.066	0.798	0.19
Fe	3.04	2.33	3.97～1.78	3.92～0.33	2.338	0.000**	5.13

注：$R=K_d$-河/K_d-海；*表示差异显著；**表示差异极显著

结合图表信息可知，As、Cd、Cr 等指标随盐度的增加分配系数 K_d 呈现下降的趋势。此外，发现河口 FSI 界限外（L13～L17 站位），分配系数 K_d 向河一侧和向海一侧呈现明显差异。t 检验结果显示，该类指标（如 As、Cd、Cr）在潮汐淡水区和混合区的分配系数 K_d 有显著差异（$P<0.05$），其比值序列为：Cr＞Cd＞As，表明潮汐淡水区和混合区相关指标的分配系数 K_d 随盐度具有不同的斜率，从而使得混合区 Cr 的浓度是潮汐淡

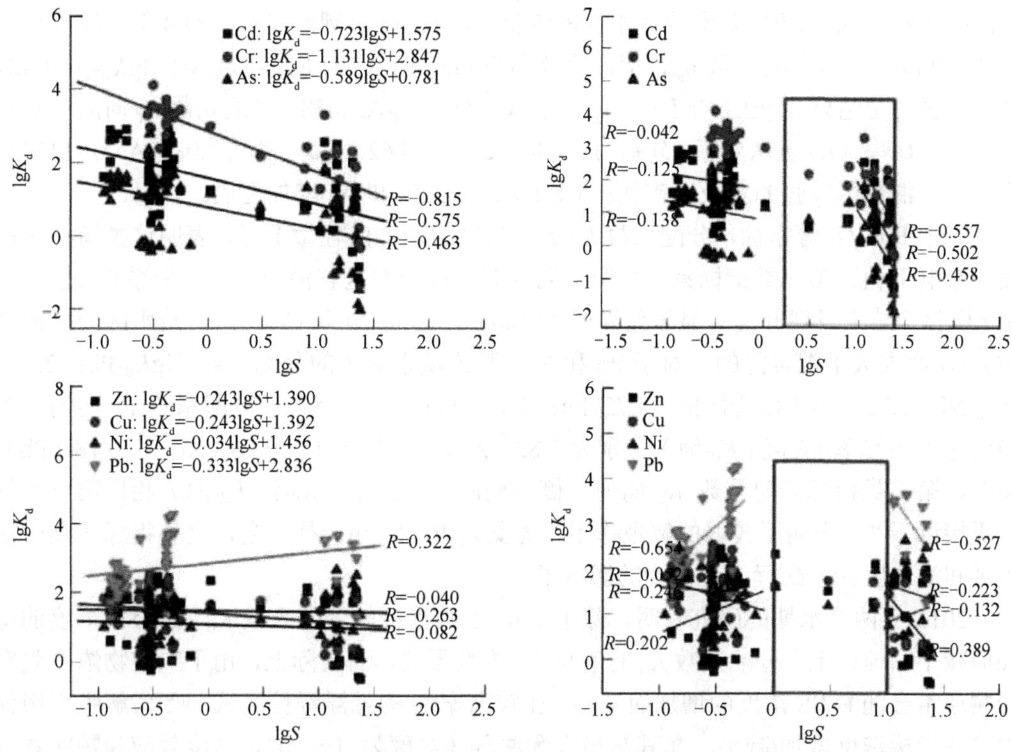

图 3-5 大辽河口 SS-水相中溶解重金属的分配系数随盐度（S）梯度的变化趋势（彩图请扫封底二维码）

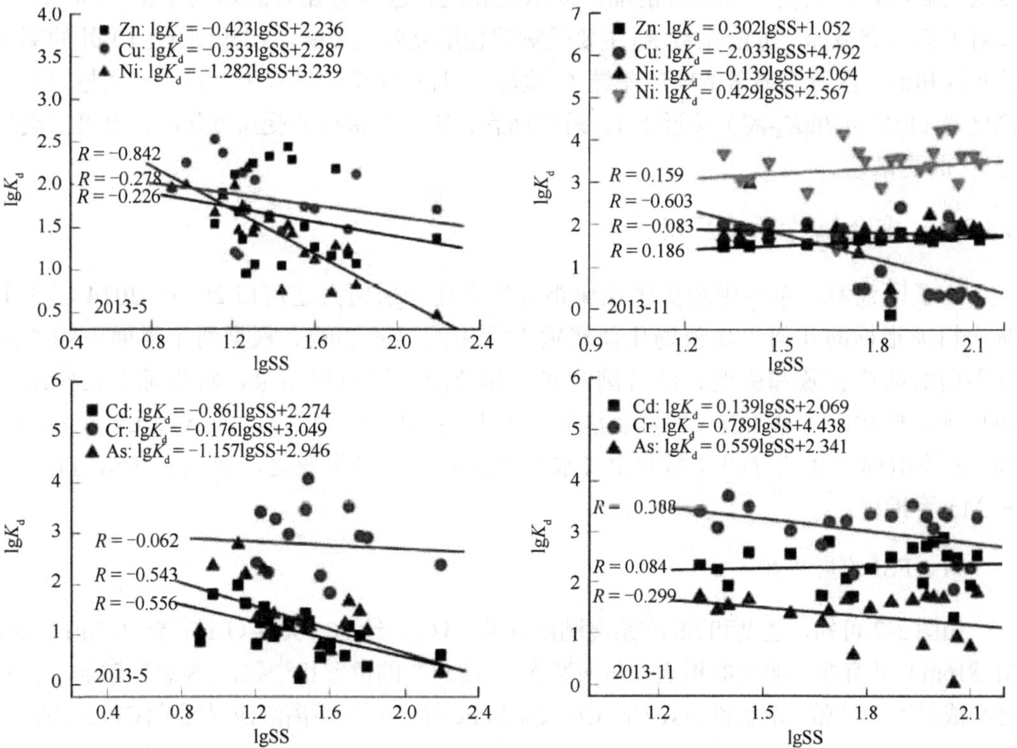

图 3-6 大辽河口 SS-水相中溶解重金属的分配系数随 SS 的变化趋势（彩图请扫封底二维码）

水区的 6 倍，Cd 的浓度是潮汐淡水区的 5 倍，以及 As 是潮汐淡水区的 4 倍，浓度显著增加。潮汐淡水区分配系数 lgK_d 中位值分别为 lgK_d-Cr 3.32、lgK_d-Cd 2.04、lgK_d-As 1.43，而混合区中位值则为 lgK_d-Cr 1.86、lgK_d-Cd 0.77、lgK_d-As 0.58。分配系数 K_d 向河一侧与向海一侧比率（K_d-河/K_d-海）分别为 28.84（Cr）、18.62（Cd）以及 7.08（As）。也就是说，由于混合区较强的解吸效应使得 Cr 的浓度比 Cd 和 As 增加更快。

对于 Pb、Ni 等指标，分配系数 K_d 随着盐度的增加而轻微下降，表明这类指标在盐度的影响下相比第一类指标易于平衡。同样对潮汐淡水区和混合区的分配系数 K_d 进行了 t 检验，结果发现并没有显著差异（$P>0.05$），尤其 Zn 和 Cu 在潮汐淡水区的分配系数 K_d 反而要大于混合区的。对于 Pb 和 Ni，潮汐淡水区中的分配系数（lgK_d-Pb：2.72；lgK_d-Ni：1.71）小于混合区的（lgK_d-Pb：3.47；lgK_d-Ni：1.89）。分配系数 K_d 向河一侧与向海一侧比率（K_d-河/K_d-海）分别为 2.82（Zn）、1.95（Cu）、0.66（Ni）和 0.18（Pb）。显然，第二类指标分配系数 K_d 向河一侧与向海一侧比率（K_d-河/K_d-海）相比第一类指标更接近于 1，表明了较弱的解吸作用，尤其是 Pb 和 Ni。换言之，这类指标在潮汐淡水区和混合区的分配行为受盐度的影响不大。

2013 年两个水期的研究表明，除了 Pb，多数指标的分配系数 K_d 随着 SS 浓度的增加而减小。理论上，分配系数 K_d 的值与 SS 浓度无关，而实际上，由于颗粒物浓度效应影响通常会随着 SS 浓度的增加而减小。在较高/较低的悬浮颗粒区域，吸附/解吸作用使得这些指标浓度增加/减小。尤其是最大浑浊区（盐度为 1～10），盐度效应和颗粒物浓度效应（PCE）对这两种响应规律造成差异：①对于第一类指标，分配系数 K_d 主要受盐度效应影响，在盐度 1～10 外的潮汐淡水区和混合区具有显著的响应差异（t 检验）；②对于第二类指标，分配系数 K_d 主要受颗粒物浓度效应影响，在盐度 1～10 外的潮汐淡水区和混合区没有显著的响应差异（t 检验），且相比第一种行为，向河一侧与向海一侧比率（lgK_d-河/lgK_d-海）接近于 1。总体而言，第一类指标易受盐度影响，而第二类指标对 SS 更敏感。

3.1.2.3 重金属边界响应规律

为了印证河口系统中相关重金属指标的变化，采用大辽河口 2013～2014 年 4 个航次相关指标的几何平均值弱化偶然输入带来的误差影响。根据两个界面中相关指标不同的响应位置和强度，结合潮汐状态和分配系数研究结果，将指标变化归纳为两种响应规律：①从 FSI（即混合区起点）开始有明显转折点，如 As、Cr、Cd、Ca 和 Fe 等指标；②从 TCI（即潮汐淡水区起点）开始发生变化，如 Zn、Cu、Pb、Ni 和 Mn 等指标。

（1）FSI 响应规律

由图 3-7 可知，盐度和 SS 在距离潮汐界面（TCI）约 60 000m（L14：55 247m；L16：61 816m）处有非常明显的拐点，与河海界面（FSI）的位置相一致，SS 急剧增加，在此处形成最大浑浊带。溶解性 As、Cr、Cd、Ca 和 Fe 等指标在距离潮汐界面（TCI）50 000～60 000m 处指标没有明显的变化，而在 60 000～80 000m（L13～L15 站位）指标浓度

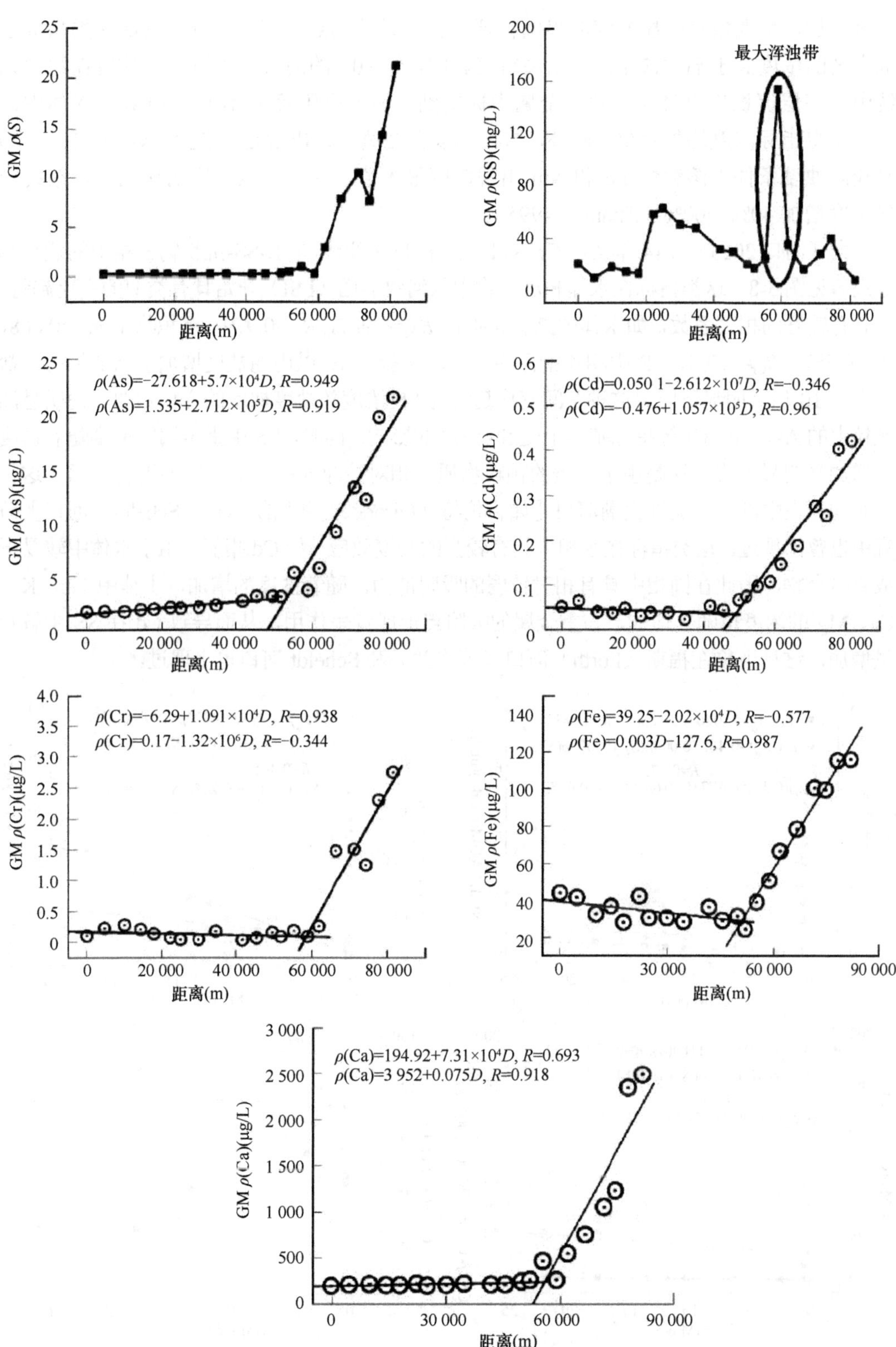

图 3-7　2013～2014 年溶解性 As、Cr、Cd、Ca 和 Fe 等指标随距潮汐界面距离（*D*）的变化趋势

GM 代表几何平均数，下同

显著增加，呈现相对明显的河海界面特征，有明显的拐点。同时，可以发现这类指标在混合区的浓度高于潮汐淡水区，相关研究表明，约 90%的河流悬浮沉积物滞留在河口系统中。底层沉积物再悬浮可致重金属指标受到相应的吸附-解吸作用，解吸至水体中，从而使得指标浓度增加数倍。此外，这种现象也在黄河口出现过，在盐度较小（10～15）且较高浊度条件下溶解性 Fe 和 Mn 出现浓度最大值，这与解吸作用明显相关，最终导致浓度增加 40%～60%（Zhang，1995）。

大辽河口 2013～2014 年 As、Cr、Cd、Ca 和 Fe 等指标在水-SS-沉积物三相中的边界响应规律见图 3-8。这类指标在水体和沉积物中从河海界面（FSI）开始具有类似的变化趋势，且具有较好的相关系数，如水体中 R_{Cd}=0.983，R_{As}=0.987，R_{Cr}=0.979；沉积物中 R_{Cd}=0.668，R_{As}=0.657，R_{Cr}=0.704。SS 中相关指标的浓度，在盐度 10 以内随盐度增加呈增加趋势，盐度大于 10 后又明显下降。这种空间变化趋势与 SS 浓度随盐度梯度的变化相似，说明悬浮颗粒中的 As、Cd、Cr 等指标基本上受 SS 浓度的影响。同时，SS 中重金属的浓度随着盐度的增加又明显下降，这是由于污染的颗粒物质与相对洁净的海洋沉积物的混合作用。这种分布趋势在欧洲及北美洲大潮河口［如吉伦特（Gironde）和斯凯尔特（Scheldt）河口］研究中也曾出现过。这类指标在水相中具有较强的盐度效应，如 Cd 指标，由于水体中较易形成氯络合物，因此在固相中具有相对较弱的吸附能力。随着盐度的增加，水体中 Na、K、Ca、Mg 的浓度也随之增加，与重金属的吸附点形成竞争作用，从而导致 Cd 在 SS 中解吸量增加，这种现象在福斯（Forth）河口（苏格兰）和 Scheldt 河口也出现过。

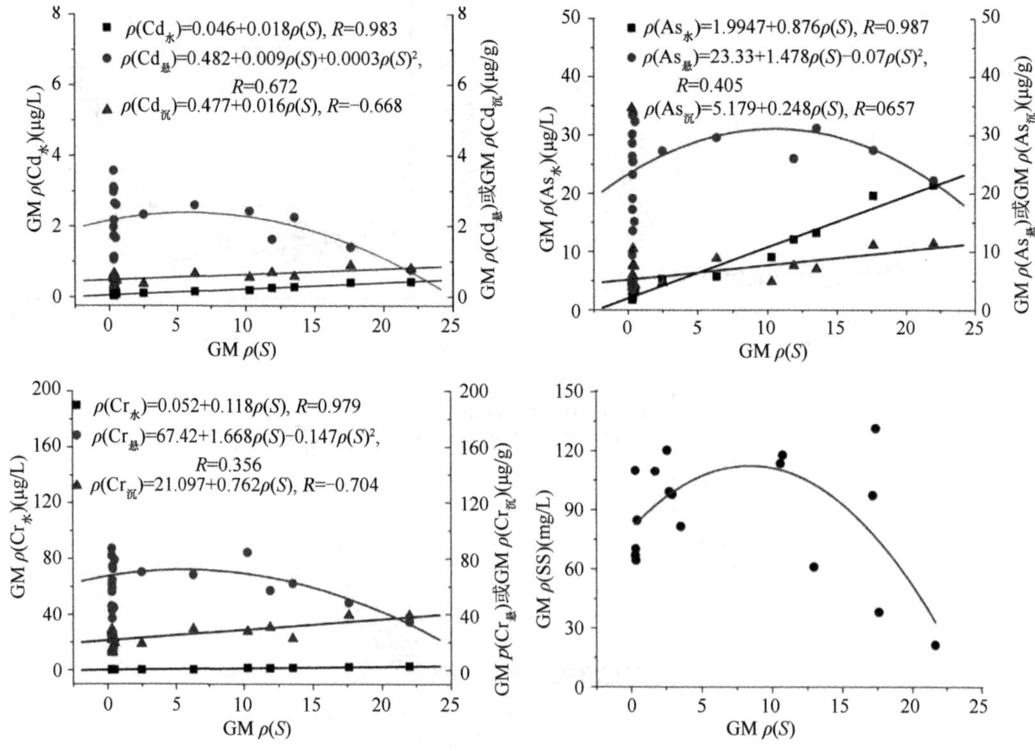

图 3-8　2013～2014 年 As、Cd、Cr、Ca、Fe 在水体-SS-沉积物三相中的边界响应规律

S 代表盐度

（2）TCI 响应规律

与 FSI 响应规律不同，溶解性 Zn、Cu、Ni 等指标从潮汐界面开始发生变化，即在潮汐界面（TCI）浓度就开始下降，在 60 000～80 000m（FSI，L13～L15 站位）指标含量增加然后又下降（图 3-9）。由于在 TCI 至 FSI 的潮汐淡水区，盐度几何均值均小于 1，主要受潮汐状态影响下 SS 浓度的作用。在塔玛河口（Tamar Estuary）的研究显示，SS 的中值粒径是潮汐状态的函数。这是因为理论上分配系数 K_d 虽与颗粒物浓度无关，但与颗粒物浓度的增加呈负相关，即颗粒物浓度效应。河口动力的本质即颗粒物浓度效应

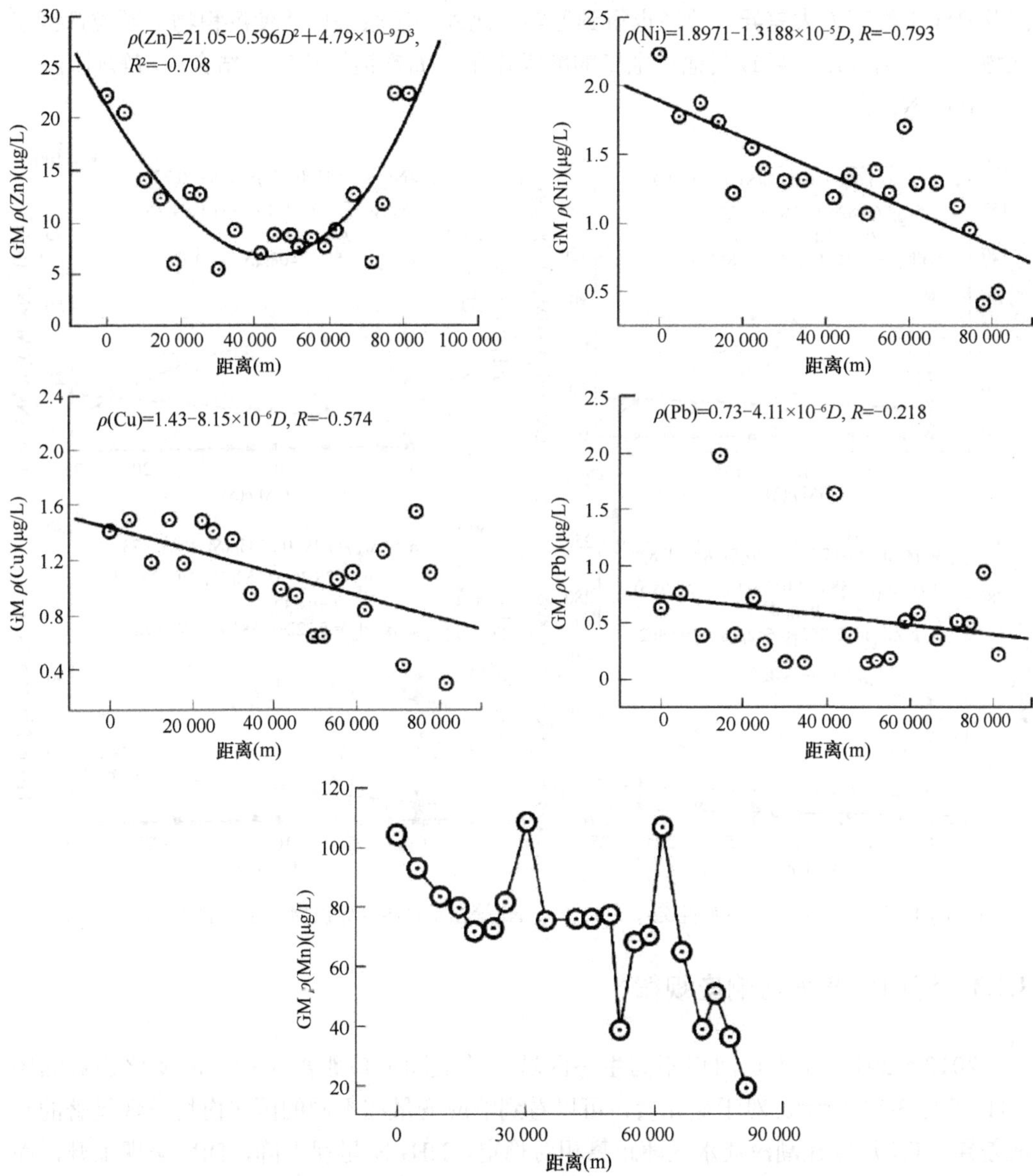

图 3-9　2013～2014 年溶解性 Zn、Cu、Pb、Ni 等指标与距河口距离的变化趋势

产生的显著时空差异，尤其是潮汐淡水区。此外，溶解性 Zn、Cu、Ni 等指标在 50 000～80 000m，即 FSI 处，浓度又明显增加，可能受最大浑浊带的影响，与亚马孙河口、Gironde 河口、奥里诺科（Orinoco）河口、长江口类似。

大辽河口 2013～2014 年溶解性 Zn、Cu、Pb、Ni 等指标在水-SS-沉积物三相中的边界响应规律如图 3-10 所示。这类指标在水体和沉积物中从潮汐界面（TCI）开始具有类似的变化趋势，各指标（除 Zn 以外）在水相中的浓度基本上随着盐度的增加而下降，且在沉积相中浓度增加。对于 SS 中的浓度，趋势相似于第一类指标（如 As、Cd、Cr 等）。但是，Pb 的分布呈现较差的保守混合行为，因为该指标在混合区相对稳定，在河流及海洋中没有太大差异，曾经也得到证实。此外，还原条件能使沉积物中颗粒铁锰氧化物发生解离作用，导致其他重金属的解吸作用，如铁锰氧化物上结合的溶解性 Zn、Cu、Pb、Ni 等。

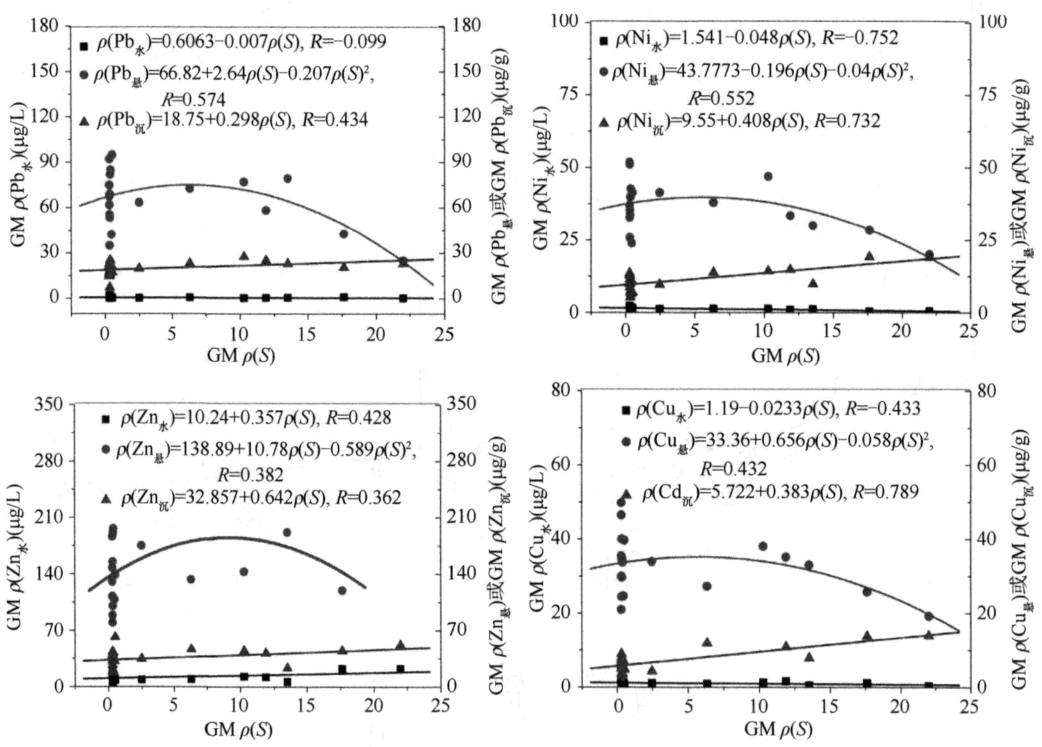

图 3-10 2013～2014 年溶解性 Zn、Cu、Pb、Ni 等在水体-SS-沉积物三相中的边界响应规律

3.1.3 河口区营养盐响应规律

2013～2014 年大辽河口不同生态区域营养盐随河口距离及盐度的变化趋势如图 3-11 和图 3-12 所示。对于氮元素，可以看到响应变量在不同的区域内均呈现显著的响应差异：TN 浓度在潮汐淡水区随距离相对稳定，NH_3-N 呈现下降，DIN 呈现上升，而三种形态在混合区均下降，与盐度呈现较好的混合稀释关系（TN：R^2=0.9125，DIN：R^2=0.9077），浓度与相关文献报道相一致；同时，可以看到 NH_3-N、DIN、TN 在混合区

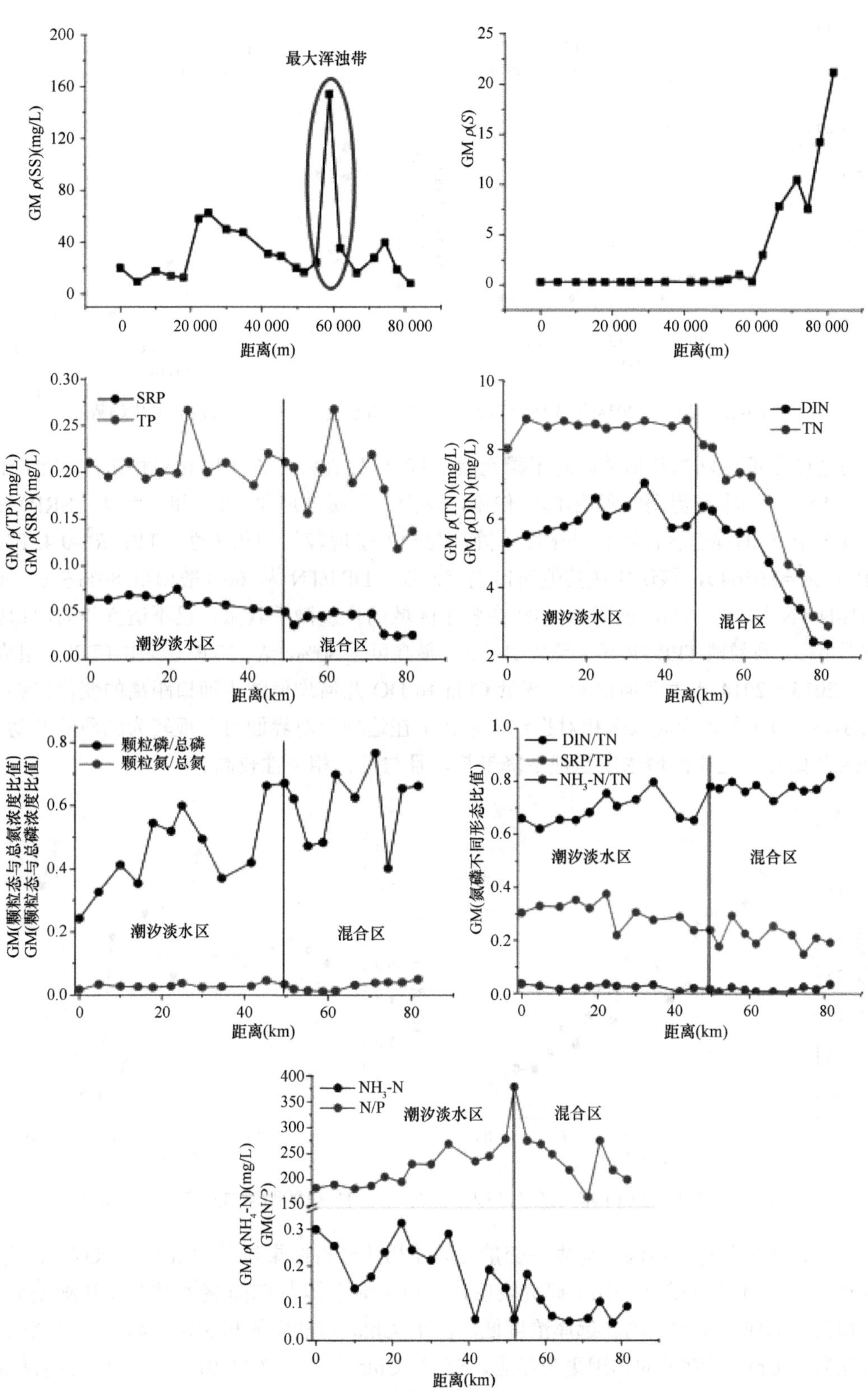

图 3-11　2013～2014 年大辽河口营养盐几何均值随距河口距离的变化趋势

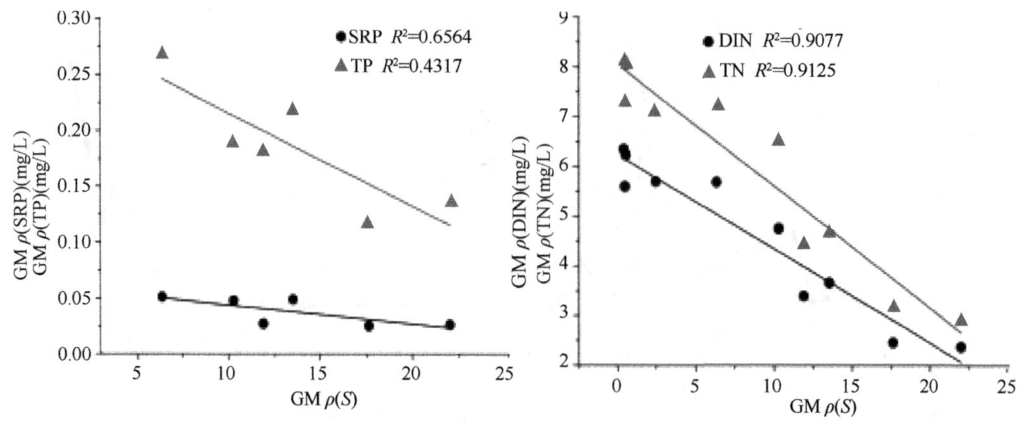

图 3-12　2013～2014 年大辽河口营养盐随河口盐度（S）几何均值的变化趋势

均与盐度呈现良好的负相关。对于磷元素，TP 浓度在潮汐淡水区相对稳定，这是磷酸盐与 SS 发生固-液界面的吸附-解吸作用，从而产生缓冲现象；TP 和溶解磷（SRP）在盐度大于 5 的混合区向河口外浓度下降，与盐度呈现较好的相关性（TP：R^2=0.4317，SRP：R^2=0.6564），该现象在其他河口也有发现。DIN/TN 从 60%增加至 80%左右，而 NH_3-N/TN 均小于 5%，说明 NH_3-N 在整个区域的含量微乎其微，已不适宜作为河口区评估指标。颗粒磷 TPP/TP 却呈现波动增加，最高可达 80%，表明 TP 主要由（TPP）组成。

2013～2014 年大辽河口响应变量 Chla 和 DO 几何均值随距河口距离的变化趋势见图 3-13。DO 在潮汐淡水区相对稳定，总体上在达到河海界面时呈现较为剧烈的波动；Chla 从始点到近岸海域浓度呈现下降趋势，且与沿程相关性较高。

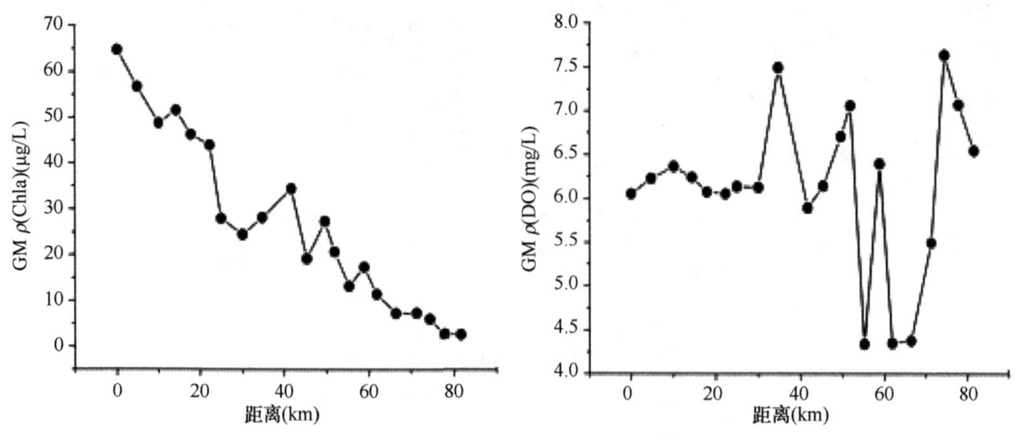

图 3-13　2013～2014 年大辽河口 Chla 及溶氧几何均值随距河口距离的变化趋势

大辽河口各种环境因子与生态变量之间的相关分析结果显示，Chla 与 DO 呈正相关（$P<0.01$）。李俊龙等（2016）研究表明，河口海湾水体中 Chla 随水体盐度和潮差呈现负相关，造成近岸浓度高、远岸浓度低。由于 Chla 与盐度的相关性不高，本研究认为大辽河口 Chla 受潮差的作用更为显著。SS 与 Chla 相关（$P<0.01$），其原因可能是 SS 的中值粒径是潮汐状态的函数。由于浮游植物对各种形态 DIN 的吸收以 NH_3-N 优先，

NH_3-N 的波动与 Chla 的相关性更能直接反映 DIN 盐与浮游植物的关系。TP 与 SS 相关，反映 SS 对磷吸附的影响；TPP/TP 与 SRP/TP 呈正相关，表明 SRP 受颗粒磷影响。Chla、DO 与 TN、TDN、DIN、NH_3-N、NO_2-N 等指标均具有相关性。由此可知，TN 和 DIN 均可作为河口区评估指标。尽管 SRP 与 Chla 相关性非常高，但是由于河口区颗粒磷（TPP）对水体富营养化的影响不能忽视，推荐以 TN 和 TP 为评估指标。

3.2　长江口不同形态氮磷营养盐转化

3.2.1　不同形态氮磷营养盐转化比例

氮、磷等生源要素从陆地产生到入海涉及许多复杂的生物地球化学过程，这些过程可大致用“源—场—汇”的研究思路进行概括（图 3-14）。作为氮、磷迁移的中间环节，营养物质通过河流输送主要涉及两方面内容：河流滞留及沉积物-水界面交换。二者的共同作用决定了河流输送过程中氮、磷总量变化，进而影响入海通量。河流输送过程中氮、磷等的迁移转化途径主要有沉积作用、水生生物利用、氮的反硝化作用，以及溶解性氮、磷沉积物水界面的交换。其中，滞留过程主要包括三个方面，即沉积作用、水生生物利用、氮的反硝化作用；沉积物-水界面交换过程主要通过溶解性氮、磷的界面扩散来实现。

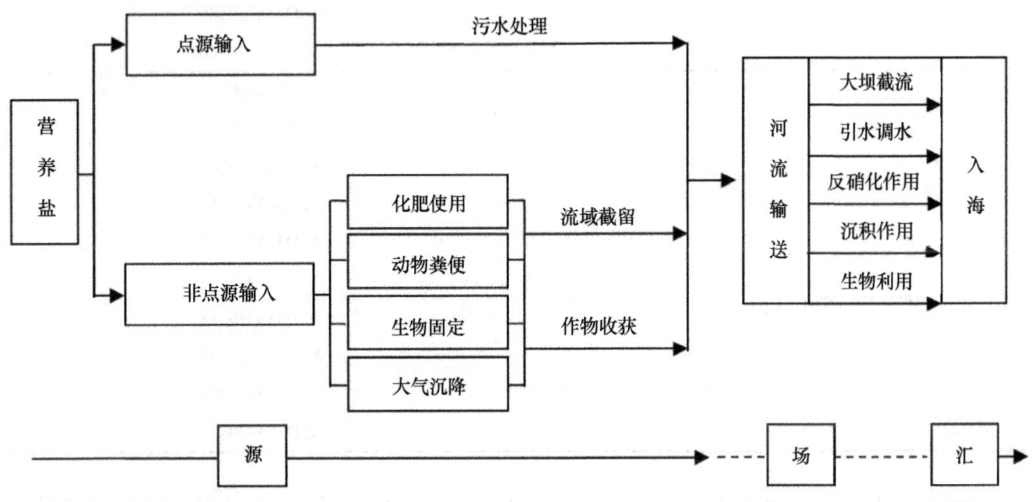

图 3-14　营养盐产生及输运过程

由于区域异质性（如流域地形地貌、水文气象、工农业生产等）的影响，入海河口和下游海水流域氮、磷营养盐污染负荷量存在差异。对大辽河、黄河近河端至河口端的研究发现，对于两种不同类型河流，氮、磷入海过程中河道中的滞留比例有所差异：黄河输送过程中氮、磷的滞留比例分别为 57%和 91%，大辽河输送过程中氮、磷的滞留比例分别为 19.3%和 20%。

黄河中闸坝截流和引水调水对氮、磷的截留比例较高；而大辽河中沉积过程为氮、磷的主要滞留途径。其中，大辽河河流至河口端中氮元素主要的损失途径包括沉积过程（约 12.0%）和反硝化过程（约 7.3%），磷元素主要的损失途径包括沉积过程（约 20%）。有研究指出，静态的输出系数给流域氮素流失量的估算带来很大的不确定性；长江近 30～40 年输送 DIN 通量的观测研究中，流域氮面源输出系数是动态变化的，从 1970 年的 0.11 增加到 2003 年的 0.61。同样地，有关长江口各区域的氮磷比例关系，提示我们需要从时空序列的角度进一步分析相关趋势。研究涉及的调查站位布设见表 3-2。

表 3-2　2000～2013 年二级分区下周期性调查站位信息

分区	站位
北支	A2D31YQ001S
	A2D31YQ002S
	A2D31YQ029S
	A2D31YQ030S
南支	A2D31YQ001S
	A2D31YQ015S
	A2D31YQ017S
	A2D31YQ004S
	A2D31YQ006S
	A2D31YQ012S
	A2D31YQ014S
	A2D31YQ018S
混合区	A2D31YQ021S
	A2D31YQ022S
	A2D31YQ024S
	A2D31YQ025S
	A2D31YQ026S
	A2D31YQ028S
	A2D31YQ031S
	A2D31YQ043S
	A2D31YQ049S
	A2D31YQ037S

为了明确氮磷比例的影响因素，对全海域 2008～2013 年各水质指标进行了相关分析，结果见表 3-3。氮磷比例均与总悬浮颗粒物（TSS）相关，磷元素比例在 0.05 水平（双侧）上呈显著负相关（Pearson 相关系数为–0.202），而氮元素比例则在 0.01 水平（双侧）上呈现正相关（Pearson 相关系数为 0.103）。以上这些指标均与生物响应变量 Chla、盐度显著相关。可见，整个研究区域 TSS 对磷元素的响应相对于氮元素更显著。值得一提的是，氮元素的比例与硝酸盐的相关性高达 0.561，但与 TN 的相关性不高。这说明氮元素比例主要取决于 DIN 的浓度，DIN 浓度则是由硝酸盐起主导作用。换言之，氮元素的硝化作用在氮元素比例变化中起了作用。

表 3-3　2008～2013 年全海域氮磷比与理化参数的相关性

	pH	DO 浓度	TSS 浓度	COD 浓度	PO_4-P 浓度	NH_3-N 浓度	DIN 浓度	NO_3 浓度	NO_2 浓度	SiO_3 浓度	TN 浓度	TP 浓度	Chla 浓度	S	T	SRP/TP	DIN/TN
pH	1.000																
DO 浓度	0.148**	1.000															
TSS 浓度	0.124*	–0.080	1.000														
COD 浓度	0.070	0.100*	0.123*	1.000													
PO_4-P 浓度	0.022	–0.284**	0.113*	0.145**	1.000												
NH_3-N 浓度	–0.028	–0.048	0.175**	0.121*	0.127**	1.000											
DIN 浓度	0.031	–0.191**	0.163**	0.237**	0.726**	0.066	1.000										
NO_3 浓度	0.031	–0.179**	0.149**	0.228**	0.702**	–0.010	0.995**	1.000									
NO_2 浓度	0.030	–0.171**	0.079	0.056	0.352**	0.343**	0.127**	0.046	1.000								
SiO_3 浓度	0.233**	–0.160**	0.443**	0.032	0.380**	0.076	0.381**	0.378**	0.162**	1.000							
TN 浓度	–0.049	–0.186**	0.107*	0.210**	0.544**	0.127**	0.688**	0.678**	0.123**	0.161**	1.000						
TP 浓度	0.079	–0.133**	0.396**	0.234**	0.267**	0.056	0.363**	0.362**	0.000	0.117*	0.384**	1.000					
Chla 浓度	–0.123*	0.293**	–0.118*	0.026	–0.367**	–0.012	–0.354**	–0.356**	0.008	–0.243**	–0.239**	–0.159**	1.000				
S	0.040	0.323**	–0.103*	–0.145**	–0.587**	–0.020	0.667**	–0.668**	–0.037	–0.236**	–0.544**	–0.295**	0.430**	1.000			
T	–0.140**	–0.003	0.163**	–0.220**	0.067	0.063	0.099*	0.089	0.111*	0.330**	0.111*	–0.069	0.138**	0.152**	1.000		
SRP/TP	–0.064	–0.176**	–0.202**	–0.114*	0.296**	–0.039	0.006	0.000	0.145**	0.063	–0.102**	–0.502**	–0.189**	–0.151**	–0.031	1.000	
DIN/TN	0.073	–0.038	0.103*	0.032	0.369**	–0.078	0.551**	0.561**	–0.014	0.317**	–0.035	0.045	–0.280**	–0.307**	–0.034	0.257**	1.000

注：S 代表盐度；T 代表温度。*表示在 0.05 水平上显著相关；**表示在 0.01 水平上显著相关

众多研究表明，氮元素的硝化作用和反硝化作用直接影响氮的比例变化。Haynes（1986）把这些因素分为 3 组：①环境因素，底物和产物、pH、水分和氧气含量及温度等；②生态因素，拮抗物质、生物对 NH_4^+的竞争等；③人为因素，重金属毒害、残留农药和特定抑制剂等。同理，磷元素的缓冲作用也受到多种因素的影响，因而会因区域环境对硝化及反硝化作用、缓冲作用的差异导致氮磷比例的变化，这与前文的分析是一致的。本研究采用 2007～2013 年长江口周期性历史数据进行统计学分析，发现全海域在数据量充足的前提下，KS 检验结果显示氮磷比例呈显著正态分布，SRP/TP 在全海域的均值为 0.47，DIN/TN 在全海域的均值为 0.80。

为了克服极值的影响，更为准确地估算长江口淡咸水交界处的氮磷比例关系，将氮磷比例定义为某一区域范围内两者比例关系频率分布的中位值（D_{50}），其物理意义为转化比例大于它的比例占 50%，小于它的比例也占 50%，即 D50 用来表示平均转化比例。经过换算，可以得到潮汐淡水区 DIN、PO_4-P 分别占 TN、TP 的比例为 80.09%和 40.21%；而混合区中 DIN、PO_4-P 分别占 TN、TP 的比例为 76.84%和 40.98%。众多学者研究了长江口营养盐氮磷比例关系。黄自强和暨卫东（1994）研究了丰水期和枯水期氮磷形态的转化关系，站位布设与本研究混合区及口外区一致，发现 TP 中有机磷和磷酸盐各占百分比由沿岸向外海的明显变化，有机磷从 80%降低为 50%左右，磷酸盐由于外海底层水涌升，从 20%升高为 50%左右，且磷酸盐与 TP 之间无显著相关关系。李峥等（2007）发现，PO_4-P 浓度最高值一般不在河口内而是在口门外，这是由 PO_4-P 在河口的缓冲作用所致；全年河口口门内表层 PO_4-P/TP 为 0.28～0.37，反映了颗粒物对 P 吸附的影响；122°30′E 处，PO_4-P/TP 为 0.49～0.55；TP 从口门外向东浓度逐渐降低，122°30′E 以东分布均匀，PO_4-P/TP 达到 0.65～0.78，这是由于表层大量的浮游生物死亡沉积分解殆尽，TP 主要以 PO_4-P 的形式存在。

从这些结果来看，长江口内各区域中《海水水质标准》（GB 3097—1997）DIN 及 PO_4-P 指标占《地表水环境质量标准》（GB 3838—2002）TN、TP 的比例相对稳定，分别为 73.868%～80.090%、34.854%～40.977%，PO_4-P 与 TP 的比例变化相对于 DIN 与 TN 的比例变化更大些。为了比较河口区（长江口Ⅰ区）与近岸海域（长江口口外区Ⅱ区）的氮磷比例变化，我们进一步对长江口口外区Ⅱ区进行了相关分析。根据 2007～2013 年口外区氮磷比例关系，可以看到《海水水质标准》（GB 3097—1997）DIN 及 PO_4-P 分别占《地表水环境质量标准》（GB 3838—2002）TN、TP 的比例在该区分别约为 67.180%和 45.546%。与河口区相比，氮元素的比例变化下降明显，然而，磷元素在该区的比例明显增加，从 34.854%～40.977%增加到 45.546%。

3.2.2 盐度及悬浮颗粒物对不同形态氮磷营养盐的影响

2008～2013 年各参数的相关性见表 3-4。从表中可以看出，TP、TN、PO_4-P、DIN 与盐度在 0.05 水平（双侧）上均呈极显著相关，说明断面处于淡咸水混合区，受到营养盐 TP、TN、PO_4-P、DIN 的影响。其中，PO_4-P、DIN、TP、TN 与盐度均呈负相关，且一般河口附近浓度高，外海浓度低，主要反映了长江冲淡水的影响。4 个指标中，海

表 3-4　2008～2013 年各参数的相关性

	pH	DO 浓度	TSS 浓度	COD 浓度	PO_4-P 浓度	NH_3-N 浓度	DIN 浓度	NO_3-N 浓度	NO_2-N 浓度	SiO_4^{3-}浓度	TN 浓度	TP 浓度	Chla 浓度	*S*	*T*
pH	1.000														
DO 浓度	0.091	1.000													
TSS 浓度	0.089	–0.073	1.000												
COD 浓度	–0.012	0.128	0.099	1.000											
PO_4-P 浓度	–0.056	–0.435**	0.054	0.225**	1.000										
NH_3-N 浓度	–0.091	0.077	–0.069	0.132	0.107	1.000									
DIN 浓度	–0.038	–0.225**	0.211*	0.361**	0.757**	0.162	1.000								
NO_3-N 浓度	–0.036	–0.227**	0.212*	0.352**	0.758**	0.132	0.999**	1.000							
NO_2-N 浓度	0.015	–0.134	0.113	0.366**	0.087	0.144	0.187*	0.163	1.000						
SiO_4^{3-}浓度	0.178*	–0.199*	0.325**	0.150	0.385**	–0.232**	0.429**	0.435**	0.159	1.000					
TN 浓度	–0.120	–0.238**	0.276**	0.196*	0.560**	0.143	0.663**	0.666**	0.125	0.211*	1.000				
TP 浓度	–0.015	–0.201*	0.421**	0.190*	0.342**	0.066	0.410**	0.412**	–0.050	0.156	–0.574**	1.000			
Chla 浓度	–0.107	0.319**	–0.129	0.044	–0.444**	–0.053	–0.330**	–0.332**	0.019	–0.241**	–0.204*	–0.165	1.000		
S	0.089	0.181	–0.143	–0.239**	–0.640**	–0.001	–0.694**	–0.699**	–0.004	–0.446**	–0.614**	–0.361**	0.258**	1.000	
T	–0.292**	–0.366**	0.071	0.281**	0.281**	0.159	0.389**	0.381**	0.307**	0.311**	0.290**	0.223*	0.067	-0.343**	1.000

注：*S* 代表盐度；*T* 代表温度。*表示在 0.05 水平上显著相关；**表示在 0.01 水平上显著相关

水水质溶解态指标（PO_4-P、DIN）与盐度的相关性较好，地表水水质指标（TP、TN）与盐度的相关性低于前者但仍表现出较高的相关性。李峥等（2007）研究发现，表层磷酸盐常被浮游植物利用而转移，同时沉积物和 TSS 对磷酸盐也有缓冲作用，使得河口磷酸盐的分布不同于其他的营养盐。事实上，我们通过对断面固定站位长达 6 年的周期性数据进行分析发现，与 TSS 相关性更大的是 TP，而非磷酸盐。

3.2.3 数学模型在研究河口氮磷营养盐转化过程中的应用

受上游流域及长江三角洲人类活动的影响，长江口入海营养盐通量趋于增大，长江口及其邻近海区的赤潮发生规模和频率有增加的趋势，长江口及其邻近海域属于富营养化海域。氮、磷是组成生命的最基本生源要素，是海洋生物地球化学循环的物质基础，在控制海洋植物生长和海洋初级生产力等方面具有十分重要的作用；同时，氮、磷又是引起水体富营养化的主要元素。因此，了解长江口水域氮、磷等生源要素的时空特征十分必要，这对于长江口水环境治理有重要的意义。

不少学者基于数学模型对河口区域 N、P 营养盐特征开展了研究。胡嘉镗和李适宇（2012）基于一维河网与三维河口耦合水质模型，计算分析了珠江三角洲河网与河口区的碳质生化需氧量（CBOD）、TN 和 TP 通量，分析了其季节性变化特征。卢士强等（2013）基于三维水动力模型和水质耦合数学模型，分析了区域排污对长江口水源地水质的影响。刘浩和尹宝树（2006）基于 POM 模型、耦合水质对流扩散方程，估算了 N、P、COD 等污染物在辽东湾的保有容量、经过开边界的交换率以及非保守过程的削减率。这些研究主要是在水动力模型基础上，耦合对流输运扩散方程以建立水质模型。但是，由于这类模型考虑的水质过程较为简单，无法对复杂的水质过程进行模拟。河口 N、P 营养盐存在多种形态，河口及近岸水域的 N、P 营养盐形态结构受人类活动影响逐渐发生变化。为了更为真实地模拟实际河口水质过程，需要建立一个包含多变量多过程的水质模型，对不同形态 N、P 营养盐的水质过程进行模拟，所涉及的过程及参数会较多，因而也较为复杂。本研究基于丹华水利环境技术（上海）有限公司（DHI）的 ECO Lab 开放平台尝试开发建立长江口水动力水质模型，在模型中考虑多种不同形态的 N、P 营养盐，以及各形态营养盐之间的迁移转化过程。通过实测资料对模型进行率定验证，并在此基础上将模型初步应用于长江口 P 的空间分布研究。

1. 模型构建

本研究模型的水动力模块采用 DHI 现有的 MIKE 3 FM 水动力模型。该模型作为广泛应用的成熟商业软件，具有很好的稳定性、高效性以及计算精度。该模型采用无结构网格，具有较好的灵活性，能适应复杂的地形岸线，对长江口多级分汊复杂河道较为适用。

该模型水动力控制方程为

①连续方程

$$\frac{\partial u}{\partial x}+\frac{\partial v}{\partial y}+\frac{\partial w}{\partial z}=S$$

②动量方程

$$\frac{\partial u}{\partial t}+\frac{\partial u^2}{\partial x}+\frac{\partial uv}{\partial y}+\frac{\partial wu}{\partial z}=fv-g\frac{\partial \eta}{\partial x}-\frac{1}{\rho_0}\frac{\partial P_{\mathrm{a}}}{\partial x}-\frac{g}{\rho_0}\int_z^{\eta}\frac{\partial \rho}{\partial x}dz-\frac{1}{h\rho_0}\left(\frac{\partial S_{\mathrm{xx}}}{\partial x}+\frac{\partial S_{\mathrm{xy}}}{\partial y}\right)+F_{\mathrm{u}}+\frac{\partial\left(\frac{\partial u}{\partial z}v_{\mathrm{t}}\right)}{\partial z}+Su_{\mathrm{s}}$$

$$\frac{\partial v}{\partial t}+\frac{\partial v^2}{\partial y}+\frac{\partial uv}{\partial x}+\frac{\partial wv}{\partial z}=fu-g\frac{\partial \eta}{\partial y}-\frac{1}{\rho_0}\frac{\partial P_{\mathrm{a}}}{\partial y}-\frac{g}{\rho_0}\int_z^{\eta}\frac{\partial \rho}{\partial x}dz-\frac{1}{h\rho_0}\left(\frac{\partial S_{\mathrm{yx}}}{\partial x}+\frac{\partial S_{\mathrm{yy}}}{\partial y}\right)+F_{\mathrm{v}}+\frac{\partial\left(\frac{\partial v}{\partial z}v_{\mathrm{t}}\right)}{\partial z}+Sv_{\mathrm{s}}$$

式中，t 为时间；x、y、z 为直角坐标系坐标；η 为水位；d 为静止水深；h 为总水深，$h=d+\eta$；u、v、w 为 x、y、z 方向上的流速分量；f 为科氏力系数（$f=2\Omega\sin\phi$，其中，Ω 为地球自转角速度，ϕ为地理纬度）；g 为重力加速度；ρ 为水体密度；P_{a} 为大气压强；ρ_0 为水体参照密度；S_{xx}、S_{xy}、S_{yx}、S_{yy} 为辐射应力分类；v_{t} 为垂向湍流黏滞系数；S 为点源的流量；u_{s}、v_{s} 分别为水质点速度在 x、y 方向上的分量。F_{u}、F_{v} 分别为水平方向湍流扩散项。

采用 DHI 的 ECO Lab 开放平台开发建立长江口 N、P 营养盐迁移转化水质模型。ECO Lab 是 DHI 在传统的水质模型概念基础上发展起来的全新的水质和生态模拟工具。基于该平台，用户可以方便地对水质模型中的过程进行自定义修改，以满足不同研究需要。为考虑不同形态氮、磷的迁移转化过程，本研究在 ECO Lab 平台上开发建立了多形态氮磷水质模型，模型中将 N、P 按不同形态分别细分为 NH_3-N、NO_x-N（硝氮、亚硝氮）、溶解态有机氮（DON）、颗粒态有机氮（PON）和 DIP、溶解态有机磷（DOP）、颗粒态无机磷（PIP）、颗粒态有机磷（POP）。对于 N 的迁移转化过程，模型除了考虑对流扩散过程，还考虑了沉降和再悬浮过程、水解和矿化过程、植物吸收和代谢过程、硝化和反硝化过程，见图 3-15。对于 P 的迁移转化过程，模型考虑的物理生物化学过程大体与 N 的循环过程相近，也考虑了 P 的对流扩散过程、沉降和再悬浮过程、水解和矿化过程、植物吸收和代谢过程，此外还考虑了颗粒态磷的吸附、解吸附过程。

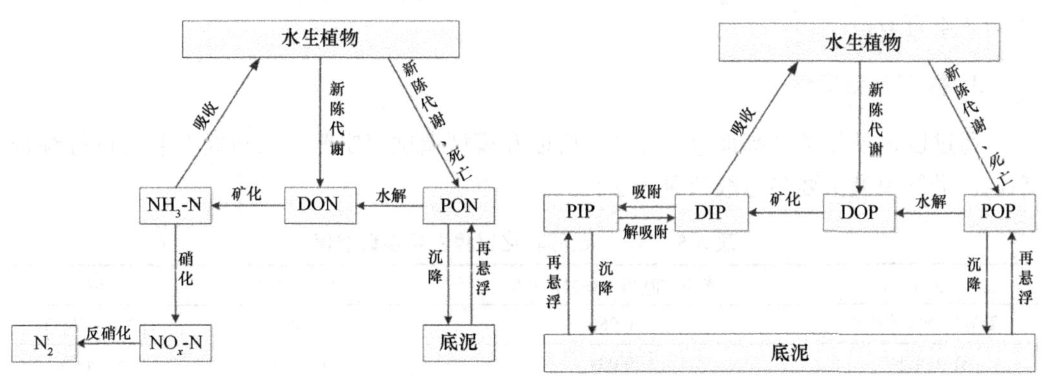

图 3-15　模型不同形态氮磷的迁移转化示意图

长江口杭州湾氮磷营养盐迁移转化模型网格如图 3-16 所示，模型考虑了长江、黄浦江以及钱塘江等主要入海河流，其中长江上游延伸至大通水文站。东侧外海开边界离岸距离约 250km。模型网格在外海开边界区域分辨率较低（约 30km），长江口区域分辨率较高（约 500m）。

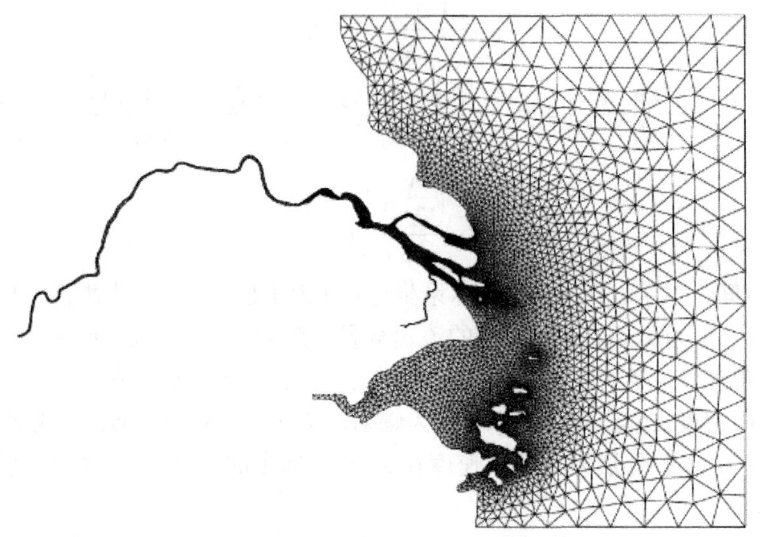

图 3-16 长江口杭州湾氮磷营养盐迁移转化模型网格示意图

2. 模型边界条件及污染源

对于模型水动力边界条件，上游河流采用径流量形式给出，外海开边界通过潮汐调和常数合成的水位给出。对于水质边界，上游河流以污染物通量结合径流量给出水质浓度，外海开边界水质浓度参照以往实测资料给出。模型污染源除了长江、黄浦江、钱塘江等主要边界河流来水，还包括汇入长江口、杭州湾沿岸的入江入海污染源，如沿岸支流（浏河等）及污水排污口（石洞口污水厂、白龙港污水厂、竹园污水厂等），这些污染源在模型中以点源形式予以考虑。各点源污染源的排污通量及污染物形态比例通过相关文献调研及实测资料给出，其中，COD 排放总量约为 35.9 万 t/a，NH_3-N 排放量约为 4.6 万 t/a，TN 排放量约为 9.2 万 t/a，TP 排放量约为 1.4 万 t/a。

3. 模型参数取值

通过国内外相关文献调查、实验分析以及模型调试率定等方法对模型参数进行综合率定，最终模型主要参数取值见表 3-5。

表 3-5 N、P 迁移转化过程主要参数取值

参数名称	参考文献相关参数推荐值	本研究取值	单位
氨氮植物吸收速率	0.066	0.066	g NH_3-N/g O_2
磷吸收速率	0.009	0.009～0.018	g P/g O_2

续表

参数名称	参考文献相关参数推荐值	本研究取值	单位
硝化速率	0.09～0.13 0.1 0.1～0.5 0.2 0.075 0.025～0.2	0.1	μmol N/(L·d)
反硝化速率	0.09 0.25 0.0095	0.02	μmol N/(L·d)
溶解态有机氮降解（矿化）速率	0.075 0.025 0.02～0.024	0.15	μmol N/(L·d)
溶解态有机磷降解（矿化）速率	0.22 0.15	0.15～0.2	μmol P/(L·d)
颗粒态有机氮降解（水解）速率	0.12 0.02	0.15	μmol N/(L·d)
颗粒态有机磷降解（水解）速率	0.24 0.2～0.22	0.1～0.15	μmol P/(L·d)

4. 模型验证

本研究以 2012 年长江河口区的潮位站实测潮位资料对水动力模型进行验证，站位位置见图 3-17 中圆点站位，验证结果如图 3-18 所示。结果显示，本研究所建立的长江口、杭州湾氮磷迁移转化模型能较好地模拟出长江口潮位变化过程。

图 3-17　站位位置示意图

2012 年 3 月、10 月，长江口控制断面水质指标 NH_3-N、TN 和 TP 的模型计算结果与实测结果总体较为一致，表明所建立的 N、P 迁移转化模型能较好地模拟出长江口水质状况。

长江口区域石洞口、竹园和南汇咀三个站位的验证结果显示，模型计算的磷的形态比例结果总体与实测结果较为一致，大部分比例偏差均在 10%以内。模型计算的硝氮比

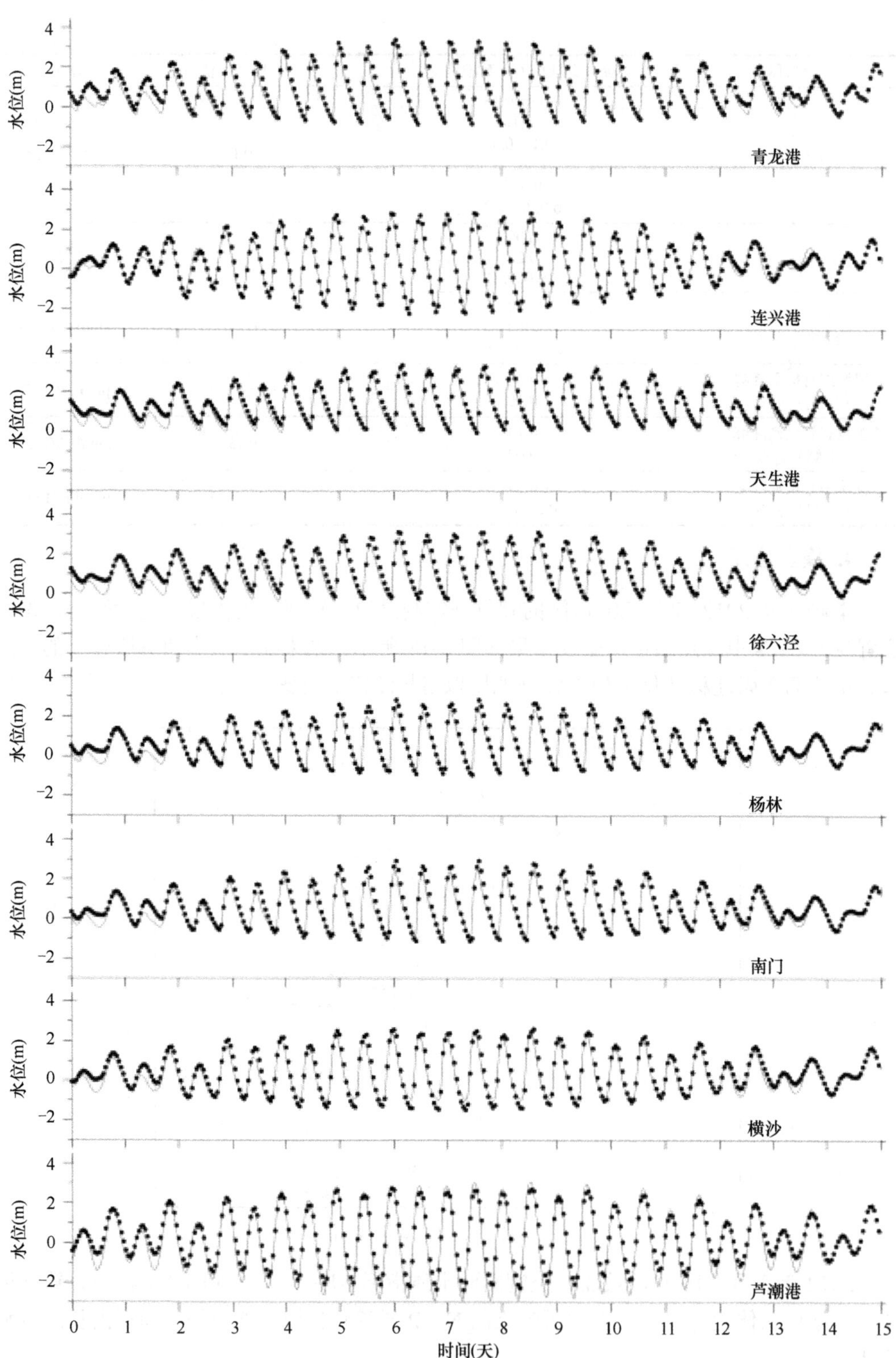

图 3-18　潮位验证结果示意图

点为实测潮位，线为计算结果

例总体相较实测比例有所偏低，而氨氮比例则有所偏高，这一方面与模型中设定的污染源的氮形态比例与实际情况有偏差有关，另一方面表明模型中与氮相关的部分参数还有待进一步优化。三个站位的溶解态磷实测比例均不超过 50%，表明长江口区域磷以颗粒态成分居多，且溶解态磷（DIP 和 DP）含量往下游趋于减少（南汇咀＜竹园＜石洞口），模型模拟结果也较好地体现了这一变化规律。

5. 模型初步应用

（1）模拟方案设计

相较氮营养盐而言，磷在长江口水域更受关注。为了对比本研究模型与传统模型的差别，本研究设置了两组方案，分别基于本研究开发的 NP 多形态迁移转化模型（方案 1）和传统对流扩散模型（方案 2）对长江口 P 的空间分布进行数值模拟。此外，前文形态比例实测数据表明长江口颗粒态磷含量较多，是 TP 的一个重要组成部分。为此，增设一组对比试验（方案 3），该方案采用本研究开发的水质模型，但对模型进行特殊处理，使得模型考虑颗粒态磷的沉降过程，但不考虑再悬浮过程，以分析颗粒态磷再悬浮对长江口水域分布的影响。各方案的水动力条件保持一致，考虑的污染源强也相同，仅是模型存在差异。

（2）结果分析

各方案中，模型均计算 60 天，输出最后 15 天的 TP 平均结果用于对比分析。对比方案 1 和方案 2 结果可知，方案 1 计算的 TP 浓度总体比方案 2 略高，方案 1 最高可达 0.23mg/L，方案 2 最高约 0.20mg/L。空间分布上，方案 1 中长江口沿程浓度变化总体呈低—高—低的走势，高浓度区出现在口门外侧，而方案 2 除在吴淞口附近因受黄浦江的高浓度水体汇入的影响出现一个带状的峰值外，总体浓度变化是自上游往下游逐渐降低。在口门附近区域，方案 1 比方案 2 浓度高 0.03～0.06mg/L。本研究于 2012 年 3 月和 10 月进行的长江口沿程 TP 浓度变化研究表明，长江口 TP 在口外附近浓度的确有所增大。此外，李峥等（2007）也指出长江口磷酸盐和 TP 的浓度分布都是河口附近高，外海低，但其最大值不在河口内，而在口门外。这表明本研究新建模型所模拟的长江口 TP 分布特征与实际情况较为吻合。方案 3 给出了不考虑颗粒态磷再悬浮过程情况下长江口 TP 浓度的分布结果。由于不考虑颗粒态磷的再悬浮，水体颗粒态磷含量减少，TP 浓度总体也相应减少，最高浓度约 0.19mg/L，出现在徐六泾断面附近。方案 3 的 TP 空间分布结果总体与方案 2 较为一致，即自上游往下游，TP 浓度逐渐降低；但方案 3 的 TP 浓度总体较低，在口门区域比方案 2 低 0.02～0.03mg/L。相比方案 1，方案 3 在口门区域比方案 2 低 0.04～0.09mg/L，而且空间分布具有较大差别。这表明颗粒态磷的沉降再悬浮过程对长江口的 TP 浓度空间分布有较大影响。

基于 DHI 的 ECO Lab 开放平台，本研究开发建立了长江口三维水动力水质模型，模型考虑了不同形态 N、P 营养盐在河口的物理生物化学过程。相对于传统的对流扩散水质模型，本研究开发的水质模型更为先进合理，模型率定验证表明所建立的模型具有较好的可信度。模型初步应用表明，模型能较好地刻画出河口区 TP 的分布特征，能模拟出长江口口门外侧的 TP 浓度高值区。高值区的形成与颗粒态磷的再悬浮过程紧密相关，表明长江口的沉降再悬浮过程是影响河口磷浓度分布的一个重要过程，同时颗粒态磷（TPP）对水体富营养化的影响不能忽视，为 TP 作为评估指标提供了依据。

3.3 九龙江口水体硝化反硝化作用

3.3.1 水体中含氮营养盐随盐度的变化趋势

九龙江口不同形态氮营养盐浓度分布如图 3-19 所示。

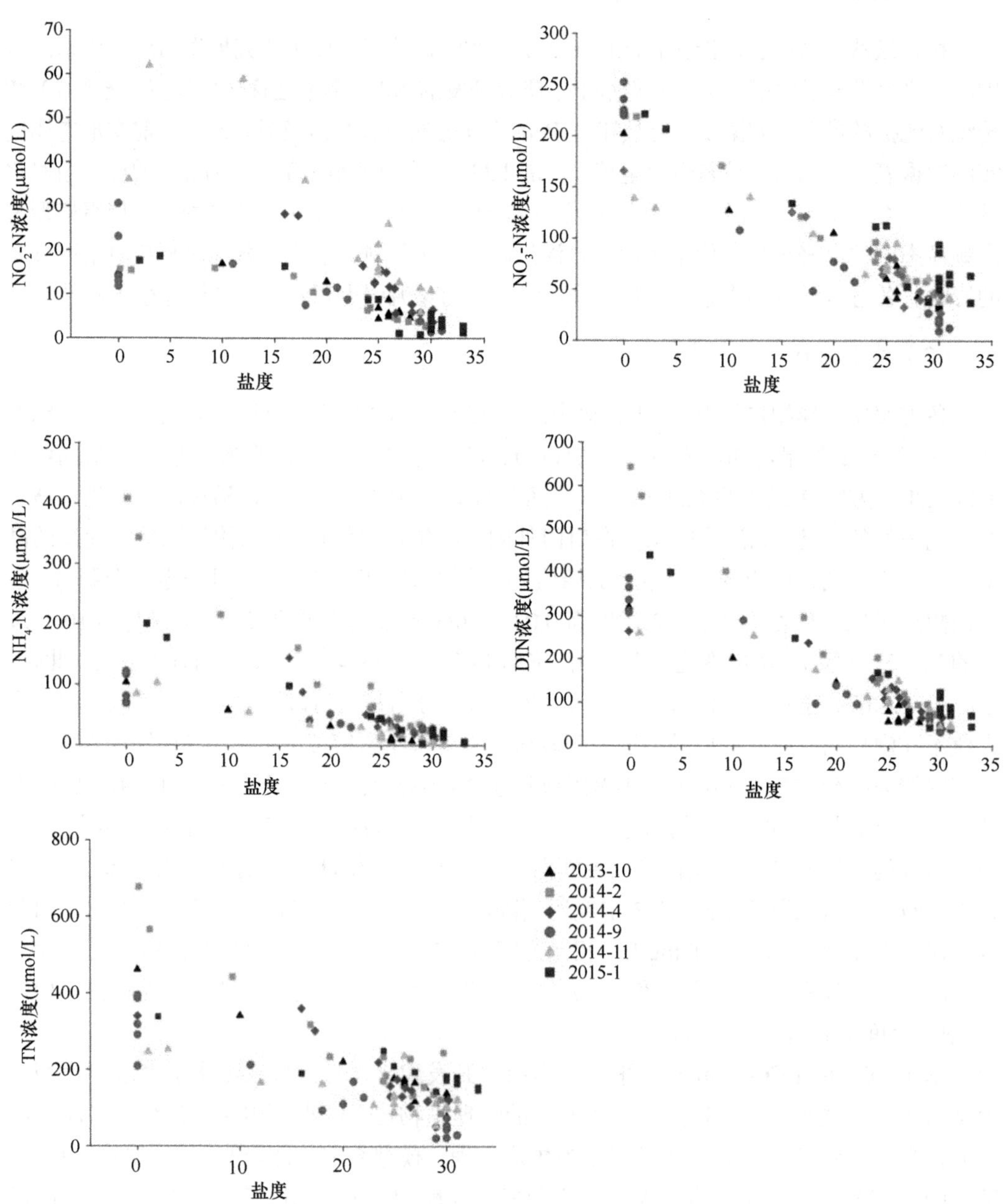

图 3-19 不同时间九龙江口不同形态氮营养盐浓度分布（彩图请扫封底二维码）

NO_2-N 各季节之间浓度变化不大，除了 2014 年 11 月秋季较以往偏高。在盐度 0～20 内，即九龙江口浑浊带及附近水域，NO_2-N 有增加的趋势，这与 NH_3-N 的去除趋势相对应，说明该区域可能存在较强的硝化作用。当盐度大于 20 以后，NO_2-N 大致呈现保守混合行为。

NO_3-N 在河口区基本呈保守混合行为，主要受控于潮汐混合作用。冬季和春季的 NO_3-N 浓度略高于夏季、秋季。平均值最高的是 2014 年冬季，达到 97.71μmol/L；最低的是 2013 年秋季，为 63.12μmol/L。

NH_3-N 浓度随盐度的变化在不同季节呈现出不同的变化趋势。在冬季和春季，低盐度区域的 NH_3-N 浓度较高，随盐度的增加迅速下降，显示出去除效应；在夏季和秋季则呈现保守混合行为。DIN 的分布规律与 TN 类似，基本呈保守混合行为，冬季和春季的 DIN 浓度高于夏季、秋季。

值得注意的是，虽然九龙江口 NO_3-N、DIN、TN 浓度变化呈保守混合模型，但并不代表在九龙江口没有较大的添加源或者去除源。研究表明，河口区域地下水添加的 DIN 和溶解态硅酸盐（DSi）源分别达到 19%和 32%，水体中这两种营养盐浓度变化依然能表现出很好的保守混合，其可能的原因是相对于河流输入的大点源来说，地下水添加广泛分布在整个河口，且没有较大的点源。九龙江口 NH_3-N 和 NO_2-N 浓度相对较低，因此添加和去除对混合模型影响较大。

3.3.2　河口硝化作用

3.3.2.1　硝化速率

如图 3-20 所示，硝化作用将 NH_3-N 转化为 NO_2-N 和 NO_3-N，对 NH_3-N 的去除起到非常重要的作用。针对九龙江口上游区域 NO_2-N 和 NH_3-N 的浓度变化，已有研究预测九龙江口最大浑浊带区域存在较强的反硝化作用（颜秀利，2012；Wu et al.，2013）。

通过 $^{15}N\text{-}NO_x^-$同位素添加法，对 2015 年 1 月冬季 1 号、2 号、3 号、5 号、11 号站位的水体硝化作用进行测定。结果表明，河口区域存在较强的硝化作用，水体硝化速率为 0.18～3.53μmol N/(L·d)，随盐度的增加而下降。由于在冬季采样，平均水温约为 17℃，硝化速率受温度影响较大，因此与世界上其他河口相比偏低（表 3-6）。

由水体的硝化速率和各指标的相关分析可知（表 3-7），硝化速率与 NO_3^--N、NH_3-N 和 TN 呈显著相关，而与 NO_2^--N 相关性不显著，可能是由河口水文条件等较为复杂导致的。硝化速率与盐度和 pH 呈极显著负相关，表明盐度和碱性条件会抑制硝化速率；硝化速率与 DO 呈显著负相关，主要是因为河口区近河端的 DO 较小；硝化速率与 SS 呈显著正相关，光照会抑制硝化细菌的活动，而 SS 能为硝化细菌提供附着条件，促进硝化作用。另外，硝化速率与水体 N_2O 的浓度显著相关，表明硝化作用对于 N_2O 的产生贡献较大。

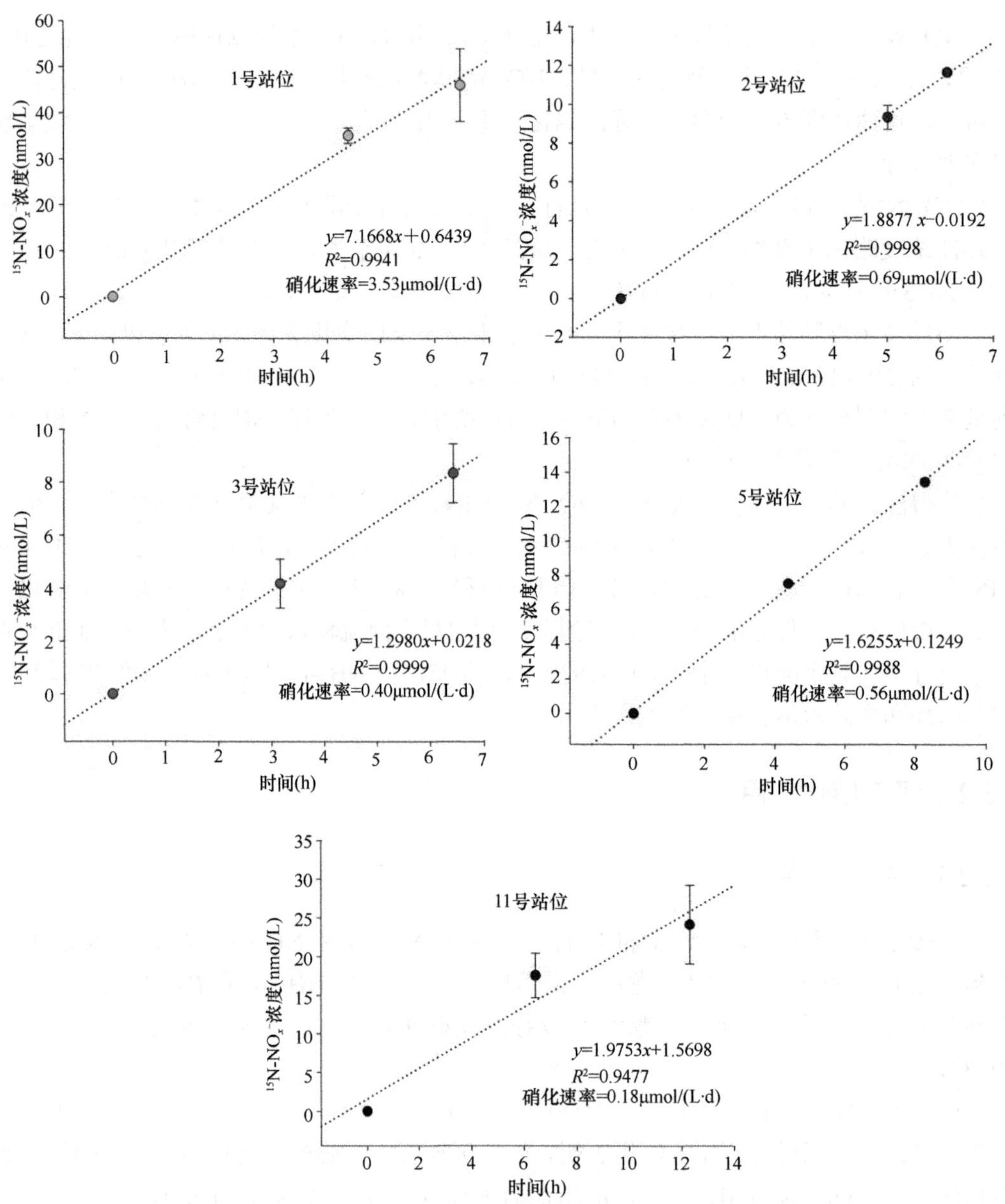

图 3-20 九龙江口硝化培养实验中 $^{15}N\text{-}NO_x^-$浓度变化

表 3-6 不同河口区域硝化速率比较

研究区域	硝化速率［μmol N/（L·d)］	参考文献
长江口	0～4.6	Hsiao et al.，2014
罗纳河口	0～4.2	Bianchi et al.，1999
塔玛河口	0～3	Owens，1986
密西西比河口	0～13.4	Pakulski et al.，1995
谢尔德河口	0～16.8	Somville，1984；Andersson et al.，2006
纳拉甘西特湾	0～11	Berounsky and Nixon，1993
珠江口	0～12.5	Dai et al.，2006
不列颠哥伦比亚峡湾	0.32～0.48	Grundle and Juniper，2011
九龙江口	0.18～3.53	本研究

表 3-7　硝化速率与各指标的相关性

	NO_3^--N	NO_2^--N	NH_3-N	TN	盐度	pH	DO	透明度	SS	N_2O
硝化速率	0.938*	0.702	0.933*	0.910*	–0.972**	–0.960**	–0.953*	–0.996**	0.987**	0.946*

*表示在 0.05 水平上显著相关；**表示在 0.01 水平上显著相关

3.3.2.2　浮游生物吸收作用

九龙江口 Chla 浓度的平均值为 5.07μg/L，根据生物同化按 N∶Chla=10∶1（质量比）吸收比，估算出九龙江口生物同化的 DIN 为 3.62μmol/L，仅占 DIN 平均值的 2.58%。由此可知，浮游生物对氨氮的吸收效应十分有限，可忽略。

3.3.2.3　水体厌氧氨氧化作用

对培养水样添加 ^{15}N-NH_4 和 ^{15}N-NO_3 同位素标准物质培养以判断水体厌氧氨氧化（AAO）是否存在，实验水样采集自 2013 年 10 月 9 号站位。水体培养未见明显 AAO 作用，结果显示水体 AAO 速率约为 0.027μmol/（L·h）。

3.3.2.4　水体反硝化作用

对培养水样添加 ^{15}N-NO_3 同位素标准物质培养以判断水体反硝化作用是否存在。实验水样采集自 2013 年 10 月和 11 月 5 号、9 号、13 号站位。实验结果显示，监测不到河口水体中的反硝化速率。水体中相对较高浓度的 DO 对反硝化有一定的抑制作用，而河口沉积物存在明显的反硝化速率，约为 21.64μmol/（m^2·h）。

3.3.2.5　水体 N_2O 溶解作用

为了进一步分析硝化与反硝化作用在河口氮循环中的作用，本研究对表层、底层水样的溶解 N_2O 净增量（$\Delta[N_2O]$）和 N_2O 饱和度（$S[N_2O]$）进行计算。

$$\Delta[N_2O] = N_2O_{水} - N_2O_{(eq)}$$

式中，$N_2O_{水}$指实测的水体溶解N_2O浓度，单位为μmol/L；$N_2O_{(eq)}$指水样的溶解N_2O与大气的平衡浓度，根据水样的温度、盐度由Weiss方程（Weiss et al.，1970）计算获得。本研究中，大气的N_2O气体摩尔分数采用 320ppb，数据来源于美国国家海洋和大气管理局（NOAA）大气监测网（https://www.ngdc.noaa.gov/）。

$$S[N_2O] = N_2O_{水} / N_2O_{(eq)} \times 100\%$$

式中，$S[N_2O]$表示水体 N_2O 浓度与理论平衡浓度的关系，当 $S[N_2O]$=100%时，表示水体 N_2O 浓度与理论平衡浓度相等；当 $S[N_2O]$＞100%时，则表示水体 N_2O 浓度处于过饱和状态。

由表 3-8 可知，2014 年 11 月九龙江口表层水体 N_2O 浓度为 7.55～125.51nmol/L，N_2O 净增量为 0.41～117.58nmol/L，饱和度为 105.77%～1581.82%；2015 年 1 月九龙江口表层水体 N_2O 浓度为 9.85～123.86nmol/L，N_2O 净增量为 1.15～114.13nmol/L，饱和度为 113.19%～1272.70%。两个季节的 N_2O 浓度均呈现饱和状态，且呈自近河端至近海

端递减的趋势。特别是九龙江口近河端，水体 N_2O 浓度处于极度过饱和状态，是 N_2O 的一个重要排放源，与高 N_2O 相对应的是低 DO 和高 NH_3-N。

表 3-8　九龙江口表层水体 N_2O 浓度、净增量和饱和度汇总

时间（年-月）	N_2O 浓度（nmol/L）	$\Delta[N_2O]$（nmol/L）	$S[N_2O]$（%）
2014-11	7.55～125.51	0.41～117.58	105.77～1581.82
2015-1	9.85～123.86	1.15～114.13	113.19～1272.70

不同时间九龙江口水体中磷浓度随盐度的变化如图 3-21 所示。其中，秋季 SRP 和 TP 分别为 1.02～3.93μmol/L、1.87～7.02μmol/L，平均值分别为 1.71μmol/L、2.99μmol/L；冬季 SRP 和 TP 分别为 1.30～12.31μmol/L、1.63～20.75μmol/L，平均值分别为 3.57μmol/L、3.75μmol/L；春季 SRP 和 TP 分别为 1.25～4.00μmol/L、10.49～30.07μmol/L，平均值分别为 2.58μmol/L、19.58μmol/L。可能是受夏季降雨的影响，径流带来大量悬浮物质，从而导致夏季河口水体 TP 浓度偏高。与 DIN 和 TN 相比，SRP 和 TP 的浓度较低。盐度小于 5 的区域（浑浊带），夏季、冬季的 SRP 和 TP 浓度迅速下降，可能是 SS 对水体中 SRP 和 TP 的吸附沉降作用造成的；盐度 5～25 的区域，在吸附解吸的作用下，SRP 的浓度基本不变，TP 总体上呈略微下降趋势；盐度大于 25 的区域 TP 呈现下降趋势，变化规律与盐度 5～25 的区域类似。

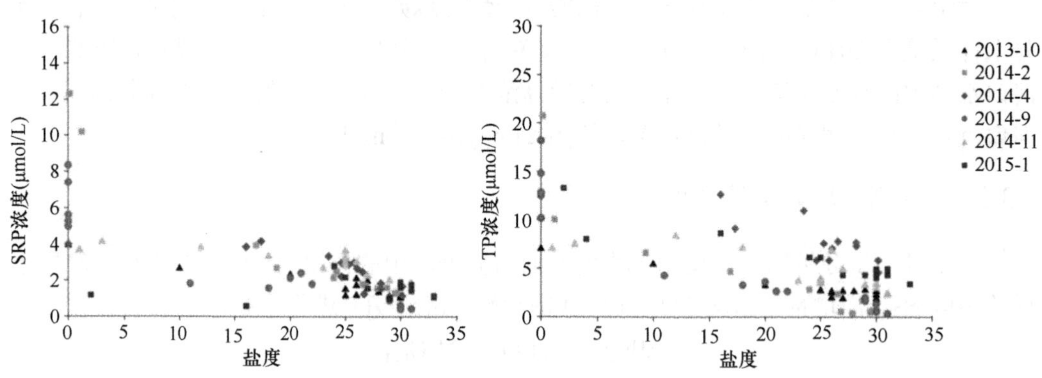

图 3-21　不同时间九龙江口水体中磷浓度随盐度的变化（彩图请扫封底二维码）

3.4　河口典型污染物生态效应

3.4.1　大辽河口

以往的研究证明，人类活动排放过量的营养盐进入辽东湾，导致该海域严重富营养化，同时也对生物群落产生了负面影响。事实上，大辽河口营养盐沿北部河口区向外有明显的空间梯度，底栖动物群落数量指标也呈现一致的空间分布梯度，这也验证了过度的陆源排污对该海域大型底栖动物产生了较大的影响。已有研究证实，在辽东湾北部所有入海河流中，大辽河是该海域营养盐的主要来源，辽东湾 78.20%的 TN 和 59.11%的 TP 均来自大辽河；而该海域大量的营养盐输入降低了 DO，也会对底栖动物群落产生较大的影响。例如，大辽河口 M1 和 M2 站位的 DO 浓度为本次调查最低，分别为 2.59mg/L、3.64mg/L，而其富营养化指数最高，这与该处较低的群落指标一致。除富营养化压力的影响外，辽东湾渔业资源的枯竭导致该海域大型底栖动物的捕食者数量急速下降，这可能部分抵消了环境污染带来的负面效应，从而使得底栖动物的生物量有所上升，如本研究所示。但不可否认的是，辽东湾大型底栖动物群落也出现了轻微的低质化，小型饵料生物占据优势地位。

以大辽河口 2013 年 5 月航次沉积物粒度参数［包括中值粒径（D_{50}）、黏土含量、粉砂含量、粉砂+黏土含量］与底栖生物群落参数（包括物种数、生物丰度、生物量、Margalef 丰富度指数、Pielou 均匀度指数、Shannon-Wiener 多样性指数以及 ABC 曲线的表征值 W）进行相关分析。从表 3-9 可知，中值粒径与底栖动物物种数（R=–0.508，P<0.05）、Margalef 丰富度指数（R=–0.522，P<0.05）呈显著负相关，与 Shannon-Wiener 多样性指数、W 值呈极显著负相关（R=–0.600，P<0.01）；黏土含量与 Margalef 丰富度指数呈显著正相关（R=0.497，P<0.05），与 Shannon-Wiener 多样性指数（R=0.604，P<0.01）、W 值（R=0.711，P<0.01）呈极显著正相关；粉砂含量与物种数（R=0.536，P<0.05）、Margalef 丰富度指数（R=0.570，P<0.05）呈显著正相关，与 Shannon-Wiener 多样性指数（R=0.696，P<0.01）、W 值（R=0.734，P<0.01）呈极显著正相关；粉砂+黏土含量与物种数（R=0.522，P<0.05）、Margalef 丰富度指数（R=0.558，P<0.05）呈显著正相关，与 Shannon-Wiener 丰富度多样性指数（R=0.681，P<0.01）、W 值（R=0.734，P<0.01）呈极显著正相关。其余粒度参数与生物群落指标之间无显著相关关系。

表 3-9　大辽河口 2013 年 5 月沉积物粒度与底栖生物群落指标的相关性

	D_{50}	黏土含量	粉砂含量	粉砂+黏土含量
物种数	–0.508*	0.453	0.536*	0.522*
生物丰度	–0.135	0.035	0.018	0.022
生物量	–0.345	0.373	0.284	0.305
Margalef 丰富度指数	–0.522*	0.497*	0.570*	0.558*
Pielou 均匀度指数	–0.342	0.464	0.417	0.431
Shannon-Wiener 多样性指数	–0.600**	0.604**	0.696**	0.681**
W 值（ABC 曲线）	–0.624**	0.711**	0.734**	0.734**

*表示在 0.05 水平上显著相关；**表示在 0.01 水平上显著相关

2013 年 8 月航次沉积物粒度与底栖生物群落指标相关分析结果见表 3-10。中值粒径与底栖动物物种数（R=–0.484，P<0.05）、Margalef 丰富度指数（R=–0.477，P<0.05）呈显著负相关，与 Shannon-Wiener 多样性指数呈极显著负相关（R=–0.583，P<0.01）；黏土含量与生物丰度（R=0.427，P<0.05）、Margalef 丰富度指数（R=0.469，P<0.05）、Shannon-Wiener 多样性指数（R=0.516，P<0.05）呈显著正相关，与物种数（R=0.537，P<0.01）呈极显著正相关；粉砂含量与物种数（R=0.521，P<0.05）、Margalef 丰富度指数（R=0.477，P<0.05）呈显著正相关，与 Shannon-Wiener 多样性指数（R=0.547，P<0.01）呈极显著正相关；粉砂+黏土含量与 Margalef 丰富度指数（R=0.478，P<0.05）

呈显著正相关，与物种数（R=0.526，P<0.01）、Shannon-Wiener 多样性指数（R=0.544，P<0.01）呈极显著正相关。其余粒度参数与生物群落指标之间无显著相关关系。

表 3-10　大辽河口 2013 年 8 月沉积物粒度与底栖生物群落指标的相关性

	D_{50}	黏土含量	粉砂含量	粉砂+黏土含量
物种数	−0.484*	0.537**	0.521*	0.526**
生物丰度	−0.222	0.427*	0.323	0.344
生物量	−0.231	0.408	0.308	0.328
Margalef 丰富度指数	−0.477*	0.469*	0.477*	0.478*
Pielou 均匀度指数	0.030	−0.125	−0.011	−0.033
Shannon-Wiener 多样性指数	−0.583**	0.516*	0.547**	0.544**
W 值（ABC 曲线）	−0.295	0.039	0.081	0.073

*表示在 0.05 水平上显著相关；**表示在 0.01 水平上显著相关

2013 年 11 月沉积物粒度与底栖生物群落指标相关分析结果见表 3-11。中值粒径与底栖动物物种数（R=−0.467，P<0.05）、Margalef 丰富度指数（R=−0.483，P<0.05）、Pielou 均匀度指数（R=−0.551，P<0.05）、Shannon-Wiener 多样性指数（R=−0.494，P<0.05）、W 值（R=−0.476，P<0.05）呈显著负相关；黏土含量与 Pielou 均匀度指数呈极显著正相关（R=0.653，P<0.01）；粉砂含量与 Pielou 均匀度指数呈显著正相关（R=0.565，P<0.05），与物种数（R=0.617，P<0.01）、Margalef 丰富度指数（R=0.630，P<0.01）、Shannon-Wiener 多样性指数（R=0.622，P<0.01）、W 值（R=0.635，P<0.01）呈极显著正相关；粉砂+黏土含量与物种数（R=0.555，P<0.05）、Margalef 丰富度指数（R=0.556，P<0.05）、Shannon-Wiener 多样性指数（R=0.535，P<0.05）、W 值（R=0.547，P<0.05）呈显著正相关，与 Pielou 均匀度指数呈极显著正相关（R=0.603，P<0.01）。其余粒度参数与生物群落指标之间无显著相关关系。

表 3-11　大辽河口 2013 年 11 月沉积物粒度与底栖生物群落指标的相关性

	D_{50}	黏土含量	粉砂含量	粉砂+黏土含量
物种数	−0.467*	0.291	0.617**	0.555*
生物丰度	−0.262	0.024	0.271	0.210
生物量	−0.181	0.098	0.240	0.211
Margalef 丰富度指数	−0.483*	0.293	0.630**	0.556*
Pielou 均匀度指数	−0.551*	0.653**	0.565*	0.603**
Shannon-Wiener 多样性指数	−0.494*	0.220	0.622**	0.535*
W 值（ABC 曲线）	−0.476*	0.226	0.635**	0.547*

*表示在 0.05 水平上显著相关；**表示在 0.01 水平上显著相关

从大辽河口 3 个航次底栖生物群落参数和沉积物粒度参数的相关分析来看，沉积物性质强烈影响着底栖动物的分布。底栖动物的物种数、多样性指数通常与粉砂含量、黏土含量呈正相关，而与中值粒径呈负相关，这可能与底栖动物食物可获得性有关。较细的颗粒有利于保存有机碎屑，成为沉积食性者的食物，有利于支持更高的底栖生物多样性。大辽河口 3 个航次的沉积物中有机质含量也均与粉砂、黏土含量正相关，与中值粒径负相关，显示出相似的生态效应。

Pearson 相关性分析表明，浮游植物物种多样性方面，*S*、*H*′、*d* 与表层温度呈显著正相关，与底层盐度和表层 pH 呈极显著负相关，与 NH_3-N、DIN、SiO_3-Si 和 Chla 呈极显著正相关，与 COD 呈极显著负相关。浮游植物细胞丰度与 Chla 呈极显著正相关；Chla 与 SiO_3-Si 呈极显著正相关，与 DIN 呈显著正相关，与 COD 呈极显著负相关。由此可以看出，高浓度的 NH_3-N、DIN、SiO_3-Si 会提高浮游植物群落生物多样性，而高浓度的 COD 会降低浮游植物群落生物多样性。浮游植物物种多样性方面，*S*、*H*′、*d* 与重金属 Cr、Cd、Zn 呈极显著负相关；物种数与 Cu 呈显著正相关；Chla 与 Cu 呈极显著正相关，与重金属 Cr、Cd、Zn 呈极显著负相关。浮游动物物种多样性方面，*S*、*H*′、*d* 与表层盐度、底层 DO 和表层 pH 呈显著正相关，与表层温度呈显著负相关，浮游动物物种数与 COD 呈显著正相关，与营养盐及 Chla 呈显著负相关。在数量参数丰度方面，浮游动物丰度与营养盐呈显著正相关，与 Chla 呈不显著的正相关，与营养盐关系密切的浮游植物从 Chla 浓度角度来看，Chla 与营养盐呈显著正相关，与重金属、石油类、悬浮物浓度等环境参数的相关分析来看，浮游动物多样性指数与重金属 Cr、Cd、Zn 呈显著正相关，与 Cu 呈显著负相关，在数量方面，丰度与重金属 Cr、Cd、Zn 呈显著负相关，与 Cu 呈显著正相关。

3.4.2　长江口

长江口大多数样点的富营养化指数大于 1，说明调查水域基本处于严重富营养化状态。从空间分布角度看，杭州湾口区的富营养化值最高，富营养化程度也最为严重，其次为长江口门区，富营养化程度也普遍较高，且沿杭州湾口区和长江口门区有明显的空间分布梯度，即沿近海向外富营养化程度逐渐降低。长江口所有样点沉积物中重金属潜在生态风险水平均较低。从空间分布角度来看，生态风险指数高值区集中在长江口及杭州湾口区，且沿其向外有明显的空间分布梯度；低值区则主要集中在调查区东北部离岸海域及舟山岛南北两侧海域的部分样点。

相关分析结果表明，环境参数与大型底栖动物群落栖息密度（ρ=–0.055，*P*=0.629）、生物量（ρ=–0.083，*P*=0.687）均无显著的相关关系。Pearson 相关分析表明，群落栖息密度与沉积物中的 As（*R*=–0.501，*P*=0.010）、Cu（*R* =–0.410，*P*=0.032）及表层水中的 Cu（*R* =–0.475，*P*=0.015）、Cd（*R* =–0.414，*P*=0.027）呈显著负相关，与表层水中的盐度（*R* =0.514，*P*=0.009）及浊度（*R* =0.385，*P*=0.043）呈显著正相关；而生物量则与所有环境参数均无显著的相关关系。多元线性回归分析结果表明，环境参数与栖息密度之间呈显著的线性关系（R^2=0.605，*F*=10.392，*P*=0.005）。BVSTEP 分析结果表明，最能解释群落栖息密度（*P*=–0.055）和生物量（*P*=–0.083）差异的环境参数均是浊度。从空间分布角度看，长江口及其毗邻海域大型底栖动物栖息密度和生物量的空间分布与富营养化指数、风险指数值的吻合度较高。但 Pearson 相关分析表明，富营养化指数与栖息密度（*R*=–0.217，*P*=0.233）和生物量（*R*=–0.217，*P*=0.172）的相关性均不显著。风险指数与生物量的相关性也不显著（$R=-0.261$，$P=0.127$），但与栖息密度则呈显著负相关（$R=-0.481$，$P=0.014$）。

以往的研究证实，在长江口及其毗邻海域，三峡大坝工程引起的长江入海径流量和挟沙量的改变，引起区域盐度和浊度的差异，影响底栖生物多样性及群落的稳定性。其中，浊度越高，底栖生物幼体的补充和生长速度就会加快。本研究中，BVSTEP 分析也表明浊度是解释长江口生物群落差异的最佳环境参数，也证实了长江口水域浊度的变化对大型底栖动物群落的影响较大。盐度对底栖动物的分布和组成有明显的影响，本研究中大型底栖动物群落数量指标沿口门区、杭州湾向外逐渐增高的空间分布与盐度具有相关性，这种现象也被其他研究者证实。DO 对底栖生物的影响也较大：低氧对蟹类、鱼类的生长有较强的负面作用，会导致其生存能力下降甚至死亡；缺氧区的底栖动物群落中，机会种容易取代敏感种而成为优势类群。本研究中口门区外 SH14 站位奇异稚齿虫（*Paraprionospio pinnata*）占据绝对优势，经主成分分析印证了 DO 对大型底栖动物群落有较大的影响。水体富营养化也会影响底栖动物的群落数量指标，本研究中富营养化程度较高的海域其群落数量指标值较低。有毒物质（如重金属）会沉积在表层细颗粒沉积物中，当 DO 浓度较低时，高浓度的有毒物质可能会导致底栖动物群落数量指标降低。本研究中尽管重金属生态风险值较低，但其与栖息密度之间存在显著的负相关关系，且两者较为吻合的空间分布也验证了它们之间的响应关系。有机质污染源与底栖动物群落数量指标之间也存在明显的相关关系，以中等有机质污染水平的影响最大，如本研究中的 Pearson 相关分析结果所示。

3.4.3 九龙江口

九龙江口大型底栖生物 Shannon-Wiener 多样性指数（H'）各个季节的平均值都较低，夏季、秋季、冬季、春季平均值分别为 0.82、0.46、0.88、0.58。观察期间，4 个季节的多样性指数都低于 1，表明调查区域环境质量较差。通过比较 20 年来九龙江口区域相同季节、相同站位的数据资料，发现大型底栖生物物种多样性明显下降，这可能和两岸工业、农业以及生活污水排放引起海水污染有关。此外，九龙江口区域特征污染物、营养盐浓度呈现明显的空间分布趋势，即自河端向海端递减的特征，这与生物群落的空间分布趋势基本一致，说明受九龙江径流所控制，九龙江口环境污染呈现明显的河口特征，陆源工业、农业及生活污水排放已成为该区域的主要污染来源。

Chla 浓度与初级生产力、可溶性 SiO_3-Si 浓度、水温在这 3 个季节均呈显著正相关，与浮游植物密度的分布并不一致，二者的相关性并不显著。在高 DIN 和高可溶性 SiO_3-Si 浓度状态下，水温与 PO_4-P 浓度对九龙江口水体 Chla 浓度和初级生产力的时空变化起调控作用。Chla 浓度与浮游植物密度之间的不显著相关性，表明九龙江口无论是水体环境还是浮游植物的群落结构都十分复杂。水体盐度是河口区生境的重要环境要素，在九龙江口的淡水端，全年盐度低于 5，适于淡水藻类生长，绿藻、蓝藻繁盛，黄藻、裸藻均能检出，代表种类有浮球藻、盘星藻、栅藻、小色球藻等。河口混合区，上游淡水与海水混合交融，盐度变化范围较大。由于盐度的不稳定，淡水藻类难以适应该处生境，广盐性的硅藻类繁盛占优，混合区检出的种类数差异大，代表种有中肋骨条藻、短角弯角藻、旋链角毛藻、圆筛藻等。但浮游植物易在此聚集为高密度，春、夏季尤其明显。河口区水体全年盐度不低于 22，以近岸广温广盐性硅藻为主，甲藻和部分蓝藻也有检出，主要代表种有广温性的长耳盒形藻、地中海指管藻和布氏双尾藻及暖水性的长笔尖形根管藻，并有外海种类。由此可见，九龙江口水体盐度的梯度分布对不同适盐生物构成了直接影响，造成浮游植物生物种群分布的空间差异，呈现浮游植物与环境多样性的统一。由于浮游植物群落的多样性，个体细胞大小、数量与 Chla 浓度之间并不成正比，因此浮游植物的数量分布趋势与 Chla 浓度和初级生产力量值的分布趋势并不一致。

以往的研究已证实，陆源排污如生活污水、农业化肥污染和工业废水排放等已成为九龙江口污染的主要来源，并沿九龙江口向外海呈现逐渐递减的变化趋势。除了九龙江挟带入海的污染物，厦门市多个排污口也破坏着厦门湾的生物栖息地，而在远离排污口的水域，生物群落结构相对稳定。这些人为干扰已经导致栖居于此的大型底栖动物群落稳定性变差，群落组成以小型机会种多毛类为主。

3.5　本 章 小 结

1）大辽河口重金属迁移转化规律表明，第一类，As、Cd 和 Cr 等指标，在河海边界具有明显的突变点；第二类，Zn、Cu、Pb 和 Ni 等指标，从潮汐边界开始就发生变化。两类指标在水相-沉积相-颗粒相介质的分配行为表明颗粒相和沉积相具有相似的变化趋势，尤其颗粒相中的重金属浓度取决于 SS 浓度，指标响应差异主要存在于水相中。对于第一种规律，分配系数 K_d 主要受盐度效应影响，在盐度范围 1～10 外的潮汐淡水区和混合区具有显著的响应差异；对于第二种规律，分配系数 K_d 主要受颗粒物浓度效应（PCE）影响，在盐度范围 1～10 外的潮汐淡水区和混合区没有显著的响应差异，且相比第一种规律，向河一侧与向海一侧中位值比率（K_d-河/K_d-海）接近于 1。总体而言，第一类指标易受盐度影响，而第二类指标对 SS 更敏感。

2）培养实验结果表明，九龙江口水体硝化速率为 0.18～3.53μmol N/（L·d），浮游生物吸收所占 DIN 的比例很小，而水体中不存在显著的反硝化作用和厌氧氨氧化作用。同时，河口区水体 N_2O 存在过饱和现象，很大程度上是由水体中的硝化作用造成的，河口区域存在较强的硝化作用。在盐度小于 5 的区域（最大浑浊带），夏季、冬季的 SRP 和 TP 浓度迅速下降，可能是由 SS 对水体中 SRP 和 TP 的吸附沉降作用造成的。

3）基于 DHI 的 ECO Lab 开放平台，本研究开发建立了长江口三维水动力水质模型，高值区的形成与颗粒态磷的再悬浮过程紧密相关，表明长江口的沉降再悬浮过程是影响河口磷浓度分布的一个重要过程。关于三个河口的研究均表明，颗粒态磷（TPP）对水体富营养化的影响不能忽视，根据营养盐各指标在河口区的衔接情况，建议将 TP 纳入河口水环境质量评价指标。

第 4 章　河口边界确定与水生态分区技术研究

本章基于河口自然本底属性，全面考虑河口地区水动力条件复杂多变、感潮河段具有连续性与往复性等特征，综合考虑分区的科学性与管理上的便利性，开展入海河口水环境管理分区技术方法研究。分析盐度、水深、流速、沉积环境、生物群落等在河口不同区域的差异，研究不同类型河口盐淡水的混合过程与河口物质的沉积作用，确定河口分区原则、分区指标、分区方法以及分区步骤，建立入海河口水环境管理分区技术方法，提出不同类型河口的水环境管理分区方案，以明确河口水环境管理的适用范围。

4.1　河口边界确定技术

4.1.1　确定原则

1）维护河口生态完整性。作为一个相对独立的水体单元，河口生态系统具有与淡水生态系统、海洋生态系统显著不同的生态环境特征，在确定河口边界时，要立足于维护河口的物理完整性、化学完整性与生物完整性，为河口生物繁殖、发育、生长、洄游和迁徙提供良好的生境，维护河口生物多样性及河口生态系统健康，实现人与自然的和谐发展。

2）尊重传统，便于管理。在确定河口上下边界时，要充分考虑河口地区的自然景观异质性，优选相对明确的地理节点，包括地形地貌、物理隔离、特征植被分布等，如位于河口处的闸坝、桥梁、江心岛，以及沿用当地约定俗成的分界线。

4.1.2　确定方法

4.1.2.1　上边界确定方法

以枯季潮流界面为主要划定方法，沿河道向海方向，结合地理地貌特征各因素综合考虑，确定河口上边界。

可供选择的候选区：河流突然变宽；泥沙开始出现明显淤积；地形发生显著变化；水坝、桥、沙洲、岬或岛屿等；监测断面等。

潮流界是指潮水水流所能达到的上界，超过此界，潮流虽已不再继续向上行进，但河流径流受潮流的顶托，水位仍能随潮汐的涨落而升降，潮差沿程减小到近于零位置为潮区位置，称潮区界。沈焕庭（1997）认为萨莫伊洛夫定义的河流近口段，虽受到由潮汐或增水引起的水位变化的影响程度甚微，但其水文和河槽演变特性均属河流性质；对于山溪性河口而言，潮区界与潮流界非常接近，相隔距离很短；故将河流近口段从河口区中划出而归属河流下游更为恰当；据此，将河口区的上界由潮区界下移到潮流界更为合理。此外，澳大利亚在《昆士兰水质导则》中提到河口的一般定义应该包括：淡咸水混合且潮汐作用明显的河流终端，这里强调了潮汐作用明显的特征；而美国联邦地理数据委员会（FGDC）于 2012 年发布的《近岸海域生态系统分类标准》（*Coastal and Marine Ecological Classification Standard*）中河口上游界限为受潮汐影响平均振幅最小为 0.06m 处水域，并未强调潮差沿程减小到近于零位置为潮区位置。此外，根据前期研究，部分水污染物指标在河口潮流界面已开始发生变化。因此，选在枯季潮流界面有一定的合理性。

4.1.2.2　下边界确定方法

以口门两岸低潮线为起点，结合地理地貌特征形成的连线或者包络线，考虑将重要生物物理边界纳入保护范围，确定河口下边界。

4.1.3　研究实例

4.1.3.1　大辽河口

大辽河口潮流界在三岔河，潮区界分别上溯至太子河的唐马寨及浑河的邢家窝堡。应用本研究方法，大辽河口上缘定为三岔河处（40°53.5′N，122°17.5′E），同时，此处在地形上是节点所在，自此以下河口开始变宽，下缘与《近岸海域环境功能区划分技术规范》（HJ/T 82—2001）相衔接，采用口门附近两岸低潮线为起点，考虑重要盐度节点（半咸水物种、咸水物种）、流域汇水边界、重要生态特征（沙洲、湿地、红树林等）的 6m 等深线，形成口门包络线（图 4-1）。

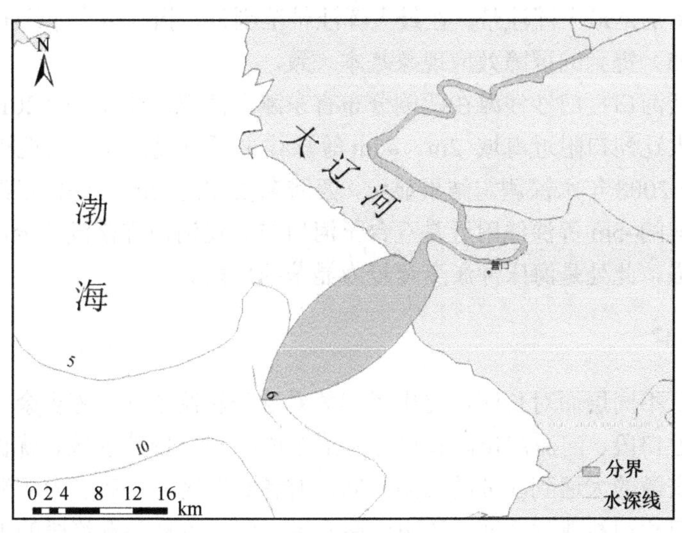

图 4-1　大辽河口边界示意图

在大辽河口沿河道向海，底栖动物群落呈现明显的梯度分布（图 4-2）。河口向陆第二道弯以上以淡水种为主，向下淡水种逐渐消失，而半咸水种和海水种逐渐增加，到接近第一道弯，则基本由海水种和半咸水种构成，过渡区的位置在春、夏、秋季略有差别，但基本保持在 2 个河湾之间。通过研究大辽河口淡咸水水生生物群落结构（底栖动物、浮游动植物等）与盐度相关关系，发现在盐度 1～5 出现明显水生生物过渡区。Remane 和 Schlieper（1971）提出盐度 5～8 水体中淡水生物迅速消失，而海水物种则逐渐增加，半咸水物种则在盐度 18 左右消失，大辽河口淡水、半咸水和海水物种的消失符合这个规律。这与 Venice 系统中盐度范围（5～18）基本一致，基本上将半咸水种纳入其中。

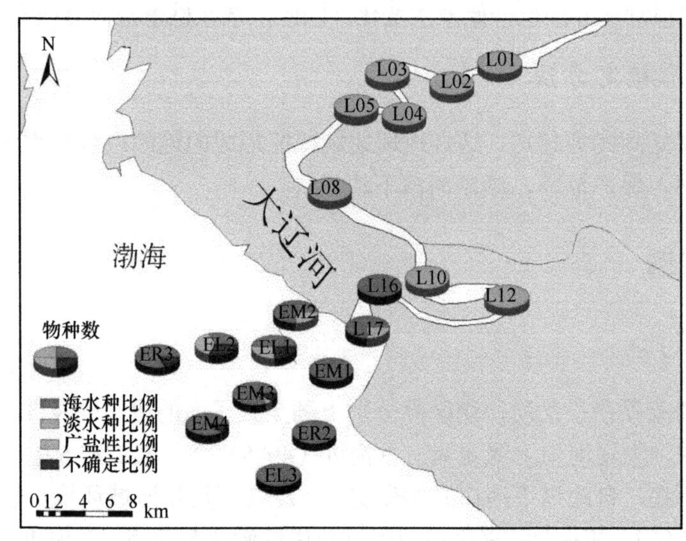

图 4-2 大辽河口 2013 年底栖动物淡咸水物种数比例示意图（彩图请扫封底二维码）

同时，根据前期研究（图 4-3），部分指标如 Zn、Cu、Pb 和 Ni 等更易受 SS 及潮汐状态的影响，特别是最大浑浊带。在最大浑浊带范围外，指标浓度水平开始下降。这与陈邦林等（1995）提到的屏障效应现象基本一致。

此外，大辽河口拦门沙浅滩在两侧分布有东滩和西滩。张明等（2010）分析指出，不同时段内，大辽河口附近海域–2m、–5m 等深线主要表现为向岸蚀退较多，西水道侵蚀也较为严重。2008 年水深测定结果显示，西滩东西侧的–2m 等深线已经贯通，蛤蜊岗子滩与西滩之间的–5m 等深线附近是双台子河口与大辽河口涨落潮的分离点和汇合点，水动力条件较强，此处是海床冲淤变化较为显著的地段。

4.1.3.2 长江口

众多学者从不同层面对长江口提出了相关看法和解决方案。陈吉余等（1979）认为河口是由河流近口段、河流河口段和口外海滨组成的一个特殊水域。就长江口而言，河流近口段是在安徽的大通到江苏的江阴之间，前者是潮区界，后者为潮流界；河流河口段在江阴到河口拦门沙滩顶之间。江阴至徐六泾之间，可称为潮流段的上段，徐六泾以下可称为下段。自长江口拦门沙滩顶向外至河口锋为口外海滨，这个范围就是河口环流之所在。徐双全（2008）分析了河海划界的几种方法，包括按河口定义划分、按海域使用定义划分、按河口岸线平面形态划分、按河口河床地形划分、按河口行洪纳潮划分、

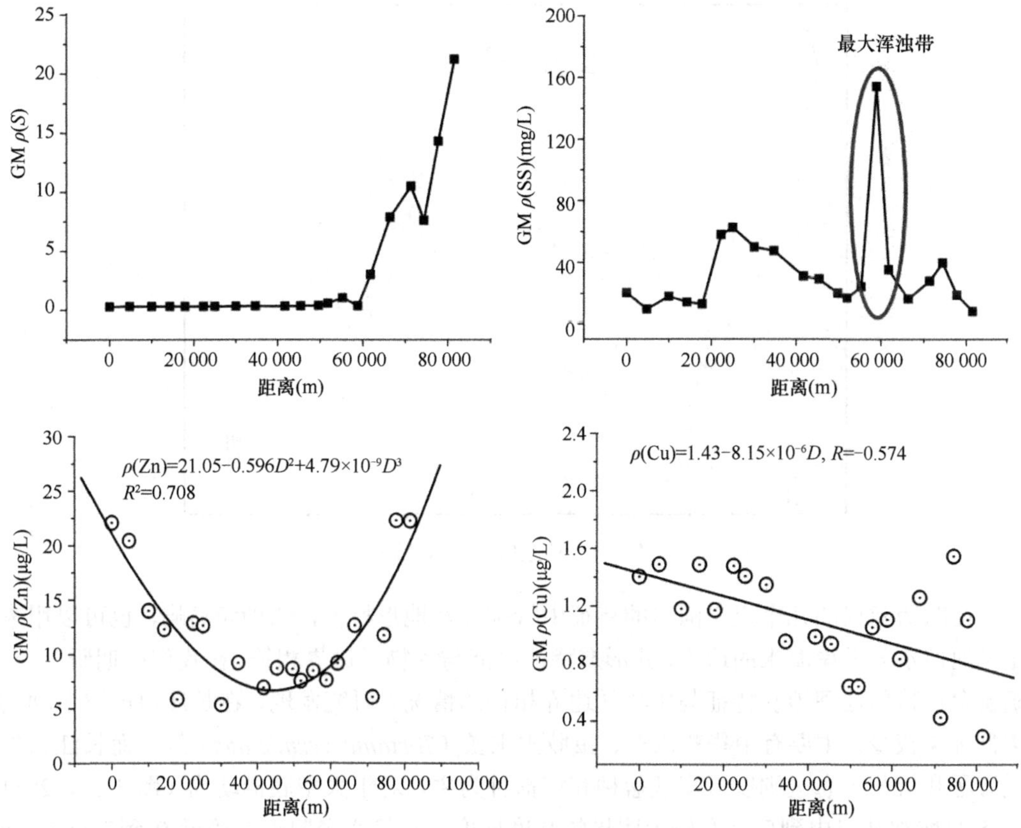

图 4-3　大辽河口潮汐界面（TCI）和河海界面（FSI）重金属指标的变化趋势

S 代表盐度

按历史习惯划分。张静怡等（2010）认为长江澄通河段的河床边界塑造由风暴潮最高潮位控制，其主要水动力因素是潮流，并进一步说明了徐六泾节点控制作用有限。陈沈良（2009）选取了水域性质、潮汐特征、盐水入侵、悬沙浓度、河槽特性和沙岛形成过程作为长江口河海划界的指标，提出河海划界的 3 种方案，推荐第一代沙岛（崇明岛）与第二代沙岛（长兴、横沙）的分界线作为上海市（长江口）河海划界的界线。

本研究中长江口上游边界定为潮流界江阴，下缘为前哨-佘山-鸡骨礁-大戢山-芦潮港连线，结合地貌特征（如桥、沙洲、岬或岛屿等）等因素最终确定（图 4-4）。河流带来的淡水和海水在河口汇合，形成属性不稳定的水体为河口混合水或冲淡水，河口混合水与属性稳定的河水和海水间存在界面，河口锋是河口混合水和属性稳定的海水间的界面。在长江口，河口混合水与河水之间的界面位于拦门沙的顶部。在此范围和延伸带出现高泥沙浓度带，即最大浑浊带。陈邦林（1995）提出一系列化学过程使最大浑浊带的重金属含量明显增高，并将其称为屏障效应。这种现象在形态学、沉积学和河口水文学上同样出现在钱塘江河口和椒江河口，被认为是河口过滤器效应的具体体现，据此，陈吉余等（1979）提出河口不连续现象（或跃变），发现该不连续现象中形态学、水文学、沉积学、河口化学和生物学等方面的响应基本是一致的。

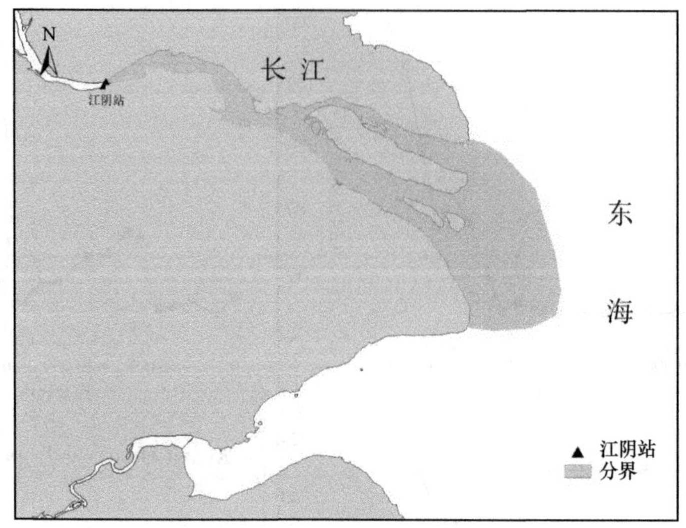

图 4-4 长江口边界示意图

在欧盟建议的几个定义河口的特征中特别提及地形特征，如岬和岛屿，也可以用来定义河口水与近岸海水的边界，其形态特征可能与生物学边界相符。在我们前期研究中，确实存在特殊地理地貌特征与生物学边界相符的情况。研究发现，在长江口内浮游动物类群种类较少，主要有中华哲水蚤、虫肢歪水蚤（*Tortanus vermiculus*）等，而长江口外近海区和杭州湾海区则以近岸低盐种和广盐种为主。对于大型底栖动物（图 4-5），2011 年 5 月航次从口内到口外有较为明显的盐度梯度，从徐六泾附近的接近 0 到口外的 15 左右。其中，南支流量较大，盐度较低，而北支流量小，为中、低盐海水。从淡水、海水物种数比例来看，该航次物种结构以半咸水种为主，南支基本为半咸水种，只在口门外南岸附近的 10 号和 11 号站位各出现 1 个淡水种，而更接近外海的 12 号站位则主要

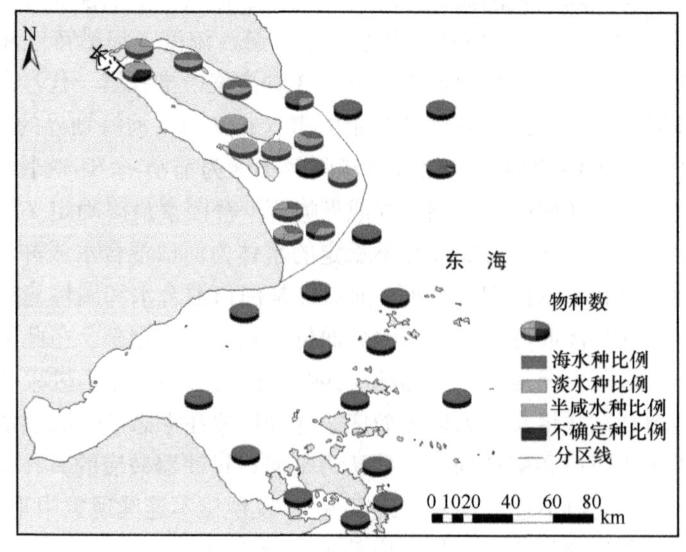

图 4-5 2011 年 5 月长江口底栖动物类群比例示意图（彩图请扫封底二维码）

为海水种；北支则是半咸水种和海水种各占一定比例，仅徐六泾附近的 21 号站位出现 1 个淡水种。该航次淡水、海水物种丰度比例分布与上述基本一致，只是具体值稍有差别。该航次分别将底层盐度和海水（半咸水、淡水）物种数比例、丰度比例进行相关分析，P 值都大于 0.05，二者无显著相关关系。从淡水、海水物种数比例来看，南支及口门附近物种结构以半咸水种为主，而研究范围外几乎全部为海水种，进一步证实了长江口下边界为半咸水物种边界。此外，下游界定的范围基本在等深线 6m 内，囊括了河口湿地（崇明东滩、横沙东滩、南汇东滩）的边界范围，确保了生态系统的完整性。

4.1.3.3　九龙江口

九龙江口位于厦门湾内，九龙江由北溪、西溪两大支流组成，其中北溪是九龙江的主流，全长 272km。九龙江北溪引水工程是福建省最大的拦河引水工程，主要由郭洲头桥闸枢纽和 3 条引水干渠组成。2007 年施建华提到九龙江口的河海分界线有三种提法：①石码潮位站-中港大桥-玉江；②龙海的下郭至充龙的连线，中间经过玉枕洲、浒茂洲的外侧，全长约 6.8km；③以厦门嵩屿断面为海河分界线，但尚无定论。本研究中九龙江口上缘定为西溪桥闸和北溪桥闸，即以桥闸为界。下缘至嵩屿象鼻嘴与屿仔尾的连线，在 5～10m 等深线。Bulger 等（1993）使用一种基于盐度的种类分布的多元分析法来定义盐度边界，有物种重叠的盐度带：淡水到盐水梯度为 0～4、2～14、11～18、16～27 以及海水，这种分类方法与 Venice 的不同在于，它建立在生物系统功能基础之上。因此，本研究中所提到的生物边界更多的是综合了 Venice 系统和 Bulger 基于盐度提出的生物系统边界，对盐度范围不进行定量约束，边界范围见图 4-6。

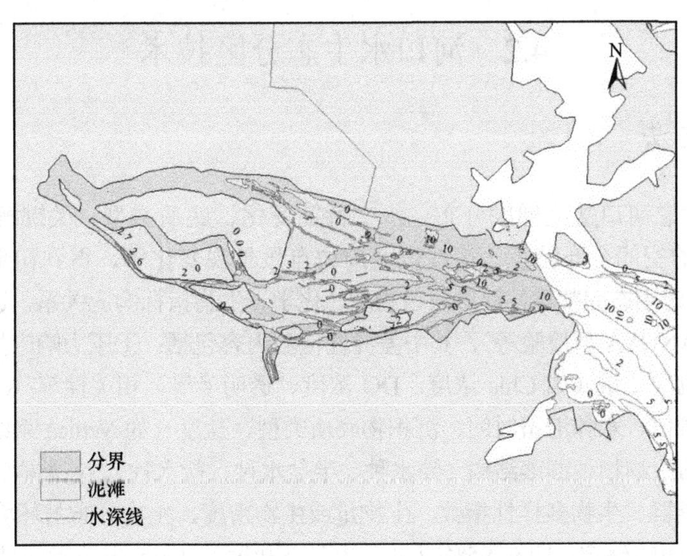

图 4-6　九龙江口边界示意图

4.1.3.4　讨论

我国《河口生态监测技术规程》（HY/T 085—2005）提到，河口上界在潮汐或增水引起的水位变化影响较小时的某个断面，下界在由河里入海泥沙形成的沿岸浅滩的外边界；或者上界是盐水入侵界，下界是河口湾的湾口。《湿地分类》（GB/T 24708—2009）中则提到河口……其范围包括从近口段的潮区界（潮差为零）至口外河滨段区域。这是目前我国相对明确的河口的定义，但在具体应用中缺乏行之有效的方法，较难操作。《河口生态监测技术规程》（HY/T 085—2005）未将潮区界作为河口起始点，而选择了在潮汐或增水引起的水位变化影响小时的某个断面，本质上认可了除了潮区界，并对水位有作用力的某个断面作为起始点，但是这个起始点的位置并未有效明确；而上界是盐水入侵界，下界是河口湾的湾口，显然对九龙江口是适用的，但是对长江口的适用性有待商榷，这点还需从我国河口类型学的角度加以佐证。

如果说河口上边界争议的焦点是划在潮区界、潮流界还是盐水入侵界，那么下边界划在沿岸浅滩的外边界还是河口湾的湾口，以及高低潮位之间的水和土地，这是陆海和河海划界争议的核心之一。本研究以低潮线、具有重要生态特征的等深线结合河口地貌特征（如口门连线或者包络线）为主划定下边界，综合考虑了河口与近岸海域、高潮线、低潮线、海岸线、河口滩涂功能以及典型河口生态系统完整性（如潮间带湿地、红树林等）的有机衔接。尽管有些国家标准和行业标准均把平均大潮高潮时水陆分界的痕迹线作为海岸线，如《中国海图图式》（GB 12319—2022）、《海洋学术语 海洋地质学》（GB/T 18190—2017），但本研究中河口下边界确定方案并不与平均大潮高潮线相矛盾。当明确了河口范围后，下边界与《联合国海洋法公约》及《中华人民共和国领海及毗连区法》中有关“领海基线即为低潮位线”基本相衔接，同时考虑上下游生态特征边界，着重突出了水生态完整性的管理理念。

4.2 河口水生态分区技术

4.2.1 分区方法

1）综合考虑河口盐度梯度分布、水文特征变化、底质类型、关键栖息地或生态系统、生物类群的空间分布特点、岸线以及周边自然景观变化等，得到初步分区方案。

2）充分考虑生态完整性，针对河口物理、化学、生物指标响应关系，进行分区结果差异性检验（如 ANOVA 型检验等），其中差异性检验内容包括：①压力响应指标，包括原因变量营养盐与响应变量（如 Chla 浓度、DO 浓度、透明度等）相关性等；②理化指标，包括水质指标背景值、水体滞留时间、沉积物底质类型、盐度（如 Venice 系统）等；③生物类群指标，包括生物物种群落结构（淡水种、半盐水种、盐水种）、各类群物种组成及所占百分比、优势类群、生物多样性指数、生物量或生物密度、生物分布与环境关系等。

3）盐度界面的确定，即在 95%或更多情况下盐度在 1～5 内或者淡咸水水生生物过渡区（底栖动物为主要判断依据，浮游动植物为辅），结合明显地理特征最终确定，向河的一侧应用《地表水环境质量标准》（GB 3838—2002），向海的一侧应用《海水水质标准》（GB 3097—1997）。

4）根据验证结果，确定最终的水生态分区方案。以各区域内关键水质-水生态指标响应差异结合地理地貌特征作为主要生态分区依据，如果各区段响应差异性及区域指标背景差异不大，可以根据实际情况将其合并视为一个整体，适当减小区段的数量；若差异性较大，可进行二次分区。此外，可将具有保护价值的生态系统类型（如湿地、红树林）或保护区进行二次分区。

4.2.2 研究实例

4.2.2.1 大辽河口

（1）盐度边界的确定

本研究以大辽河口大型底栖动物群落为例说明盐度边界确定的合理性，根据适盐性特征将大型底栖动物分为 4 类：海水种、淡水种、广盐性种和不确定种，其中不确定种主要为一些分类阶元较高的类群（未鉴定到种或属），以及无法鉴定的生物残体。广盐性种数量可能被低估，因主要参考资料为海洋生物类书籍，一些广盐性物种只记录了在海洋中的分布情况，在此处会将其作为海水种处理。

群落指标选择物种数和丰度，生物量不予考虑，以避免偶然出现的大生物量个体（如蟹、鱼类等）对整体判断的影响。图 4-7 中，2013 年 5 月淡咸水物种比例变化峰值出现

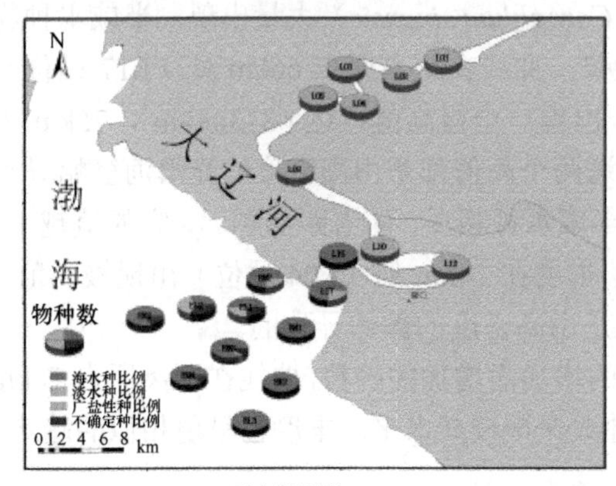

平水期(5月)

丰水期(8月)

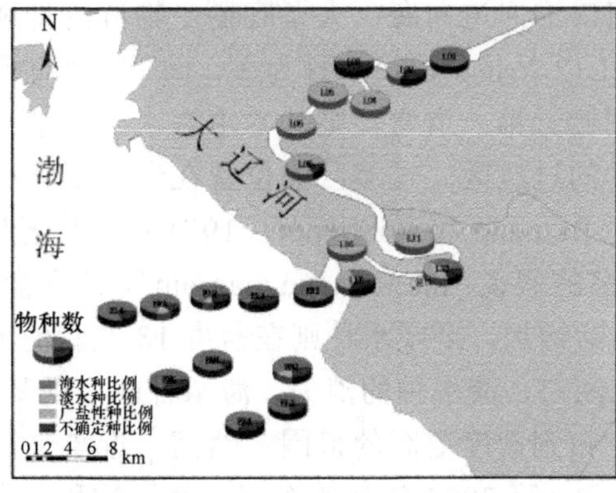

枯水期(11月)

图 4-7　大辽河口 2013 年不同水期的底栖动物淡咸水物种数比例示意图（彩图请扫封底二维码）

在 L12～L16 站位，有一个跳跃性的变化，直接从淡水种占绝对优势跳到海水种占绝对优势，物种数和丰度的变化趋势一致。L13～L15 站位无生物，无法判断中间这段河段的变化情况。8 月航次淡咸水种的过渡区在 L13～L16 站位，L13 站位淡水种占优势，L16 站位海水种占优势，L15 站位淡水种、海水种和广盐性种均占一定比例，其中广盐性种丰度比例较高。11 月淡咸水种的过渡区在 L13～L17 站位，L14、L15 站位无生物，L16 站位淡水种仍占较大比例，L17 站位则海水种、广盐性种占优势。从三个航次的底栖动物淡咸水物种、丰度比例来看，变化最剧烈的区段基本在 L16 站位附近。该站位以内，淡水种占优势，该站位以外，海水种优势，可将 L16 站位（40.7011°N，122.1608°E）作为大辽河口淡咸水种分布的界限。春、夏、秋季 3 个航次大致对应大辽河的平水期、丰水期、枯水期。理论上讲，丰水期冲淡水量较大，淡水种分布可能外扩，而平水期、枯水期海水种分布向河道内入侵。但是，5 月和 11 月看不出这种趋势，反而 8 月海水种有向河道内分布更深的趋势。尽管不同水期的河口入海处几个站位底层盐度变化较大，但在没有更详尽的资料支持前，不建议按水期划定淡咸水种分布界限。

以河道内第一个采样点（L01 站位）为原点，分析 5 月淡、海水物种数和丰度随着距离变化而产生的空间分布格局。海水种物种数总体呈现随着距离的增加而增加的趋势，曲线在距离原点 66km 处（L17 站位）开始迅速爬升（图 4-8），在 78km、81km 处有 2 个峰值，分别对应 EM3 和 EM4 站位；丰度也呈现相似的趋势，但丰度在 66km 处出现一个高峰极值，原因在于中华蜾蠃蜚（*Corophium sinensis*）大量出现。半咸水种物种数总体也呈现随着距离的增加而增加的趋势，曲线在距离原点 66km 处（L17 站位）有一个高值；丰度在 74km 处（EM2 站位）出现一个极高值，达 6873ind/m^2，75km 处（EL1 站位）丰度也较高，达 1420ind/m^2，这两个高值都是由高密度的光滑河篮蛤导致的。淡水种物种数总体变化趋势与海水种、半咸水种相反，随着距离越远，它的值越小，到 50km（L12 站位）后，淡水种迅速消失；丰度在 14km 处（L04 站位）出现极高值，达 1813ind/m^2，压制了其他站位，这个高值是由高密度的颤蚓导致的。

2013 年 8 月，海水种物种数呈现随距离的增加而增加的趋势，曲线在距离原点 78km 处（EM3 站位）急剧上升，此后海水种物种数保持较高水平。丰度也呈现相似的趋势，在 78km 处出现第一个高峰值。

在空间上，大辽河口沿河道向海，大型底栖生物群落呈现明显的梯度分布。河口向陆第二道弯以上（L12 站位）以淡水种为主，向下淡水种逐渐消失，而半咸水种和海水种逐渐增加，到接近第一道弯，则基本由海水种和半咸水种构成，这段区间可以看作淡、海水物种的过渡区。过渡区的位置在春、夏、秋季略有差别，但基本保持在 2 个河湾之间。Remane 和 Schlieper（1971）在其著作 *Biology of Brackish Water* 中提出过一个著名的假说“the Remane diagram”，即在盐度 5～8 淡水生物迅速消失，而海水物种则逐渐增加，半咸水种则在盐度 18 左右消失（图 4-9）。在我们的研究中，尤其是在大辽河口，淡水种的消失、海水种的出现基本是符合这个规律的，但是半咸水种常常会分布到盐度更高的范围。然而，近年来很多科学家对这种分布模式提出质疑，如 Giberto 等 2007 年认为在河口底栖物种分布是连续的，优势种在河口范围内有一个渐变的过程。

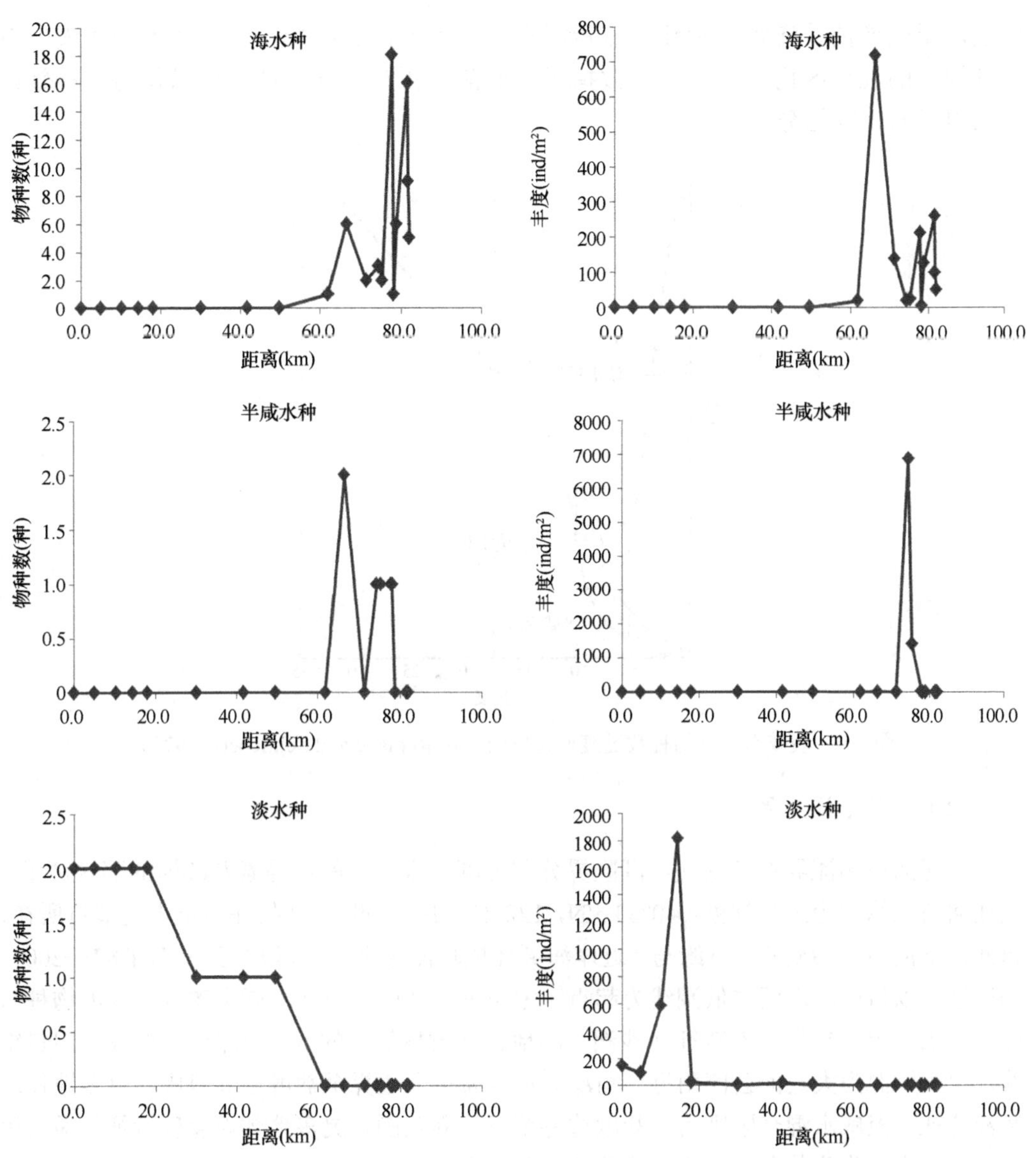

图 4-8　大辽河口 2013 年 5 月淡咸水物种数、丰度的空间分布

Giberto 等 2007 年在拉普拉塔（Río de la Plata）河尝试分析 β 多样性指数在空间上的分布格局，寻找群落梯度在空间上的突变点，并以此对河口进行分区。本研究也进行了 β 多样性分析，结果显示：2013 年 5 月，大辽河口大型底栖生物 β 多样性指数值（β_w）在 L16 站位后迅速下降，此后维持较为稳定的水平，说明该处河段群落梯度变化较大；8 月，β_w 值在 L13 站位之后急剧降低，此后维持相对平稳的水平，揭示该站点附近河端群落梯度变化大；11 月，β_w 与 8 月相似，在 L13 站位有较大下降，但不同的是在 ER1 站位又出现一个高值，除此之外 β_w 值均较低。β_w 指示三个航次的群落分布分割点不完全一致，5 月航次在 L16 站位，而 8 月和 11 月航次在 L13 站位，比起基于自然地理特征和淡、海水种的分区界稍微内移，且只指示一个剧变

的点，无法像淡、海水物种那样显示混合区。不过，它所指示的变化点皆在淡、海水种划分的混合区内，可见该指数指示的群落变化有其合理性，可以作为一种辅助方法用于河口区划分。

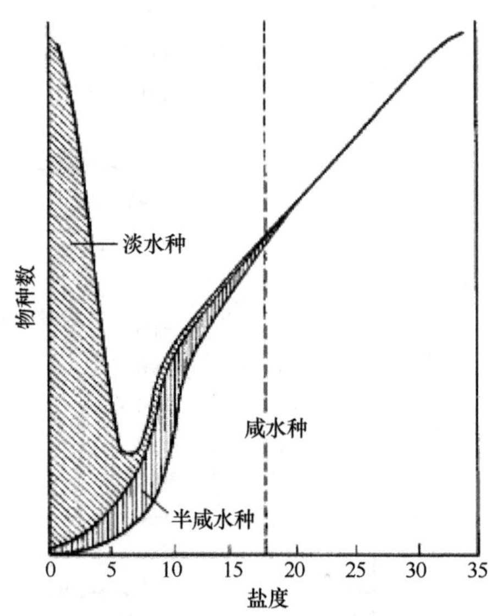

图 4-9 淡咸水生物物种数过渡变化概图（仿 Remane and Schlieper，1971）

（2）生态分区结果

大辽河口潮流界在三岔河，潮区界分别上溯至太子河的唐马寨及浑河的邢家窝堡，大辽河口上缘定为三岔河处（40°53.5′N，122°17.5′E）。同时，此处在地形上是节点所在，自此以下河口开始变宽，下缘与《近岸海域环境功能区划分技术规范》（HJ/T 82—2001）相衔接，以口门附近两岸低潮线为起点，考虑重要盐度节点（半咸水物种、咸水物种）、流域汇水边界、重要生态特征（沙洲、湿地、红树林等）的 6m 等深线，形成口门包络线，盐度界面为大辽河公园附近。潮汐淡水区为从上边界至盐度边界范围，更多地体现潮汐特征；淡咸水混合区则为从盐度边界至下边界范围，更多地体现盐度特征、最大浑浊带和淡水水生生物与海洋水生生物双向生态渐变特征。

沈焕庭（1997）将河口区分为三段：从潮流界至盐水入侵界为河口区的上段，此段以河流作用占优势；从盐水入侵界至涨落潮流优势转换界为河口区的中段，是河口区中最复杂、最能体现河口本质属性的区段；从涨落潮流优势转换界至河流泥沙向海扩散形成的水下三角洲或浅滩的外边界为河口区的下段。涨落潮流优势转换界面实质上是河流因子与海洋因子优势转换的界面，即此界面向口内以河流因子为主，此界面向口外以海洋因子为主，从这个角度考虑，可将涨落潮流优势转换界面和咸水入侵界面作为海河分界线的划定方法。本研究印证了这种方法，涨落潮流优势转换界面恰为本研究中最大浑浊带、生物转化区（盐度 1～10）的范围。

4.2.2.2　长江口

前期研究中，笔者考虑了多种指标（包括营养盐特征、大型底栖动物、浮游生物特征及沉积特征），结合地理地貌特征，提出了将长江口及其毗邻海域划分为长江口、口外区、杭州湾、舟山海域 4 个区域（图 4-10）。经各项指标验证，长江口及口外区呈现显著差异。河流带来的淡水和海水在河口汇合，形成的属性不稳定的水体为河口混合水或冲淡水，河口混合水与属性稳定的河水和海水间存在界面，河口锋是河口混合水和属性稳定的海水间的界面。在长江口，河口混合水与河水之间的界面位于拦门沙的顶部，夏季变动范围为 20km。在此范围和延伸带出现高泥沙浓度带，即最大浑浊带。陈邦林（1995）提出一系列化学过程，使最大浑浊带的重金属含量明显增高，并将其称为屏障效应。这和我们前期在大辽河口的研究结论基本一致。陈吉余（1997）提出河口不连续现象（或跃变）问题，从形态学、水文学、沉积学、河口化学和生态学等方面制定了长江口不连续现象的模式，被认为是河口过滤器效应的具体体现。

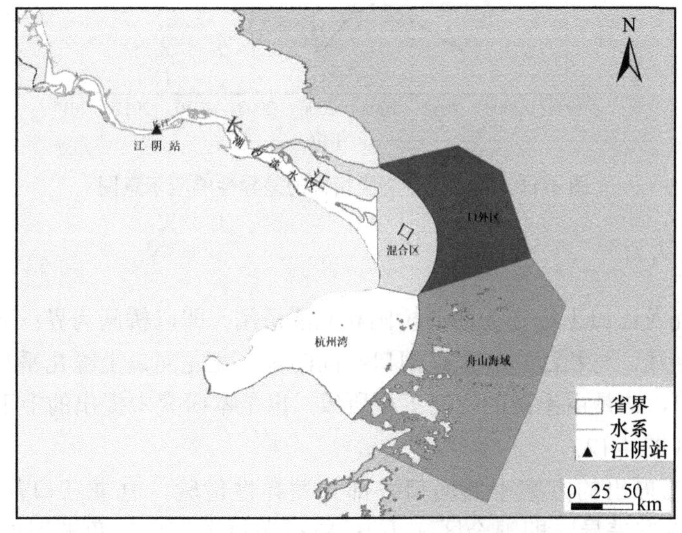

图 4-10　长江口上下游边界及生态分区结果示意图

根据上述方法，在盐度界面处，有毒有害类指标向河一侧执行《地表水环境质量标准》(GB 3838—2002)，向海一侧执行《海水水质标准》(GB 3097—1997)。值得一提的是，位于长江口内的三处集中式生活饮用水地表水源地（陈行水库、青草沙水库、东风西沙水库）依据本方法，直接采用《地表水环境质量标准》(GB 3838—2002) 进行管理，解决了该区域水质标准的混用问题，实现了保护人体健康的目标。此外，同一指标在相同河口不同区段浓度水平差异性也非常明显，以 SS 为例，可以明显看到长江口内（南支区、北支区和混合区）与长江口外平均浓度水平可以差 7～10 倍，证明了生态类指标因背景差异进行生态分区的必要性。长江口内（南支区、北支区和混合区）和长江口外因变量（TP、TN）与响应变量（Chla）之间的响应方式显著不同（图

4-11)。长期以来，针对那些直接流出而不受陆地封闭或半封闭的外海冲淡水部分是否纳入边界范围仍存在争议，因为它在河口过程（物理、化学、生物和地质过程）、资源分布与开发过程以及河口环境变异和质量评价中都有非常重要的科学意义。前期研究发现，1992～2010年长江口内与口外区、杭州湾与舟山海域均呈现显著差异，而口外区与舟山海域的水质-水生态特征更为相似，因此本研究认为长江口下边界可以不纳入该部分混合水（图4-10口外区）。

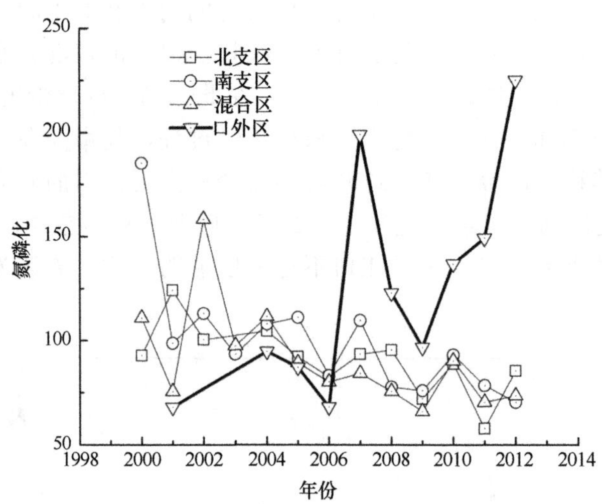

图4-11　长江口生态类指标的差异性响应示意图

4.2.2.3　九龙江口

本研究中九龙江口上缘定为西溪桥闸和北溪桥闸，即以桥闸为界；下缘至嵩屿象鼻嘴与屿仔尾的连线。与长江口和大辽河口不同的是，九龙河口上缘几乎与盐度界面（盐水入侵界）一致，这是由上游的拦河工程所致，也是本研究中提出的上下游边界划分方案的特殊情况（图4-12)。

按照本研究提出的方案中的河口各部分差异性检验，九龙江口需进行二级分区以进一步体现生态差异，即混合区（Ⅰ)：新石洲村至河口三角洲洲尾，为河水海水剧烈混合区域，更多体现潮汐特征、盐度特征、最大浑浊带和淡水水生生物与海洋水生生物双向生态渐变特征；海水主导区（Ⅱ)：三角洲洲尾至嵩屿象鼻嘴——屿仔尾的连线，主要受海水主导，更多地体现盐度特征和淡水水生生物与海洋水生生物双向生态渐变特征。

根据2013年11月和2014年2月、4月的数据进行物种分界。2013年11月，淡、海水物种比例变化峰值出现在A1号站位，淡水种物种数比例达到66.7%，丰度比例达到97.2%，可以初步判断，这个站点淡水种为优势种；2014年2月（图4-13)，淡、海水种的过渡区在1号至A1号站位之间，1号站位淡水种占优势，物种数比例为50%，丰度比例达到95.8%，A1号站位海水种占优势，物种数比例为50%，丰度比例达80%，且2号站位以后的站位基本上都是海水种类；4月，淡、海水种的过渡区在1号至A1

号站位之间，1 号站位全部为淡水种，2 号站位全部为海水种，广盐性种类出现在 6 号和 10 号站位。从三个航次大型底栖动物的淡、海水物种及丰度比例来看，变化最剧烈的区段基本在 1 号至 A1 号站位附近。该站位以内，淡水种占优势，该站位以外，海水种占优势，根据这三次的采样数据得出的淡咸水分布的界限为 1 号至 A1 号站位区域，结合地理要素将 1 号站位作为九龙江口淡咸水种分布的界限。

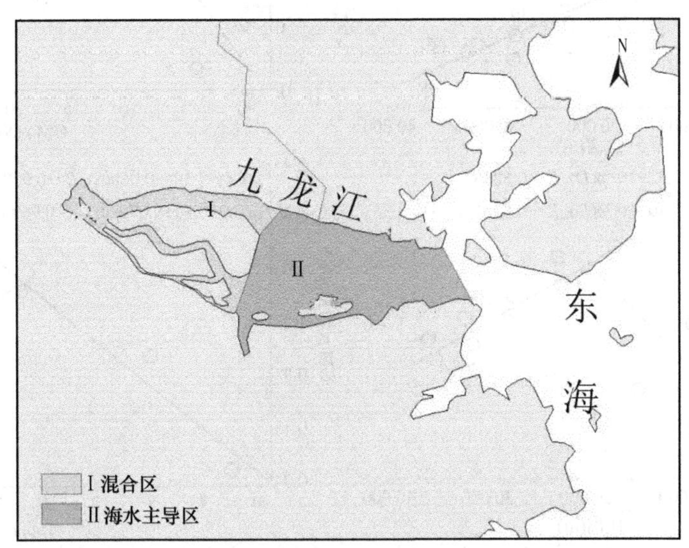

图 4-12　九龙江口上下游边界及生态分区结果示意图

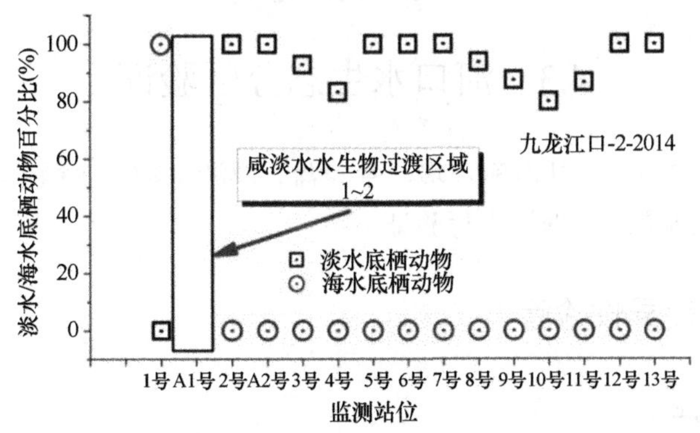

图 4-13　九龙江口淡咸水水生生物过渡区与盐度相关关系

对于营养盐的混合稀释作用，ANOVA 型检验结果显示，两个区域差异显著（$P<0.05$）。对于重金属指标，Zn 和 Cr 在混合区（Ⅰ）均呈现先增加后减小的趋势，其差异主要体现在不同的盐度界面，Zn 拐点出现在盐度 10～15 处，而 Cr 拐点位于盐度 15～20（图 4-14），同样证明重要盐度节点作为依据（半咸水物种、咸水物种边界）的重要性。

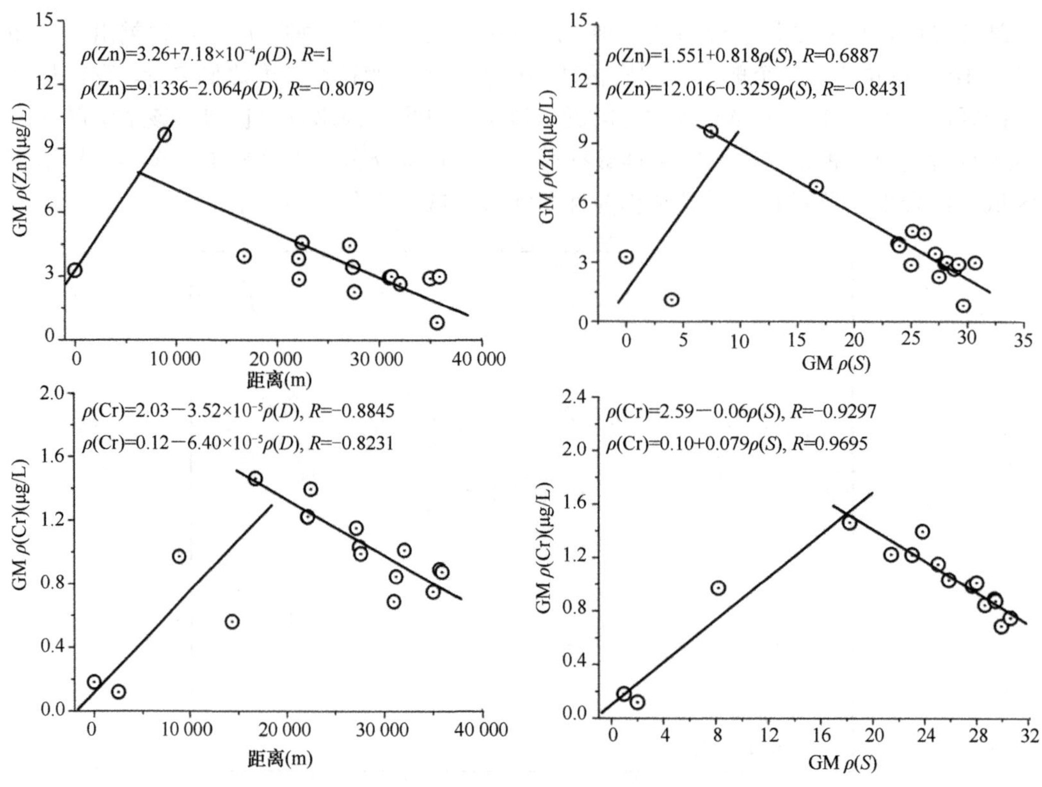

图 4-14 九龙江口重金属指标与盐度的相关关系

S 代表盐度；*D* 代表距离

4.3 河口水生态分区验证

本节以九龙江口为例，从沉积环境、营养盐、浮游生物、底栖生物等方面分别对河口水生态分区初步结果的合理性进行验证。

4.3.1 沉积环境差异性检验

4.3.1.1 沉积特征

沉积物的粒度组合特征是反映沉积作用、沉积动力条件，特别是沉积环境最明显的标志之一。本研究粒级标准采用尤登-温德华氏等比制 φ 值粒级标准，沉积物分类和命名采用谢帕德粒度三角图分类法，利用矩值法计算样品的粒度参数［平均粒径（Mz）、标准偏差、偏度（SK）及峰度（KG）］，研究表层沉积物粒度组成和粒度参数。表 4-1 对比了九龙江口表层沉积物中重金属含量的历史数据和本研究结果，本研究结果与历史数据基本在一个量级水平。

九龙江口海域表层沉积物主要由砂、粉砂质砂、砂质粉砂、黏土质粉砂 4 种类型组成。整体上，沉积物粒径由河口区中部向南北两侧逐渐变细，由砂逐渐过渡为黏土质粉砂。其中所占比例最大的是黏土质粉砂（占 45.65%），其次是砂质粉砂（占 21.05%）；

黏土质粉砂中细颗粒物质所占比例最大，达 60%以上，显示出该区域以细颗粒物质沉积为主的沉积特性。

表 4-1　九龙江口表层沉积物中重金属含量研究结果对比　　（单位：mg/kg）

项目名称	参考文献	本研究结果	
		夏	秋
Cu	10.5～164.3	8.0～33.3	7.6～541.5
Pb	33.2～124.2	11.8～188.24	10.0～31.49
Cd	—	0.3～1.9	0.6～2.5
Zn	65.8～330.3	59.4～144.4	59.8～184.1
Se	—	0～0.24	0～0.48
Ni	9.2～66.5	10.9～30.5	5.9～34.9
Cr	39.3～80.0	22.4～65.0	24.5～60.2
Hg	—	0.02～0.09	0.05～0.11
As	—	5.5～33.6	0.6～11.7

注：“—”代表未测定

从沉积物底质类型来看，九龙江口三角洲底质沉积物以相对较粗的粉砂质砂为主，三角洲洲尾至海门岛区域以黏土质粉砂为主，九龙江口湾水域以粉砂质砂和黏土质粉砂为主。由于航道清淤以及不同水期水体含沙量及沉积速率的影响，九龙江口 4 个航次观测到的底质分布略微不同，但此区域主要物质来源于九龙江，粗颗粒物质由湾内向湾口逐渐沉积，因此总体上呈现出含砂量递减的变化。

沉积物粒度参数与水动力条件密切相关，深入探讨研究区内沉积物粒度参数的分布特征，能够更加清晰地判别和分析沉积物的分布模式及沉积物形成时沉积环境的水动力情况。本研究讨论的粒度参数有 4 种：平均粒径、标准偏差、偏度及峰度，均采用矩值法计算，各粒度参数分布特点如下。

（1）平均粒径

平均粒径（Mz）代表粒度分布的集中趋势，在假设来源物质的原始大小都相同的条件下，平均粒径通常被看作反映沉积介质平均动能大小的一个指标。平均粒径高值区代表静水、低能的沉积环境，细粒的黏土物质经过长距离的搬运、筛选和沉积，在低能环境沉积下来，其中的粗粒物质在搬运过程中早已沉积；平均粒径的低值区则代表高能的水动力环境，沉积物的粗颗粒和良好的分选性都反映了其形成时动荡的沉积环境；中值区则介于二者之间，代表过渡区域复杂的动力因素和物质来源。研究区的平均粒径特征非常明显。高值区（$Mz>6\varphi$）主要分布在鼓浪屿以南、鸡屿以南水道以及外港大部分区域，与黏土粒级的主要分布区域相对应。高值区代表以细粒的黏土质沉积物为主和以分选性良好为特征的沉积类型，反映了水动力较弱的低能还原环境。低值区（$Mz<4\varphi$）主要分布在紫泥镇外浅滩，与砂粒级的高值区相对应，说明此处水动力条件强盛，大部分区域分选性较差。

（2）标准偏差

标准偏差（σ）代表沉积物粒度的集中态势，反映了沉积物分选的好坏，因此又被称为分选系数。根据 Folk 和 Ward（1957）对分选系数（σ）的分级标准，研究区的 σ 值大多大于 1，属于分选较差的范围。紫泥镇外浅滩、鸡屿附近分选相对较好，原因可能与沉积物类型单一有关，即本区分选性与砂粒级含量有着较好的相关性，当砂含量较高时，粉砂及黏土含量相对较低，表现为分选性加强。屿仔尾西部、厦门岛西南岸分选也较好，原因则可能是地形变化引起的水动力突然加强；而粉沙、泥质混合沉积的区域由于水动力较弱，分选比较差。

（3）偏度

偏度（SK）是指平均值相对于中位数的偏离程度，偏度的大小反映了沉积物粒度分布的对称性。根据 Folk 和 Ward（1957）的定义，偏度在零值附近（–0.1＜SK＜0.1）时，粒度曲线呈对称分布；偏度为负值（–1.0＜SK＜–0.1）时，代表沉积物较细，粒度集中在颗粒的细端部分；偏度为正值（0.1＜SK＜1.0）时，代表沉积物偏粗，粒度集中在颗粒的粗端部分。研究区表层沉积物的偏度为–0.34～0.67。高值区基本与高的砂含量相对应，低值区与高黏土含量相对应，大部分区域的偏度集中在 0～0.2，即粒度曲线对称或略微偏粗，对应的是研究区占主要地位的粉砂、泥质混合沉积体。

（4）峰度

峰度（KG）是指粒度分布曲线的中部和尾部的展形比，它的大小代表粒度频率曲线的尖锐程度。前人的研究表明，沉积物平均粒径和分选系数与沉积物来源关系密切，偏度对沉积环境的反应敏感，而峰态是粒度分布相对于平均粒径的 4 次矩，因此对于沉积环境的反应更为敏感，有时甚至会掩盖其他粒度参数差异的显著性。根据 Folk 和 Ward（1957）的分级标准，峰度值 0.67～0.90 为宽峰态，0.90～1.11 为中等峰态，大于 1.11 的为窄峰态。研究区大部分样品的峰度为 0.6～1.5，中等峰态占 26%，宽峰态 37%，窄峰态 37%。

4.3.1.2 差异性分析

沉积物的粒度性质主要受沉积物来源和沉积环境两方面因素控制，反过来，粒度研究也可以给出沉积环境的某些信息，因此粒度分析对于研究沉积物的来源、形成过程进而了解沉积环境具有重要的意义。

1. 思路方法

通常情况下，对粒度分布的环境解释存在多解性问题，即不同的环境可能出现相似的动力学条件，使得粒度特征表现出重复性；或者相反，同一环境有迥然不同的粒度特征而表现出异化性。解决粒度参数在环境解释方面多解性的问题可从以下两个方面入手：一是尝试采用多种粒度参数的不同组合进行环境划分，以寻找对环境鉴别最为敏感的粒度参数组合；二是探讨产生环境解释多解性的影响因素，针对不同的影响因素在研究区影响程度的不同，采用特定的粒度参数组合。

由于现代沉积环境的特征信息通常是已知的（或是容易获取的），因此采用上述两种途径建立沉积物粒度参数和沉积环境之间的对应关系成为可能。本研究采用聚类分析（cluster analysis）方法对研究区沉积物样品的 7 个粒度参数（砂粒级、粉砂粒级和黏土粒级的百分含量及平均粒径、标准偏差、偏度、峰度）进行 Q 型聚类。首先对数据标准化（*Z* 值标准化），经过计算得到 Q 型聚类树状图，再根据谱系图将距离相近的样品归为一类。

2. 分区结果

将样品聚类后的类组分布图（图 4-15）与先前所做的沉积物类型分布图进行对比后，综合考虑各粒度参数的影响，衡量沉积物的类型及沉积动力环境因素，最后认为研究区分为 3 个沉积环境亚类较为合理，下面分述各亚类的粒度统计特征。

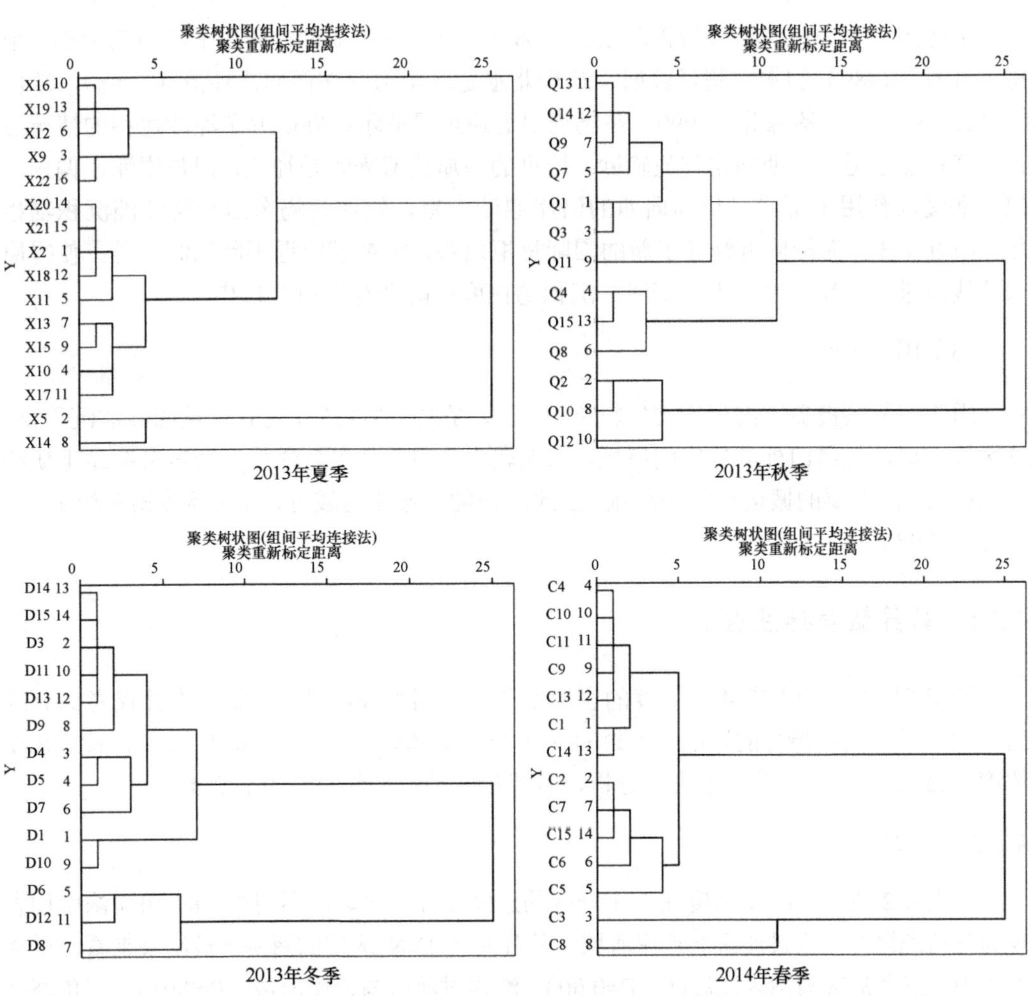

图 4-15　九龙江口不同航次聚类谱

X2～X22 代表夏季航次 2～22 号站位所得样品；Q1～Q15 代表秋季航次 1～15 号站位所得样品；D1～D15 代表冬季航次 1～15 号站位所得样品；C1～C15 代表春季航次 1～15 号站位所得样品

（1）Ⅰ类沉积区

可以明显看出，本区覆盖了大部分的砂质、粉砂质砂沉积区，因此颗粒很粗。本区沉积物集中分布在九龙江口前缘浅滩区，因此受到的水流作用包括径流、潮流和波浪，其中径流是主要的沉积物输运和分选动力。根据王元领等（2005）对九龙江径流流速的测定，洪水期和枯水期在平潮时流速最小，洪水期涨急平均流速 73cm/s，落急平均流速 91cm/s，落急较涨急大 18cm/s；枯水期涨急平均流速 91cm/s，落急平均流速 94cm/s。可见，九龙江在洪枯两季流速相差不大，入海口沉积物长期受到急流作用，水动力很强。徐茂泉等（2003）对本区重矿物的研究表明，河道口矿物区为磁铁矿-绿帘石-钛铁矿-角闪石组合，外形多呈粒状或棱角状。综上所述，Ⅰ类沉积区长期处于急流作用下，属于强水动力条件下的高能环境，沉积物运动方式主要是滚动和跃移。

（2）Ⅱ类沉积区

本区沉积物类型包括砂质粉砂以及少部分的砂、粉砂质砂，分布于河口湾中部。根据王寿景（1989）的水文测量数据，鸡屿北水道底层水存在西向净环流（余流），数值在 10cm/s 以上。蔡峰等（1999）在鸡屿附近通过投放示踪砂研究了泥沙运移的情况后认为鸡屿北水道存在西向推移质输砂。这里的砂质浅滩来源是径流，但是岸滩在偏东波浪和涨潮流作用下形成了反向向西的沿岸漂沙现象，致使鸡屿东西两侧沙洲沉积物粗化。而近年来，海沧附近修建了新的国际货柜码头，象鼻嘴附近不断填海造陆，使得原来的浅滩进一步受侵蚀，水深变浅，沉积物粒度可能会有变粗的趋势。

（3）Ⅲ类沉积区

Ⅲ类沉积区覆盖的沉积物类型较单一，主要是黏土质粉砂，还有少量的砂质沉积物。该区位于口门外厦门外港的广阔海域，水深较大，因此多以悬浮状态搬运来的黏土质粉砂沉积为主。主要的搬运营力是潮流，因此沉积物分选相对较好，沉积环境相对稳定（王蒙光，2008）。

4.3.2 营养盐差异性检验

选择 2013～2014 年 4 个季度的表层水营养盐调查数据进行分析，在此仅考虑分区这一因素对各调查指标的影响，通过对 3 个分区水体表层的 DIN 浓度、TN 浓度、SRP 浓度、TP 浓度等进行单因素方差分析，各指标具体统计结果详见表 3-4。

4.3.2.1 DIN

如表 4-2 所示，DIN 浓度在 3 个分区的总体差异性显著，不同季节的 DIN 浓度均表现为三角洲区＞湾内过渡区＞近岸海域。从各海区 DIN 浓度的两两比较结果来看，夏季航次中，三角洲区与湾内过渡区（P=0.00）、湾内过渡区与近岸海域（P=0.01）、三角洲区与近岸海域（P=0.00）的差异显著；秋季航次中，三角洲区与湾内过渡区（P=0.00）、三角洲区与近岸海域（P=0.00）的差异极显著，湾内过渡区与近岸海域（P=0.89）的差异不显著，但总体来说 P=0.00，因此可认为 DIN 浓度在 3 个分区的总体差异性显著；冬季航次中，三角洲区与湾内过渡区（P=0.00）、湾内过渡区与近岸海域（P=0.01）、三角洲区与近岸海域（P=0.00）的差异显著；春季航次中，三角洲区与湾内过渡区（P=0.00）、湾内过渡区与近岸海域（P=0.00）、三角洲区与近岸海域（P=0.00）的差异极显著。

表 4-2　九龙江口不同海区水体表层 DIN 浓度基本统计值　　（单位：mg/L）

季节	海区	均值	最小值	最大值
夏	SJZ	4.3867	4.23	4.54
	WN	1.3732	0.59	2.56
	JH	0.5844	0.31	0.76
秋	SJZ	1.8565	1.43	2.28
	WN	0.8603	0.73	1.12
	JH	0.8381	0.53	1.32
冬	SJZ	8.3645	7.72	9.01
	WN	3.0388	1.47	5.64
	JH	1.2370	1.01	1.67
春	SJZ	3.9364	3.7	4.17
	WN	2.0016	1.50	3.32
	JH	0.9499	0.57	1.38

注：SJZ 代表九龙江口三角洲区，2 号站位；WN 代表九龙江口湾内过渡区，6 号站位；JH 代表九龙江口近岸海域，7 号站位

4.3.2.2　TN

如表 4-3 所示，TN 浓度在 3 个分区的总体差异性显著，不同季节的 TN 浓度均表现为三角洲区＞湾内过渡区＞近岸海域。从各海区 TN 浓度的两两比较结果来看，夏季航次中，三角洲区与湾内过渡区（P=0.00）、湾内过渡区与近岸海域（P=0.00）、三角洲区与近岸海域（P=0.00）的差异极显著；秋季航次中，三角洲区与湾内过渡区（P=0.00）、三角洲区与近岸海域（P=0.00）的差异极显著，湾内过渡区与近岸海域（P=0.08）的差异不显著，但总体来说 P=0，因此可认为 TN 浓度在 3 个分区的总体差异性显著；冬季航次中，三角洲区与湾内过渡区（P=0.00）、三角洲区与近岸海域（P=0.00）的差异极显著，湾内过渡区与近岸海域（P=0.11）的差异不显著，但总体来说 P=0.00，可认为 TN 在 3 个分区内差异性显著；春季航次中，三角洲区与湾内过渡区（P=0.00）、湾内过渡区与近岸海域（P=0.03）、三角洲区与近岸海域（P=0.00）的差异显著。

表 4-3　九龙江口不同海区水体表层 TN 浓度基本统计值　　（单位：mg/L）

季节	海区	均值	最小值	最大值
夏	SJZ	5.6791	5.54	5.82
	WN	2.7479	2.15	3.67
	JH	1.6022	1.21	2.30
秋	SJZ	5.6193	4.78	6.46
	WN	2.4045	1.98	3.09
	JH	1.8424	1.09	2.33

续表

季节	海区	均值	最小值	最大值
冬	SJZ	8.7077	7.92	9.49
	WN	3.4335	1.85	6.20
	JH	2.2638	1.20	3.42
春	SJZ	4.9078	4.77	5.05
	WN	2.5336	1.82	4.24
	JH	1.6947	1.44	2.04

注：SJZ 代表九龙江口三角洲区，2 号站位；WN 代表九龙江口湾内过渡区，6 号站位；JH 代表九龙江口近岸海域，7 号站位

4.3.2.3 SRP

如表 4-4 所示，SRP 浓度在 3 个分区的总体差异性显著，不同季节的 SRP 浓度均表现为三角洲区＞湾内过渡区＞近岸海域。从各海区 SRP 浓度的两两比较结果来看，夏季航次中，三角洲区与湾内过渡区（P=0.00）、湾内过渡区与近岸海域（P=0.03）、三角洲区与近岸海域（P=0.00）的差异显著；秋季航次中，三角洲区与湾内过渡区（P=0.00）、三角洲区与近岸海域（P=0.00）的差异极显著，湾内过渡区与近岸海域（P=0.99）的差异不显著，但总体来说 P=0.00，因此可认为 SRP 浓度在 3 个分区的总体差异性显著；冬季航次中，三角洲区与湾内过渡区（P=0.00）、三角洲区与近岸海域（P=0.00）、湾内过渡区与近岸海域（P=0.03）的差异显著；春季航次中，湾内过渡区与近岸海域（P=0.00）、三角洲区与近岸海域（P=0.00）的差异极显著，三角洲区与湾内过渡区（P=0.06）不显著，但总体上 P=0.00，因此可认为这三个区域差异性显著。

表 4-4　九龙江口不同海区水体表层 SRP 浓度基本统计值　（单位：mg/L）

季节	海区	均值	最小值	最大值
夏	SJZ	0.9284	0.92	0.93
	WN	0.2340	0.04	0.69
	JH	0.0374	0.02	0.05
秋	SJZ	0.1016	0.08	0.12
	WN	0.0457	0.03	0.07
	JH	0.0455	0.03	0.07
冬	SJZ	0.3488	0.32	0.38
	WN	0.0983	0.05	0.20
	JH	0.0458	0.04	0.06
春	SJZ	0.1220	0.12	0.14
	WN	0.0941	0.07	0.13
	JH	0.0499	0.04	0.08

注：SJZ 代表九龙江口三角洲区，2 号站位；WN 代表九龙江口湾内过渡区，6 号站位；JH 代表九龙江口近岸海域，7 号站位

4.3.2.4 TP

如表 4-5 所示，TP 浓度在 3 个分区的总体差异性显著，不同季节的 TP 浓度均表现

为三角洲区＞湾内过渡区＞近岸海域。从各海区 TP 浓度的两两比较结果来看，夏季航次中，三角洲区与湾内过渡区（P=0.59）、湾内过渡区与近岸海域（P=0.28）、三角洲区与近岸海域（P=0.22）的差异不显著；秋季航次中，三角洲区与湾内过渡区（P=0.00）、三角洲区与近岸海域（P=0.00）的差异极显著，湾内过渡区与近岸海域（P=0.26）差异不显著，但总体来说 P=0.00，因此可认为 3 个区域差异性显著；冬季航次中，三角洲区与湾内过渡区（P=0.00）、三角洲区与近岸海域（P=0.00）的差异极显著，湾内过渡区与近岸海域（P=0.28）差异不显著，但总体来说 P=0.00，因此可认为 3 个区域差异性显著；春季航次中，湾内过渡区与近岸海域（P=0.00）、三角洲区与近岸海域（P=0.00）、三角洲区与湾内过渡区（P=0.01）的差异显著。

表 4-5　九龙江口不同海区水体表层 TP 浓度基本统计值　（单位：mg/L）

季节	海区	均值	最小值	最大值
夏	SJZ	0.2858	0.24	0.33
	WN	0.2439	0.15	0.51
	JH	0.1910	0.15	0.38
秋	SJZ	0.1928	0.17	0.22
	WN	0.0819	0.06	0.10
	JH	0.0719	0.06	0.08
冬	SJZ	0.4776	0.31	0.64
	WN	0.0855	0.02	0.21
	JH	0.0320	0.01	0.07
春	SJZ	0.1207	0.11	0.13
	WN	0.0591	0.05	0.08
	JH	0.0403	0.03	0.05

注：SJZ 代表九龙江口三角洲区，2 号站位；WN 代表九龙江口湾内过渡区，6 号站位；JH 代表九龙江口近岸海域，7 号站位

4.3.3　生物类群差异性检验

4.3.3.1　浮游生物

九龙江口三角洲区以淡水为主；湾内过渡区为三角洲末段到口门处这一段区域，淡咸水在此混合；近岸海域为厦门岛以南及口门外的区域，以海水为主。

三角洲区占主导地位的主要为河口低盐类群，该区域共检测出的种类数为 35 种，其中以桡足类和枝角类居多（都为 10 种）；浮游幼虫次之（9 种）；种类较少的有水母类、轮虫类、糠虾类等。代表种类主要有火腿伪镖水蚤、微型裸腹蚤（*Moina micrura*）、中华异水蚤、长刺溞（*Daphnia longispina*）。此区域的浮游动物种类数不多，但是数量较大，尤其是在秋季出现的火腿伪镖水蚤数量巨大，占绝对优势；此外，因三角洲区位于九龙江三角洲淡水充沛的地方，因此适盐范围较低的淡水种占多数。

湾内过渡区占主导地位的主要为河口半咸水类群，该区域共检测出的种类数为 91 种，远高于三角洲区的生物种类。其中桡足类 34 种，水母类 20 种，浮游幼体 16 种，

软甲类 7 种；较少的种类有毛颚动物、介形类、被囊类等。代表种类主要有中华异水蚤、太平洋纺锤水蚤、刺尾纺锤水蚤、真刺唇角水蚤、拟细浅室水母（*Lensia subtiloides*）等。此区域出现较多的是广温广盐种，有的种类在整个九龙江口区域，或者在湾内过渡区和近岸海域都有分布，如中华异水蚤、真刺唇角水蚤、拟细浅室水母、和平水母（*Eirene* spp.）等。

近岸海域占主导地位的主要为外海高盐类群，该区域共检测出的种类数为 97 种，其中桡足类 33 种，水母类 29 种，浮游幼体 15 种，软甲类 7 种，被囊类、毛颚动物、介形类、端足类等较少。代表种类主要有亚强次真哲水蚤、百陶箭虫、锥形宽水蚤（*Temora turbinata*）、刺尾纺锤水蚤、真刺唇角水蚤、太平洋纺锤水蚤。该区域以广温高盐类群为主，其中亚强次真哲水蚤总生物量最高，尤其在夏季口门外的每个站位都有出现，而且数量较多，可作为夏季典型种类，而到了秋冬季该种的数量有所下降；与之相似的还有百陶箭虫，同样在夏季大量出现。

从九龙江口不同季节不同分区的浮游动物（不包括浮游幼虫）类群组成（图 4-16）来看，夏季Ⅰ区共发现淡水种 5 种、半咸水种 2 种、无海水种，Ⅱ区共发现半咸水种 15 种、海水种 27 种、无淡水种，Ⅲ区共发现半咸水种 8 种、海水种 54 种、无淡水种；秋季Ⅰ区共发现淡水种 7 种、半咸水种 11 种、无海水种，Ⅱ区共发现淡水种 2 种、半咸水种 19 种、海水种 29 种，Ⅲ区共发现半咸水 6 种、海水种 29 种、无淡水种；冬季Ⅰ区共发现淡水种 9 种、半咸水种 4 种、无海水种，Ⅱ区共发现淡水种 3 种、半咸水种 13 种、海水种 13 种，Ⅲ区共发现淡水种 1 种、半咸水种 9 种、海水种 18 种。

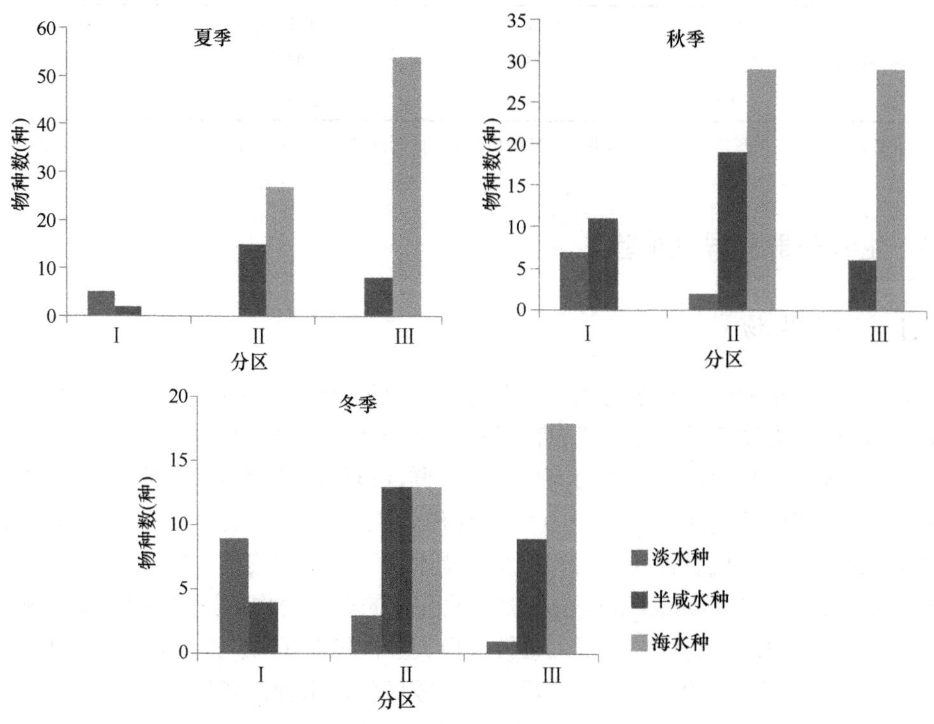

图 4-16　九龙江口 2013～2014 年不同季节和分区的浮游动物类群组成

浮游动物（不包括浮游幼虫）中淡水种、半咸水种和海水种这三个类群的丰度在不同季节不同海域的比例如图 4-17 所示。夏季Ⅰ区淡水种丰度占 59.6%、半咸水种占 40.4%，Ⅱ区半咸水种占 69.0%、海水种占 31.0%，Ⅲ区半咸水种占 5.0%、海水种占 95.0%；秋季Ⅰ区淡水种丰度占 28.5%、半咸水种占 71.5%，Ⅱ区淡水种占 0.0%、半咸水种占 60.0%、海水种占 40.0%，Ⅲ区半咸水占 45.6%、海水种占 54.4%；冬季Ⅰ区淡水种丰度占 83.9%、半咸水种占 16.1%，Ⅱ区淡水种占 2.8%、半咸水种占 89.6%、海水种为 7.6%，Ⅲ区淡水种占 0.0%，半咸水种 73.6%、海水种 26.4%。

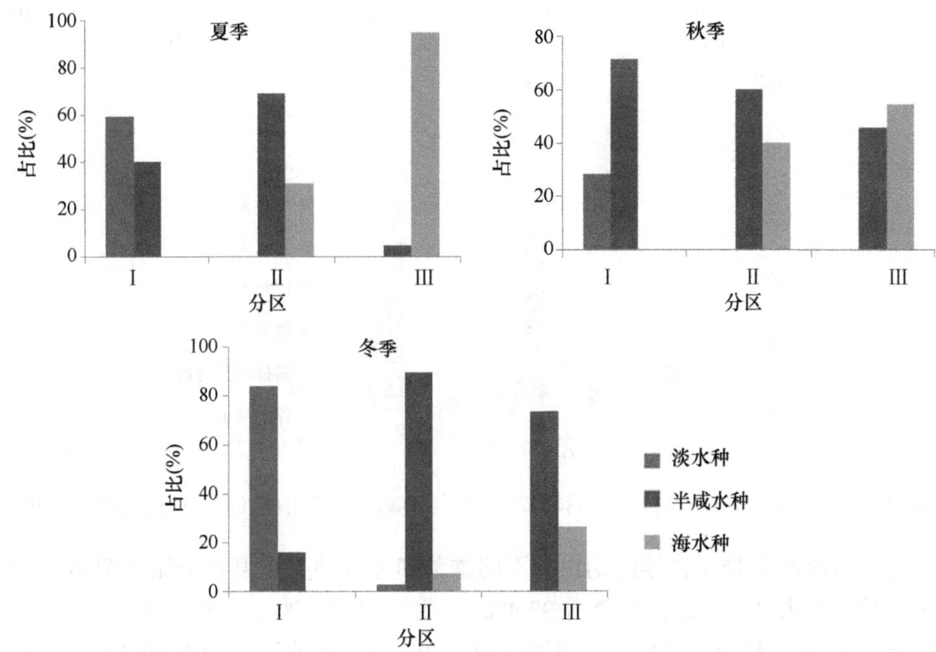

图 4-17 九龙江口 2013～2014 年不同季节和分区的浮游动物丰度百分比（彩图请扫封底二维码）

可见，Ⅰ区在夏、秋、冬三个季节以淡水和半咸水种为主，未出现海水种；Ⅱ区以半咸水和海水种为主，偶尔出现淡水种；Ⅲ区则以半咸水和海水种为主，且以海水种居多。

九龙江口不同季节和分区浮游动物（含浮游幼虫）种类组成如图 4-18 所示。夏季Ⅰ区枝角类和桡足类各 3 种、其他浮游动物 1 种、浮游幼虫 3 种，Ⅱ区水母类 15 种、桡足类 16 种、其他浮游动物 11 种、浮游幼虫 14 种，Ⅲ区水母类 24 种、枝角类 1 种、桡足类 24 种、其他浮游动物 13 种、浮游幼虫 15 种；秋季Ⅰ区水母类 2 种、轮虫类 1 种、枝角类 5 种、桡足类 6 种、其他浮游动物 4 种、浮游幼虫 8 种，Ⅱ区水母类 10 种、枝角类 1 种、桡足类 24 种、其他浮游动物 15 种、浮游幼虫 13 种，Ⅲ区水母类 8 种、桡足类 16 种、其他浮游动物 11 种、浮游幼虫 10 种；冬季Ⅰ区轮虫类 1 种、枝角类 7 种、桡足类 5 种、浮游幼虫 2 种，Ⅱ区水母类 2 种、枝角类 3 种、桡足类 20 种、其他浮游动物 4 种、浮游幼虫 7 种，Ⅲ区水母类 1 种、枝角类 1 种、桡足类 16 种、其他浮游动物 7 种、浮游幼虫 6 种。

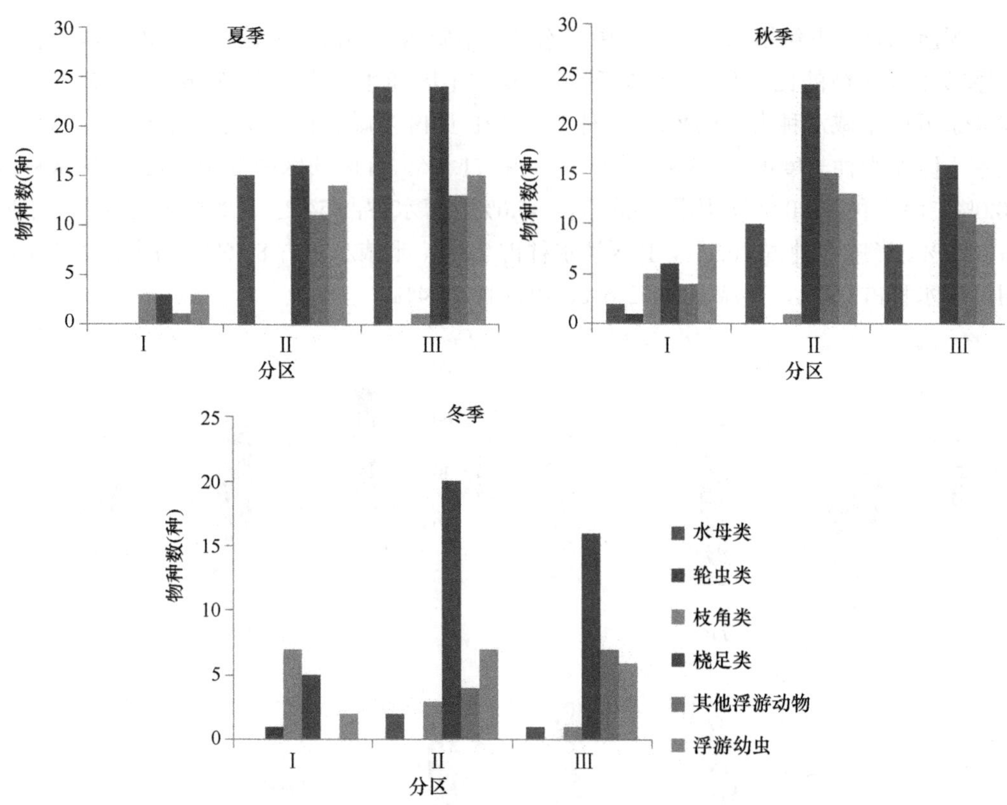

图 4-18 九龙江口 2013～2014 年不同季节和分区浮游动物种类组成（彩图请扫封底二维码）

九龙江口浮游动物（含浮游幼虫）不同季节和分区种类丰度百分比如图 4-19 所示。夏季Ⅰ区枝角类占 34.6%、桡足类占 33.4%、浮游幼虫 27.5%、其他浮游动物 4.5%，Ⅱ区水母类占 5.1%、桡足类 50.1%、浮游幼虫占 25.1%、其他浮游动物 19.7%，Ⅲ区水母类占 3.1%、枝角类 0.1%、桡足类 64.9%、浮游幼虫 7.0%、其他浮游动物 24.9%；秋季Ⅰ区水母类 0.1%、轮虫类 6.5%、枝角类 21.1%、桡足类 70.2%、浮游幼虫 1.9%、其他浮游动物 0.2%，Ⅱ区水母类占 7.9%、枝角类 0.1%、桡足类 67.8%、浮游幼虫 8.0%、其他浮游动物 16.2%，Ⅲ区水母类占 4.7%、桡足类占 66.2%、浮游幼虫 6.2%、其他浮游动物 22.9%；冬季Ⅰ区轮虫类占 0.5%、枝角类占 77.5%、桡足类 17.5%、浮游幼虫 4.5%，Ⅱ区水母类占 0.1%、枝角类占 2.5%、桡足类 83.1%、浮游幼虫 10.4%、其他浮游动物 3.9%，Ⅲ区水母类占 1.1%、枝角类 0.1%、桡足类 78.4%、浮游幼虫 6.7%、其他浮游动物占 13.7%。

在已调查的夏、秋、冬三季中，Ⅰ区浮游动物丰度呈现出秋季＞冬季＞夏季，秋季以桡足类为主，冬季以枝角类为主，夏季则以枝角类、桡足类和浮游幼虫为主；Ⅱ区浮游动物以桡足类为主，浮游动物丰度冬季＞秋季＞夏季；Ⅲ区与Ⅱ区一样，以桡足类为主，丰度夏季＞秋季＞冬季。值得一提的是，Ⅲ区夏季水母的种类多，与桡足类同为 24 种。

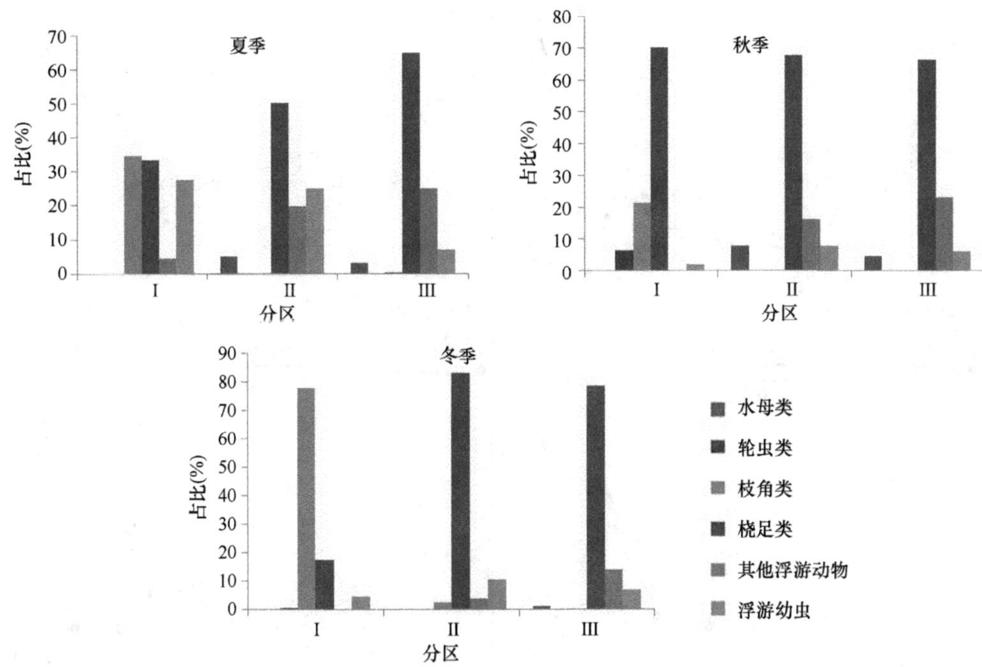

图 4-19 九龙江口浮游动物 2013～2014 年不同季节和分区种类丰度百分比（彩图请扫封底二维码）

4.3.3.2 大型底栖生物

九龙江口大型底栖生物生物量分布不均匀。春季生物量高值区出现在九龙江口三角洲区和九龙江口湾内过渡区，分别高达 100g/m^2、250g/m^2，低值区分布在九龙江口近岸海域；夏季生物量高值区出现在九龙江口近岸海域，低值区分布在九龙江口湾内过渡水域；秋季生物量偏少，各个区域生物量差别不明显；冬季生物量高值区分布在近岸海域，低值区分布在九龙江口三角洲靠近河流区和过渡区域。

栖息密度，春季高值区出现在九龙江口湾内过渡区，高达 250～1000ind/m^2，其余海区分布相对较均匀；夏季低值区出现在九龙江口湾内过渡区部分站位，其余海区分布相对较均匀；秋季低值区出现在九龙江口三角洲区域，其他海区分布相对较均匀；冬季高值区主要集中在九龙江口湾内过渡区与近岸海域的交界处，高达 250～1000ind/m^2，低值区主要分布在过渡区。

如图 4-20 所示，多毛类生物量 4 个季节航次分布均较为均匀，其中春季仅 4 个站位达到 5～25g/m^2，分布在九龙江口湾内过渡区和近岸海域，其余水域为 0～5g/m^2；夏季仅两个站位达到 5～25g/m^2，分布在九龙江口近岸海域；其余水域为 0～5g/m^2；秋季仅 2 个站位达到 5～25g/m^2，分布在九龙江口湾内过渡区，其余水域为 0～5g/m^2；冬季仅 3 个站位达到 5～25g/m^2，分布在九龙江口近岸海域，其余水域为 0～5g/m^2。多毛类栖息密度春季分布较不均匀，高值区分布在九龙江口湾内过渡区域中部，为 250～1000ind/m^2，低值区分布在九龙江口三角洲区域，为 0～10ind/m^2；夏季分布较为均匀，除了 1 个站位为 0～10ind/m^2、3 个站位为 10～50ind/m^2，其余站位均为 50～250ind/m^2；秋季高值区位于九龙江口三角洲上部，为 250～1000ind/m^2，低值区位于九龙江口三角

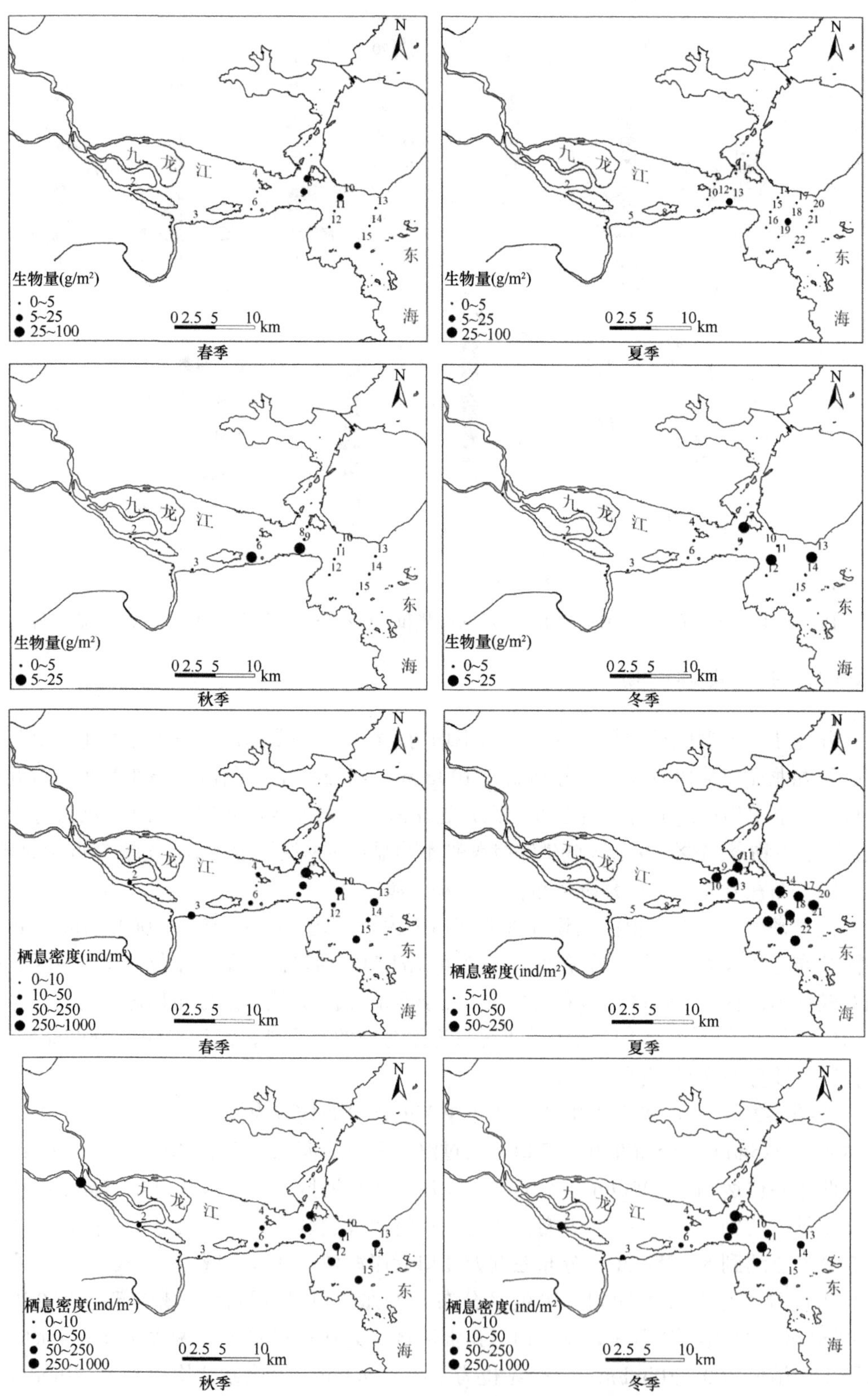

图 4-20　九龙江口多毛类生物量和栖息密度分布示意图

洲下部靠近河流区域，为 0～10ind/m^2；冬季高值区位于九龙江口湾内过渡区域，为 250～1000ind/m^2；低值区位于九龙江口三角洲上部，为 0～10ind/m^2。

如图 4-21 所示，软体动物生物量 4 个季节航次分布较为均匀，其中春季仅 1 个站位达到 100～500g/m^2，分布在九龙江口湾内过渡区，其余水域为 0～5g/m^2；夏季所有的

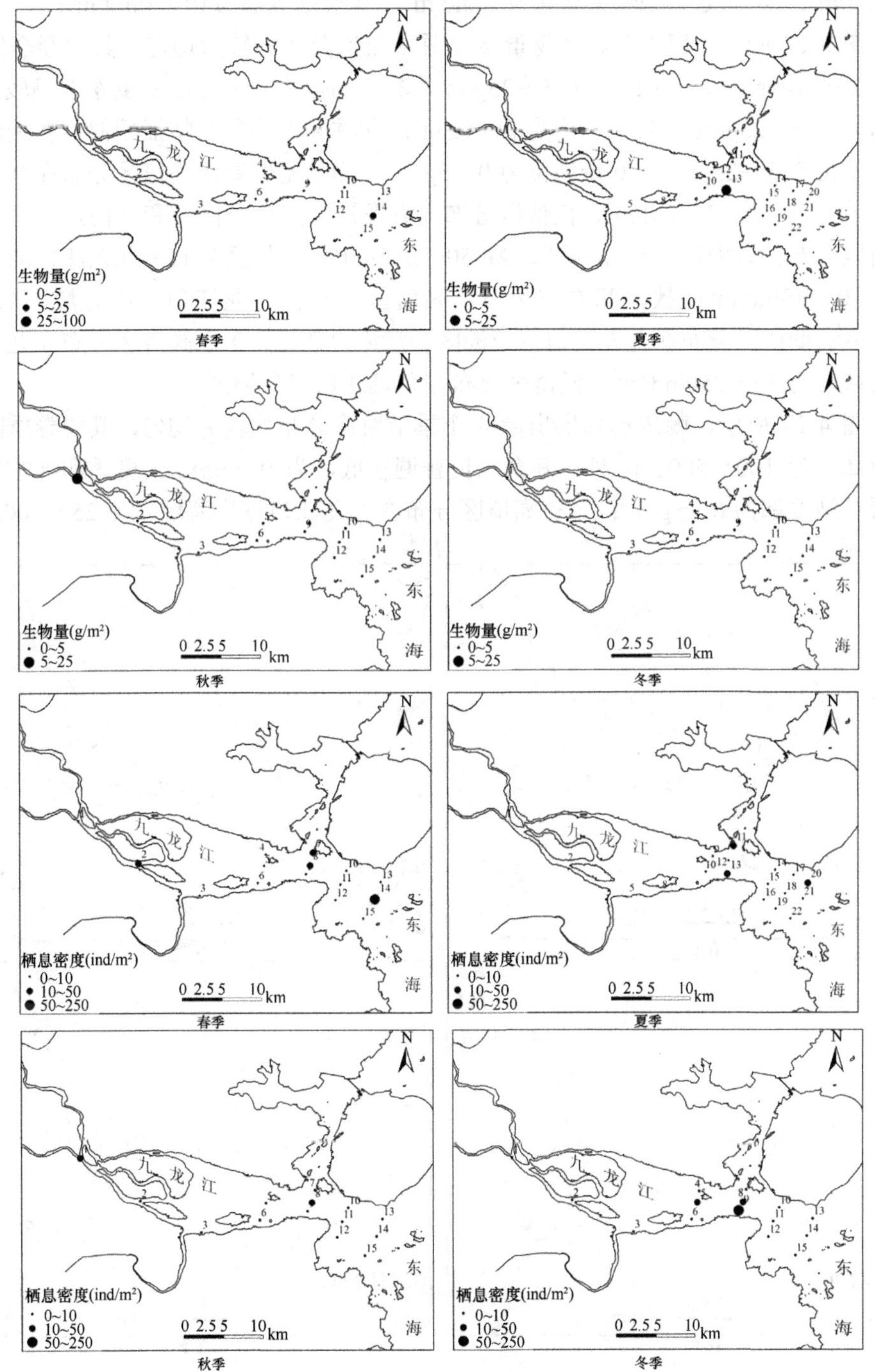

图 4-21　九龙江口软体动物生物量和栖息密度分布示意图

站位都为 0～5g/m²；秋季所有的站位都为 0～5g/m²；冬季仅 1 个站位达到 25～100g/m²，其余站位为 0～5g/m²。栖息密度春季高值区分布在九龙江口湾内过渡区域，为 250～1000ind/m²，低值区分布在九龙江口三角洲区域；夏季分布较均匀，仅 3 个站位为 10～50ind/m²，其余区域都为 0～10ind/m²；秋季仅 2 个站位为 10～50ind/m²，其余区域都为 0～10ind/m²；冬季仅 3 个站位为 10～50ind/m²，其余区域都为 0～10ind/m²。

如图 4-22 所示，甲壳动物生物量 4 个季节航次分布均较为均匀，其中春季仅 1 个站位为 25～100g/m²、1 个站位为 5～25g/m²，其余站位为 0～5g/m²；夏季普遍较低，仅一个站位为 5～25g/m²，其余站位为 0～5g/m²；秋季和冬季分布特征相似，普遍较低，仅一个站位为 5～25g/m²，其余站位为 0～5g/m²。栖息密度春季高值区分布在九龙江口近岸海域，为 50～250ind/m²，低值区分布在九龙江口三角洲区域和湾内过渡区域；夏季高值区分布在九龙江口近岸海域，为 50～250ind/m²，低区分布于九龙江口湾内过渡区，为 0～10ind/m²；秋季和春季相似，高值区分布在九龙江口近岸海域，为 50～250ind/m²，低值区分布在九龙江口三角洲区和湾内过渡区；冬季高值区分布在九龙江口近岸海域，为 50～250ind/m²，低值区分布在九龙江口三角洲区。

如图 4-23 所示，棘皮动物生物量 4 个季节航次分布均较为均匀，其中春季除一个站位较高，为 100～500g/m² 外，其余站位普遍较低，为 0～5g/m²；夏季和秋季普遍较低，所有站位都为 0～5g/m²；冬季高值区分布在九龙江口近岸海域，为 25～100g/m²，

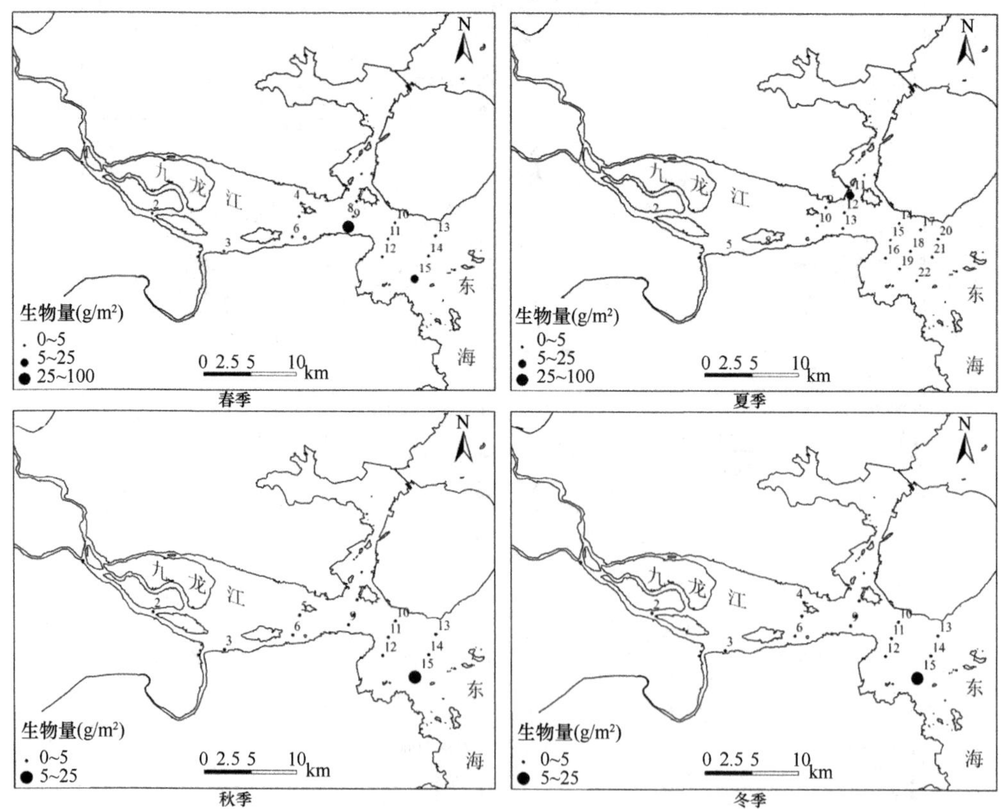

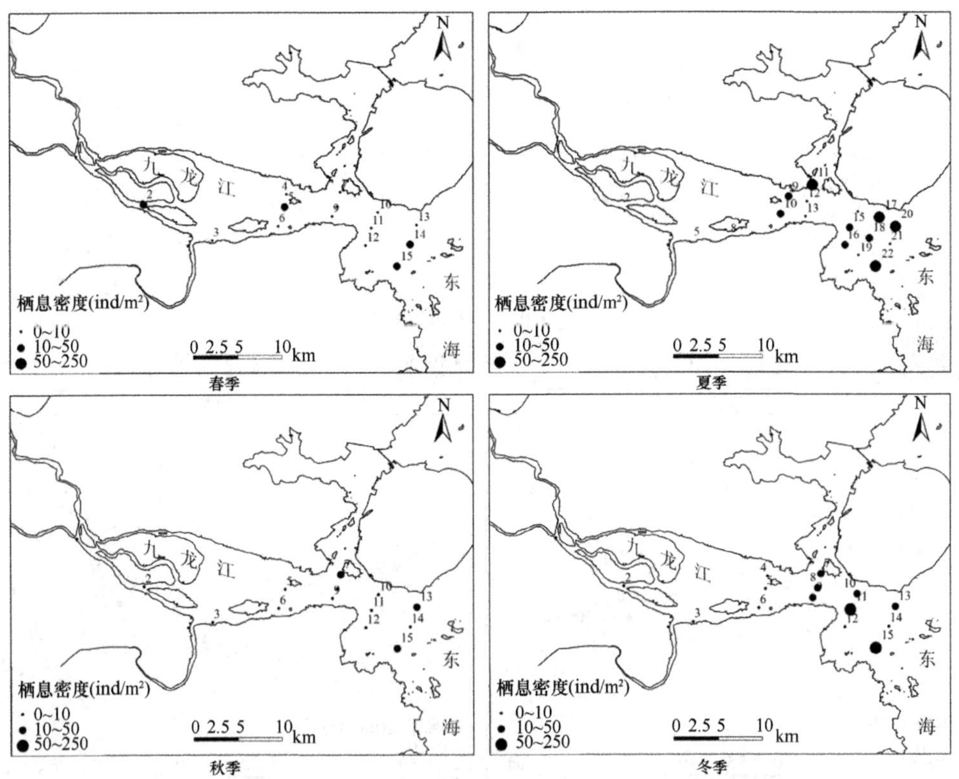

图 4-22　九龙江口甲壳动物生物量和栖息密度分布示意图

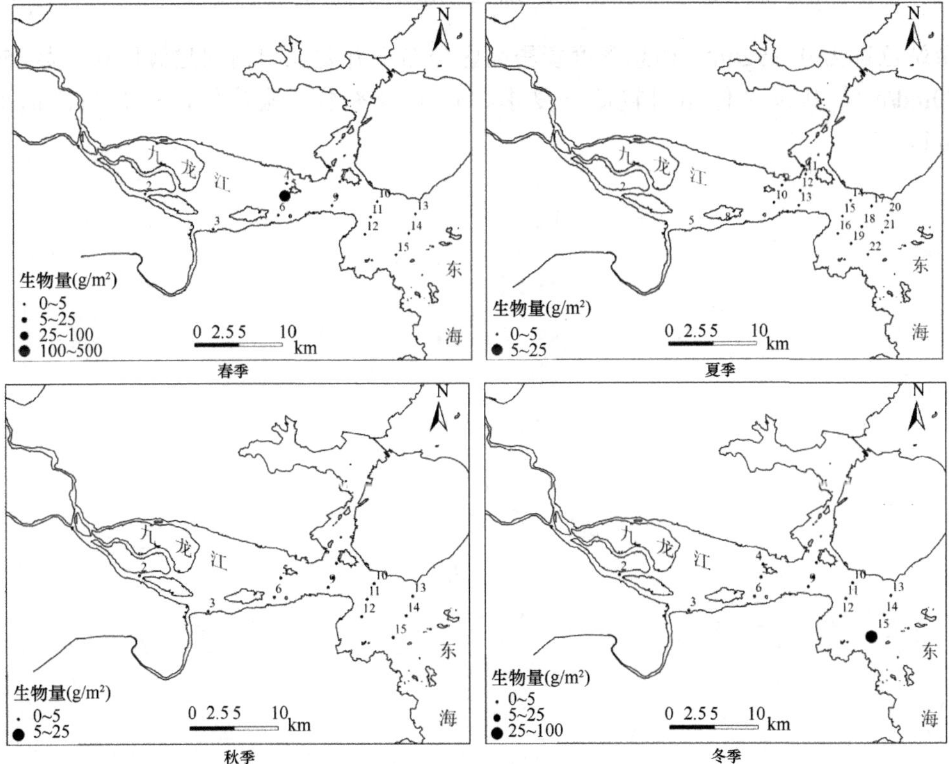

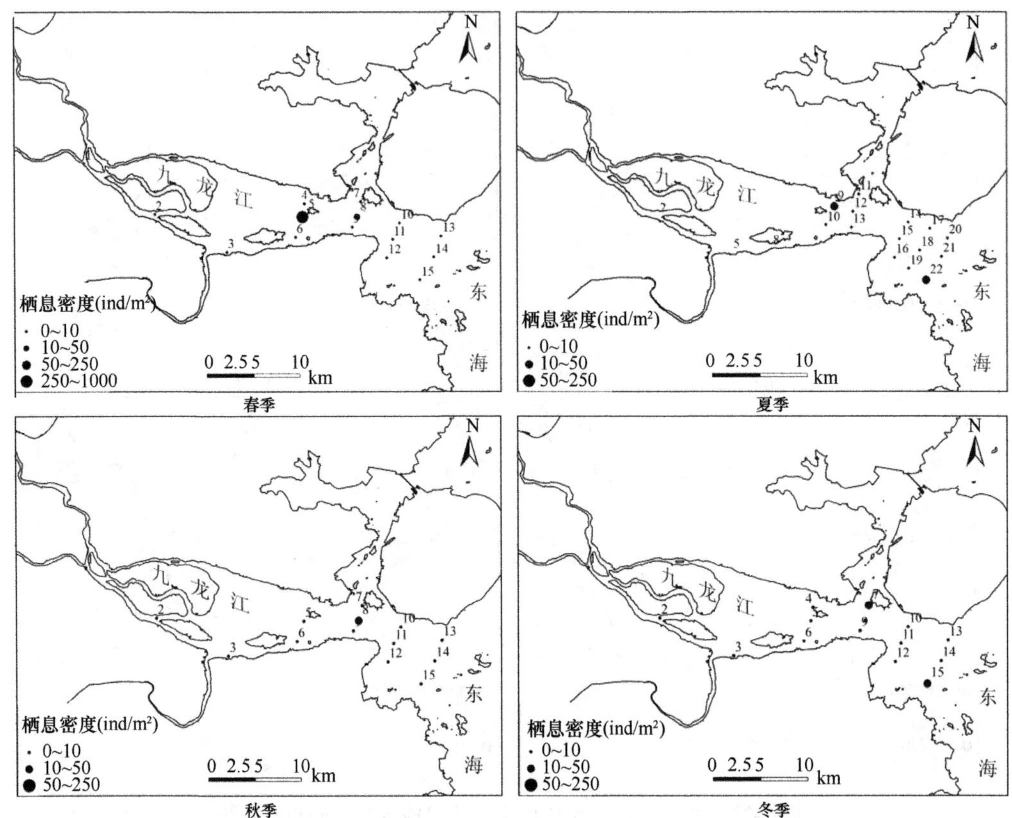

图 4-23 九龙江口棘皮动物生物量和栖息密度分布示意图

其余站位都为 0～5g/m²。栖息密度春季高区分布于九龙江口湾内过渡区域，为 250～1000ind/m²，其余站位相对较低；夏季、秋季和冬季普遍较低，所有站位都小于 50ind/m²。

第 5 章　河口水生态环境质量评价指标与评价标准研究

本章针对入海河口区生态环境变化剧烈、各种理化与生物指标空间差异显著的状况，统筹《地表水环境质量标准》(GB 3838—2002)与《海水水质标准》(GB 3097—1997)，全面考虑不同类型指标在河口的时空分布规律，研究各类指标标准值的制定原则、制定流程与制定方法，探讨提出典型指标的环境基准值与相应评价标准。

5.1　评价指标分析

现行《地表水环境质量标准》(GB 3838—2002）包括基本项目、集中式生活饮用水地表水源地补充项目、集中式生活饮用水地表水源地特定项目，共计 109 项。现行《海水水质标准》(GB 3097—1997）中共计 35 项指标，包括营养盐、重金属、有机物、放射性核素等。总体来看，地表水环境质量标准基本项目和海水水质项目包括两大类，一是反映地表水和海水生境状况的指示性与综合性指标；二是反映我国当前水污染特征的主要污染指标，即在我国地表水中超标频次高、超标范围广、污染分担率大的指标。

目前，国际上主要有两种水环境质量评价指标分类方法。一种是按照保护受体进行划分，强调各类指标是用于保护水生态系统还是人体健康；另一种是按照对水生态系统和人体健康产生的直接或间接效应划分。借鉴国际经验和我国实际情况，可将我国水环境质量评价指标划分为生态类指标和毒理类指标两类（图 5-1)。生态类指标主要反映区域产业结构、气候环境、地理地质异质性及河口本身特征，如河口营养状态项目及水生态群落结构项目等；有毒有害类指标（毒理类指标）包括天然存在有毒有害物质、人工合成有毒有害物质等指标。

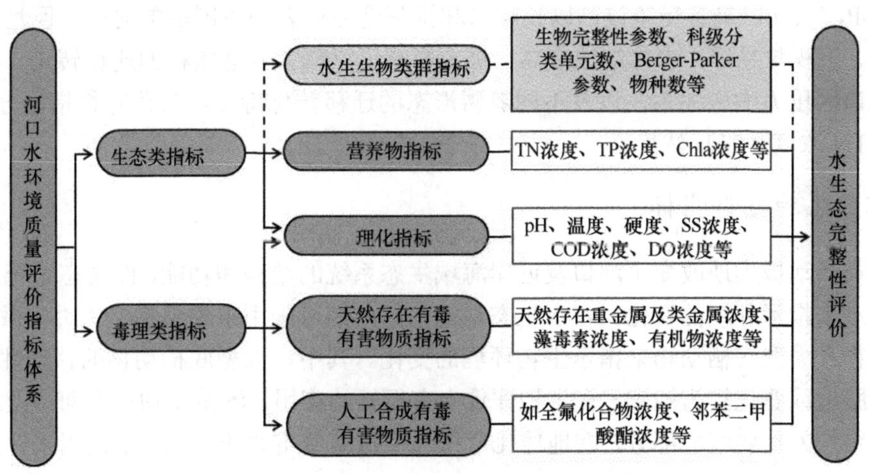

图 5-1　我国河口水环境质量评价指标体系

5.1.1 生态类指标

5.1.1.1 基本项目指标

这些指标分为两类，取决于对水生态系统的直接效应和间接效应，如图 5-2 所示。直接效应指标包括两类，一类直接对生物产生毒性作用，主要指重金属和有机污染物等有毒有害物质及相应的环境因子，如温度、pH、硬度、盐度等；另一类本身无毒，但是在超过一定的阈值后能对生物及水生态直接产生作用，包括营养物、流量等。间接效应指标则主要是指能改变其他压力因子效应的参数，如 pH、SS 浓度、DO 浓度等。其中有些指标，既作为生态类指标又可作为毒理类指标，需做一个假定，即若这些理化指标能保持在特定的水平，水生生物或人体健康能够受到有效保护。

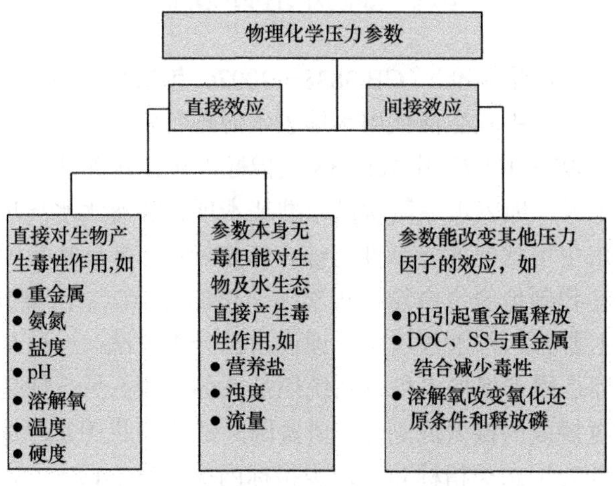

图 5-2 物理化学压力参数的分类框架

特别地，作为地表水与海水交接的入海河口，究竟采用《地表水环境质量标准》（GB 3838—2002）中指标 TN、TP 还是采用《海水水质标准》（GB 3097—1997）中指标 DIN 及 PO_4-P，长期以来备受争议。以长江口和杭州湾为代表的我国多数河口，巨量泥沙在此絮凝、沉积与悬浮，水体混浊度高，极大影响了氮磷营养盐指标的迁移转化。本研究基于河口区压力响应关系，以及不同氮磷形态的迁移转化特点，将营养物指标分为 TP 浓度、TN 浓度、Chla 浓度。

5.1.1.2 生物类群指标

人类活动极大地改变了河口及近岸海域生态系统的结构和功能，而生态系统的改变也可反过来指示环境的变化。在水生态系统中，人们可采用水生植物、鱼类、微生物、浮游生物及大型底栖动物来指示生物环境的变化。其中，大型底栖动物的移动性较差，对环境胁迫或变化较为敏感，在生物评价中有很好的应用。浮游生物作为河口及近岸海域生态系统的重要组成部分，在地球化学循环中扮演着重要的角色，常被用来评价生态环境质量。

生物评价通常包括三个层次，第一层为目标层（A），河口生物群落健康；第二层为准则层（B），实现生物群落健康的各个要素，包括浮游植物、浮游动物、大型底栖动物等类群要素；第三层为指标层（C），包括为达到目标层和准则层的各种指标。

1. 大型底栖生物

物种丰富度指标：总分类单元数、丰度、生物量、EPT 分类单元数、（E 代表蜉蝣目分类单元数，P 代表襀翅目分类单元数，T 代表毛翅目分类单元数）、端足目+软体动物分类单元数等。

种类组成指标：襀翅目百分比、蜉蝣目百分比、毛翅目百分比、（蜉蝣目+襀翅目+毛翅目）百分比、摇蚊科百分比、双翅目百分比、（端足目+软体动物）百分比、寡毛类百分比、最优势类群百分比、沉积物-水界面以下 5cm 分类阶元百分比、沉积物-水界面以下 10cm 分类阶元百分比、沉积物-水界面以下 5cm 丰度百分比、沉积物-水界面以下 10cm 丰度百分比、沉积物-水界面以下 5cm 生物量百分比、沉积物-水界面以下 10cm 生物量百分比等。

物种多样性指标：Shannon-Wiener 多样性指数（H'）、Pielou 均匀度指数（J）、Margalef 丰富度指数（d）、Simpson 多样性指数（D）。

生物耐受性指标：耐污种数、耐污种丰度百分比、耐污种生物量百分比、敏感种数、敏感种丰度百分比、敏感种生物量百分比等。

功能摄食类群指标：滤食者种类数、滤食者丰度百分比、滤食者生物量百分比、捕食者种类数、捕食者丰度百分比、杂食者种类数、杂食者丰度百分比、刮食者种类数、刮食者丰度百分比、撕食者种类数、撕食者丰度百分比、深层沉积食性种丰度百分比等。

生境质量指标：黏附者种类数、黏附者百分比等。

2. 浮游植物

物种丰富度指标：总分类单元数、Chla 浓度、浮游植物密度等。

种类组成指标：蓝藻生物量、蓝藻比例、蓝藻［微囊藻属（*Microcystis*）、鱼腥藻属（*Anabaena*）、丝囊藻属（*Aphanizomenon*）］丰度百分比、绿藻比例、硅藻比例、硅藻中心目/羽纹目丰度、硅藻［曲壳藻属（*Achnanthes*）、卵形藻属（*Cocconeis*）、桥弯藻属（*Cymbella*）］/［小环藻属（*Cyclotella*）、直链藻属（*Melosira*）、菱形藻属（*Nitzschia*）］丰度百分比、甲藻比例、赤潮藻种比例等。

物种多样性指标：Shannon-Wiener 多样性指数（H'）、Pielou 均匀度指数（J）、Margalef 丰富度指数（d）、Simpson 多样性指数（D）。

功能类群指标：可食藻类生物量、可食藻种比例、不可食藻类生物量、不可食藻类比例等。

3. 浮游动物

物种丰富度指标：总分类单元数、丰度、生物量、哲水蚤目丰度、枝角类+剑水蚤目丰度、浮游动物生物量/浮游植物生物量等。

种类组成指标：原生动物比例、轮虫比例、枝角类比例、桡足类比例、水母类比例。

物种多样性指标：Shannon-Wiener 多样性指数（H'）、Pielou 均匀度指数（J）、Margalef 丰富度指数（d）、Simpson 多样性指数（D）。

功能类群指标：肉食性浮游动物生物量百分比、饵料生物种类、非饵料生物种类等。

5.1.2 有毒有害类指标

一般而言，任何有特定分子标识的有机物质或无机物质统称为化学物质，其中具有易燃易爆、致癌性、致突变性毒害等危险性质并给人、生物或环境带来潜在危害的称为有毒有害物质，包括重金属以及有毒有机化合物等。随着我国工业的快速发展，尤其是农药、焦化、电镀、有机化工、石油化工、医药等行业的迅速发展，重金属、有毒难降解有机化合物的排放量和排放种类与日俱增，导致我国环境中有毒污染物种类繁多、普遍存在，并且每年都有许多新的污染物进入环境中。有毒有害类指标可分为天然存在有毒有害物质和人工合成有毒有害物质两类。

1）天然存在有毒有害物质指标。这类指标在一定浓度范围内是合理的，主要包括天然存在重金属及类金属，如 Zn、Cd、Cr、Pb、Hg、Ni 等；天然存在有机物，如由碳水化合物、蛋白质、氨基酸以及脂肪等组成的藻毒素等。

2）人工合成有毒有害物质指标。主要包括内分泌干扰物、药物及个人护理用品（PPCP）、含溴阻燃剂、消毒副产物、PFOS 等人工合成的污染物等。

5.1.3 特征污染物筛选

由于有毒污染物质为数众多，现阶段无法对每一项污染物都制定标准，实行监测与有效控制，只能确定一个筛选原则，从中选出一些重点污染物进行管理，提出一份控制名录。本研究以九龙江口为例说明这类指标的筛选过程。

1. 考虑因素

既要考虑化学污染物本身的物化性质、毒性毒理、生态效应、环境行为等因素，又要考虑到使用现状、环境暴露、人群接触、潜在危险风险、污染处置、技术经济水平以及立法、政策、标准等诸多因素。

1）产量或使用量较大，含进口量和中间产品。

2）排放量、废弃量较大。

3）生态毒性和人体健康毒性效应较大，含污染物环境与生态学的急性、慢性毒性，以及致突变、致畸变、致癌等“三致”健康遗传毒性作用。

4）在环境中降解缓慢、蓄积作用较强。

5）环境检出率较高、分布广。

6）流域水环境中浓度相对较高，且易产生污染。

7）水环境污染事故频繁，造成污染损失较严重。

8）已列入相关国际组织及一些发达国家公布的环境优先控制污染物名单中。

9）流域水体中存在并有条件可以监测；流域水体中的人群负面敏感性物质，如感官及舆论等。

2. 污染物确定途径

1）对有关水环境污染的文献资料进行查阅，确定水体中记载已有的污染物。

2）对水体周围有可能污染水环境的污染源进行检测，确定当前进入水体的污染物种类、数量及分布状况。

3）对水体现状进行污染物调查，全面分析调查工业生产、居民生活、农业生产等污染源对流域水环境状况的影响，定量描述流域水环境被污染的现状，确定水体中的有害污染化学物质。

4）将调查分析所得的所有水环境中的有毒有害化学品列入清单。

5）对污染物进行分类，通过对各类污染物的理化性质、所处环境、毒理学进行分析，以及对各类污染物的未来污染状况进行分析与预测，确定流域水环境中污染物种类与浓度随时间变化的归类；同时筛选对水生生物影响较大的污染物，综合考虑流域水生态营养级结构、地理特征及环境气候等因素，全面分析水污染化学物质对生态系统中敏感的代表性水生生物的暴露方式和可能的暴露值，筛选特征污染物。

3. 九龙江口有毒有害物指标筛选

2012～2014 年，利用气相质谱分析手段，对九龙江口水体和沉积物中的有机污染物进行调查，以及通过收集文献历史资料，发现目前九龙江口共检出 11 类 60 种有机污染物。为了科学地评价环境质量，需要集中对那些毒性大、难降解、易积累且在九龙江流域相对含量大、检出率高的特征污染物（表 5-1）实行优先控制，因此选用潜在危害指数-加权评分法对九龙江口水环境中的特征污染物进行筛选研究。

表 5-1　在九龙江口检出的 11 类 60 种有机污染物

大类名称	化合物名称
全氟化合物	PFOA
	PFOS
磺胺类抗生素	SDZ
	SIM
	SIZ
	SM2
	SCP
	SMM
	磺胺甲基异噁唑
	磺胺噁喹啉
多环芳烃	萘
	芴
	菲
	荧蒽

续表

大类名称	化合物名称
多环芳烃	芘 苯并[a]蒽 屈
邻苯二甲酸酯	邻苯二甲酸二甲酯 邻苯二甲酸二乙酯 邻苯二甲酸二异丁酯 邻苯二甲酸二丁酯 邻苯二甲酸二（2-乙基）己酯 邻苯二甲酸二异壬酯（多种同分异构体混合物）
烷基酚和烷基酚聚氧乙烯醚	壬基酚 辛基酚 壬基酚聚氧乙烯醚 辛基酚聚氧乙烯醚
有机氯农药	七氯 三氯杀螨醇 硫丹Ⅰ 硫丹Ⅱ 三氯杀螨砜
有机磷农药	乐果 杀螟腈 二嗪农 乙拌磷 甲基毒死蜱 杀螟松 马拉硫磷 丙溴磷 稻瘟灵 乙硫磷
苯胺	氟乐灵 二甲戊乐灵
酰胺	乙草胺 异丙甲草胺 丁草胺 异菌脲
唑类杂环	氟虫腈 醚菌酯 腈菌唑 丙环唑
拟除虫菊酯	联苯菊酯 甲氰菊酯

续表

大类名称	化合物名称
拟除虫菊酯	三氟氯菊酯
	氯菊酯
	氟氯氰菊酯
	氯氰菊酯
	氰戊菊酯
	溴氰菊酯

4. 筛选步骤

（1）潜在危害指数计算

潜在危害指数计算公式为

$$N=2\mathrm{aa}'A+4\mathrm{b}B$$

式中，N 为潜在危害指数；a、a′、b 为常数；A 为某化学物质的即水生态多介质环境目标值（AMEG）对应值；B 为潜在“三致”化学物质的 AMEG 对应值（表 5-2）。

a. AMEG 及一般化学物质的 $AMEG_{AH}$ 计算

$AMEG_{AH}$ 计算模式有以下两种。

1）$AMEG_{AH}$=阈限值(或推荐值)/420×10^3，其中，阈限值为化学物质在车间空气中的允许浓度。推荐值在没有阈限值或推荐值低于阈限值时使用。

2）$AMEG_{AH}=0.107\times LD_{50}$，是在没有阈限值和推荐值时使用的公式。

b. 潜在“三致”化学物质的 $AMEG_{AC}$ 及其计算

$AMEG_{AC}$=阈限值(或推荐值)/420×10^3，其中，阈限值为“三致”物质或“三致”可疑物在车间空气中的允许浓度。

表 5-2　*A*、*B* 值的确定

一般化学物质的 $AMEG_{AH}$（μg/m^3）	*A* 值	潜在“三致”物质 $AMEG_{AC}$（μg/m^3）	*B* 值
＞200	1	＞20	1
＜200	2	＜20	2
＜40	3	＜2	3
＜2	4	＜0.2	4
＜0.02	5	＜0.02	5

注：a、a′、b 的确定原则如下，可以找到 *B* 值时，a=1，无 *B* 值时，a=2；某化学物质有蓄积或慢性毒性时，a′=1.25，仅有急性毒性时，a′=1；可以找到 *A* 值时，b=1，找不到 *A* 值时，b=1.5

（2）潜在危害指数的分级

化学污染物潜在危害指数的数值为 1.0～30.0，本研究将其划分为 5 个区间，即指数为 1.0～6.0，分值定为 1；指数为 6.5～12.5，分值定为 2；指数为 13.0～18.5，分值定为 3；指数为 19.0～24.5，分值定为 4；指数为大于等于 25.0，分值定为 5。

（3）水体平均检出浓度（C_w）和沉积物平均检出浓度（C_s）的分级

有机化合物在水体和沉积物中的检出率反映了该化合物在水环境中的发生量与分布程度，共分为 5 级，即检出率为 1.0%～20.0%，分值为 1；检出率为 20.1%～40.0%，分值为 2；检出率为 40.1%～60.0%，分值为 3；检出率为 60.1%～80.0%，分值为 4；检出率为 80.1%～100.0%，分值为 5。

（4）水体总检出频率（F_w）和沉积物总检出频率（F_s）的分级

对定量检出的数据进行统计，水体平均检出浓度最大值为 2465.8ng/L，最小值为 0.8ng/L，底泥中平均检出浓度最大值为 52.5μg/kg，最小值为 0.2μg/kg，各种有机物的浓度水平差距较大，而且分布不均匀，因此采用几何分级法，用等比级数定义分级标准，共分 5 级。

计算公式为

$$a_n=a_1q^{n-1}$$

式中，a_n 为平均检出浓度的最大值；a_1 为平均检出浓度的最小值；q 为等比常数；n=6。

按照以上公式，将在地表水和底泥中定量检出的各种有机化合物的平均浓度区间分为 5 个，各区间分别赋予 1～5 不同的分值，见表 5-3。

表 5-3　平均检出浓度评分标准

级别	检出浓度		分值
	地表水（ng/L）	底泥（μg/kg）	
一级	0.8～3.9	0.2～0.6	1
二级	4.0～19.9	0.7～1.9	2
三级	20.0～99.2	2.0～5.7	3
四级	99.3～494.5	5.8～17.2	4
五级	494.6～2465.8	17.3～52.5	5

（5）总分值——加权计算

根据三类定标原则，设定权重，化合物的潜在危害性权重为 2，将其在水体和沉积物中的检出率 F_w、F_s 以及平均浓度 C_w、C_s 的权重分别定义为 1。

$$R=2N+C_w+C_s+F_w+F_s$$

式中，R 为总分值；N 为潜在危害指数分值；C_w、C_s 分别为水体、沉积物的浓度分值；F_w、F_s 分别为水体、沉积物的检出率。

（6）筛选结果

根据 R 值对九龙江口检出的有机污染物进行排序，排序结果见表 5-4。

表 5-4 九龙江口有机污染物筛选排序结果

化合物名称	危险指数	危险指数分值（N）	水体检出率（F_w）	水体浓度分值（C_w）	沉积物检出率分值（F_s）	沉积物浓度分值（C_s）	总分（R）
邻苯二甲酸二（2-乙基）己酯	15	3	5	5	5	5	26
苯并[a]蒽	26	5	2	3	5	5	25
萘	9	2	5	5	4	5	23
邻苯二甲酸二丁酯	11.5	2	5	4	5	4	22
芘	18.5	3	2	3	5	5	21
菲	5	1	5	3	5	5	20
邻苯二甲酸二异丁酯	—	—	5	5	5	5	20
氰戊菊酯	8	2	5	2	5	4	20
溴氰菊酯	12	2	5	3	4	4	20
邻苯二甲酸二甲酯	11.5	2	5	3	5	2	19
邻苯二甲酸二乙酯	11.5	2	5	3	5	2	19
乐果	8	2	3	3	5	3	18
䓛	—	—	4	3	5	5	17
荧蒽	5	1	2	3	5	5	17
丁草胺	—	—	5	3	5	3	16
三氯杀螨醇	—	—	4	2	5	4	15
杀螟腈	8	2	3	1	5	2	15
乙草胺	4	1	5	3	2	3	15
异丙甲草胺	6	1	5	2	4	2	15
甲氰菊酯	12	2	4	2	2	3	15
氯氰菊酯	—	—	5	2	5	3	15
PFOA	—	—	5	3	5	1	14
PFOS	—	—	5	3	5	1	14
壬基酚	8	2	5	5			14
二嗪哝	12	2	2	3	2	3	14
联苯菊酯	4	1	4	2	3	2	13
氟氯氰菊酯	8	2	4	2	1	2	13
邻苯二甲酸二异壬酯	—	—	3	4	1	4	12
辛基酚	8	2	5	3	—	—	12
壬基酚聚氧乙烯醚	8	2	4	4	—	—	12
辛基酚聚氧乙烯醚	8	2	5	3	—	—	12
稻瘟灵	—	—	4	2	4	2	12
氯菊酯	8	2	3	2	1	2	12
硫丹 I	16	3	0	0	3	2	11
硫丹 II	16	3	0	0	3	2	11
乙拌磷	16	3	2	3	0	0	11
氟虫腈	12	2	2	1	3	1	11
SM2	5	1	4	2	1	1	10
SDZ	5	1	5	2	0	0	9

续表

化合物名称	危险指数	危险指数分值（N）	水体检出率（F_w）	水体浓度分值（C_w）	沉积物检出率分值（F_s）	沉积物浓度分值（C_s）	总分（R）
SMM	5	1	5	2	—	—	9
磺胺甲基异噁唑	5	1	5	2	—	—	9
屈	18	3	1	2	0	0	9
腈菌唑	—	—	4	2	1	2	9
SCP	5	1	3	1	1	1	8
醚菌酯	4	1	5	1	0	0	8
SIZ	5	1	3	2	—	—	7
杀螟松	8	2	0	0	2	1	7
SIM	5	1	1	3	0	0	6
磺胺噁喹啉	5	1	1	3	0	0	6
马拉硫磷	12	2	1	1	0	0	6
三氟氯菊酯	—	—	4	2	0	0	6
乙硫磷	—	—	3	1	1	0	5
氟乐灵	4	1	1	2	0	0	5
二甲戊乐灵	—	—	3	2	0	0	5
甲基毒死蜱	8	2	0	0	0	0	4
丙溴磷	8	2	0	0	0	0	4
丙环唑	8	2	0	0	0	0	4
七氯	—	—	1	1	0	0	2
三氯杀螨砜	5	1	0	0	0	0	2
异菌脲	4	1	0	0	0	0	2

注：“—”代表相关数据未查到，无计算结果

可以看到，总分在 14 分以上的有机污染物总共有 25 种。其中主要包括以下几类。

1）邻苯二甲酸酯类 5 个：邻苯二甲酸二（2-乙基）己酯、邻苯二甲酸二丁酯、邻苯二甲酸二异丁酯、邻苯二甲酸二甲酯、邻苯二甲酸二乙酯。

2）多环芳烃类 6 个：苯并[a]蒽、萘、芘、菲、芴、荧蒽。

3）全氟化合物 2 个：PFOA、PFOS。

4）烷基酚类 1 个：壬基酚。

5）其他为农药类 11 个：氰戊菊酯、溴氰菊酯、乐果、丁草胺、三氯杀螨醇、杀螟腈、乙草胺、异丙甲草胺、甲氰菊酯、氯氰菊酯、二嗪哝。

从以上 5 类 25 种有机污染物中，选择国内外优先控制污染物和九龙江口的区域特征污染物作为研究对象，本研究最终选择邻苯二甲酸酯类、多环芳烃类、全氟化合物类 3 类有机污染物作为九龙江口的重点控制有毒有害污染物。

5.2　河口水环境功能分类及标准设置

在水体功能类别方面，依据地表水水域环境功能和保护目标，按功能高低依次划分为五类，而海水水质标准按功能高低划分为四类。其中在地表水标准中，Ⅰ类水体主要适用于源头水、国家自然保护区，Ⅱ类水体主要适用于集中式生活饮用水地表水源地一级保护区，珍稀水生生物栖息地、鱼虾类产卵场、仔稚幼鱼的索饵场等；而海水标准中，Ⅰ类水体适用于海洋渔业水域，海上自然保护区和珍稀濒危海洋生物保护区。可以看出，现行地表水标准中Ⅰ类和Ⅱ类水体与现行海水水质标准Ⅰ类水体在使用功能上是基本相同的，都是以保护水生生物、生物资源为目标，为了保护地表水和海水生物所栖息的环境不受人类活动的干扰，水质应尽可能保持天然理想状态。在陆海统筹、河海兼顾理念指导下，本研究建议在河口水域将《地表水环境质量标准》（GB 3838—2002）中的Ⅰ类和Ⅱ类进行合并，评价标准以Ⅱ类标准值为依据，划分为四类，与海水水质标准保持一致。

依据《地表水环境质量标准》（GB 3838—2002）和《海水水质标准》（GB 3097—1997）中的水域环境功能和保护目标，将河口水环境功能依次划分为以下四类。

Ⅰ类　主要适用于国家级自然保护区、集中式生活饮用水地表水源地一级保护区、珍稀水生生物栖息地、鱼虾类产卵场、仔稚幼鱼的索饵场等。

Ⅱ类　主要适用于集中式生活饮用水地表水源地二级保护区、鱼虾类越冬场、洄游通道、水产养殖区等渔业水域及游泳区以及与人类食用直接有关的工业用水区。

Ⅲ类　主要适用于一般工业用水区及人体非直接接触的娱乐用水区。

Ⅳ类　主要适用于农业用水区、一般景观要求水域及港口水域。

对应上述四类水域功能，将河口水环境质量标准基本项目标准值分为四类，不同功能类别分别执行相应类别的标准值。水域功能类别高的标准值严于水域功能类别低的标准值。同一水域兼有多类使用功能的，执行最高功能类别对应的标准值。

根据前文所述，综合国际经验，在河口淡水端，理化指标水温、pH、高锰酸盐指数、COD、五日生化需氧量（BOD_5）直接执行《地表水环境质量标准》（GB 3838—2002），评价标准执行Ⅱ类、Ⅲ类、Ⅳ类和Ⅴ类标准值；在河口海水端，理化指标漂浮物质、色臭味、SS、水温、pH、COD、BOD_5直接执行《海水水质标准》（GB 3097—1997）Ⅳ类标准。

5.3　河口营养盐基准确定方法

5.3.1　通用方法

目前，国际上河口营养盐基准的确定方法主要包括参照状态法、混合稀释法、压力响应法、水质模型法等。

（1）参照状态法

如果河口特定区段的历史数据连续，利用历史调查数据绘制相应项目的频率分布图，选择合适的百分位数设置为参照状态，确定基准值。如果河口特定区段的历史数据不连续，可利用历史数据和现状数据分别绘制相应项目的频率分布图，将历史和现状数据中值之间的中值设置为参照状态，确定基准值。

（2）混合稀释法

1983 年美国环保署颁布了《水质标准条例》，对各州有如下规定：各州必须考虑下游水质标准的获得与维护，确定对点源与非点源污染的控制，确保水质达到基准，保护下游水体的一切指定用途。混合/稀释模型（DPV 法）主要是基于淡水、海水以采样站位的盐度估计淡水和海水到任何水质采样点的贡献，该法关键是估算海水中的 TP 和 TN 营养盐的值。

$$\mathrm{DPV}=\frac{\mathrm{TN_{crit}}-\mathrm{TN}_{海水}}{S_{\mathrm{seg}}-S_{海水}}(S_{河水}-S_{海水})+\mathrm{TN}_{海水}$$

式中，$\mathrm{TN_{crit}}$是指特定区域 TN 基准值；$\mathrm{TN}_{海水}$是 TN 海水基准值；S_{seg}为区域长期盐度；$S_{海水}$是海水盐度；$S_{河水}$是淡水盐度。

（3）压力响应法

频率分布模型（frequency distribution model）可被用来预测超过某一阈值的暴发频率，确定 Chla 分级阈值。压力响应法能够把指定用途、响应变量、原因变量有机联系起来。对于某些历史数据变动以及已知营养盐影响的河口，EPA 并不追求采用参照条件的方法推导营养盐基准值（因为很难确定参照条件反映的最小影响），推荐采用压力响应模型（统计学方法）推导营养盐的基准值，具体如下。

1）根据水体环境功能确定河口水生态保护目标（如维持水生植物正常生长、藻类种群平衡、水生态结构保持稳定）。

2）筛选可有效指示水生态保护目标的富营养化响应变量（如 Chla、DO）。

3）采用统计模型建立富营养化问题（如赤潮暴发频率）与响应变量的关系，确定响应变量阈值水平，得到相应基准值。

4）根据响应变量基准值，利用回归曲线法确定 TP、TN 等原因变量的基准值。

（4）水质模型法

尽管水质模型（EFDC 或 MIKE21 水动力模型）研究手段不同于统计模型，但是概念方法都是相似的，都以压力响应理论为基础。根据已经建立的长江口三维水生态动力水质模型，利用现状入海通量和水质分布进行模型参数的率定与验证，基本能够反映长江口区域营养盐输送和反应特征，用来反演河口区早期的营养盐分布情况。

5.3.2　长江口各分区营养盐基准研究

1. 参照状态法确定不同区域背景值

生态分区和参照状态（位点）的确定是水质基准制定过程中非常重要的两个方面。一般来说，参照位点和参照状态法都代表了没有受到特定影响的环境条件，但是这两类参照可能会产生不同的度量（Barbour et al.，1996；Pardo et al.，2012；Karr，1991）。纽约环境保护部研究发现，上游-下游方法有助于诊断特定排放原因及其影响，可以提高精度（Bode and Novak，1995）。由于前期研究（郑丙辉，2013）中，长江口内（1992～2008 年）DIN 和 SRP 在第 15 个百分位数的浓度水平（0.86μg/L、0.0315μg/L）分别与相同区域 2000～2013 年周期性调查数据（0.84μg/L、0.029μg/L）大致相当。因此，根据前期研究的数据，推导出潮汐淡水区 TN、TP、Chla 的基准值分别为 1.244mg/L、0.082mg/L、0.87μg/L，混合区 TN、TP、Chla 的基准值分别为 0.989mg/L、0.068mg/L、0.98μg/L。

2. 维护下游海水背景状态的河口区营养盐基准值的确定

本部分借鉴了美国佛罗里达州环境保护署对下游水体保护的先进理念，以长江口下游海水水体，即东海营养盐背景值为保护阈值，通过混合/稀释模型推导河口区的基准值，进而得到河口区上游区域的基准值。引用 908 专项（暨卫东，2011）相关成果，东海海水盐度为 33.76，DIN、SRP 背景值分别为 2.33μmol/L、0.161μmol/L。本研究长江口 2008～2013 年潮汐淡水区、混合区、口外区的平均盐度分别为 1.071、9.786、24.658。根据前期研究，由于口外区的基准值已经确定（郑丙辉，2013），因此可以根据口外区混合稀释关系推算长江口内不同区域的基准值。

为了更为准确地估算长江口淡咸水交界处的氮磷比例关系，克服极值影响，将其定义为某一区域范围内两者比例关系频率分布的中位值。由表 5-5 可知，潮汐淡水区 DIN、SRP 分别占 TN、TP 的比例分别为 80.09%和 40.211%；混合区 DIN、SRP 分别占 TN、TP 的比例分别为 76.835%和 40.997%。众多学者研究了长江口营养盐氮磷比例关系。黄自强和暨卫东（1994）于 1981 年研究了 8 月丰水期及 11 月枯水期氮磷形态的转化关系，发现 SRP 从 20%升高为 50%左右，且 SRP 与 TP 之间无显著相关关系。俞志明和沈志良（2011）发现 PIP/TP 在口门内和最大浑浊带平均为 0.81±0.17，最大浑浊带以东为 0.22±0.12，表明吸附在悬浮体和沉积物上的 DIP 是最大浑浊带颗粒磷的主要形态；DIP/TP 在最大浑浊带平均为 0.44+0.19，最大浑浊带以东水域为 0.85+0.18，最大浑浊带的 SRP/TP 明显小于外海，表明 SRP 是外海磷的主要存在形态。李峥等（2007）发现 SRP 浓度最高值一般不在河口内而是在口门外，这是由 SRP 在河口的缓冲作用所致。刘希真等（2011）的研究结果显示，全年河口口门内表层 SRP/TP 为 0.28～0.37，反映了颗粒物对 P 吸附的影响，122°30′E 处 SRP/TP 为 0.49～0.55；TP 从口门外向东浓度逐渐降低，122°30′E 以东分布均匀，SRP/TP 达到 0.65～0.78，这是由于表层大量的浮游生物死亡沉积分解殆尽，TP 主要以 SRP 的形式存在。本研究的结果大体与上述研究一致。

表 5-5 2007～2013 年各区域氮磷比例关系统计

指标		DIN/TN			SRP/TP		
		潮汐淡水区	混合区	口外区	潮汐淡水区	混合区	口外区
均值		0.777 81	0.769 65	0.762 56	0.418 35	0.441 18	0.522 1
中值		0.800 9	0.768 35	0.671 8	0.402 11	0.409 97	0.455 46
方差		0.027	0.040	0.121	0.030	0.056	0.156
极小值		0.120	0.197	0.150	0.053	0.043	0.00
极大值		1.170	1.607	1.681	1.005	1.117	2.352
百分位数	25	0.676 59	0.622 6	0.528 85	0.297 06	0.264 04	0.2042
	50	0.800 9	0.768 35	0.671 8	0.402 11	0.409 97	0.455 46
	75	0.887 8	0.899 88	0.993 18	0.502 7	0.593 51	0.749 37

由于我国地表水和海水水质监测指标差异的问题，通过混合稀释法得到的 DIN 和 SRP 的基准值，需要用表 5-5 中氮磷的转化系数，通过换算，得到不同区域 TN、TP 的基准值。

3. 利用压力响应法确定营养盐基准值

目前，我国现行水质标准制定依据，主要通过文献检索参考国外基准值、借鉴国外标准或根据国内专家经验讨论制定。由于我国实际流域水环境的理化性质、物种分布、生态学特征与一些发达国家可能存在较大的差异，现行水质标准《地表水环境质量标准》（GB 3838—2002）及《海水水质标准》（GB 3097—1997）在河口区的衔接中存在很大难度。

本节基于河口区水质压力响应关系理论，采用基于赤潮易发区 Chla 频率分布模型法来确定我国河口水质分级评价阈值。该法已被成功应用于 EPA *Nutrient Criteria Technical Guidance Manual*（2000 年）和佛罗里达州推荐的 *Water Quality Standards for the State of Florida's Estuaries and Coastal Waters*（2012 年）。该方法采用统计学方法将“风险”理念应用于河口区水质标准的制定，最终实现河口水质分级管理，对我国地表水及河口水质管理具有重要的借鉴意义。

长江口近岸海域和舟山近岸海域泥沙含量较少，水体浑浊度受悬浮泥沙影响较低，又有河口输入的丰富营养盐供给以及适宜的盐度等生态条件，使得的生态系统对营养盐较为敏感，该海域也因此成为赤潮高发区。赤潮易发区主要分布在长江口一级分区中的Ⅱ区（长江口外）和Ⅳ区（舟山海域）。根据刘录三等（2011）的研究，近 30 多年来，长江口及邻近海域暴发的赤潮主要集中在口外佘山附近海域、花鸟山-嵊山-枸杞附近海域、舟山及朱家尖东部海域；多发生在春夏两季，且赤潮暴发从 2000 年后逐渐向口内延伸；赤潮暴发次数从 70 年代的 2 次增加至 90 年代的 33 次，2000 年以后达到 126 次；除去未记录原因种的赤潮，长江口及邻近海域引起赤潮暴发的原因种中，最具优势的是东海原甲藻，其次为中肋骨条藻、具齿原甲藻及夜光藻。

基于《入海河口区营养盐基准确定方法研究：以长江口为例》（郑丙辉，2013）和前期赤潮易发区的研究结果，分析 Chla 约 13 年（1996～2008 年）周期性历史变化规律。从年际来看（图 5-3），4 个海区 Chla 的浓度水平波动趋势类似，长江口外海域（Ⅱ 区）的 Chla 浓度水平相对较高；从季节来看（表 5-6），2000 年后赤潮易发区的 Chla 浓度显著高于 20 世纪 90 年代的浓度水平，从 1.5μg/L 上升到约 2.5μg/L，赤潮易发区（Ⅱ区和Ⅳ区）夏季 Chla 的浓度水平相对于春季和秋季较高，分别约为 10.16μg/L 和 9.85μg/L。此外，从 1992 年到 2013 年赤潮易发区 Chla 的变化呈逐年递增的趋势（图 5-4）。

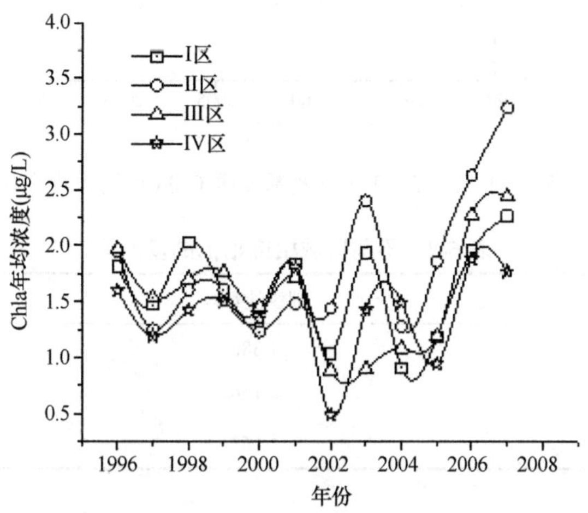

图 5-3 一级分区下不同区域 Chla 年均浓度变化

表 5-6 1992～2008 年赤潮易发区 Chla 的不同频率百分比的浓度水平

		春季		夏季		秋季	
		长江口外近海区	舟山海区	长江口外近海区	舟山海区	长江口外近海区	舟山海区
平均值（μg/L）		1.27	1.04	3.20	1.89	1.31	1.08
标准差		2.06	2.20	2.00	2.49	2.03	1.87
最小值（μg/L）		0.25	0.25	0.73	0.25	0.25	0.08
最大值（μg/L）		4.65	10.94	13.00	16.02	6.69	4.66
百分位数	5	0.25	0.25	0.99	0.39	0.37	0.26
	25	0.87	0.73	1.88	1.00	0.84	0.78
	50	1.26	1.20	3.13	1.79	1.42	1.11
	75	2.00	1.59	4.67	3.29	1.83	1.65
	90	4.10	3.59	10.16	9.85	5.22	2.16

根据设置的 Chla 的浓度阈值，本研究进行了不同区域原因变量 TP、TN 年均浓度与响应变量 Chla 年均浓度的响应关系分析，发现均呈现随着原因变量的增加，响应变量减少的趋势，直到口外区，Chla 浓度随着 TN 浓度、TP 浓度的增加而增加。这种情况在美国佛罗里达河口的研究中也发现，研究认为是河口行为复杂所致。基于以上分析，分别推导出长江口不同区域 TN、TP、Chla 浓度的基准值见表 5-7 所示。

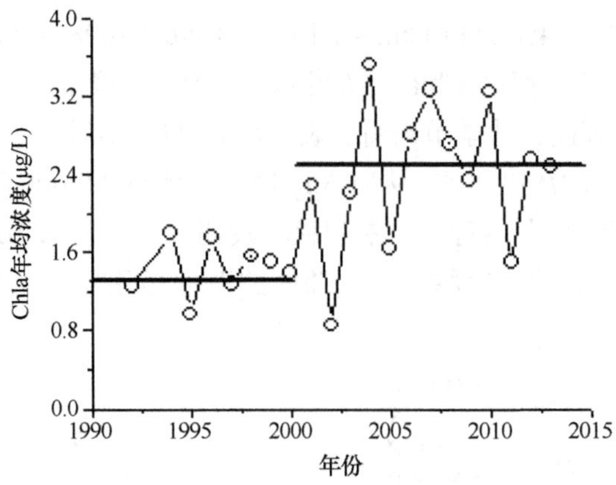

图 5-4　1992～2013 年赤潮易发区 Chla 年均浓度变化

表 5-7　不同区域相应指标的基准值

指标	潮汐淡水区	混合区
TN 浓度（mg/L）	1.386	0.994
TP 浓度（mg/L）	0.120	0.092
Chla 浓度（μg/L）	1.168	1.456

4. 水生态动力学法

（1）原因-响应变量响应关系研究

为得出长江口赤潮易发区在不同 Chla 分级阈值与长江口内南支区、北支区和混合区三个区域对应的 DIN、SRP 指标的阈值之间的对应关系，本研究采用长江口三维生态动力学模型模拟不同营养盐输入情况下长江口外赤潮易发区的藻类生长情况，模拟计算时考虑夏季较不利条件。

基于模拟结果，分析了长江口赤潮易发区不同 Chla 浓度对应的长江口三个区域 DIN、SRP 浓度。Chla 浓度与 DIN 浓度、SRP 浓度关系曲线如图 5-5 所示，由图可知，长江口各分区的 Chla 浓度与 DIN 浓度、SRP 浓度具有正相关性，总体 Chla 浓度随着 DIN 浓度、SRP 浓度增大而增大。反之，DIN 浓度、SRP 浓度减小，则 Chla 浓度也相应降低，但下降程度越来越小。

（2）依据早期长江大通站营养盐通量反演长江口 TN、TP 基准

早期河口区营养盐监测的站位、频次较少，监测成果难以反映各个分区的营养盐分布情况，这给确定分区营养盐基准的参考状态带来了很大的难题。为了解决这一问题，课题采用数学模型对历史过程进行反演，利用早期长江大通站的营养盐入海通量来模拟河口区营养盐浓度分布，并进行分区统计，得到各个分区较好状态下营养盐的分布状况。

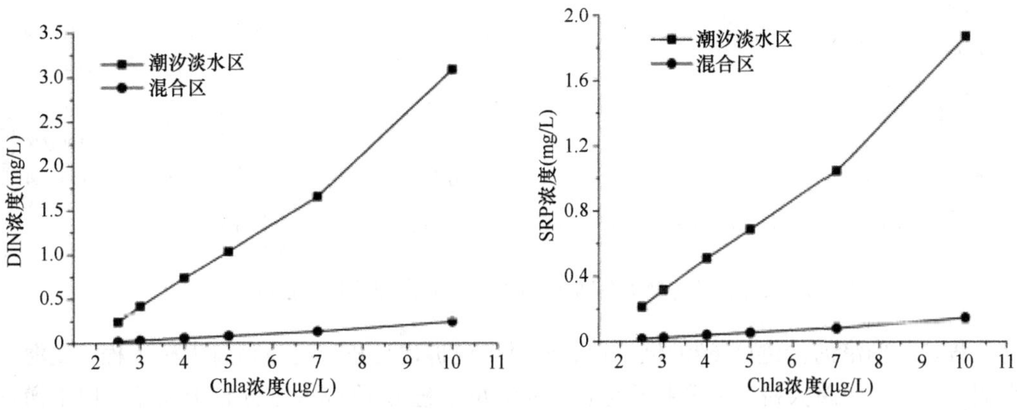

图 5-5　长江口营养盐与赤潮易发区 Chla 浓度响应关系

1963～1984 年 DIN（NO_3-N、NO_2-N、NH_3-N）、P、Si 的通量年际变化见图 5-6。采用肯德尔秩相关检验分析，可知 NO_3-N 和 DIN 的检验临界值 $|M| > M_{0.01}/2$，即在 0.01 的显著性水平上，NO_3-N 和 DIN 的年通量呈显著增长趋势；NO_2-N 和 Si 的检验临界值在 0.01 的置信水平下接受原无趋势性的假设，但在 0.05 的置信水平下拒绝原假设，且 Si 的 M 值为负，表明 NO_2-N 呈增大的趋势，但趋势不显著，Si 的通量呈下降趋势，但趋势也不显著；NH_3-N 和 P 的趋势性变化不明显。用有序聚类分析法和里海哈林法对变化趋势性显著的 NO_3-N 和 DIN 通量数据进行跳跃分析，所得的检验量在 1972～1974 年达到了最小和最大，表明 1972～1974 年后 NO_3-N 和 DIN 通量发生了较为显著的增大。据此推断，70 年代初可能对于长江口水域富营养化是一个重点的时间节点。1962～1973 年入海营养盐通量相对较小，其对河口区营养盐的影响也较小，该时期的入海通量可以设为模拟的条件，分别采用 EFDC（郑丙辉，2013）和 MIKE3FM 生态动力学模型（林卫青等，2008）进行模拟。EFDC 模拟结果显示，营养盐不同年份枯水期和丰水期不同类别水体的分布范围基本一致，年际变化不大。根据氮磷转化系数进行了间接反演，枯水期长江口门以上有局部区域 DIN 浓度大于 0.45mg/L，长江口门以外 DIN 浓度为 0.1～0.3mg/L，长江口门以上有局部区域 SRP 超过了 0.045mg/L，长江口门以下 SRP 浓度均在 0.03mg/L 以下；丰水期长江口门以上有局部区域 DIN 浓度超过 0.7mg/L，长江口门以外大部分区域 DIN 浓度为 0.15～0.3mg/L，0.15mg/L 等浓度线一直延伸至东经 122.5°以外，长江口门以上区域 SRP 浓度均在 0.015～0.03mg/L，高浓度区主要集中在沿岸，长江口门以下 SRP 浓度均在 0.015mg/L 以下。根据本研究中各区域氮磷比转化系数，可以大致推算各区域 TN、TP 基准值。同时，基于 MIKE3FM 模型进行反演模拟，模拟方案中长江来水营养盐通量参照 1962～1973 年入海营养盐通量条件与 EFDC 模型计算得到长江口潮汐淡水区和混合区的 TN 基准分别为 0.561mg/L 和 0.407mg/L，TP 基准分别为 0.023mg/L 和 0.020mg/L，Chla 分别基准为 0.30μg/L 和 0.90μg/L。

5.3.3　九龙江口各分区营养盐基准研究

1. 营养盐历史数据随盐度变化趋势

数据来源于厦门大学历史监测数据、研究区域环境影响评价报告书等（海达航运填

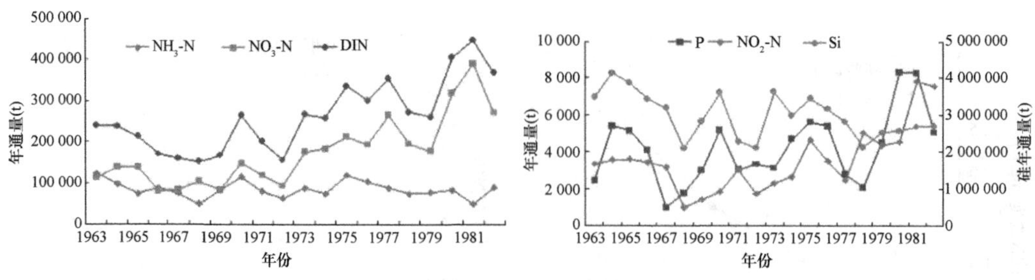

图 5-6 长江口营养盐通量随年际的变化趋势（彩图请扫封底二维码）

海工程、厦门港海沧港区 6#泊位工程、招银航道扩建工程、厦漳跨海大桥工程、龙海建荣码头工程、南溪大桥工程和招银港区 10#泊位工程），研究区域分布于九龙江口上游沙洲村至下游厦门湾。所用数据主要为系统性、完整性较好的 1997～2014 年的海水环境质量监测数据。

由于水力停留时间较短，九龙江口的 DIN 随盐度（S）呈现良好的保守混合行为，其回归方程分别为 DIN（μmol/L）=−3.8443S+154.29（R^2=0.4803，P＜0.01）（图 5-7a）。在 S＜25 区域，SRP 的浓度基本保持不变，主要受控于悬浮/沉降颗粒物吸附、解析的过程，其回归方程分别为 SRP（μmol/L）=−0.0141S+1.5454（R^2=0.0375，P＜0.01）；而在 S＞25 区域，主要通过物理混合稀释，该现象在以往的有关九龙江口的文献中也有讨论 （颜秀利等，2012；杨逸萍等，1996；张远辉等，1999），其回归方程分别为 SRP（μmol/L）=−0.0584S+2.753（R^2=0.0373，P＜0.05）（图 5-7b）。

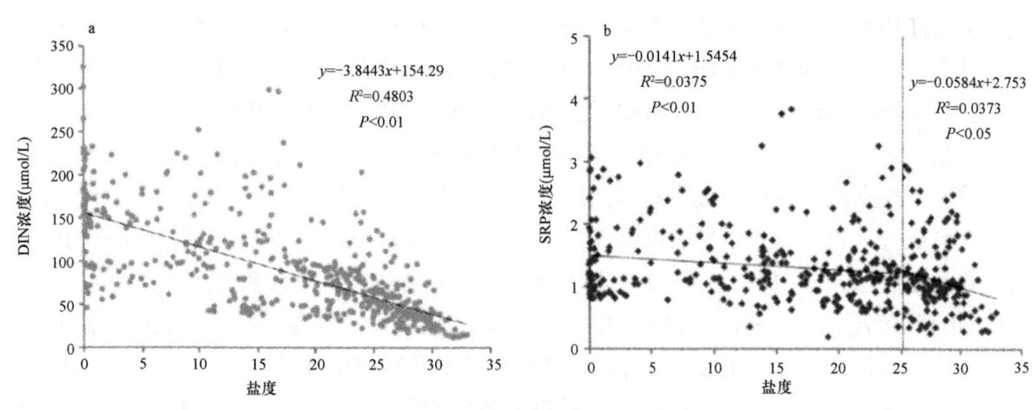

图 5-7 九龙江口营养盐随盐度变化历史趋势

2. 赤潮易发区

本节统计的数据主要来源于发表的论文和书籍、报告、监控数据以及官方统计数据库。收集的资料时间自 1986 年至 2011 年，部分年份的赤潮数据记录不全或缺失。统计结果见表 5-8。经统计，1986～2011 年赤潮时间记录在案的共有 61 次。其中，发生面积小于 50km^2 的共 23 次；发生面积 50～100km^2 的共发生 4 次；发生面积 100km^2 以上的共发生 2 次；其余记录不详。赤潮面积最大的为 200km^2，发生在厦门西海域（2003 年 6 月）和同安湾区域（2003 年 6 月、2006 年 6～7 月）。从九龙江口及其邻近海域主要赤潮种类可以看出，在该海域引起赤潮暴发的原因中，最具优势的是中肋骨条藻，经统计共记录有 20 次，该类赤潮每年均有发生；其次为角毛藻（*Chaetoceros* spp.），共引发赤潮 18 次。没有记录赤潮暴发原因的 12 次，占所有累计赤潮时间的 19.7%。

表 5-8　厦门海域赤潮发生情况

年份	起止时间（月-日）	地点	赤潮优势种	密度（$\times10^6$ind/L）	赤潮面积（km^2）
1986	5.17～5.24	西海域	地中海指管藻		
	6.18～6.28	西海域	裸甲藻		
1987	3.17 前	西海域	聚生角毛藻（*Chaetoceros socialis*）		
	4.18	西海域	柔弱角毛藻（*Chaetoceros debilis*）		
	5.20～5.27	西海域	短角弯角藻		
1997	10 月下旬至 12 月初	厦门湾及外海域	普策底棕囊藻（*Phaeocystis pulchertii*）		
2000	6.25～7.2	西海域	角毛藻		
2001	6.17～6.21	西海域	角毛藻		
	7.1～7.3	西海域	角毛藻		
2002	5.8～5.10	西海域	中肋骨条藻		
	6.3～6.6	西海域、同安湾	中肋骨条藻		
	6.21～6.25	西海域	中肋骨条藻		
2003	4.6	九龙江口	米氏凯伦藻（*Karenia mikimotoi*）		
	4.25～4.30	西海域	中肋骨条藻	9.8～24.8	25～38
	6.3～6.6	西海域	裸甲藻	1.0	40
			米金裸甲藻（*Gymnodinium mikimotoi*）	2.6	10
			红色中缢虫（*Mesodinium rubrum*）	0.6	6
	6.23～6.30	西海域	地中海指管藻	0.64～20.7	200
			中肋骨条藻	87.0	
		同安湾	角毛藻	2.12	
	7.2～7.5	西海域	中肋骨条藻	8.16	15～20
			柔弱角毛藻	3.21～88.7	
	7.14～7.15	西海域	诺氏海链藻（*Thalassiosira nordenskioldi*）	6.12	10
	7.22～7.28	西海域	角毛藻	16.4～42.0	20
	8.25～8.30	西海域	中肋骨条藻	1.47～10.5	15～25
			旋链角毛藻	27.1～37.2	
			中肋骨条藻	11.8～13.5	
2004	5.29～6.5	西海域、同安湾	旋链角毛藻	121	15
	6.14～6.18	西海域、同安湾	旋链角毛藻	45.7	56
	7.11～7.16	西海域、同安湾	中肋骨条藻	205	10

续表

年份	起止时间（月-日）	地点	赤潮优势种	密度（$\times 10^6$ind/L）	赤潮面积（km^2）
2005	5.1～5.4	西海域、同安湾	旋链角毛藻		
	7.3～7.8	西海域、同安湾	角毛藻、中肋骨条藻		
	8.30～9.1	西海域、同安湾	中肋骨条藻、角毛藻		
2006	5.12～5.18	同安湾	旋链角毛藻、圆海链藻（*Thalassiosira rotula*）、丹麦细柱藻、日本星杆藻（*Asterionella japonica*）		
	6.23～7.7	同安湾	旋链角毛藻、角毛藻		200
	7.19～7.26	同安湾及湾口附近海域	角毛藻、中肋骨条藻和海链藻		150
	8.6～8.9	同安湾	角毛藻	5.20	
	8.21～9.6	同安湾	角毛藻、中肋骨条藻、旋链角毛藻		9
2007	1.12～1.22	同安湾	中肋骨条藻	39.1	45
	5.3～5.4	同安湾	布氏双尾藻	0.187	25
	5.28～6.1	西海域	角毛藻	20.3	10
			旋链角毛藻	12.9	
		同安湾	旋链角毛藻	10.1	20
	6.20～6.27	西海域	中肋骨条藻	42.9	60
		同安湾	角毛藻	153	20
	7.3～7.5	九龙江口	中肋骨条藻	13.3	20
2008	3.16～4.3	同安湾	血红哈卡藻（*Akashiwo sanguinea*）	5.26	60
	7.15～7.18	同安湾	角毛藻	198	70
2009	1.4～2.26	同安湾、西海域	血红哈卡藻	3.32	31
	7.31～8.3	同安湾	中肋骨条藻	41.0	30
	8.18～8.22	同安湾	中肋骨条藻	30.0	15
2010	5.21～ 5.25	同安湾	血红哈卡藻	0.533	15
	7.1～7.2	西海域	红色中缢虫	8.87	15
	7.5～7.8	同安湾	角毛藻	50.9	18
			中肋骨条藻	15.0	
	8.4～8.7	同安湾	角毛藻	86.1	35
2011	7.26～8.7	同安湾、西海域和东部海域	血红哈卡藻	5.74	105
			中肋骨条藻	72.0	
			角毛藻	49.4	

（1）赤潮发生的空间特征

从赤潮发生区域分布（图 5-8）来看，主要集中于厦门市西海域与同安湾，九龙江口及厦门东海域的赤潮暴发次数较少。其中，2003 年以前，赤潮主要发生在厦门市西海域，从 2004 年起，同安湾海域发生赤潮的数量逐渐增多，发生赤潮的海域呈扩大的趋势。

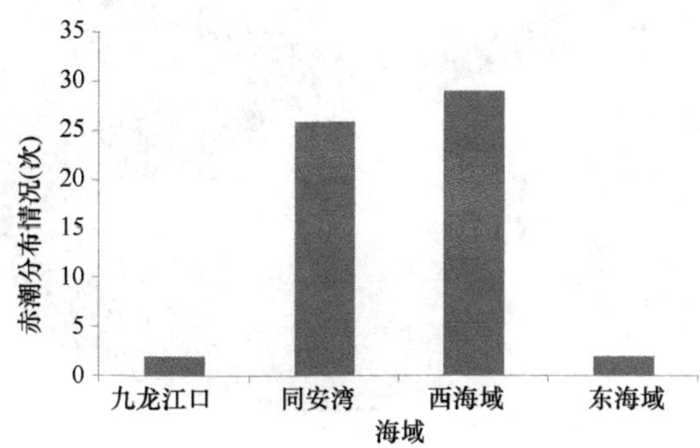

图 5-8　九龙江口及其邻近海域赤潮发生次数统计

（2）赤潮发生的时间特征

如图 5-9 所示，九龙江口及其邻近海域 20 世纪 80 年代有记载的赤潮共 6 次；90 年代数据缺失；自 2000 年该海域赤潮的发生明显趋于强烈，共记录 53 次，其中是 2003 年和 2005 年均达到 8 次，主要分布于厦门西海域及同安湾海域。

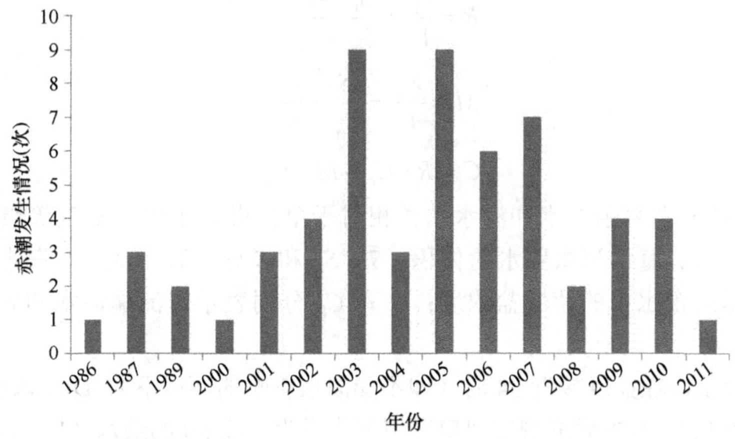

图 5-9　九龙江口及其邻近海域各年份赤潮发生次数

如图 5-10 所示，九龙江口及其邻近海域赤潮发生有明显的季节规律。发生月份最早的事件是 2007 年 1 月厦门同安湾的中肋骨条藻赤潮，最晚月份发生于 1997 年 11 月厦门湾及外海域的普策底棕囊藻赤潮。在已有的数据中，10 月、12 月没有赤潮发生的记载；赤潮发生最频繁的是在 7 月，占发生比例的 26%；其次是 6 月，占发生比例的 22%。可见，九龙江口及其邻近海域赤潮多发生在春、夏两季，因这两季海域的温度适宜，适合赤潮生物的生长繁殖。

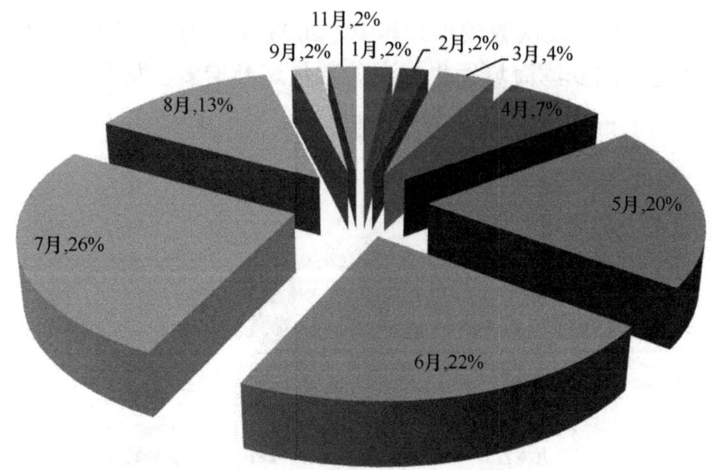

图 5-10　九龙江口及其邻近海域不同月份赤潮发生次数比例（彩图请扫封底二维码）

3. 营养盐基准值的确定

（1）混合模型推导

在九龙江口及其邻近海域，假设 S_r=0，S_m=34（刘录三等，2008；Yan et al.，2012），在以混合为主要过程的水质模型下，一定盐度下的营养盐浓度可以下式来换算：

$$R = \frac{V_r}{V} = \frac{S_m - S}{S_m - S_r}$$

$$M = \frac{V_m}{V} = \frac{S - S_r}{S_m - S_r}$$

$$C = R \times C_r + M \times C_m$$

式中，R 和 M 分别表示淡水和海水水体相对于单位微咸水体的盐度等级；V_r、V_m 和 V 分别表示淡水、海水和微咸水的体积；S_r、S_m 和 S 分别表示淡水、海水和微咸水的盐度；C 表示混合水中的营养盐浓度；C_r 和 C_m 分别表示河流端淡水和海水的营养盐浓度。

有研究显示，在盐度接近 34 时（即不受淡水影响的环境下），DIN 浓度为 1μmol/L（Yan et al.，2012）。故本研究规定河口区域下边界为盐度 30 的最远区域，因此根据以上混合模型，将各区域 DIN 浓度统一至盐度 30 条件下，并和现有的海水水质标准进行比较。而 SRP 在河口区域浓度变化不大，不符合混合稀释模型。

九龙江口三个分区内水体 DIN 年际浓度变化如图 5-11 所示。20 世纪 90 年代至今，DIN 浓度总体呈升高的趋势。其中，2000 年左右，DIN 浓度在《海水水质标准》（GB 3097—1997）Ⅰ类海水水质标准上限 14.29μmol/L（0.20mg/L）左右变动。至 2004 年附近，Ⅰ区和Ⅱ区的 DIN 浓度有显著提升，达到Ⅱ类海水水质标准上限 21.43μmol/L（0.30mg/L），而Ⅲ区达到Ⅲ类海水水质标准上限 28.57μmol/L（0.40mg/L）。至 2014 年，水体 DIN 浓度已经大幅超过Ⅳ类海水水质标准 35.71μmol/L（0.50mg/L）。陈宝红等（2010）也指出 2003～2008 年九龙江口海水中的 DIN 年均浓度均呈上升趋势，近几年的 DIN 年均浓度与 20 世纪 90 年代相比，增加了 1.4～2.5 倍。

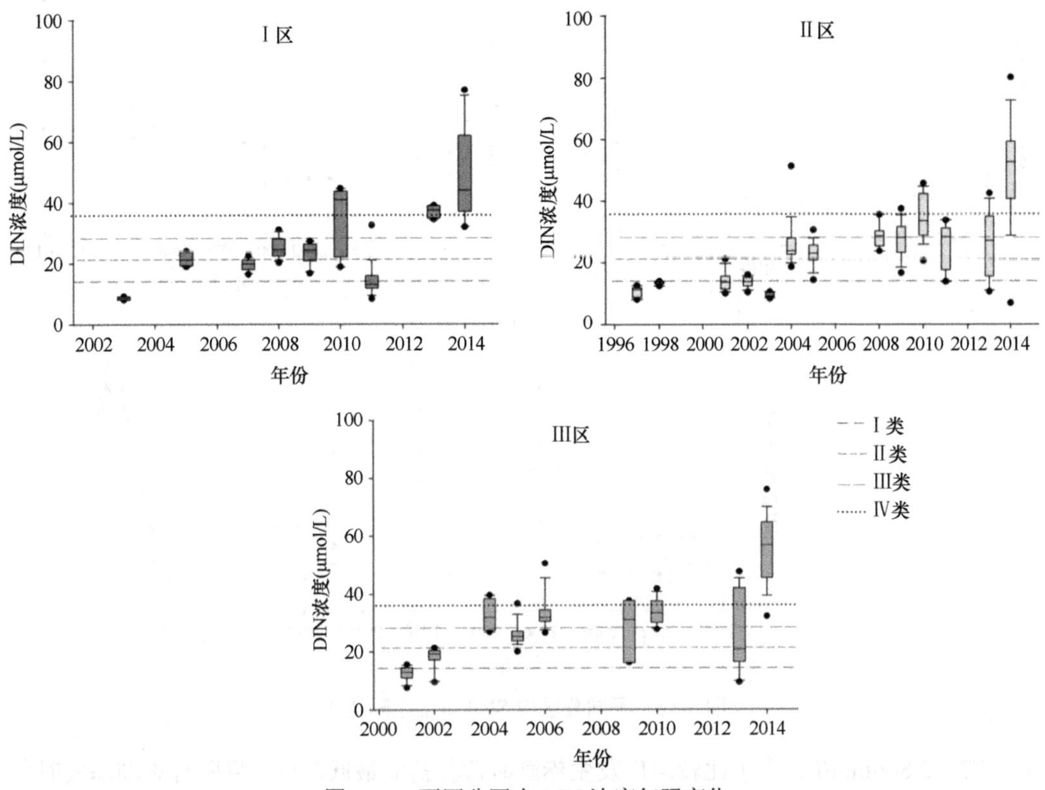

图 5-11　不同分区内 DIN 浓度年际变化

九龙江口三个分区内水体 SRP 浓度年际变化如图 5-12 所示，SRP 浓度总体上也呈升高的趋势。其中，Ⅰ区和Ⅱ区的 SRP 浓度总体呈上升趋势。受九龙江口高浓度营养盐淡水的影响，Ⅰ区的 SRP 浓度较高，介于Ⅱ类和Ⅳ类海水水质标准之间（0.94～1.41μmol/L），2009 年之后迅速升高超过Ⅳ类海水水质标准上限（1.41μmol/L）。2002 年之前，Ⅱ区的 SRP 浓度主要在Ⅰ类和Ⅱ类海水水质标准之间波动（0.47～0.94μmol/L）；2003～2009 年上升至Ⅱ类和Ⅳ类海水水质标准之间（0.94～1.41μmol/L），2009 年之后超过Ⅳ类海水水质标准上限（1.41μmol/L）。Ⅲ区的 SRP 浓度在 2002～2006 年迅速上升，超过Ⅳ类海水水质标准（1.41μmol/L），之后在Ⅳ类海水水质标准上限（1.41μmol/L）附近波动。

总体来说，自 2000 年后，九龙江口的水质恶化速度较快，大部分区域的营养盐浓度超过国家Ⅳ类海水水质标准的上限，制定一个合理的制度有效控制河口区营养盐浓度迫在眉睫。

（2）基于赤潮易发区的营养盐基准推算

赤潮多发于盐度 18～28 的近海端，比九龙江口绝大部分水域盐度都要高，可能是由于九龙江口近河端较大的浊度影响赤潮生物的生长（刘录三等，2008）。研究搜集到 32 次赤潮暴发时期营养盐数据（图 5-13），DIN 和 SRP 的浓度分别为 17.43～55.59μmol/L

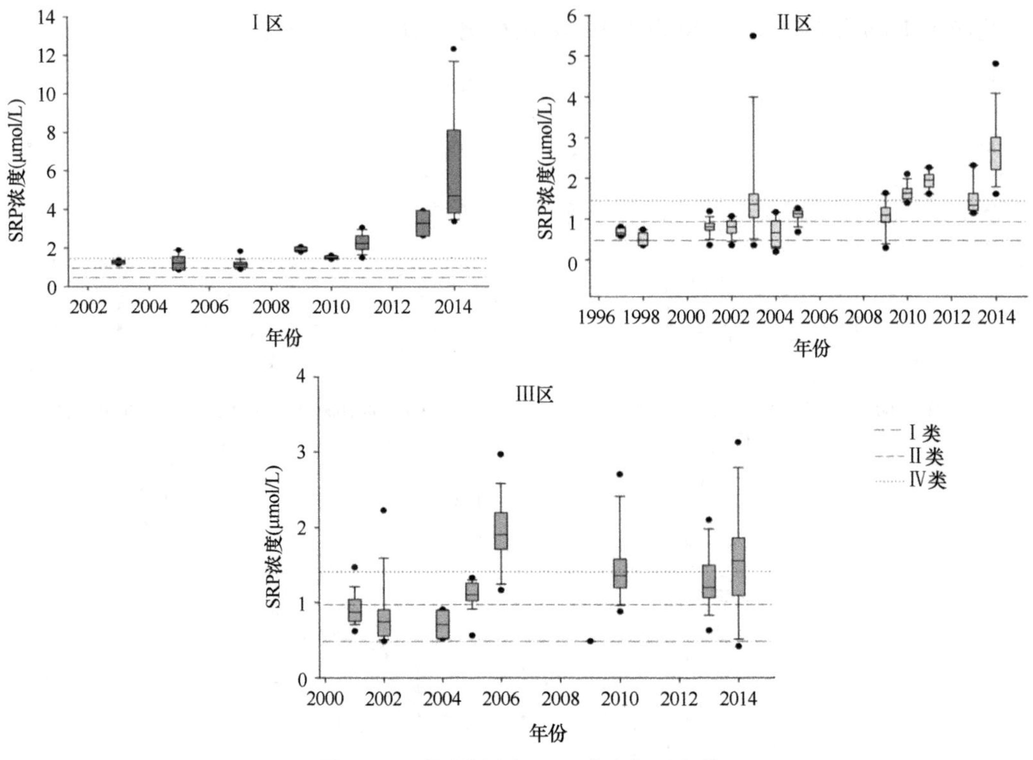

图 5-12 不同分区内 SRP 浓度年际变化

和 0.77～2.86μmol/L。为了比较河口发生赤潮时营养盐的最低浓度，将所有赤潮暴发时营养盐的历史数据标准化至盐度为 30。DIN 原始浓度的最低点出现在 1987 年 3 月 17 日，为 17.43μmol/L，标准化至盐度为 30 的 DIN 最低浓度出现在 1986 年 5 月 17 日，为 8.96μmol/L，而九龙江口 DIN 最低浓度还是出现在 2003 年 6 月 23 日，为 14.31μmol/L。除此之外，SRP 原始浓度的最低点出现在 2007 年 5 月 3 日，为 0.77μmol/L，而九龙江口 SRP 最低浓度还是出现在 2003 年 6 月 23 日，为 1.23μmol/L。根据前人在河口区域的研究，由于水力停留时间较短，九龙江口的 DIN 浓度随盐度呈现良好的保守混合行为，而在盐度＜30 时，SRP 的浓度基本保持不变（Yan et al.，2012）。因此，根据不同的混合趋势，考虑赤潮的发生是典型的生态系统出现崩溃的表现，将暴发赤潮时的 DIN 浓度历史数据的最低值视为研究区域的阈值，即 14.31μmol/L（将盐度标准化为 30）。

根据上文的分区结果，结合盐度监测数据，可知九龙江口 I 区超过 90%采样点的盐度落在 15 以内，II 区超过 90%采样点的盐度落在 28 以内，III区的盐度为 30。将盐度范围与曲线的交点设为相应区域的推荐基准值（图 5-14），即 I 区为 64.22μmol/L，II 区为 20.97μmol/L，III区为 14.31μmol/L。

然而，因为 SRP 在混合区的浓度随盐度变化不大，因此通过以下两点来确定基准值：①赤潮时期 SRP 的最低值为 1.23μmol/L；②利用雷德菲尔德化学计量比（Redfield ratio）和对应的 DIN 最低值来确定，则河口区域的 SRP 值为 0.89μmol/L。在此，取 SRP 最严值作为推荐基准值，即 0.89μmol/L。最终确定的各个分区的 DIN、SRP 基准值见表 5-9。

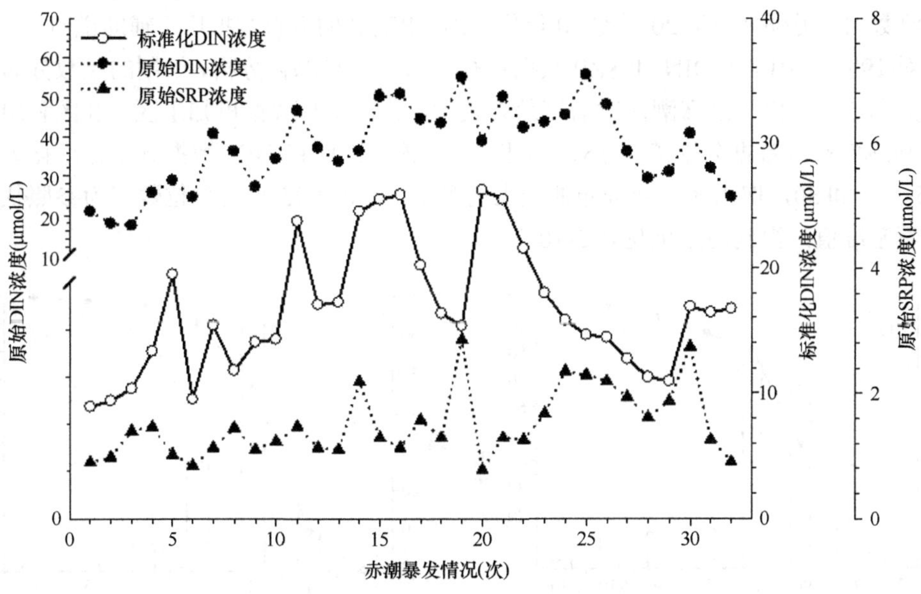

图 5-13　赤潮时期 DIN、SRP 浓度变化

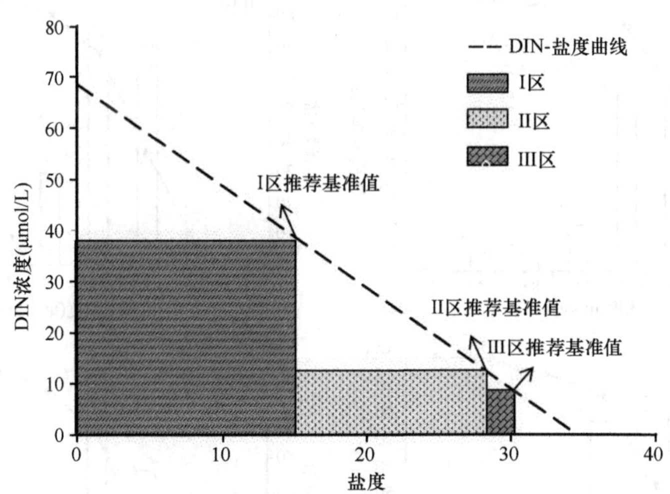

图 5-14　DIN-盐度曲线

表 5-9　基于赤潮阈值-混合稀释模型得到的九龙江口基准值

指标	I 区	II 区	III区	I 类海水水质标准
标准化盐度	15	28	30	
DIN 浓度（μmol/L）	64.22	20.97	14.31	14.28
SRP 浓度（μmol/L）	0.89	0.89	0.89	0.47

（3）基于频数累积法的基准值推导

数据来源于厦门大学历史监测数据、已发表论文等，研究区域分布于九龙江口上游沙洲村至下游厦门湾。所用数据主要为系统性、完整性较好的 1997～2014 年的海水环境质

量监测数据。另外采用了20世纪80年代DIN、PO_4-P的调查数据用于辅助说明。

对1997～2014年DIN和SRP数据进行了频数分布综合分析，绘制的频数分布曲线结果见图5-15。由于潮涨潮落时盐度差异较大，分析监测数据可知Ⅰ区、Ⅱ区和Ⅲ区内超过90%的盐度数据分别落在15、28和30以内，因此将DIN数据分别标准化为盐度为15、28和30，取水质频数分布曲线上的第10个和第25个百分位数作为参照状态提出推荐基准值，得到的结果见表5-10。

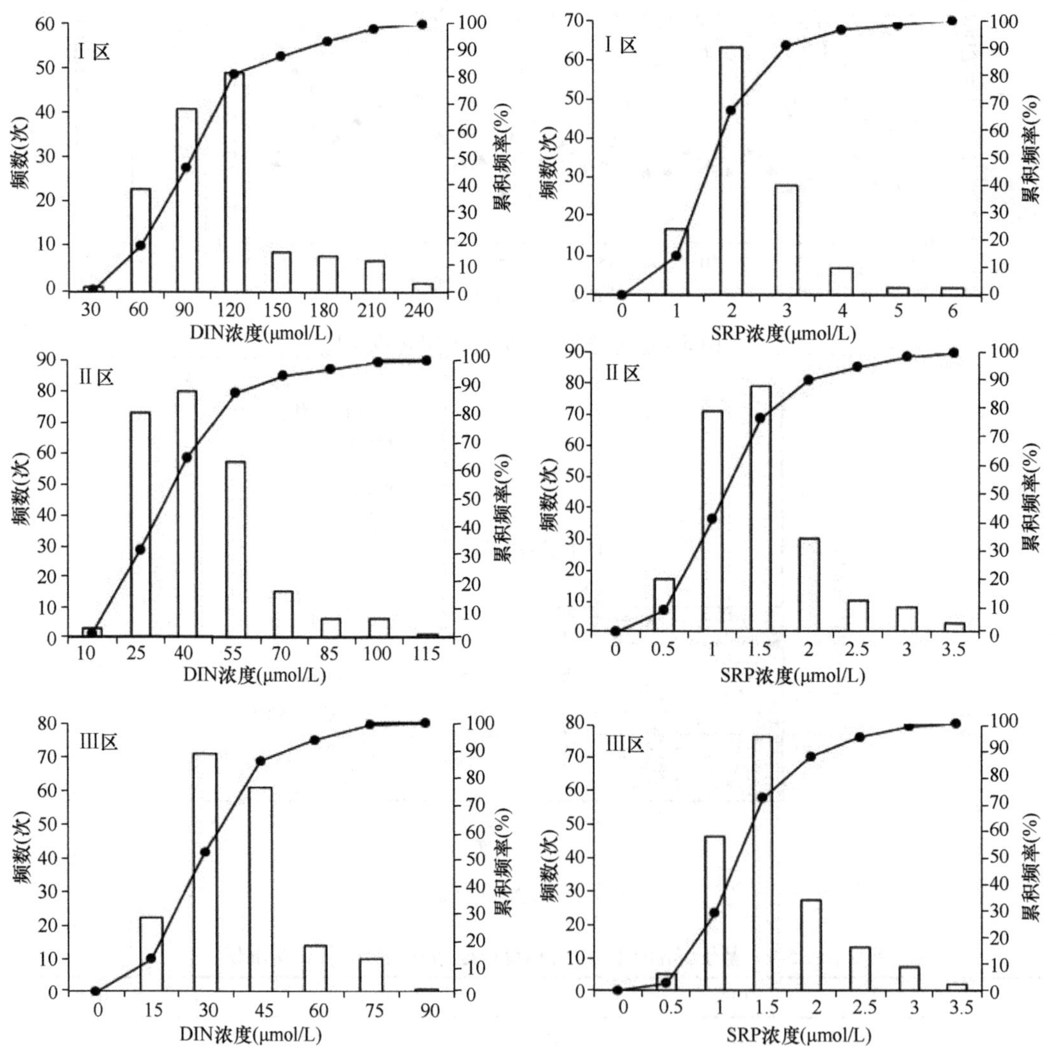

图5-15 九龙江口3个分区营养物质频数分布曲线

表5-10 九龙江口营养盐基准值

指标	Ⅰ区		Ⅱ区		Ⅲ区	
	第10个百分位数	第25个百分位数	第10个百分位数	第25个百分位数	第10个百分位数	第25个百分位数
DIN浓度（μmol/L）	46.99	68.84	13.60	21.19	11.93	19.43
SRP浓度（μmol/L）	0.68	1.19	0.54	0.76	0.63	0.91

（4）基准值确定

陈水土（1993）、杨逸萍（1996）等对九龙江口水质进行了专项调查。结果显示，当时 3 个区域 DIN 的浓度分别为 50.13μmol/L、24.33μmol/L 和 16.50μmol/L 左右，而 SRP 的浓度均在 0.52μmol/L 左右。经过比较分析，取频率累积法对应 25%的营养盐浓度，利用赤潮数据反推辅助分析，将分析结果取整数，初步确定九龙江口混合区和近岸海域 DIN、SRP 的基准值，见表 5-11。由于目前搜集到的九龙江口历史数据以 DIN 和 SRP 为主，缺乏具体的 NO_2-N、NO_3-N 和 NH_3-N 等营养盐浓度值，因此暂且只划定九龙江口 DIN 和 SRP 的基准值。其余营养盐基准值的研究，有待进一步收集和积累历史数据。

表 5-11　九龙江口营养盐基准值

指标	Ⅰ区	Ⅱ区	近岸海域	方法
DIN 浓度（mg/L）	0.963	0.296	0.272	频率累积法
SRP 浓度（mg/L）	0.017	0.011	0.013	频率累积法
Chla 浓度（μg/L）	0.578	0.368	0.530	频率累积法
DIN 浓度（mg/L）	0.899	0.293	0.200	混合稀释法
SRP 浓度（mg/L）	0.013	0.013	0.013	混合稀释法

参考世界各地近海海水富营养化阈值，与本研究相比较，本研究得出的结果处于不同阈值范围的中间，与前人研究具有一致性（表 5-12）。

表 5-12　近海海水富营养化阈值

N 阈值（μmol/L）	P 阈值（μmol/L）	氮磷比	参考文献
10[a]	0.5[b]	20	Guildford and Hecky，2000
12[c]	0.8[d]	15	Karydis，2009
31[a]	0.9[b]	32	US EPA，2000
14[c]	0.89[d]	16	本研究

注：a. TN；b. TP；c. DIN；d. SRP

5.3.4　大辽河口各分区营养盐基准研究

大辽河口是典型的河流主导型河口，本研究基于长江口与九龙江口的研究，发现基于参照状态和混合稀释法得到的基准值基本上是吻合的。这点是可以解释的，基于历史较好水平确定的基准值从某种意义上来说也能实现对下游海水的保护。鉴于此发现，本研究针对历史数据较少的大辽河口采用参照状态和混合稀释法来共同确定基准值。

（1）数据综合分析法

如果河口特定区段历史数据不连续，可利用历史数据和现状数据分别绘制相应项目的频率分布图，US EPA（2001）提出将历史和现状数据中值区间的中值设置为参照状态，从而确定基准值（图 5-16）。

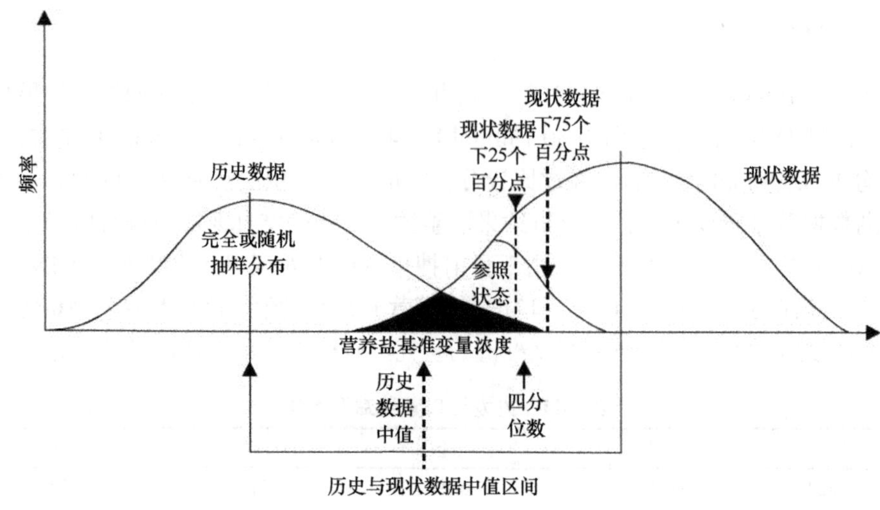

图 5-16　数据综合分析法确定基准值（仿 EPA-822-B-01-003）

针对大辽河口历史数据缺失的情况，结合“十一五”水专项成果和 2013～2014 年现状数据，取两者相同百分位数的平均值。

利用 2009～2010 年和相关历史数据确定的参照位点的百分位数为 15，得到大辽河口 TN 的基准值约为 2.5mg/L，TP 为 0.070mg/L，Chla 为 12μg/L。2013～2014 年现状数据取相同的百分位数（表 5-13），得到潮汐淡水区的 TN 基准值为 6.120mg/L，TP 基准值为 0.050mg/L，Chla 基准值为 12.141μg/L，DO 为 3.268mg/L；混合区的 TN 基准值为 2.800mg/L，TP 基准值为 0.034mg/L，Chla 基准值为 1.242μg/L，DO 为 3.239mg/L。

表 5-13　2013～2014 年现状数据不同频率百分位数对应的基准值

百分位数	潮汐淡水区				混合区			
	TN	TP	Chla	DO	TN	TP	Chla	DO
5	5.828	0.036	7.115	3.200	2.380	0.026	0.702	1.837
15	6.120	0.050	12.141	3.268	2.800	0.034	1.242	3.239
25	7.042	0.053	17.867	5.380	3.571	0.039	1.900	4.533
55	7.760	0.058	28.840	6.580	5.136	0.061	6.977	7.495
75	8.029	0.063	36.993	10.520	6.633	0.075	21.257	9.653
95	9.762	0.114	70.651	11.440	9.053	4.410	41.842	11.133

可以看出，潮汐淡水区的营养盐浓度显著高于混合区。由于潮汐淡水区与“十一五”期间历史数据采样区域基本相同，取两者的平均值，通过数据综合分析法得到潮汐淡水区的 TN 基准值为 4.30mg/L，TP 基准值为 0.28mg/L，Chla 基准值为 10.12μg/L，DO 基准值为 11.40mg/L。

（2）混合稀释法

本节以渤海营养盐背景值为保护阈值，通过混合/稀释模型得到河口区不同区域的基准值。通过数据综合分析法得到潮汐淡水区的 TN 基准值为 4.30mg/L，TP 基准值为

0.28mg/L，Chla 基准值为 10.12μg/L，DO 基准值为 11.40mg/L，潮汐淡水端盐度约为 0.15。根据胡莹莹等（2011）相关研究，确定辽河近岸海域推荐基准值 TN 为 0.19mg/L，TP 为 0.032mg/L，DIN 为 0.11mg/L，SRP 为 0.006mg/L，Chla 为 0.0009mg/L，DO 为 6.14mg/L；同时，根据 908 专项相关成果，渤海海域 TN 背景值约为 0.26mg/L（数据量 575）、TP 背景值约为 0.010mg/L（数据量 568）。此处，盐度为 30，选择 908 专项作为近岸海域的基准值。利用混合稀释法，对混合区氮磷进行修正，盐度约为 15.075，TN 为 2.2mg/L，TP 为 0.15mg/L，Chla 为 1.24μg/L，DO 为 10.45mg/L。

为了与 ASSETS 结果形成对比，需要进一步确定状态参数 DIN 和 SRP 的基准值，通过河口区内氮磷比进行转化。KS 检验结果显示，2013～2014 年 DIN/TN 呈显著正态分布（$P<0.05$），而 SRP/TP 正态关系不明显（$P>0.05$）。本研究统一采用不同区域的中位值作为转化系数，潮汐淡水区的 DIN/TN 为 0.78，SRP/TP 为 0.25，混合区的 DIN/TN 为 0.73，SRP/TP 为 0.22。从而得到潮汐淡水区 DIN 基准值为 3.35mg/L，SRP 基准值为 0.07mg/L，混合区 DIN 基准值为 1.6mg/L，SRP 基准值为 0.033mg/L（表 5-14）。

表 5-14　大辽河口潮汐淡水区及混合区基准

区域	评估指标	评估阈值	
		基准值	最差期望值
潮汐淡水区	TN 浓度（mg/L）	4.30	9.80
	TP 浓度（mg/L）	0.28	1.14
	DIN 浓度（mg/L）	3.35	8.4
	SRP 浓度（mg/L）	0.07	0.23
	Chla 浓度（μg/L）	10.12	70
	DO 浓度（mg/L）	11.40	3.2
混合区	TN 浓度（mg/L）	2.20	9.05
	TP 浓度（mg/L）	0.15	1.26
	DIN 浓度（mg/L）	1.60	7.87
	SRP 浓度（mg/L）	0.033	0.106
	Chla 浓度（μg/L）	1.24	41.8
	DO 浓度（mg/L）	10.45	2.31

5.4　河口生物基准确定方法

生物基准是指用于描述满足指定水生生物用途，并具有生态完整性的水生生态系统结构和功能的描述性语言或数值，即为保护或恢复水生生态系统生物完整性而设定的可执行管理目标。目前，常用来制定生物基准的生物类群有大型底栖动物、鱼类及大型水生植物等。生物基准通常采用生物完整性指数（index of biological integrity，IBI）。该方法建立在生物群落及其栖息环境的多个量化指标上，并将指标的综合评价效果与参考状态进行比较，有效地降低了引起群落变化的原因区分难度。目前，该指数在美国 EPA

的倡导下，已成为世界各地水体生态系统健康评价的常用方法，在淡水、河口海湾及近岸海域等生态系统中均有使用。

对于生态环境受到严重干扰、缺乏历史数据的河口地区，根据现有的生物群落结构状况已无法确定参照条件。本研究推荐使用 AMBI 和 M-AMBI 评价结果辅助确定参照条件，并采用标准化方法筛选生物指标，进而初步确定该海域的生物基准，最后结合水质、沉积物指标进行方法的适用性验证。

本流程是在 B-IBI 计算方法的基础上，取参照点生物基准值的第 90 个百分位数为最终的基准值。目前的基准值验证方法属于倒推法，即验证建立的基准值方法能否敏感地指示环境变化规律及研究区面临的环境压力。如果建立的方法正确可行，则说明基准值是合理的。因此，生物基准值的合理性验证将随同 B-IBI 的验证在下面章节中进行详细描述，本部分仅给出简要的计算流程。

参考国内外已有的研究成果，总结出了 B-IBI 的建立及生物基准的制定方法，具体步骤如下。

1）海域分区：根据国外的研究经验，采用样点的底质类型、盐度及环流状况等进行研究区的底质类型判断并进行分区。

2）参照点的选取：根据 AMBI 和 M-AMBI 的判定结果并结合水质及沉积物质量来确定相对清洁样点作为参照点，剩下的为受损点。需要说明的是，AMBI 对应的状态“未受干扰”及 M-AMBI 对应的“优”的为备选参照点。

3）生物指标的筛选：根据已有的分类方法，结合研究区的粒度及盐度状况，初步确定候选生物指标；对候选指标进行分布范围检验（频率分布法）、敏感性分析曼-惠特尼 U 检验（Mann-Whitney U test）、KS-Z 检验及相关分析（Pearson 相关分析），选出可用的生物指标。

4）生物指标的赋值：根据第三步结果，计算参照点已选定生物指标的最小值、第 10 个、50 个、90 个百分位数和最大值，并采用 5、3、1 记分法对全部样点的生物指标进行记分以统一量纲。

5）评分标准的确定：对于随污染增加而降低或增加的指数，高于第 50 个百分位数的生物指数值记 5 分，在第 5 个百分位数和第 50 个百分位数之间的记 3 分，低于第 5 个百分位数的记 1 分；对于随污染增加而呈正态分布的指数，则位于第 25～75 个百分位数的记 5 分，在第 5～25 个百分位数或第 75～95 个百分位数的记 3 分，＜第 5 个百分位数或＞第 95 个百分位数的记 1 分。

6）生物基准的确定：取参照点完整性指数的第 90 个百分位数为生物基准值。

7）生物基准值的合理性判断：对生物完整性指数的评价结果进行分析，并结合化学指标对基准值确定方法的合理性进行判断。

此处，以数据较为完整且 B-IBI 评价验证效果较好的九龙江口为例计算生物基准值。详细的 B-IBI 构建及计算过程，参见第 6 章，此处不做赘述。取参照点 B-IBI 的第 90 个百分位数，最终得出大型底栖动物基准值为 5（图 5-17）。

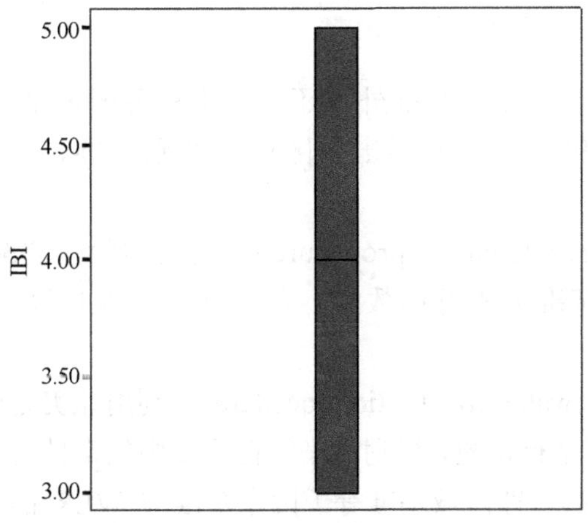

图 5-17　九龙江口生物基准示意图

总的来说，B-IBI 指数涵盖多个生物指标，能较为全面地反映生态系统健康状况，但是需要足够多的数据支撑，通过统计学方法筛选参照点。然而，在自然状况下某些河口地区生物多样性本身可能就低，再加上人为干扰的因素，生物多样性极低而无法筛选出合适的生物指标。此外，该指数需要经历大量的生物采集、鉴定、提炼等过程，需要专业的人员耗费大量物力、精力才能得出，计算复杂，若强行使用可能会给地方管理人员带来较大的困难，因而并不适宜在我国河口地区大面积推广。因此，IBI 在河口生物基准建立方面的适用性较差。

5.5　河口有毒有害类污染物基准与标准确定方法

（1）河海区域背景值研究

环境背景值通常反映区域原始水平，以重金属为例，重金属背景值反映了受矿化等人类活动影响较小的情况下水体本身化学元素的浓度，通常并不表达为某一个固定的值，而是一个统计值（如平均值、中位值或 95%置信区间）和区间的上限，称为阈值（中位值±2×平均绝对偏差），代表了背景变化（Reimann and Garrett，2005）。本研究采用了 Reimann 和 Garrett（2005）提出、由 Tueros 等 2008 年实施的方法研究河海边界的划分位置对评估阈值的影响。

本研究基于生物、底质类型、理化指标等前期研究的成果，将河口边界位置分别以盐度 1、5、10 为界限确定背景阈值，计算中位值与中位值绝对偏差，最终得到总体及各自的背景阈值（中位值±2×平均绝对偏差），同时也计算平均值作为对比。研究结果表明，大辽河口和九龙江口的数据并不符合正态分布（KS 检验 $P<0.05$）。与辽河口和九龙江口最终受纳水体渤海和东海的 Zn 背景值相比（渤海：17.2μg/L，东海：7.18μg/L），河口与海水的背景值差异较小。但是，河海划界的位置受盐度边界的影响显著。一般来说，淡水区域 Zn 背景阈值（中位值：7.31～9.49μg/L）要稍高于海水区域 Zn 背景阈值（5.06～7.13μg/L），与萨罗尼科斯海湾的研究结果类似。

（2）重金属水生生物基准值研究

美国 EPA 除制定全国水质基准外，还十分重视各州根据各自水化学和生物区系特点对国家基准进行修正，以便得出州区域性特别基准，并为此推荐了 3 种修正方法。

1）重新计算法（recalculation procedure），利用实验室的配制水和本地物种进行毒性试验，按照国家基准分析毒性数据，获得保护本地物种的基准，该法主要关注物种差异。

2）水效应比值法（water-effect ratio procedure），利用北美地区的物种在本地原水和配制水中进行毒性暴露平行试验，得到污染物在原水中的毒性终点值与配制水中的同一毒性终点值之比（WER），即区域基准等于国家基准与 WER 的乘积，该法主要关注水质差异。

3）本地物种法（resident species procedure），利用本地原水与本地物种进行毒性试验得出基准值，该法同时关注物种差异和水质差异。

本研究根据我国水生生物毒理学数据的情况，主要采用重新计算法计算河口区及海水的重金属水质基准。由于旨在衔接，不做多种方法讨论。

（3）基于毒性数据排序法的重金属基准研究

由于缺少 Zn 的海水水质基准，本研究利用我国本土生物数据进行了急性基准（CMC）和慢性基准（CCC）的计算，并保持与淡水水质基准推导方法和数据要求一致。美国 EPA 在 Zn 的淡水水质基准中主要采用毒性数据排序法，采用水生生物进行急性毒性试验，所得出的急性毒性数据用于推导出最终急性值（final acute value，FAV）。根据物种敏感性分布理论，FAV 即为可引起水环境 5%的水生生物产生不可接受不利影响的污染物浓度值。

FAV 的计算过程如下：①根据实验结果，求得受试生物的 48h LC_{50}（或 EC_{50}）或 96h LC_{50}（或 EC_{50}）；②求种平均急性值（SMAV），SMAV 等于同一物种的 LC_{50}（或 EC_{50}）的几何平均值；③求属平均急性值（GMAV），GMAV 等于同一属的 SMAV 的几何平均值；④从高到低对 GMAV 排序；⑤对 GMAV 设定级别 R，最低的为 1，最高的为 N；⑥计算每一个 GMAV 的权数 $P=R/(N+1)$；⑦选择 P 最接近 0.05 的 4 个 GMAV；⑧用选用的 GMAV 和 P，利用公式计算，即可得到 FAV。

$$S^2=\frac{\sum(\ln \mathrm{GMAV})^2-\left[\sum(\ln \mathrm{GMAV})\right]^2/4}{\sum P-(\sum\sqrt{P})^2/4} \tag{5-1}$$

$$L=\left[\sum(\ln \mathrm{GMAV})\right]-S\left(\sum\sqrt{P}/4\right) \tag{5-2}$$

$$A=S\sqrt{0.05}+L \tag{5-3}$$

$$\mathrm{FAV}=\exp A \tag{5-4}$$

式中，S、L、A 均为计算过程中采用的符号，没有特殊含义；P 为累计概率（%）。

收集筛选 Zn 对海洋生物的急性毒理数据 LC_{50}（半致死浓度），数据主要来源于中国知网（http://www.cnki.net）等数据库，剔除不适合基准推算的生物毒性数据，如实验生物非中国本土生物、实验不设对照组等。数据收集筛选完成后对毒性数据进行整理，如同一物种有多个毒性数据，则取几何平均值作为种平均急性值（SMAV），对同一属的物种则计算其属平均急性值（GMAV）。对经过整理的数据进行敏感性排序，定义危害浓度（HC）。在污染物分布模型中，污染物对水生生物的毒性=HC_p，表示在该污染物浓度下（100–p）%的生物是安全的。本研究将 P 设定为 5%，即将危害浓度设定为 HC_5，保护 95%的水生生物。由于所搜集的物种数小于 59，故直接选取敏感性最高的 4 个物种推导 CMC。CCC 的推算方法与 CMC 一致，由于本研究搜集的慢性毒性数据较少，不足以推算出 CCC，故不列出，本研究通过急性慢性比推导连续浓度基准值。急性慢性比设定为 5.21。

结合生物种类和生物不同生命阶段对 Zn 的耐受性，共筛选出我国 37 种典型河口动物的急性毒性数据。根据毒性数据排序法分别得到基于 48h 和 96h 毒性数据的急性基准（CMC）分别为 127.2μg/L 和 7.1μg/L，基于 48h 和 96h 毒性数据的慢性基准（CCC）分别为 48.9μg/L 和 2.77μg/L。研究结果表明，指示物种的敏感性有明显差异。为了确保评价结果的可靠性，本研究按照淡水数据的要求和方法进行了再计算（即对于鱼类数据要求为 96h LC_{50}/EC_{50}，对于无脊椎动物数据要求为 48h LC_{50}/EC_{50}），得到急性基准（CMC）和慢性基准（CCC）分别为 296.9μg/L 和 113.9μg/L。

影响基准值的因素有多种。①毒性试验对象，不同的物种对 Zn 的耐受性不同。青蛤的 96h 半致死浓度为 160mg/L，而菲律宾蛤仔的 96h 半致死浓度为 16.4mg/L，两者相差近 10 倍，半滑舌鳎仔稚鱼对 Zn 的半致死浓度为 1.895mg/L，而牙鲆仔稚鱼的半致死浓度为 6.7mg/L。②暴露时间，生物暴露的时间越长，死亡率越高。③实验方法，推导基准的基础毒理数据可以选择半致死浓度或有效浓度，Durán 和 Óscar（2011）在推导西班牙海岸 Zn 的基准时同时使用了致死浓度和有效浓度，得出 Zn 的基准值为 8.24μg/L，远低于美国使用半致死浓度得出的基准值。而在本研究中急性基准（CMC）和慢性基准（CCC）数值的差异主要受指示物种[黑褐新糠虾（*Neomysis awatschensis*）、褶牡蛎（*Ostrea plicatula*）、锈斑蟳（*Charybdis feriatus*）、内刺盘管虫（*Hydroides ezoensis*）]的敏感性与暴露时间的影响（表 5-15）。有研究表明（Han et al.，2014），在大辽河口基于物种敏感分布（species sensitivity distribution，SSD）法得到的最大无影响浓度（NOEC）为 12.3～42.8μg/L，其浓度水平与本研究 CCC 基本一致，而稍小于 CMC 值。

表 5-15　根据毒性排序法得到的 FAV 值

基于 LC_{50}（48h）的 FAV 计算						
排序	物种	GMAV	ln(GMAV)	$\ln(GMAV)^2$	P	$P^{0.5}$
4	锈斑蟳	0.96	–0.040 82	0.001 666	0.137 9	0.371 391
3	内刺盘管虫	0.504	–0.685 18	0.469 47	0.103 4	0.321 634
2	牙鲆	0.5	–0.693 15	0.480 453	0.069	0.262 613
1	栉孔扇贝	0.481	–0.731 89	0.535 66	0.034 5	0.185 695
	总计		–2.151 04	4.626 957	0.344 8	1.141 333

续表

基于 LC_{50}（96h）的 FAV 计算						
排序	物种	GMAV	ln(GMAV)	$ln(GMAV)^2$	P	$P^{0.5}$
4	褶牡蛎	0.632	–0.458 87	0.210 558	0.166 667	0.408 248
3	黑褐新糠虾	0.583	–0.539 57	0.291 134	0.125	0.353 553
2	牙鲆	0.218	–1.521 43	2.314 74	0.083 333	0.288 675
1	栉孔扇贝	0.047	–3.057 61	9.348 965	0.041 667	0.204 124
	总计		–5.577 47	31.108 16	0.416 667	1.254601
基于海水水生生物毒性数据的 FAV 计算						
排序	物种	GMAV	ln(GMAV)	$ln(GMAV)^2$	P	$P^{0.5}$
4	锈斑蟳	0.96	–0.040 82	0.001 67	0.137 93	0.371 39
3	内刺盘管虫	0.504	–0.685 18	0.469 47	0.103 45	0.321 63
2	栉孔扇贝	0.481	–0.731 89	0.535 66	0.068 97	0.262 61
1	牙鲆	0.218	–1.523 26	2.320 32	0.034 48	0.185 70
	总计		–2.981 15	3.327 12	0.344 83	1.141 33

对于保护淡水水生生物基准，Feng 等（2013a，2013b）利用本土生物物种采用不同的方法推导了 Zn 的急性基准和慢性基准，包括基于金属离子性质-活性相关模型物种敏感分布法（ICE-based-SSDs）以及毒性数据排序法。与本研究相同方法得到的淡水急性基准和慢性基准分别为 89.7μg/L 和 34.5μg/L；利用不同的指示物种 ICE-based-SSDs 测得的淡水急性基准和慢性基准分别为 120μg/L 和 158μg/L，主要取决于物种的敏感度，选择不同的指示物种会导致急性基准和慢性基准有所不同。与其他国家淡水水质基准相比，澳大利亚和加拿大 Zn 的慢性基准值要比我国现有的慢性基准值低，而美国要偏高一些；英国的环境质量标准值为 8～125μg/L（取决于水体硬度）。由于采用了与美国相同的方法——毒性数据排序法，两国慢性基准（CCC）的差异主要受毒性数据的影响，如美国为 36 属 44 种，我国为 33 属 10 种。较高的慢性基准阈值反映了甲壳纲动物和鱼类不同的比例。

5.6 本章小结

本章将我国河口水环境质量指标体系划分为生态指标和有毒有害类指标两类，生态指标主要反映区域产业结构、气候环境、地理地质异质性及河口本身特征，如河口理化指标、营养状态指标及水生态群落结构指标等；有毒有害类指标则主要包括天然存在有毒有害物质和人工合成有毒有害物质两类，对于前者，这类指标在一定浓度范围内是合理的。同时，以九龙江口为例开展了有毒有害污染物的指标优选方法实践，2012～2014 年利用气相质谱分析手段，对九龙江口水体和沉积物中的有机污染物进行调查，以及通过收集文献历史资料，发现目前九龙江口共检出 11 类 60 种有机污染物，采用潜在危害指数法，最终确定邻苯二甲酸酯、多环芳烃、全氟化合物 3 类有毒有害污染物作为九龙江口的重点控制指标。

本章同时分析了营养盐指标在河口区的衔接情况，认为执行《海水水质标准》（GB 3097—1997）或《地表水环境质量标准》（GB 3838—2002）均存在一定的问题，采用参照状态法、压力响应法、水质模型反演法、混合稀释法得到的营养盐在潮汐淡水区和混合区的基准值不同。同时，以九龙江口为例计算了生物类群层面上的生物基准值。

第 6 章　河口水生态环境质量评价方法及适用性研究

本章针对目前水质评价方法过于简单（主要是单因素评价）的状况，在河口水生态分区基础上，开展入海河口区水质评价和生物评价方法研究，尝试建立客观科学的河口水生态环境质量评价指标体系及评价方法，从而使评价结果更加接近于生态环境状况，进而探索陆海统筹的河口水生态环境管理模式。

6.1　评价方法的确定

6.1.1　基本思路

实践证明，《地表水环境质量标准》（GB 3838—2002）和《海水水质标准》（GB 3097—1997）在环境管理工作中起到十分重要的作用，有选择性继承，并不断完善；同时考虑地表水和海水水环境质量标准修订需求。现阶段避免过大的改动，衔接现行《地表水环境质量标准》（GB 3838—2002）与《海水水质标准》（GB 3097—1997）基础上，重点解决形势严峻的赤潮等水生态关键问题，分阶段推进相关工作。采用层次分析法，将我国水环境质量指标体系划分为生态指标层和有毒有害指标层，生态指标层主要反映区域产业结构、气候环境、地理地质异质性及河口本身特征，如河口营养状态项目及水生态群落结构项目等，宜采用生态分区方案；有毒有害指标层包括天然存在有毒有害物质、人工合成有毒有害物质等指标，采用河海划界（或盐度界面）方案，向陆一侧执行《地表水环境质量标准》（GB 3838—2002），向海一侧执行《海水水质标准》（GB 3097—1997）。

构建过程中，遵循以下原则：①评价方法应以水质基准研究成果为基础，尽可能确保评价标准的科学性和合理性；②评价方法应能体现出不同类型水体生态系统良好基线状态和最差状态；③评价方法不能过于复杂，简单易行更具推广性。

构建方法上，注意以下要点：①对于在现行水质标准中出现的指标，直接采用四类水体功能类别，按照现行《地表水环境质量标准》（GB 3838—2002）与《海水水质标准》（GB 3097—1997）进行单因子评价，基于水专项成果，修正基本项目水质污染指数法；②针对河口及近岸海域形势严峻的赤潮等水生态关键问题，重点建立河口水体富营养和水生生物类群评价方法，构建符合我国国情的水质-水生生物联合评价技术，验证评估结果的合理性。

6.1.2　评价方法的筛选

6.1.2.1　水质综合评价法

1. 计算方法

除了营养状态类指标，以盐度界面为依据，淡水端执行《地表水环境质量标准》（GB

3838—2002）中的相关项目，将Ⅰ类与Ⅱ类水体合并，取Ⅱ类标准作为评价依据；海水端执行《海水水质标准》（GB 3097—1997）中的相关项目，评价方法采用内插法得到水污染指数，计算公式为

$$\mathrm{WPI}(i)=\mathrm{WPI}_{\mathrm{l}}(i)+\frac{\mathrm{WPI}_{\mathrm{h}}(i)-\mathrm{WPI}_{\mathrm{l}}(i)}{C_{\mathrm{h}}(i)-C_{\mathrm{l}}(i)}\cdot[C(i)-C_{\mathrm{l}}(i)]$$

$$C_{\mathrm{l}}(i)<C(i)\leqslant C_{\mathrm{h}}(i)$$

式中，$C(i)$为第 i 个水质指标的监测值；$C_{\mathrm{l}}(i)$为第 i 个水质指标所在类别标准的下限值；$C_{\mathrm{h}}(i)$为第 i 个水质指标所在类别标准的上限值；$\mathrm{WPI}_{\mathrm{l}}(i)$为第 i 个水质指标所在类别标准下限值所对应的水污染指数；$\mathrm{WPI}_{\mathrm{h}}(i)$为第 i 个水质指标所在类别标准上限值所对应的水污染指数；$\mathrm{WPI}(i)$为第 i 个水质指标所在类别对应的水污染指数。

此外，《地表水环境质量标准》（GB 3838—2002）中两个水质等级的标准值相同时，则按低分数值区间插值计算。

2. 主要污染指标的确定

根据各断面各项污染物单因子评价结果，可对断面的主要污染指标进行筛选。筛选原则和方法如下：①水质为Ⅲ类或优于Ⅲ类的断面不做主要污染指标筛选；②对于水质劣于Ⅲ类的断面，从超过Ⅲ类标准限值的指标中取前三个指标作为该断面的主要污染指标。

3. 断面主要污染物 WPI 的确定

结合单因子进行快速评价，选择主要污染物，计算该断面 WPI，WPI = MAX[WPI(i)]。WPI 与水质类别的对应关系见表 6-1。

表 6-1　WPI 与水质类别对应表

水质类别	Ⅰ类	Ⅱ类	Ⅲ类	Ⅳ类	Ⅴ类
WPI 范围	WPI=0.2	0.2＜WPI≤0.4	0.4＜WPI≤0.6	0.6＜WPI≤0.8	0.8＜WPI≤1.0

6.1.2.2　富营养评价方法筛选

借鉴国外发展趋势，并充分考虑我国河口及近岸海域的富营养评价方法的应用情况，筛选出了距离评价法、ASSETS、EI、营养状态质量指数（NQI）等，以期确定适用性较好的评价方法。

1. 距离评价法

本研究借用了澳大利亚距离评价法和生物类群评价法共性特点，针对我国河口实际情况，提出了我国河口富营养评价方法，具体步骤如下。

1）计算超标分值（NCS）：即在最好状态（或基准值）之外相关指标的监测值的比例。

2）计算最差期望值（WEV）：选择一个 WEV 作为临界点，如果值过高，距离分就会偏低，区域差异就很难体现，且难以比较；如果值过低，距离分就会偏高，较差的点位就很难被识别。本研究选择第 98 个百分位数为最差期望值。

3）计算与最好状态（或基准值）的距离（DTV）：为数据超过最好状态（或基准值）且接近最差期望值的程度。DTV 为 0 时，轻微超过最好状态（或基准值）；DTV 为 1 时，指标数据接近于 WEV。

DTV =(监测值–最好状态或基准值)/(最差期望值–最好状态或基准值)

4）计算每个区域的指标分值（ISZ）：一旦每个指标的 NCS 和 DTV 被确定，需要整合两个分值进行评价，通常选择指标的几何平均值（SQRT）作为整体指标的分值。

ISZ =SQRT(NCS×DTV)

5）计算所有指标的区域分值（calculating the zone score，ZS）：整个区域总体分值表达为相关指标的算术平均值。

$$ZS=Average(IS_1:IS_n)$$

6）区域评分及分级。

2. ASSETS

本研究基于已有的河口边界划定、生态分区、基准标准和河口分类研究基础，同样进行了改进，具体如下。

（1）压力指标分级标准及等级判定

营养盐敏感性指数（nutrients sensitivity index，NSI）表达为单个河口及海湾目前所承载的营养盐负荷的大小，即为单个河口或海湾 TN 年均浓度的人为影响增加量。表达式为

$$NSI = \frac{TN - TN_0}{TN}$$

式中，TN 为某一年度人为增加的 TN 浓度的年均值（mg/L）；TN_0 为整个河口区域 TN 浓度的基准值（mg/L），即取单个河口区域不同分区后基准值为评估标准。

压力指标分级标准见表 6-2。

表 6-2　压力指标分级标准

指标类别	评估指标	等级划分		
		1	2	3
压力	人类扰动敏感性 NSI 指数	0<NSI≤0.4	0.4<NSI≤0.8	0.8<NSI
	河口营养盐敏感性	低	中	高

压力级别的判定根据两项压力指标各自的等级，按照图 6-1 进行等级判定。

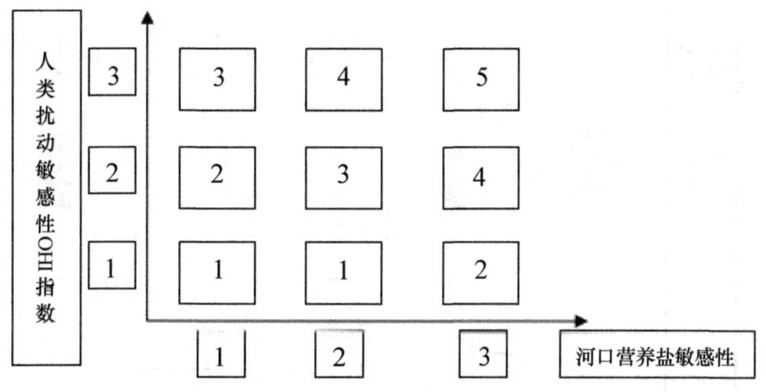

图 6-1　压力影响级别划分组合矩阵图

（2）状态指标分级标准及等级判定

取不同区域片段相应指标最优（或基准值）和最差状态进行评估，利用三分法确定水质状态等级。单个站位状态指标等级同样采用矩阵进行判定。

（3）响应指标分级标准及等级判定

基于水质状态等级，采用矩阵判定单个站位响应指标等级。

（4）站位富营养化评估

根据各项指标的判定结果确定各个站位的等级（表 6-3）。

3. 富营养化指数

富营养化指数（EI）参见 2.2.3.1。

4. 营养状态质量指数

2002 年国家海洋局发布的《海洋生态环境监测技术规程》中提出营养状态质量指数（NQI）评价方法，即

$$NQI=(COD/COD_s)+(TN/TN_s)+(TP/TP_s)+(Chla/Chla_s)$$

式中，COD_s、TN_s、TP_s、$Chla_s$ 分别为 COD、TN、TP、Chla 的浓度的标准值，分别为 3.0mg/dm^3、0.6mg/dm^3、0.03mg/dm^3 和 10μg/dm^3。

NQI 值大于 3 为富营养化水平，2～3 为中营养水平，小于 2 为贫营养水平。因该方法将实测值与阈值的比较作为评价依据，方法使用简单，故在近海河口、增养殖水体中广泛使用。

6.1.2.3　生物评价方法筛选

目前，国际上的水环境管理越来越注重生态系统功能的保护和维持，水域生态系统的生物评价已成为水环境质量评价体系的一个重要组成部分。

表 6-3　河口富营养化状况最终级别划分矩阵表（彩色表格请扫封底二维码）

指标类别	排列组合矩阵	富营养化等级	水体类别
压力	1 1 1 2 2 2	1	优
状态	1 1 1 1 1 1		
响应	1 2 3 1 2 3		
压力	1 1 1 1 1 1 1 2 2 2 2 2 3 3 3 3 3 3	2	良好
状态	1 1 2 2 2 2 2 1 1 2 2 2 1 1 1 2 2 2		
响应	4 5 1 2 3 4 5 4 5 1 2 3 1 2 3 1 2 3		
压力	1 1 1 1 1 2 2 2 2 2 2 2 3 3 3 3 3 3 3 4 4 4 4 4 4 4 4 4 5 5	3	轻度营养状态
状态	3 3 3 3 3 2 2 3 3 3 3 3 1 1 2 2 3 3 3 2 2 2 2 2 3 3 4 3 4		
响应	4 5 1 2 3 4 5 1 2 3 4 5 4 5 4 5 1 2 3 1 2 3 4 5 1 2 3 1 1 2		
压力	2 2 2 2 2 3 3 3 3 3 3 3 4 4 4 4 4 4 5 5 5 5 5	4	中度营养状态
状态	4 4 4 4 4 3 3 4 4 4 4 4 3 3 4 4 4 4 3 3 3 4 4		
响应	1 2 3 4 5 4 5 1 2 3 4 5 4 5 2 3 4 5 3 4 5 1 2		
压力	3 3 3 3 3 4 4 4 4 4 5 5 5 5 5 5 5 5	5	重度营养状态
状态	5 5 5 5 5 5 5 5 5 4 4 4 5 5 5 5 5		
响应	1 2 3 4 5 1 2 3 4 5 3 4 5 1 2 3 4 5		

1. 生物评价类群筛选

生物评价充分考虑了每个类群的优点、生命周期，并结合区域的环境特点，选择适合的水生生物类群。例如，营养状态评价可选用浮游植物的相关参数，总体的生态环境状态评价可单独或结合使用浮游植物、浮游动物和大型底栖动物这三个类群；环境变化的长期效应评价首选大型底栖动物，环境变化的短期效应评价则选用浮游植物和浮游动物。根据国内外生物评价的研究，结合我国河口生物监测的实际情况，选用了对环境变化敏感的浮游植物、浮游动物和大型底栖动物这三个类群作为河口生物评价的主要类群。

（1）浮游植物

作为水生生态系统的生产者，浮游植物对维持水生生态系统健康发展具有重要的意义，浮游植物群落的健康与否决定了整个水体生态环境质量。此外，浮游植物作为水体中营养盐的主要“消费者”，水体中营养盐的多寡直接影响水体浮游植物的浓度，随着水体营养盐浓度不断升高，水体富营养化越来越严重，赤潮（水华）现象暴发频率越来越高、暴发面积越来越大。

（2）浮游动物

浮游动物是河口生态系统次级生产力的主要组成部分，是食物网中承前启后的重要一环，也是河口生态系统物质循环和能量流动中的关键调控功能群。研究证明，浮游动物的摄食可以控制浮游植物初级生产力的积累，防止赤潮的发生。浮游动物是经济水产动物幼体，特别是仔、稚鱼的饵料，浮游动物种群与鱼类（尤其是幼鱼）的时空关系，在很大程度上决定了鱼种的补充机制。此外，由于浮游动物对环境变化敏感，国际上常常将浮游动物作为反映水体环境变化的理想的研究对象。基于此，浮游动物作为河口生物评价中的生物类群之一。

（3）大型底栖动物

由于大型底栖动物移动性较差，对环境胁迫或变化的敏感性，在生物评价中应用最为广泛。生物指示作用最早的成功案例便是底栖动物。1916 年，德国学者 Wilhelmi 首先提出用小头虫来指示海洋污染，开辟了利用生物评估海洋污染的研究领域。

2. 基于大型底栖动物群落水平的生物评价方法筛选

基于三个河口的生态环境质量状况及野外现场调查结果，并充分参考美国 EPA、欧盟河口及近岸海域生物评价和生物基准技术手册以及国内的相关研究，筛选出 3 类大型底栖生物评价方法，即 Shannon-Wiener 多样性指数（H'）、M-AMBI 及 B-IBI，在充分比较其优劣的基础上，选出适用于我国河口大型底栖动物评价的方法，并初步建立我国河口水域大型底栖动物评价技术体系。

（1）Shannon-Wiener 多样性指数

该指数（H'）已广泛地用于我国多种生态系统环境质量评价，计算公式为

$$H' = -\sum_{i=1}^{S} P_i \log_2 P_i$$

式中，S 为物种数；P_i 为物种 i 在总样本中的比例。

多样性指数值的分级标准为：0，无生物，即指示严重污染；(0,1]指示重度污染；(1,2]指示中度污染；(2,3]指示轻度污染；大于 3 则指示清洁。

（2）ABC 曲线

ABC 曲线将生物量和栖息密度的物种优势度曲线绘入一张图中，其中，x 轴为生物量或栖息密度重要性的物种丰富度对数排序，y 轴为生物量或栖息密度优势度的累计百分比。未受扰动的底栖动物群落，其栖息密度曲线比生物量的更为平滑而始终位于生物量曲线之下；当群落受到中等程度的干扰时，个体较大动物的优势度减弱，栖息密度和生物量曲线会接近重合或部分交叉；当群落受到重度干扰时，一种或几种小个体的机会种占优，栖息密度曲线始终位于生物量曲线之下。

本研究采用 W 值（栖息密度与生物量的差值）来指示环境质量的时空分布，并结合 ABC 曲线对河口海湾的生态环境质量状况进行判断。W 取值区间为(–1, 1)，其数值趋近于 1 时，表明群落仅有一个绝对优势种；其数值趋近于–1 时，表明群落的绝对优势种不明显。反之则反。如若样点较多，时空分布尺度明显或重复样较多，W 可以代替 ABC 曲线评价生态环境质量，量化后也有利于与其他指数进行比较。

（3）M-AMBI

M-AMBI 基于因子分析考虑了 AMBI、物种数、Shannon-Wiener 多样性指数，并与参照状态进行比较，获得生态环境质量比率值（EQR），可以通过 AZTI 提供的软件计算（http://www.azti.es）。参照状态采用“预设法”来定，即在计算时将多样性指数和丰富度增加 15%，AMBI 降低 15%。采用此方法主要是考虑到各河口海湾的底栖生境受到较大干扰，根据目前的群落结构参数已无法建立参照状态。“差”状态的多样性指数和物种丰富度参照值为 0，AMBI 为 6。

（4）生物完整性指数

指数构建及评价，参考第 5 章中所述流程。

为保证所确定的指数建立的合理性，应利用历史或现场数据对其进行验证。通常可通过两种途径：其一是利用环境数据验证；其二是通过其他相关的生物指数验证。

3. 基于浮游生物群落水平的生物评价方法研究

基于三个河口的生态环境质量状况及野外现场调查结果，并充分参考美国 EPA、欧盟河口及近岸海域生物评价和生物基准技术手册以及国内的相关研究，筛选出 3 类浮游生物评价方法，即 Shannon-Wiener 多样性指数、生物完整性指数及生物群落退化指数，

在充分比较其优劣的基础上，初步建立我国河口水域浮游生物评价技术体系。

（1）Shannon-Wiener 多样性指数

Shannon-Wiener 多样性指数计算方法及原理同上页。

（2）生物完整性指数

生物完整性指数包括浮游植物生物完整性指数（phytoplankton-index of biological integrity，P-IBI）和浮游动物生物完整性指数（zooplankton-index of biological integrity，Z-IBI），构建及评价方法同上页。

（3）生物群落退化指数（community degradation index，CDI）

1）指标体系筛选：本研究筛选出 4 个群落结构指数，即 Margalef 丰富度指数（d）、Simpson 多样性指数（D）、Shannon-Wiener 多样性指数（H'）、Pielou 均匀度指数（J）作为指数构建的基础指标。

2）指标赋分：对各项指标进行无量纲化，按照表 6-4 中标准对各项指标进行赋分。

表 6-4　浮游生物群落退化指数各项指标赋分标准

生物群落	指数	5 分	4 分	3 分	2 分	1 分
浮游植物	Chla 浓度（mg/m^3）	<2.0	2.0～4.0	4.0～6.0	6.0～10.0	>10.0
	H'	>4.5	3.0～4.5	2.0～3.0	1.0～2.0	<1.0
	J	0.85～1	0.7～0.85	0.5～0.7	0.3～0.5	0～0.3
浮游动物	Z（d）	>5	3.5～5	2～3.5	1～2	<1
	Z（H'）	>4	3～4	2～3	1～2	<1
	Z（J）	0.85～1	0.7～0.85	0.5～0.7	0.3～0.5	0～0.3

3）浮游生物群落退化指数：将每个群落（浮游植物、浮游动物）的各个指标值相加再除以指标数，分别得到浮游植物群落退化指数（phytoplankton community degradation index，PCDI）和浮游动物群落退化指数（zooplankton community degradation index，ZCDI）。取浮游动物和浮游植物 2 个群落的退化指数平均值，即得出该区域浮游生物退化指数，等级标准如下：优，(4,5]；中等，(3,4]；较差，(2,3]；很差，(1,2]；极差，(0,1]。

4. 综合生物指数的构建

参照国内外研究经验，各类群生物评价方法体系建立后，进行权重设置。入海河口区作为陆海交汇处，相比湖泊水库这种相对封闭的生态系统，具受外海及陆源冲淡水影响较大，浮游生物在此处较难长时间停留，世代更替较快，无法响应河口区生态系统的长期变化。因此，在 BI 的构建过程中，将浮游植物和浮游动物的权重比例均调整为 1/4，底栖动物比例调整为 1/2。

本研究选取 M-AMBI 作为大型底栖动物的首选指数，采用的是“预设”方法计算出 M-AMBI（即取 AMBI 最小值、物种数和多样性指数最高值且增加 15%）；浮游生物群落指标，则选用前期研究中适用性较好的生物群落退化指数。

特别说明，为与生物群落退化指数评价等级赋分相匹配，M-AMBI 评价等级赋分取群落退化指数相应等级标准的中值（表 6-5）。

表 6-5　M-AMBI 及其对应的生态环境等级

M-AMBI	评价等级	等级赋分
＞0.77	优	4.6
(0.53, 0.77]	良	3.8
(0.38, 0.53]	中等	3.0
(0.20, 0.38]	差	2.2
≤0.20	极差	1.4

综合生物指数（comprehensive biotic index，CBI），在综合各种生物评价结果的基础上，能对某一水体水质做出明确的评价结论。综合生物指数计算公式为

$$\text{CBI} = 0.25\times\text{浮游植物指数（指标）}+0.25\times\text{浮游动物指数（指标）}+0.5\times\text{底栖动物指数（指标）}$$

综合生物指数评价将生态环境质量状况分为 5 个等级，分级标准：[4.2, 5.0]为优；[3.4, 4.2)为良；[2.6, 3.4)为中；[1.8, 2.6)为差；＜1.8 为劣。

6.2　评价技术框架

结合单因子评价方法开展快速水质评价，根据各断面各项污染物单因子评价结果（不包括营养盐），可对断面的主要污染指标进行筛选。筛选原则和方法如下：①水质为Ⅲ类或优于Ⅲ类的断面不做主要污染指标筛选；②对于水质劣于Ⅲ类的断面，从超过Ⅲ类标准限值的指标中取前三个指标作为该断面的主要污染指标。主要污染指标分别按《地表水环境质量标准》（GB 3838—2002）和《海水水质标准》（GB 3097—1997）各自指标、标准进行评价，与富营养评价结果对应。多种污染物污染指数（multi-pollutants pollution index，MPPI）为分别采用水污染指数法计算后，取单因子污染指数中的最大值，即

$$\text{MPPI=AVERAGE(WPI, WQEI)}$$

式中，WQEI 为水环境富营养化指数。

多种污染物污染指数（MPPI）评价分值及相应评价等级见表 6-6。

表 6-6　水环境质量指数评价分值及相应评价等级（彩色表格请扫封底二维码）

水质类别	分值	评价等级	颜色
Ⅰ类	MPPI≤0.07	优	
Ⅱ类	0.07＜MPPI≤0.23	良	
Ⅲ类	0.23＜MPPI≤0.44	中等	
Ⅳ类	0.44＜MPPI≤0.60	差	
Ⅳ类	0.60＜MPPI≤1.00	极差	

6.3　评价适用性

6.3.1　大辽河口适用性研究

6.3.1.1　水质评价方法适用性

1. 富营养评价适用性

如图 6-2 所示，从不同航次大辽河口富营养化状况评估结果可知，大辽河口河道内基本上呈现Ⅳ类及Ⅴ类水质，不同站位均呈现不同的富营养状态。2014 年 5 月（春季）富营养化状况要好于 2013 年 11 月和 2014 年 11 月（秋季），总体上，由于海水的混合稀释作用从河道向外海逐渐趋好。

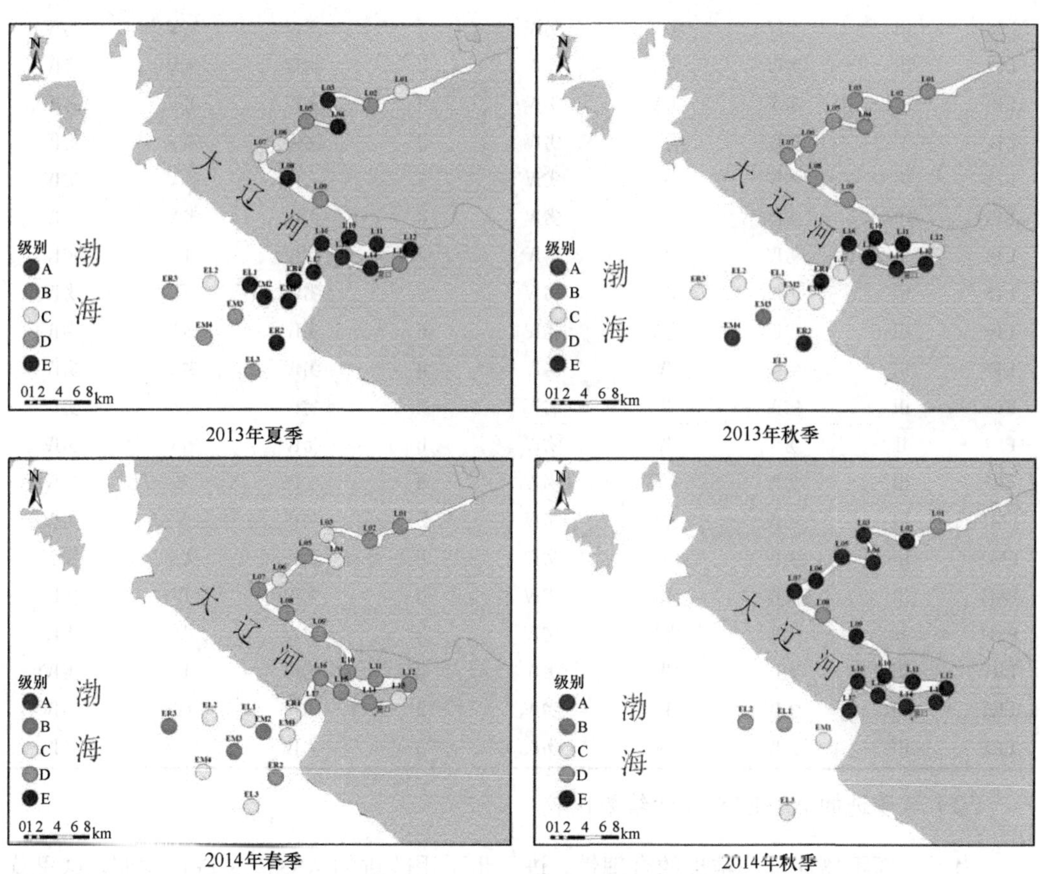

图 6-2　利用距离评估法评估不同季节大辽河口富营养化状况结果示意图（彩图请扫封底二维码）

图例 A~E 分别对应 I~V 类水质，图 6-3 同

（1）与单因子评价结果比较

地表水评估指标为 NH_3-N 和 TP，海水评估指标为 DIN 和 PO_4-P，采用单因子评价法以两者最差级别作为最终等级。从表 6-7 可以看到，采用不同的标准相同站位的水质

评价结果差异较大，尤其2014年5月（春季），采用地表水标准几乎为Ⅱ类水质条件，而采用海水水质标准则为劣Ⅳ类水质。

表 6-7 不同水期下大辽河口分别采用现行水质标准得到的评价结果

站位	2013年夏季		2013年秋季		2014年春季		2014年秋季	
	地表水等级	海水等级	地表水等级	海水等级	地表水等级	海水等级	地表水等级	海水等级
L01	Ⅳ	劣Ⅳ	Ⅴ	劣Ⅳ	Ⅱ	劣Ⅳ	劣Ⅴ	劣Ⅳ
L02	Ⅲ	劣Ⅳ	Ⅴ	劣Ⅳ	Ⅱ	劣Ⅳ	劣Ⅴ	劣Ⅳ
L03	Ⅲ	劣Ⅳ	Ⅴ	劣Ⅳ	Ⅱ	劣Ⅳ	劣Ⅴ	劣Ⅳ
L04	Ⅲ	劣Ⅳ	Ⅴ	劣Ⅳ	Ⅱ	劣Ⅳ	劣Ⅴ	劣Ⅳ
L05	Ⅲ	劣Ⅳ	Ⅴ	劣Ⅳ	Ⅱ	劣Ⅳ	劣Ⅴ	劣Ⅳ
L06	Ⅲ	劣Ⅳ	Ⅴ	劣Ⅳ	Ⅱ	劣Ⅳ	劣Ⅴ	劣Ⅳ
L07	Ⅴ	劣Ⅳ	Ⅳ	劣Ⅳ	Ⅱ	劣Ⅳ	劣Ⅴ	劣Ⅳ
L08	Ⅲ	劣Ⅳ	劣Ⅴ	劣Ⅳ	Ⅱ	劣Ⅳ	劣Ⅴ	劣Ⅳ
L09	Ⅲ	劣Ⅳ	劣Ⅴ	劣Ⅳ	Ⅱ	劣Ⅳ	劣Ⅴ	劣Ⅳ
L10	Ⅲ	劣Ⅳ	劣Ⅴ	劣Ⅳ	Ⅱ	劣Ⅳ	劣Ⅴ	劣Ⅳ
L11	Ⅴ	劣Ⅳ	劣Ⅴ	劣Ⅳ	Ⅱ	劣Ⅳ	劣Ⅴ	劣Ⅳ
L12	Ⅲ	劣Ⅳ	Ⅴ	劣Ⅳ	Ⅱ	劣Ⅳ	劣Ⅴ	劣Ⅳ
L13	Ⅲ	劣Ⅳ	劣Ⅴ	劣Ⅳ	Ⅱ	劣Ⅳ	劣Ⅴ	劣Ⅳ
L14	Ⅲ	劣Ⅳ	Ⅴ	劣Ⅳ	Ⅱ	劣Ⅳ	Ⅳ	劣Ⅳ
L15	Ⅲ	劣Ⅳ	劣Ⅴ	劣Ⅳ	Ⅱ	劣Ⅳ	Ⅳ	劣Ⅳ
L16	Ⅲ	劣Ⅳ	劣Ⅴ	劣Ⅳ	Ⅱ	劣Ⅳ	劣Ⅴ	劣Ⅳ
L17	Ⅲ	劣Ⅳ	Ⅳ	劣Ⅳ	Ⅱ	劣Ⅳ	劣Ⅴ	劣Ⅳ
EL1	Ⅲ	劣Ⅳ	Ⅳ	劣Ⅳ	Ⅱ	劣Ⅳ	Ⅳ	劣Ⅳ
EL2	Ⅱ	劣Ⅳ	Ⅳ	劣Ⅳ	Ⅱ	劣Ⅳ	劣Ⅴ	劣Ⅳ
EL3	Ⅲ	劣Ⅳ	劣Ⅴ	劣Ⅳ	Ⅱ	劣Ⅳ	Ⅴ	劣Ⅳ
EM1	Ⅲ	劣Ⅳ	劣Ⅴ	劣Ⅳ	Ⅱ	劣Ⅳ	Ⅴ	劣Ⅳ
EM2	Ⅲ	劣Ⅳ	Ⅴ	劣Ⅳ	Ⅱ	劣Ⅳ	劣Ⅴ	劣Ⅳ
EM3	Ⅲ	劣Ⅳ	Ⅲ	劣Ⅳ	Ⅱ	劣Ⅳ	Ⅳ	劣Ⅳ
EM4	Ⅱ	劣Ⅳ	劣Ⅴ	劣Ⅳ	Ⅱ	劣Ⅳ	Ⅴ	劣Ⅳ
ER1	Ⅲ	劣Ⅳ	Ⅳ	劣Ⅳ	Ⅱ	劣Ⅳ	Ⅳ	劣Ⅳ
ER2	Ⅲ	劣Ⅳ	Ⅳ	劣Ⅳ	Ⅱ	劣Ⅳ	劣Ⅴ	劣Ⅳ
ER3	Ⅲ	劣Ⅳ	Ⅳ	劣Ⅳ	Ⅱ	劣Ⅳ	劣Ⅴ	劣Ⅳ

（2）与改进的 ASSETS 评估结果比较

为了验证距离评价法结果的合理性，进一步采用改进的ASSETS进行说明。这里营养盐承载力敏感性NSI指数与营养盐敏感性作为"压力"因子，而营养盐水平、藻类的生长状况及其对水质的间接影响分别作为"状态"与"响应"因子。2013年夏季大辽河口评价结果见表6-8。可以看到，ASSETS总体上比距离评价法得到的结果要好些，是几种评价结果中相对较好的情况。由于大辽河口营养盐敏感性为"低"，加上营养盐承载力敏感性NSI指数，因此"压力"因子总体较好，进而评价结果呈现Ⅲ类水质状态，部分站位良好。但是，由于河口自身营养盐敏感性，以及人类扰动状况的分级标准合理性对评价结果有较大的影响，而距离评价法评价结果既能反映人类扰动的程度，也能反映河口自身在某一区域内营养盐的敏感性，考虑到改进的 ASSETS 与距离评价法、单因子法、潜在富营养化评估法结果差异较大，目前该法在使用过程中仍需进一步改进。

表 6-8　2013 年夏季大辽河口采用 ASSETS 得到的评价结果

站位	等级	站位	等级	站位	等级
L01	III	L08	III	L15	III
L02	III	L09	III	L16	II
L03	III	L10	II	L17	II
L04	I	L11	II	EM1	III
L05	III	L12	II	EM2	III
L06	III	L13	II	EM3	III
L07	III	L14	III	EM4	II

2. 水质综合评价方法结果

从大辽河口 4 个航次的综合评价结果（图 6-3）可以看到河口富营养化程度严重，且在混合区更为突出，需引起足够的重视。

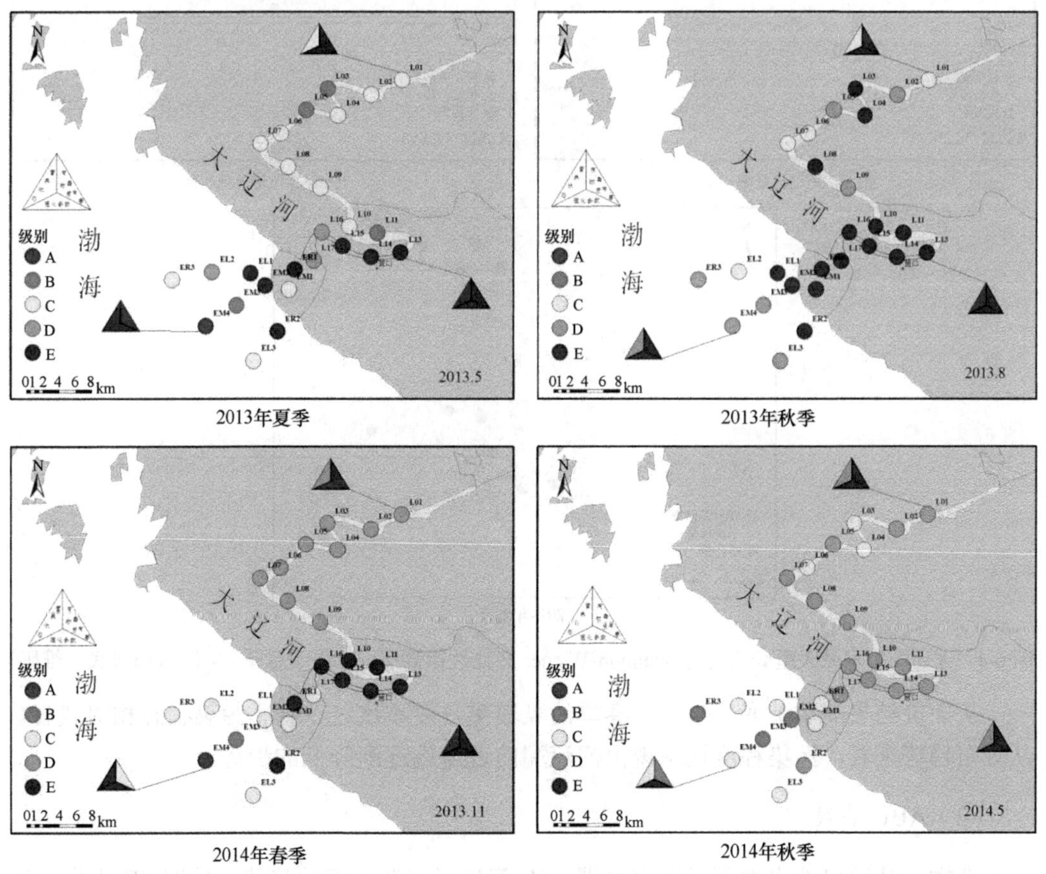

图 6-3　大辽河口不同航次水质综合评价结果示意图（彩图请扫封底二维码）

6.3.1.2 生物评价方法适用性

1. 基于大型底栖动物群落水平的生物评价方法

（1）Shannon-Wiener 多样性指数

夏季，从 H'均值来看，大辽河口总体处于中度污染状态。其中，重污染站位为 9 个，约占调查站位数量的 34.61%；中度污染站位 14 个，占 53.85%；轻至无污染的站位 3 个，占 11.54%。秋季，大辽河口总体处于中度污染状态。其中，重污染站位为 7 个，约占调查站位数量的 33.33%；中度污染站位 11 个，占 52.38%；轻至无污染的站位 3 个，占 14.29%。春季，大辽河口总体处于中度污染状态。其中，重污染站位为 13 个，约占调查站位数量的 68.42%；中度污染和轻至无污染的站位各 3 个，均占 15.79%（图 6-4）。

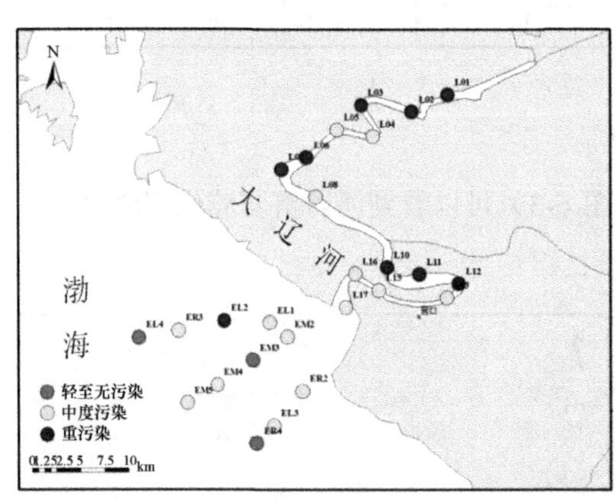

2013年夏季

2013年秋季

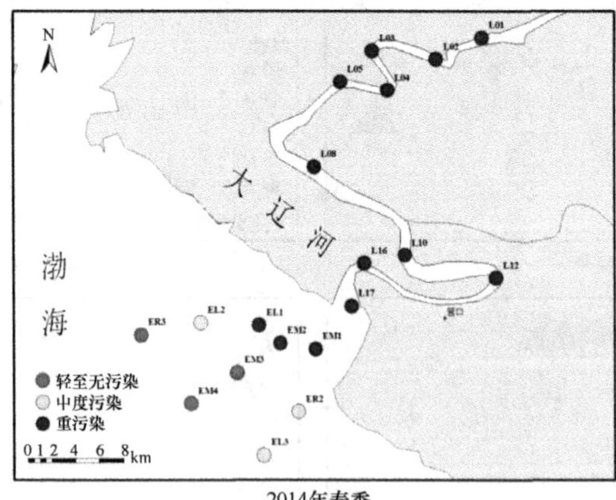

2014年春季

图 6-4 大辽河口水域大型底栖动物 Shannon-Wiener 多样性指数评价结果示意图（彩图请扫封底二维码）

从评价结果的季节变化来看，春季污染较重，夏季次之，秋季污染状态相对较轻。从分布趋势来看，污染程度均呈现由河流端向近海端逐渐降低的趋势。

（2）ABC 曲线

春季，从河口淡水端到近海海水端，W 值呈现逐渐升高的趋势。按照 W 值由负值向正值的演变，河口底栖生物状况逐渐变好，污染趋势逐渐降低（图 6-5）。从 ABC 曲线中发现，排除只有一个物种的站位，ABC 曲线出现交叉的站位有 5 个，分别是 L01～L03、L17 和 EM2 站位（图 6-6）。按照 ABC 曲线的表征，生物量曲线与丰度曲线出现交叉，部分丰度曲线在生物量曲线上方，说明生物存在中度扰动。而此时，EM2 站位的 *W* 值为–0.02，L17 站位为 0.056。*W* 值均较低，与实际情况基本一致。

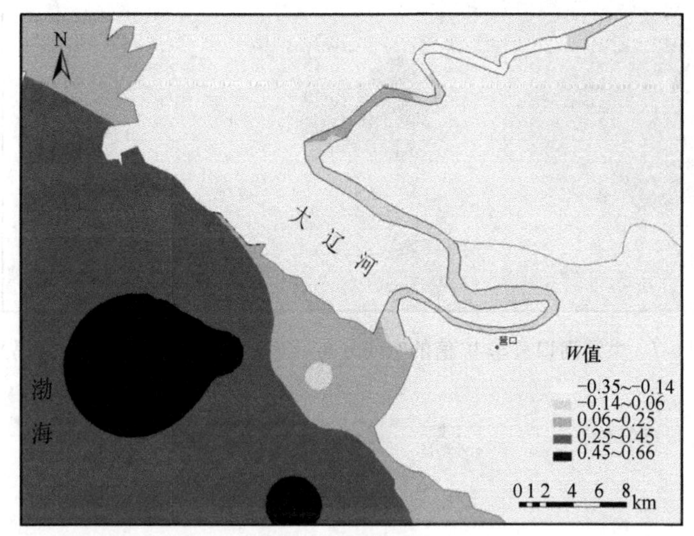

图 6-5　大辽河口春季 *W* 值的空间分布示意图（彩图请扫封底二维码）

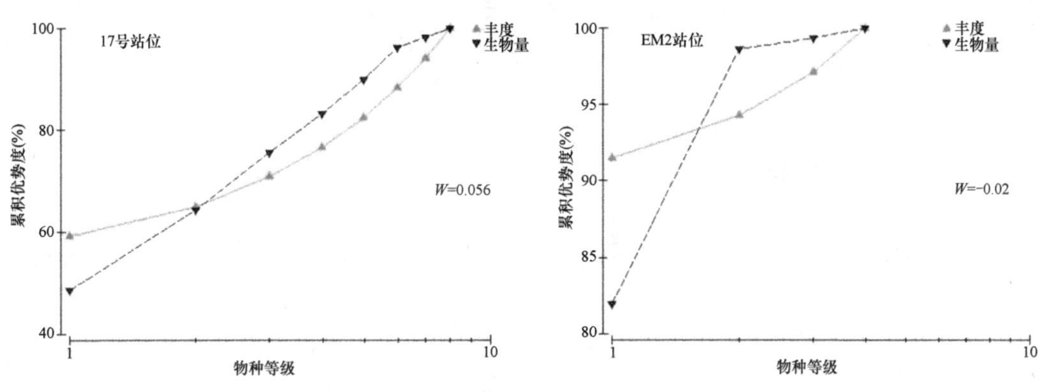

图 6-6　大辽河口春季受扰动站位 ABC 曲线

夏季，从河口淡水端到近海海水端，*W* 值总体呈现逐渐升高的趋势。从河口往外，随着盐度的增加，*W* 值普遍较高，但是高值区呈板块分布在不同的水域（图 6-7）。从 ABC 曲线中发现，排除只有一个物种的站位，ABC 曲线出现丰度曲线在生物量曲线上方的站位有 4 个，分别是 L02、L04、L08 和 L13 站位（图 6-8），说明生物存在重度扰动。而此时，上述站位的 *W* 值分别为–0.172、–0.041、–0.079 和–0.118，与实际情况基本一致。与春季相比，*W* 值更低。

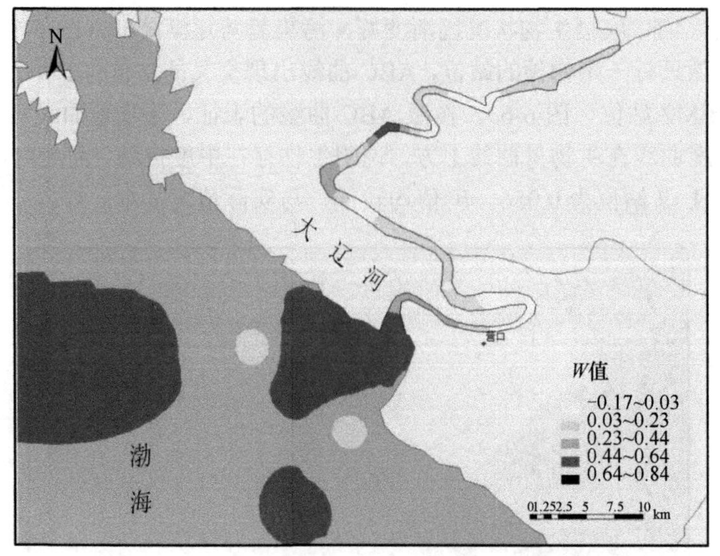

图 6-7　大辽河口夏季 W 值的空间分布示意图（彩图请扫封底二维码）

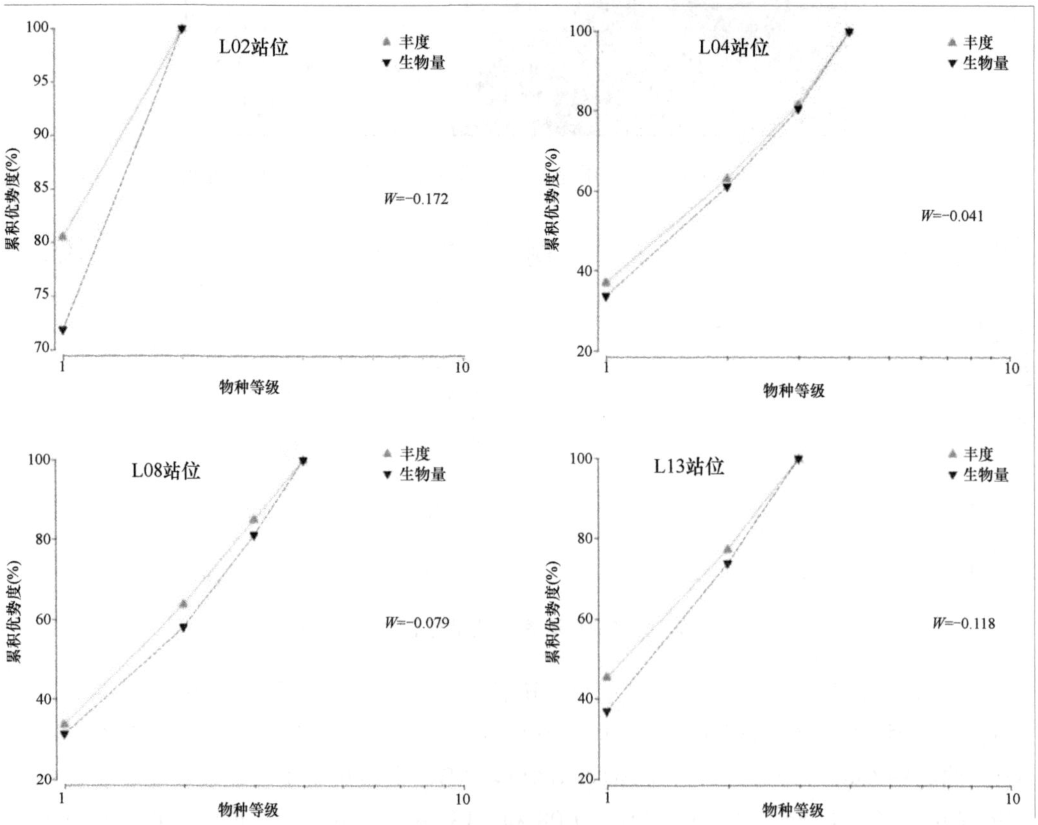

图 6-8　大辽河口夏季受扰动站位 ABC 曲线

秋季，从河口淡水端到近海海水端，W 值总体呈现逐渐升高的趋势，与春季基本相同。从河口往外，随着盐度的增加，W 值普遍较高，这在一定程度上也反映了底栖生物状况相对较好（图 6-9）。从 ABC 曲线中发现，排除只有一个物种的站位，ABC 曲线出现丰度曲线在生物量曲线上方的站位有 2 个，分别是 L03、L05 站位（图 6-10），说明生物存在重度扰动。而此时，上述站位的 *W* 值分别为–0.210 和–0.009，与实际情况基本一致。与春、夏季相比，ABC 曲线表征的污染站位数量较低，总体生物状况较好。

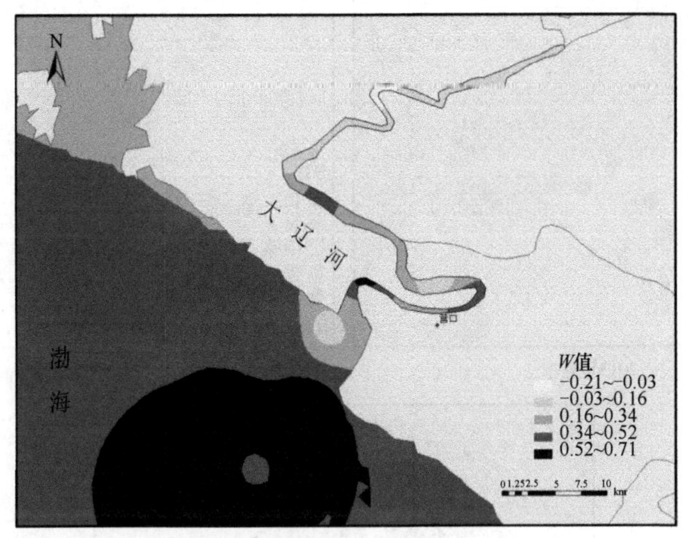

图 6-9　大辽河口秋季 *W* 值的空间分布示意图（彩图请扫封底二维码）

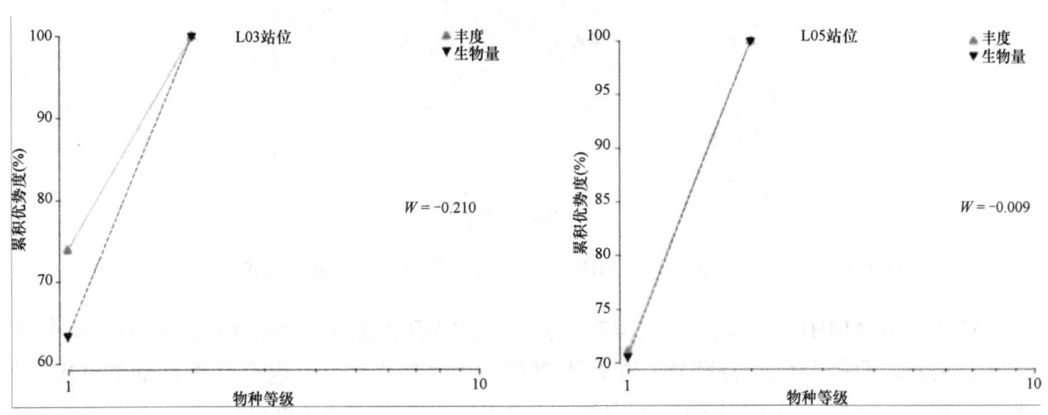

图 6-10　大辽河口秋季受扰动站位 ABC 曲线

通过 ABC 曲线和 *W* 值对大辽河口底栖生物质量评价结果可以看出，*W* 值作为一个相对定性的方法，用于表征河口总体的底栖生物状况趋势是可行的，通过整体趋势判断，结合单个站位的 ABC 曲线中生物量曲线和丰度曲线的位置，可对该站位底栖生物的质量状况进行分级评价，其表征结果与 Shannon-Wiener 多样性指数的表征结果具有一定的指示性。但是，对于只有一个物种的站位来说，*W* 值会偏高，对指示生物状况来说指示效果不理想。

（3）M-AMBI

通过分析大辽河口-近海区域站位的底栖生物 M-AMBI，按照其判定标准，对大辽河口春、夏、秋三个季节的底栖生物状况进行评价，结果如图 6-11 所示。

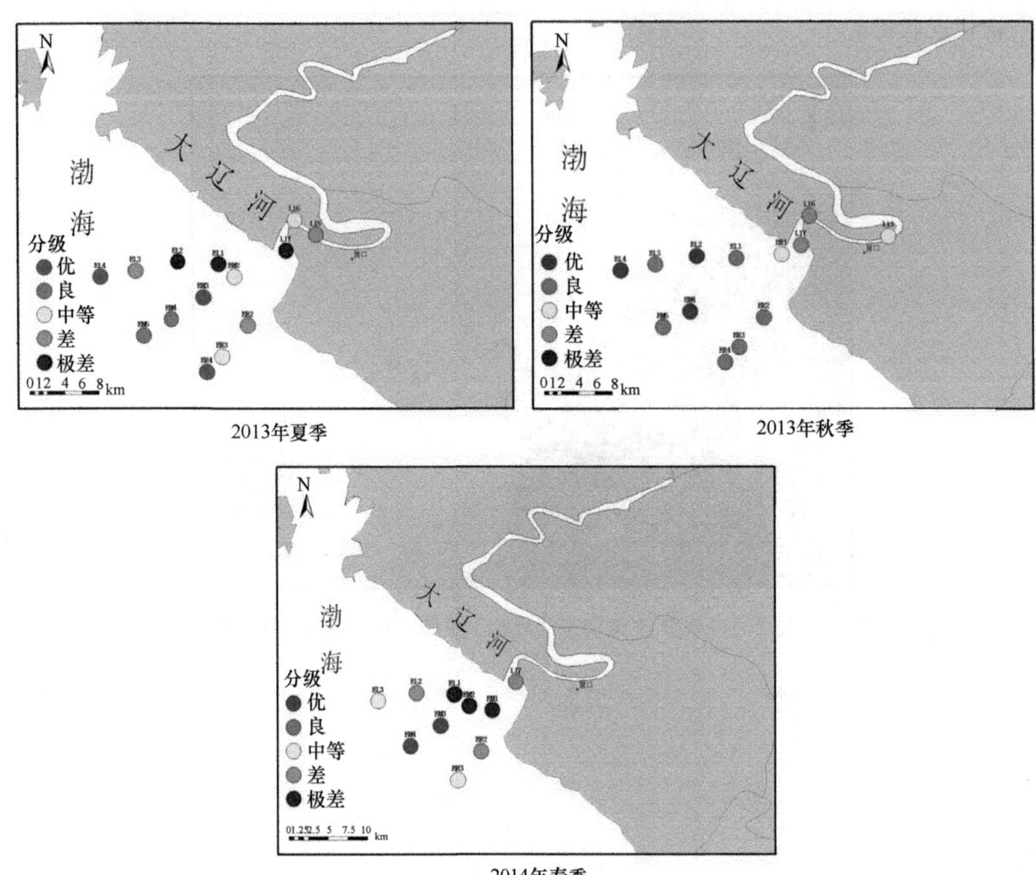

图 6-11　大辽河口水域 M-AMBI 时空分布示意图（彩图请扫封底二维码）

夏季，M-AMBI 的平均值为 0.47，总体处于中等状态（中度扰动）。但是，从个体站位上来看，两极分化比较严重，既有不受扰动的“优”状态，也有严重扰动的“极差”状态。其中，“优”（不受扰动）、“中等”（中等扰动）、“差”（重度扰动）、“极差”（极端扰动）的站位各 3 个，均占站位数量的 21.43%；“良”（轻度扰动）的站位 2 个，占 14.28%。

秋季，M-AMBI 的平均值为 0.61，总体处于“良”状态（轻度扰动）。但是，从个体站位上来看，“优”“良”状态占主导。其中，“优”“良”站位 9 个，共占站位数量的 69.24%；“中等”和“差”状态的站位各 2 个，均占 15.38%。

春季，M-AMBI 的平均值为 0.41，总体处于“中等”状态（中度扰动）。但是，从个体站位上来看，两极分化比较严重，既有不受扰动的“优”状态，也有严重扰动的“极差”状态。其中，“优”（不受扰动）和“中等”（中等扰动）的站位各 2 个，均占站位数量的 20%；“差”（重度扰动）和“极差”（极端扰动）的站位各 3 个，均占 30%。

从季节变化来看，秋季的大辽河口底栖生物质量最高，春季最低。从空间分布趋势来看，河口混合区生物扰动剧烈，盐度较高的近海区扰动较小，生物质量较高。

（4）生物完整性指数

利用大辽河口 2013 年夏季航次底栖生物数据计算生物完整性指数。因该航次 L16 以上站位物种数过低（≤2），可用候选指标过少，此处仅考虑 L17 站位以下的近岸海域站位。

根据现场调查数据，通过一系列统计分析，从 15 个候选指标中筛选出 2 个核心指标构建 B-IBI，包括生物量和端足目+软体动物百分比进行评价。

这两个核心指标并非纯粹的正向或反向参数，都是在一定范围内随压力的增加而上升。此处，按 Diaz 等（2004）的方法确定各指标阈值分级标准，以三分法对 2 个指标进行赋值（表 6-9）。

表 6-9　大辽河口 2013 年春季航次 B-IBI 指标的阈值分级标准

	5 分	3 分	1 分
总生物量（g/m^2）	[5.99, 54.04]	[0.87, 5.99)或(54.04, 107.5]	＜0.87 或＞107.5
滤食种生物量百分比（%）	[24.9, 74.8]	[2.0, 24.9)或(74.8, 94.8]	＜2.0 或＞94.8

采用所有站位指数值分布的 95%分位数法确定评价标准，即以 95%分位数为最佳值，低于该值的分布范围进行五等分，大辽河口 B-IBI 评价标准划分见表 6-10。评价结果表明，底栖动物整体上处于中等污染状况。

表 6-10　大型底栖生物完整性指数评价分值及评价等级（彩色表格请扫封底二维码）

评价等级	B-IBI	颜色等级
优	＞4.2	
良	(3.4, 4.2]	
中等	(2.6, 3.4]	
差	(1.8, 2.6]	
极差	≤1.8	

2. 基于浮游生物群落水平的生物评价方法

浮游植物群落退化指数平均值为 3.5，表明水体处于轻度污染状态；浮游动物群落退化指数平均值为 3，表明水体处于中度污染；浮游生物群落退化指数综合评价结果指示中度污染（表 6-11）。如图 6-12 所示，大辽河口大部分水域平均指数为 2.8，指示大辽河口水域环境质量为重度污染。从空间分布来看，从淡水端到近岸海域，环境质量呈现下降的趋势。

表 6-11　大辽河口浮游生物群落退化指数

类群	指标均值	分值	综合指数	污染等级	综合评价
浮游植物	*N*	5	3.5	轻度污染	中等
	J	4			
	H′（log_2）	4			
	Chla	1			
浮游动物	*d*	2	3	中度污染	
	J	4			
	H′（log_2）	3			

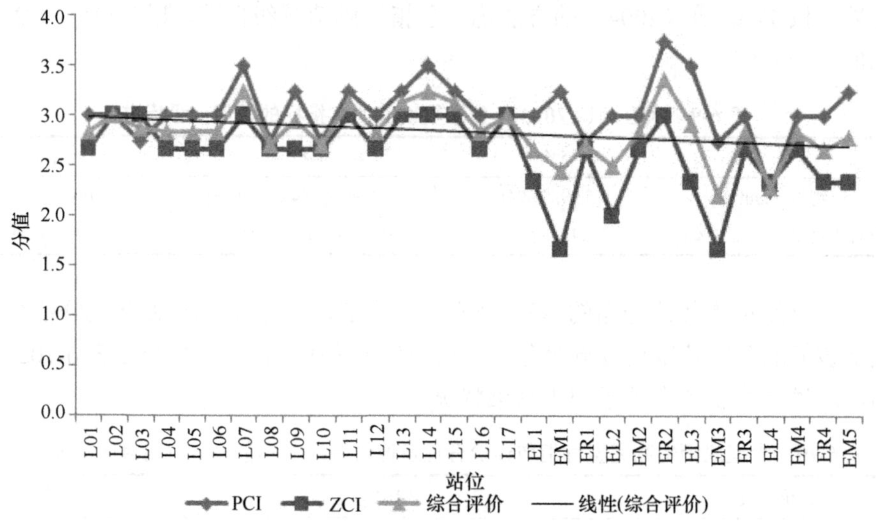

图 6-12　大辽河口 2013 年夏季浮游生物群落退化指数综合评价结果

3. 综合生物指数

本研究以大辽河口 2013 年夏季航次数据来验证，结果显示（图 6-13），2013 年大辽河口夏季航次生物群落状况总体上一般，生态环境质量状况较差。河口区及离岸较近的站位生态环境质量状况较差，而离岸较远的站位生态环境质量状况稍好于近岸海域。这与以往的研究结果基本一致。

6.3.2　长江口适用性研究

6.3.2.1　水质评价方法适用性

本节采用 NQI 法、EI 法、距离评价法和 ASSETS 分别对压力响应指标进行整合评价，评价结果如图 6-14 所示。

N
渤
海
大
辽
河
CBI
优
良
中等
差
极差
0 1 2 4 6 8 km

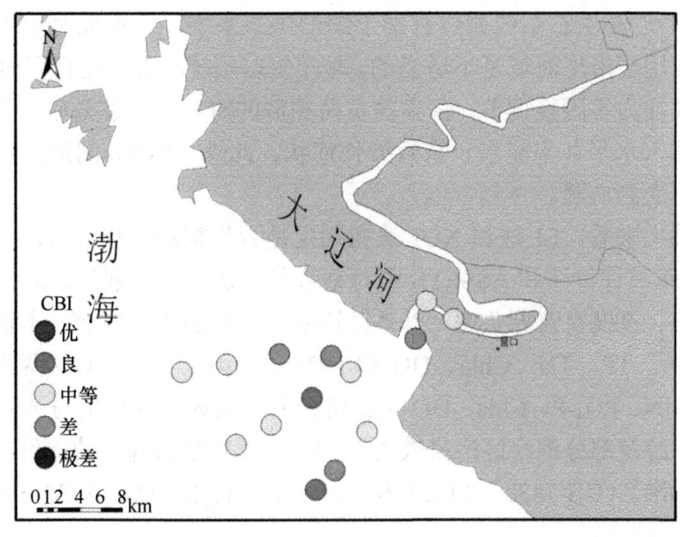

图 6-13　2013 年大辽河口夏季综合生物指数评价结果示意图（彩图请扫封底二维码）

N
评价等级
优
良
中
差
极差
长江
东
海
距离评价法
ASSETS
《地表水环境质量标准》(GB 3838-2002) NQI/EI法
《海水水质标准》(GB 3097-1997) NQI/EI 法

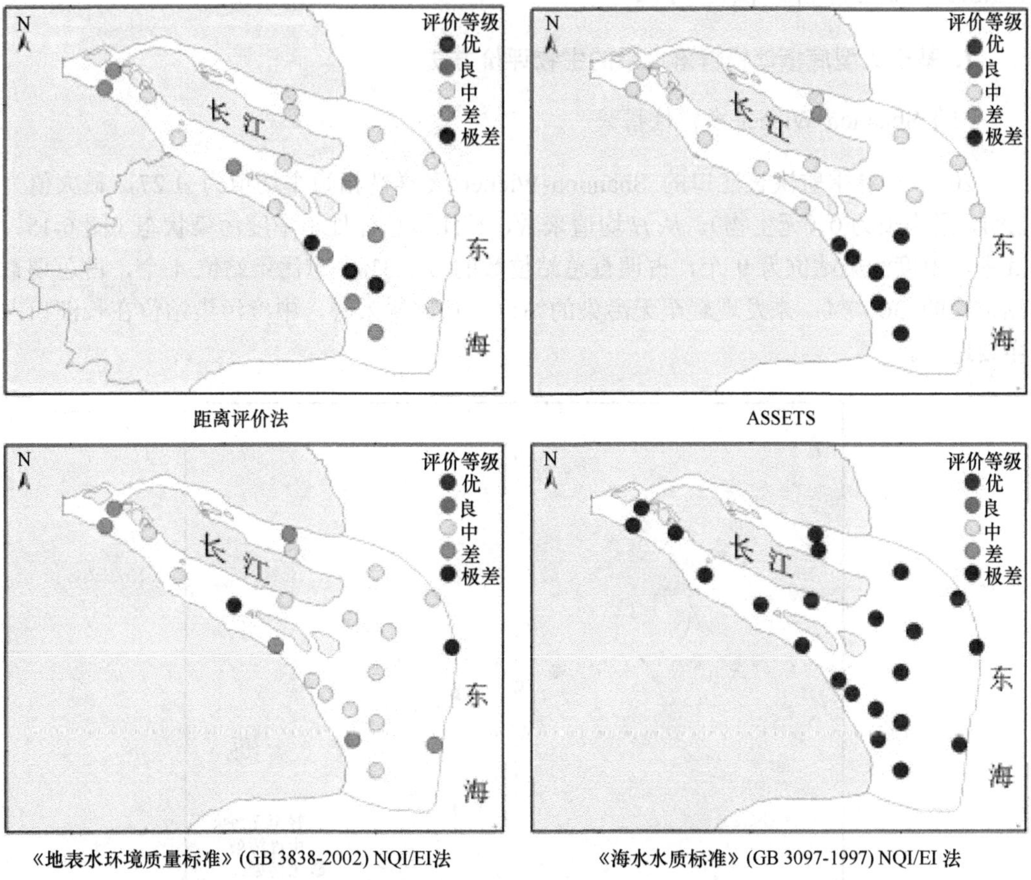

图 6-14　不同方法对长江口的评价结果示意图（彩图请扫封底二维码）

从评价方法上来看，EI 法和 NQI 法源自湖泊评价，且不适用于浮游植物生长受限制的水域。河口-近海生态系统显然有别于湖泊生态系统，简单地对淡水富营养化评价方法改进后就应用于沿岸海域是不适当的。海洋生态系统动力学过程同时受地形、潮差、浊度和水体自净能力等因素调节，营养盐负荷相似的海域其生态效应却往往不同，因此沿岸海域营养输入水平并不能指示富营养化症状。此外，COD 的意义也存在争议，其环境指示作用已受到质疑。

从评价结果上来看，EI 法和 NQI 法在判定是否为富营养状态后，并未对富营养级别进行划分，而距离评价法和 ASSETS 则对富营养级别进行了划分，如轻度富营养状态、中度富营养状态、重度富营养状态，有效筛选亟待管理的重点区域。本报告考虑到指标的适用性，采用了 TP、TN、Chla、DO 和 DIN、PO_4-P、Chla、DO 两组指标进行了对比分析，发现 DIN、PO_4-P、Chla、DO 指标组合的距离评价法结果与 ASSETS 结果基本一致，南支区下游及部分混合区污染较为严重。采用基准值确定的评价结果比现行《地表水环境质量标准》（GB 3838—2002）和《海水水质标准》（GB 3097—1997）的评价结果都要好一些。

6.3.2.2 生物评价方法适用性

1. 基于大型底栖动物群落水平的生物评价方法

（1）Shannon-Wiener 多样性指数

2011 年春季航次长江口的 Shannon-Wiener 多样性指数平均值为 1.27，最大值为 2.84，最小值为 0（无生物）。从 H'均值来看，长江口总体处于中度污染状态（图 6-15）。其中，中度污染站位为 9 个，占调查总站位数的 69.23%；重污染站位 4 个，占总调查站位数的 30.77%；未发现轻至无污染的站位。从比例来看，中度污染站位在长江口占主要地位。

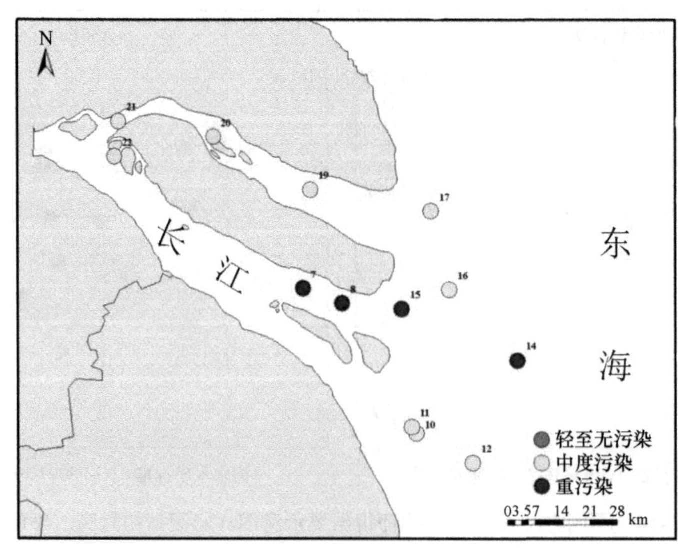

图 6-15 2011 年春季长江口大型底栖动物 Shannon-Wiener 多样性指数评价结果示意图
（彩图请扫封底二维码）

（2）ABC 曲线

从 W 值的空间分布（图 6-16）来看，北支崇明岛西北角水域 W 值出现高值区，长江口外混合区也出现两个高值区，而南支 W 值相对较低，在 0.31 以下。按照 W 值由负值往正值的演变，河口底栖生物状况逐渐变好，污染趋势逐渐降低。ABC 曲线评价结果显示（图 6-17），ABC 曲线出现交叉的站位有 2 个，分别是 19 号和 21 号站位，说明生物存在中度扰动。而此时，19 号站位的 W 值为–0.114，21 号站位的 W 值为–0.085。W 值均较低，与实际情况基本一致。

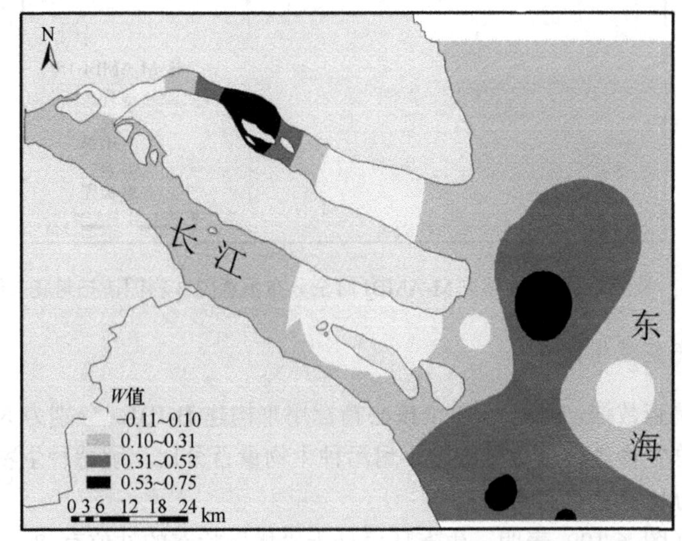

图 6-16　长江口春季 W 值的空间分布示意图（彩图请扫封底二维码）

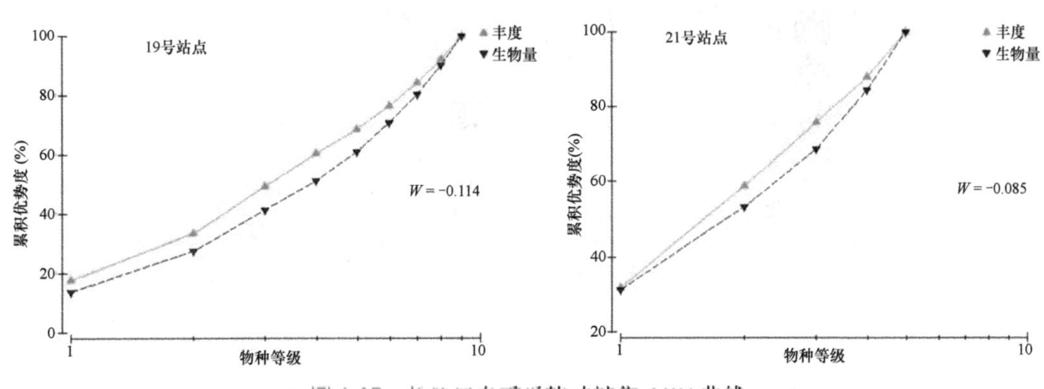

图 6-17　长江口春季受扰动站位 ABC 曲线

（3）M-AMBI

2011 年春季航次 M-AMBI 的平均值为 0.45，总体处于“中等”状态（中度扰动）。但是，从个体站位上来看，两极分化比较严重，既有不受扰动的“优”状态，也有极端扰动的“极差”状态。其中，“优”和“极差”状态各 1 个站位，均占站位总数的 7.69%；“良”状态 2 个站位，占 15.39%；“中等”状态 5 个站位，占 38.46%；“差”状态 4 个站位，占站位总数的30.77%。从空间分布趋势来看，北支高于南支（图6-18）。

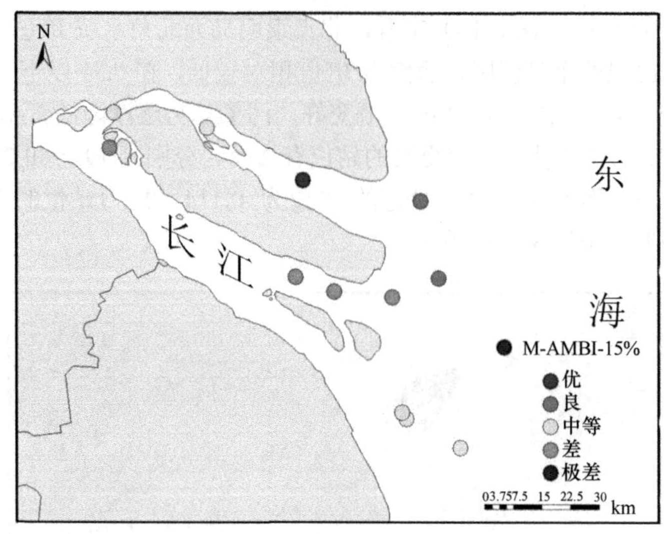

图6-18 长江口2011年春季M-AMBI时空分布示意图（彩图请扫封底二维码）

（4）生物完整性指数

根据现场调查数据，筛选出7个核心指标用来构建B-IBI，分别为Shannon-Wiener多样性指数、总生物量、总栖息密度、耐污种生物量百分比、敏感种生物量百分比、滤食种生物量百分比及总物种数。

评价结果（图6-19）表明，生态环境处于“优”状态的站位有8个，所占比例为

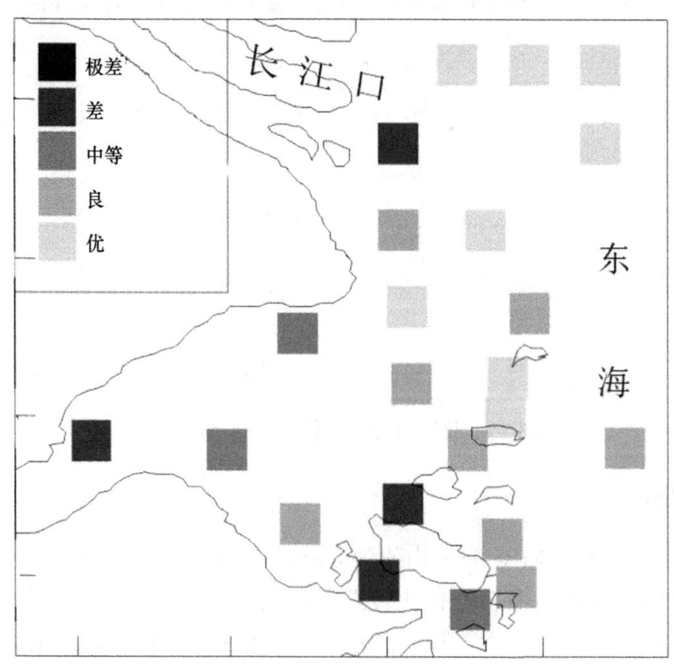

图6-19 长江口及毗邻海域B-IBI评价结果示意图（彩图请扫封底二维码）

35%，主要分布在调查区离岸海域；“差”状态的站位有 4 个，所占比例为 17%。本次调查并未发现“极差”状态样点。空间分布趋势显示，长江口、杭州湾及舟山岛附近海域的 B-IBI 最低，离岸或离舟山岛较远海域的较高，且在口门区及杭州湾有明显的空间分布梯度，呈现沿口门区、杭州湾及舟山岛近岸向离岸海域逐渐降低的趋势，说明口门区、湾口区及舟山岛近海的底栖生态环境受到较严重胁迫，并沿近海向外胁迫程度逐渐降低，这与其他同类研究是一致的（周晓蔚等，2009），说明该指数可以反映长江口底栖生态环境质量状况。

（5）与环境参数的关系

大部分样点的水体环境严重富营养化，这与 M-AMBI 指示长江口生态环境质量普遍处于“不良”或“差”的状态一致。此外，M-AMBI 较高的 3 个样点，EI 值也低（小于 1），说明这些样点的水体环境并未富营养化，底栖生态环境质量较好。Pearson 相关分析表明，表层和底层水中的 EI 与 M-AMBI（表层水：$R=-0.42$，$P=0.03$；底层水：$R=-0.56$，$P=0.04$）呈显著负相关。

Pearson 相关分析表明，B-IBI 与表层水中的盐度、底层水中的温度和盐度呈显著正相关，而与表层水中的 COD、重金属、石油类及底层水中的 COD、营养盐、重金属呈显著负相关。回归分析表明，B-IBI 与环境参数之间呈线性相关（$R=0.548$，$F_{(1,19)}=8.136$，$P=0.010$），相关性分析也表明两者的矩阵显著相关（$\rho=0.273$，$P=0.005$）。

6.3.3　九龙江口适用性研究

6.3.3.1　水质评价方法适用性

九龙江口 4 个航次［夏季（2013 年 9 月）、秋季（2013 年 11 月）、冬季（2014 年 2 月）、春季（2014 年 4 月）］营养盐的富营养化评价结果见图 6-20。由图可知，不同水期条件下，从河口混合区Ⅰ、混合区Ⅱ至近岸海域富营养状况逐渐好转。

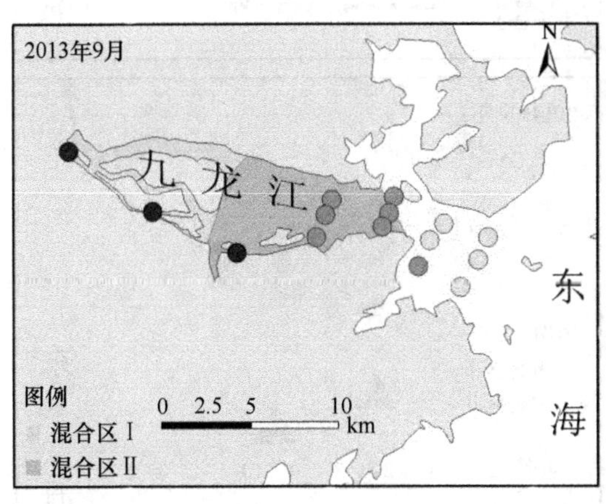

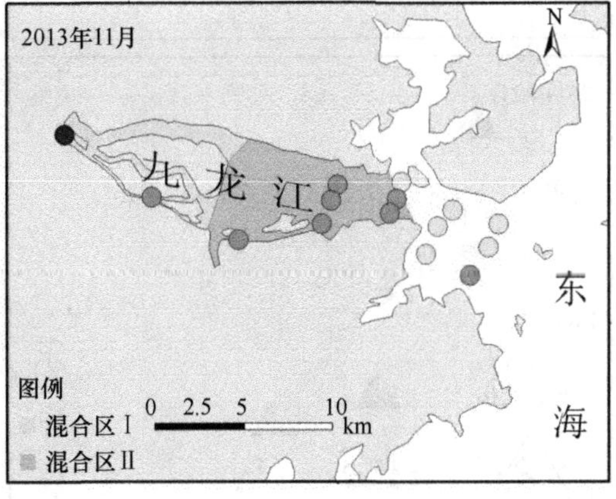

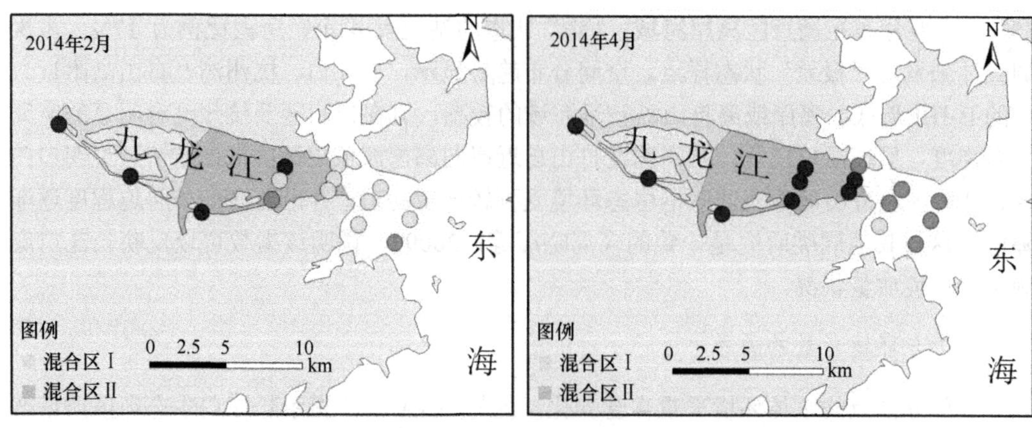

图 6-20　九龙江口营养盐的富营养化评价结果示意图（彩图请扫封底二维码）

基于前文河海划界相关结论，九龙江口采用现行海水水质标准作为评价阈值。通过分析，可以看到在混合区出现部分超标的情况，部分站位出现Ⅱ类水质，其他均为Ⅰ类。

由九龙江口 4 个航次的综合评价结果（图 6-21）可知，除营养盐外，其他污染物均未超过Ⅲ类水质水平。可以看到，九龙江口水环境富营养化程度较为严重，且混合区更为突出，需引起足够的重视。且从年际变化来看，营养盐呈现逐年变差的情况。

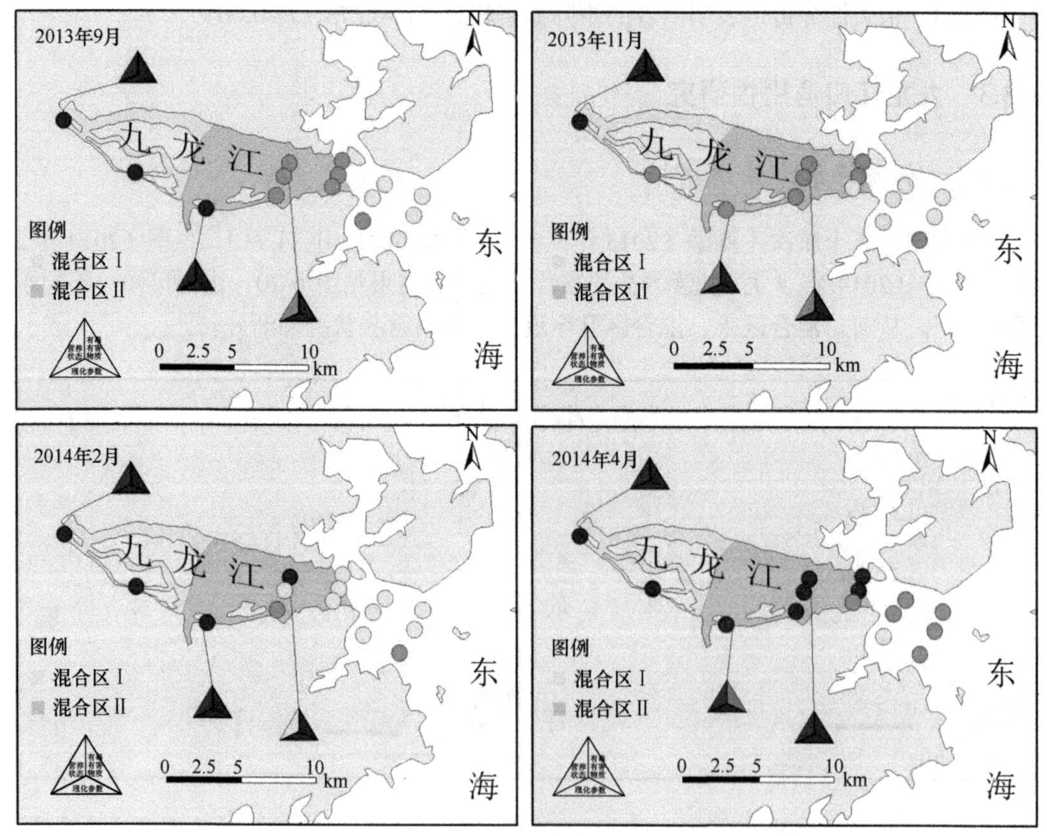

图 6-21　九龙江口水质综合评价结果示意图（彩图请扫封底二维码）

6.3.3.2　生物评价方法适用性

1. 基于大型底栖动物群落水平的生物评价方法

鉴于以上两个河口的生物指数适用状况，九龙江口采用评价效果较好的 M-AMBI 及生物完整性指数进行指数的适用性研究，以期筛选出合适的生物指数来构建综合生物指数。

（1）M-AMBI

各个航次九龙江口 M-AMBI 评价结果分布如图 6-22 所示。秋季，M-AMBI 平均值为 0.4，总体评价等级为“中等”，但很接近“差”的临界值（0.39）。将 M-AMBI 分别与水环境因子作相关分析，发现 M-AMBI 与盐度呈显著正相关（$P<0.05$），而与亚硝氮浓度、NH_3-N 浓度、DIN 浓度、TN 浓度、PO_4-P 浓度呈显著负相关（$P<0.05$）。冬季，M-AMBI 平均值为 0.50，总体评价等级为中等。空间分布趋势显示，从河口向湾外环境质量趋好。将 M-AMBI 与水环境因子作相关分析，发现 M-AMBI 与盐度、电导率、透明度有极显著正相关关系（$P<0.01$），与 SS 浓度、COD 浓度、亚硝氮浓度、硝氮浓度、NH_3-N 浓度、DIN 浓度、PO_4-P 浓度、TP 浓度和 SiO_3-Si 浓度有极显著正相关关系（$P<0.01$），与浊度为显著正相关关系（$P<0.05$）。春季，M-AMBI

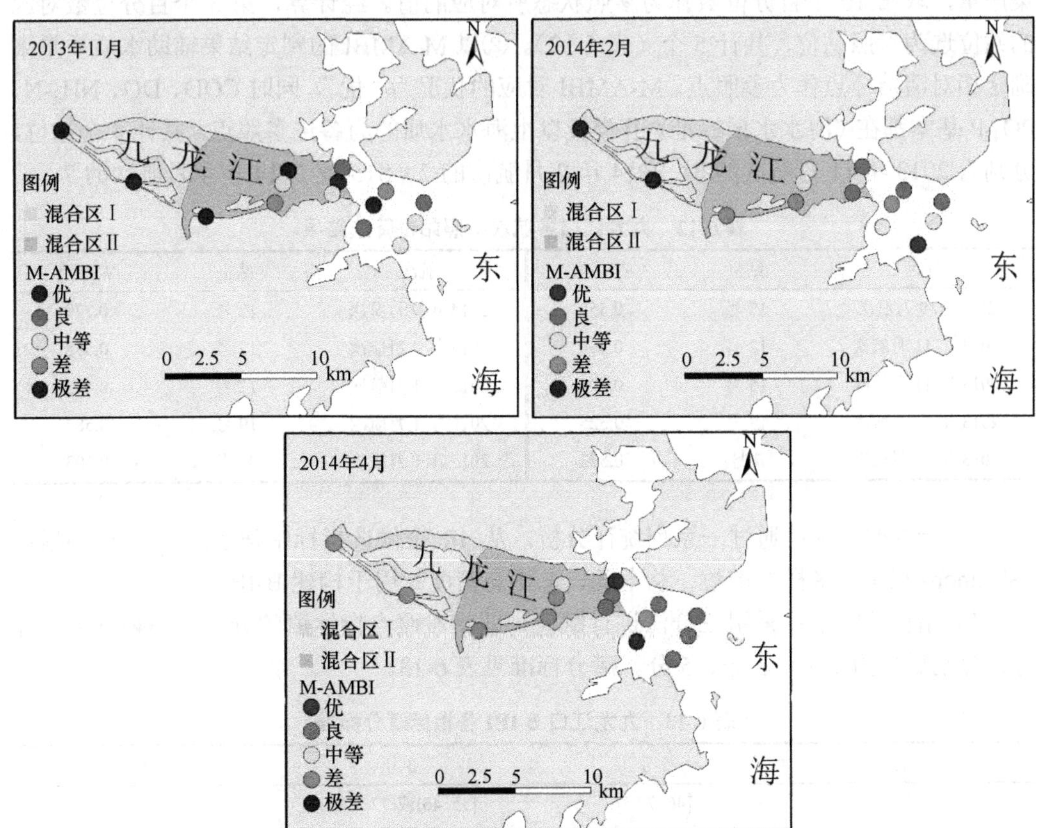

图 6-22　九龙江口 M-AMBI 评价结果分布示意图（彩图请扫封底二维码）

平均值为 0.48，总体评价等级为“中等”。空间分布趋势与前两个航次大体一致，即从河口向湾外环境质量趋好。将 M-AMBI 与水环境因子作相关分析发现，M-AMBI 与透明度有显著正相关关系（$P<0.05$），与其他因子无显著相关关系。

（2）生物完整性指数

1）分区：由于淡咸水混合区只有 3 个站位，统计结果科学性不强，因此在 B-IBI 评价中，采用一级分区即河口区近岸海域。

2）参照点的确定：本研究涉及海域均受到不同程度的干扰，加上研究数据及历史数据并不丰富，很难根据国外的方法来选取合适的参照点。本研究采取两种方法筛选参照点。具体方法如下。①将反映水体质量好坏的 DO 浓度、COD 浓度、营养盐浓度（淡水以 TN 浓度、TP 浓度指标为主，海水以 DIN 浓度、PO_4-P 浓度指标为主）、石油类浓度、重金属浓度等监测指标作为筛选参照点的依据。其中，淡水主导的河口区以《地表水环境质量标准》（GB 3838—2002）中Ⅱ类水质标准为基数，近岸海域以《海水水质标准》（GB 3097—1997）中Ⅰ类海水水质标准作为基数，用各个站点的实测值除以基数，然后取其算数平均值并进行排序。通过统计分析 2013～2015 年 7 个航次 108 个水环境质量指数，并对指数取以 10 为底的对数转换，使其符合正态分布。因九龙江口水质污染严重，取第 10 个百分位数作为参照状态所对应的值。经计算，第 5 个百分位数对应的站位选为参照站位，共计 5 个（表 6-12）。②以 M-AMBI 的判定结果辅助水质质量来确定相对清洁样点作为参照点。M-AMBI 对应的状况为“优”，同时 COD、DO、NH_3-N、PO_4-P 基本都在《海水水质标准》Ⅱ类及以上海水水质的为备选参照点，共计 4 个站位，分别为 2013 年 11 月航次的 8、2014 年 2 月航次的 7、S15 及 2014 年 4 月航次的 7。

表 6-12　九龙江口各航次参照站位筛选结果

航次	站位	WPI 值	航次	站位	WPI 值
2013 年 9 月航次	17 号	0.555	2014 年 9 月航次	12 号	0.379
2013 年 11 月航次	12 号	0.468	2014 年 2 月航次	12 号	0.558
2013 年 11 月航次	15 号	0.490	2015 年 1 月航次	12 号	0.425
2013 年 11 月航次	13 号	0.525	2015 年 1 月航次	10 号	0.587
2013 年 11 月航次	7 号	0.552	2015 年 1 月航次	8 号	0.603

3）指标的筛选：通过一系列统计分析，从 10 个候选指标中筛选出 3 个核心指标（Shannon-Wiener 多样性指数、总丰度、总栖息密度）用于构建 B-IBI。

4）指标的赋值：采用三分法进行赋值，即将参照点指标值的分布区间划分为三部分，分别赋值为 1 分、3 分、5 分。赋分标准见表 6-13。

表 6-13　九龙江口 B-IBI 各指标赋分标准

指标	5 分	3 分	1 分
总丰度	[46, 77.5]	[35, 46)或(77.5, 98]	＜35 或＞98
总栖息密度	[2.035, 5.75]	[1.98, 2.035)或(5.75, 9.36]	＜1.98 或＞9.36
Shannon-Wiener 多样性指数	＞3.917	[3.278, 3.917]	＜3.278

5）IBI 评价结果的时空变化：6 个航次中，IBI 值大于 9.0 的共有 3 个点（2 个参照点和 1 个受损点），生态环境质量状况为“优”；8 个点的 IBI 值为 7.5～9.0，质量状况为“良”；“中等”质量状况的共有 20 个点，IBI 值为 6.0～7.5；12 个点的 IBI 为 4.5～6.0，质量状况为“差”；剩余 67 个点的 IBI 值小于 4.5，质量状况为“劣”。由此可以看出，超过 50%的调查位点的生态环境质量状况为“劣”，“良”以上的位点占比仅为 10%，说明九龙江口生态环境质量状况普遍较差，受干扰程度较高。从空间分布的角度看，口门区及靠岸区的位点生态环境质量状况普遍较差，而离岸海域的普遍较好，这跟以往的研究结果一致，即陆源污染为影响该海域生态环境质量状况的主要因素。从季节变化的角度看（图 6-23），冬季航次（2013 年 11 月、2014 年 11 月、2014 年 2 月）的生态环境质量最差，其中“劣”样点超过 10 个，占比高达 60%以上。春季（2013 年 4 月）及夏季航次（2013 年 9 月）的最好，“中等”以上的样点占比超过 30%，且“劣”的样点占比小于 50%。从季节变化来看，以 2014 年自然年为例，春季的质量最好，冬季的最差；从年际变化来看，除 11 月航次 2013 年与 2014 年的生态环境质量状况总体相差不大外，2 月、9 月航次的均是 2013 年好于 2014 年，2014 年好于 2015 年，说明近三年来九龙江口生态环境质量状况有逐年变差的趋势。

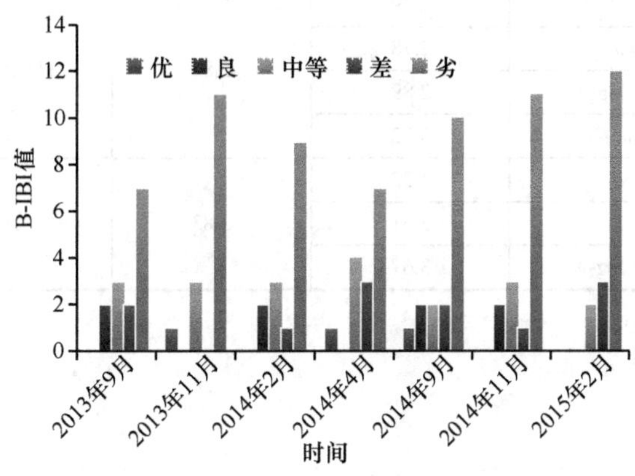

图 6-23 九龙江口 B-IBI 评价结果时间变化

6）参照点设置的合理性判断：4 个参照点全部落在“优”和“良”的范围内（＞60%），受损点中 1 个为“优”，6 个为“良”。u 检验及 Z 检验说明参照点和受损点的 IBI 值有显著差异（$P<0.05$）。由此可以看出本研究参照点的设置是合理的。

2. 基于浮游生物群落水平的生物群落退化指数

（1）Shannon-Wiener 多样性指数

2013 年秋季九龙江口浮游植物 Shannon-Wiener 多样性指数（H'）为 0.99～3.36，平均值为 2.72。按照评价标准，九龙江口的环境质量为轻度污染。其中，1 个站位重度污染，占站位数量的 6.67%；有 10 个站位的环境表现为轻度污染，占 66.67%；剩余 4 个站位为清洁状态，占 26.67%。

2013 年夏季九龙江口浮游动物 Shannon-Wiener 多样性指数（H'）为 2.05～4.25，平

均值为 3.04。按照评价标准，九龙江口的环境质量为清洁。其中，7 个站位的环境表现为轻度污染，占站位数量的 38.89%；剩余 11 个站位为清洁，占 61.11%。2013 年秋季九龙江口浮游动物 Shannon-Wiener 多样性指数（H'）为 1.42～3.82，平均值为 2.90。按照评价标准，九龙江口的环境质量为轻度污染。其中，只有 3 个站位的环境表现为中度污染，占站位数量的 20.00%；3 个站位为轻度污染，占 20.00%；剩下 9 个站位为清洁，占 60.00%。

（2）浮游生物群落退化指数

运用该指数对九龙江口夏季环境质量进行评价，结果见表 6-14。浮游植物群落退化指数分值为 2.82，处于轻度污染状态；浮游动物群落退化指数评价分值为 3.83，为良；浮游生物群落退化指数综合评价结果显示，九龙江口水体环境质量为中度污染。从空间分布来看（图 6-24），九龙江口大部分水域平均指数为 3.33，指示九龙江口水域环境质量为“中等”状态。

表 6-14　九龙江口浮游生物群落退化指数评价结果

类群	指标均值	分值	综合指数	污染等级	综合评价
浮游植物	P	2.39	2.82	轻度污染	中等
	J	2.78			
	H'（$\log_2$）	2.89			
	Chla 浓度	3.22			
浮游动物	d	4.22	3.83	良	
	J	3.61			
	H'（$\log_2$）	3.67			

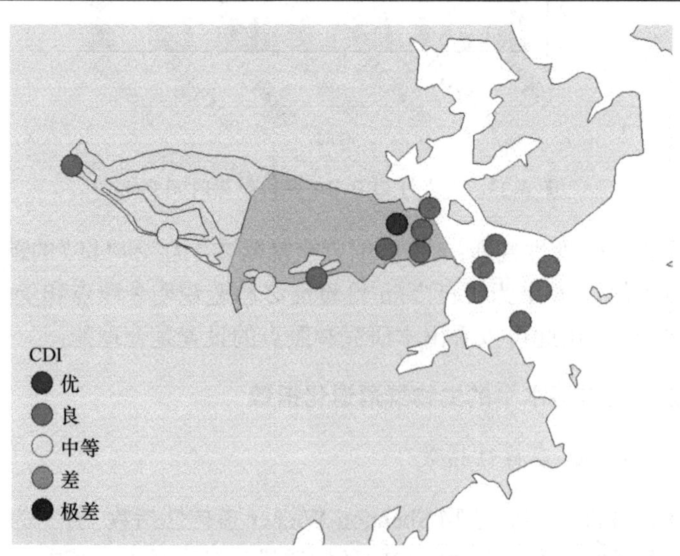

图 6-24　2013 年夏季九龙江口生物群落退化指数评价结果示意图（彩图请扫封底二维码）

由于九龙江口 PO_4-P 和 DIN 两项指标浓度非常高，为该海域最主要的超标因子，这两项指标均超过了Ⅳ类海水水质标准。因此，各站点的其他水质指标的差异性被掩盖，

CDI 所评价的水环境标准无法与之匹配。CDI 指数与亚硝态氮浓度显著负相关（$R^2=-0.591$），与重金属 Hg 浓度也呈显著负相关（$R^2=-0.643$）。这说明，无论是营养盐还是重金属浓度的增加，都会导致 CDI 值降低。由此可以看出，CDI 能在一定程度上体现水环境质量的变化。

（3）生物完整性指数

根据浮游植物现场调查数据，选取 15 个候选指标，经过数值分布范围检验、敏感性分析、相关分析，仅余下 1 个指标构建 P-IBI，已经不能体现生物完整性指数评价的优势和意义，因此九龙江口不适宜使用此方法。

3. 综合生物指数

以九龙江口 2013 年夏季航次数据验证的结果显示（图 6-25），2013 年九龙江口夏季航次生物群落状况总体上一般，生态环境质量状况较差，且有明显的空间分布梯度。这与以往的研究结果基本一致，说明该方法适用于九龙江口夏季环境质量状况评价。

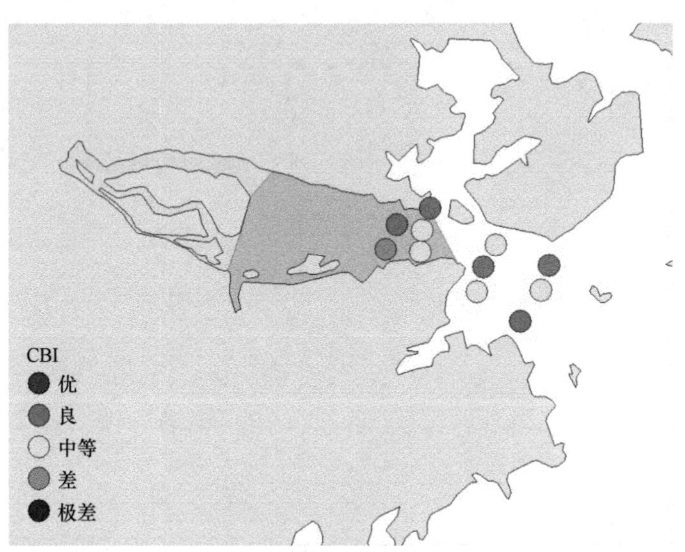

图 6-25　2013 年夏季九龙江口综合生物指数评价结果示意图（彩图请扫封底二维码）

6.4　本 章 小 结

对于在现行水质标准中的指标，直接采用四类水体功能类别，按照现行《地表水环境质量标准》（GB 3838—2002）与《海水水质标准》（GB 3097—1997），结合单因子评估法和污染指数法进行快速评价。在河口区域本研究分别构建了富营养和生物类群评价方法，其中富营养评价选择能够反映自身区域内最好状态（或基准值）和最差状况的距离评价法。迫于河海海岸突出的富营养压力问题，我国河口富营养化风险评估方法——距离评价法被提出，并与单因子评估法、ASSETS、潜在富营养化评估法、EI 法、NQI 法等方法进行了比较，由于距离评估法考虑了河口自身生态特征最好状态（或基准值）和最差状态的距离，能够有效解决水质评估过程中量化及直观判断水质类别的问题，反映不同水期下各站位的变化趋势，筛选出营养盐较为敏感的区域。不同的评价方法得到的评价结果截然不同，河口区执行不同的标准得到不同的评价结果。三个河口富营养化程度严重，且混合区更为突出，营养物为首要污染物。大辽河口 As 和 Zn 超标不容忽视，九龙江口混合区同样出现部分重金属超标的情况，部分站位出现Ⅱ类水质。

基于大型底栖动物、浮游生物类群提出的生物评价方法，推荐 M-AMBI 和浮游生物群落退化指数作为主要的评价方法。在生物数据获取受到局限的情况下，以多样性指数法作为辅助方法进行评价。一般的河口海湾均可使用 M-AMBI 及 B-IBI 指示环境质量状况；在干扰较为严重的多栖居地类型海域，参照状态设定的难度增加，应适当结合单变量指数进行环境质量的预判（如 AMBI）。当生物数据不够完整、生物指标较少时，B-IBI 的使用会因为人为决定成分过多而适用性下降；当物种丰富度较低（1～3 种）、生物分类阶元较高时（分类学基础较差时），尽量与其他指数结合使用。在高强度干扰的海域，生境破碎化明显，生物群落结构较为脆弱，采用 ABC 曲线法时需结合其他指数使用。Shannon-Wiener 多样性指数在区分压力类型上不敏感，需结合其他方法使用。

第 7 章　河口水生态环境管理思考与研究展望

围绕解决河口水环境管理分区、水环境质量评价指标选择、评价标准与评价方法确定等关键性科学问题，本研究选择在我国具有代表性的大辽河口、长江口和九龙江口，通过系统阐述不同类型入海河口的生态环境特征，在分析典型污染物在河口的迁移转化过程及其生态效应基础上，初步建立了可反映河口生态环境状况的水环境质量评价指标体系，分类分区尝试确定相应的评价标准与评价方法，为实现《地表水环境质量标准》（GB 3838—2002）与《海水水质标准》（GB 3097—1997）在河口的有效衔接提供了科技支撑。为进一步破解河口生态环境管理难题，维护河口生态系统健康，实现河口地区经济社会可持续发展，特提出如下思考与展望，包括坚持从流域视角看河口（河海兼顾）、精细化河口划界和分区、河口环境管理实行“一口一策”、开展环境基准值与生态基准值研究、开展河口综合研究等。

7.1　秉承从山顶到海洋的全流域理念，突出河口纽带作用

河口因其特殊的地理位置，上游承接流域污染负荷，下游主导海域生态环境质量。河口-近岸海域 80%以上污染物来自陆地，防治入海河口及海域污染，必须与陆源污染防治工作统筹考虑。陆海同步控制入海排污种类和数量，强化陆海环境整治的系统管理，全面客观评估河口及近岸海域生态环境质量，河口水质管理需贯彻从山顶到海洋的流域生态系统综合管理理念，将流域-河口-海洋统筹进行考虑。一方面，要治理海洋环境污染，就需要陆海统筹的理念，陆地水污染治理好了，海洋污染压力就会减轻。另一方面，海洋作为陆域污染最终的受纳水体，治理过程不仅需要考虑海洋本身的生态环境质量问题，还需考虑陆域对海洋生态承载力的影响。管理制度是水环境质量持续改善的长效保障，水质标准的客观性和合理性具有重要的管理导向性作用，可以影响整个河口水环境管理制度，如横向维度上，牵动地表水相关指标总量控制制度，纵向维度上，深化与《中华人民共和国环境保护法》确定的各项环境管理制度，如流域-河口-海域规划制度、调查制度、监测制度、评估制度、修复制度以及污染物总量控制制度等各环节在河口处的衔接。开展基于水质基准的重点海域排污总量控制制度的试点研究，实施各入海河流和入海排污口的污染物排放总量控制，将近岸海域排放总量限额分配至重点流域中，实行网格化精细管理，构建良好的流域-河口-海域陆海统筹的水环境管理体系。

7.2　实施基于河口分区的精细化管理，科学应对突出问题

水体类型的划分是揭示水质退化问题、合理制定国家水质标准的前提条件，尤其是解决富营养化问题时，可以用来开展针对水生态系统富营养化的综合研究。由于地质、

气候、地理特征等条件的区别，不同水体类型（湖泊、水库、河流、湿地、河口及近岸海域等）对营养盐等生态类指标输入的响应方式存在差异，有必要在管理思路、治理实践上，根据各个河口的生态环境特征实施“一口一策”。目前，我国水质标准体系中水体类型主要包括地表水、海水和地下水，过于宽泛，且并未考虑污染物输入响应方式的差异。河口区具有与河流海洋不同的生态特点，蕴藏着高生态服务价值的自然盐沼湿地、红树林等生态系统，以及浮游生物、底栖生物等多种淡咸水生物类群。河口边界划分的位置决定了两大水质标准在河口水质管理上的有效性，以及在充分保护环境质量管理中的受体目标的可行性。建立客观、有效、合理的河口水质标准是体现我国生态环境质量国家战略最直接和最有效的手段，通过保护生物多样性维护近岸海域生态环境质量。因此，河口应作为单独的水体类型进行管理，并在河口内部实行分区管理。特别是对作为几十年来困扰近岸海域水质的首要问题——氮磷营养过剩，需建立独立的评价指标和评价方法，充分体现水环境风险管理的思路。

7.3 加强入海河口多学科综合性研究，攻克系列关键技术

入海河口作为一个独特的地理单元，同时具有河流与海洋的部分属性，以及因淡咸水交汇而特有的自身属性。例如，从生物组成上看，既有在河流中常见的淡水物种，也有在海洋中常见的咸水物种，还有河口所特有的半咸水物种，以及对盐度适应能力较强的广盐性物种与洄游物种。为了科学认知河口、有效治理河口、维护河口生态系统健康、促进区域可持续发展，需要加强河口多学科（包括水文动力学、水化学、水生态学、毒理学等）综合性研究。通过不断深化对河口水文物理过程、化学过程、生态过程的科学认知，以缓解河口及近岸海域突出的赤潮、浒苔等水生态环境问题为目标，攻克诸如河口的不同类型指标的基准/标准值确定、不同生物类群生态恢复与生境生态构建技术、生态环境监控预警与风险管理技术等。

主要参考文献

蔡爱智, 蔡月娥, 朱孝宁, 等. 1991. 福建九龙江口入海泥沙的扩散和河口湾的现代沉积. 海洋地质与第四纪地质, 11(1): 57-67.

蔡锋, 黄敏芬, 苏贤泽, 等. 1999. 九龙江河口湾泥沙运移特点与沉积动力机制. 台湾海峡, 18(4): 418-424.

蔡立哲. 2003. 河口港湾沉积环境质量的底栖生物评价新方法研究. 厦门: 厦门大学博士学位论文.

蔡文哲. 2003. 大型底栖动物污染指数(MPI). 环境科学学报, 23(5): 625-629.

柴超, 俞志明, 宋秀贤, 等. 2007. 长江口水域富营养化特性的探索性数据分析. 环境科学, 28(1): 53-58.

陈邦林, 韩庆平, 陈吉余. 1995. 长江河口浑浊带化学过程. 华东师范大学学报(自然科学版): 29-39.

陈宝红, 林辉, 张春华, 等. 2010. 厦门海域水体无机氮和活性磷酸盐含量的变化趋势. 台湾海峡, 29(3): 314-319.

陈吉余. 1988. 上海市海岸带和海涂资源综合调查报告. 上海: 上海科学技术出版社.

陈吉余. 1996. 上海市海岛资源综合调查报告. 上海: 上海科学技术出版社.

陈吉余. 1997. 钱塘江河口治理的成就与展望. 地理研究, 16(2): 52-56.

陈吉余, 恽才兴, 徐海根, 等. 1979. 两千年来长江河口发育的模式. 海洋学报, 1(1): 103-111.

陈劲松. 2014. 九龙江河流-河口系统反硝化、厌氧氨氧化以及氧化亚氮的排放. 厦门: 厦门大学博士学位论文.

陈沈良, 胡方西, 胡辉, 等. 2009. 长江口区河海划界自然条件及方案探讨. 海洋学研究, (B7): 1-9.

陈水土. 1993. 九龙江口、厦门西海域无机氮与磷的关系. 海洋通报, (5): 26-32.

陈水土, 阮五崎, 张立平. 2015. 九龙江口诸营养要素的化学特性及其入海通量估算. 热带海洋学报, (4): 16-24.

陈小华, 康丽娟, 孙从军, 等. 2013. 典型平原河网地区底栖动物生物指数筛选及评价基准研究. 水生生物学报, 37(2): 191-198.

东海污染调查监测协作组. 1984. 东海污染调查报告(1978-1979). 北京: 海洋出版社.

董永发. 1989. 长江河口及其水下三角洲的沉积特征和沉积环境. 华东师范大学学报(自然科学版), (2): 78-85.

段梦. 2012. 基于浮游生物群落的变化建立水环境生态学基准值——方法学与案例研究. 天津: 南开大学博士学位论文.

范海梅, 李丙瑞, 叶属峰, 等. 2011a. 长江口表层溶解氧浓度的长时间序列分析. 海洋环境科学, 30(3): 342-345.

范海梅, 徐韧, 李丙瑞, 等. 2011b. 基于关键要素分布特征的长江口及其邻近海域分区研究. 海洋学研究, 29(4): 50-56.

方明, 吴友军, 刘红, 等. 2013. 长江口沉积物重金属的分布、来源及潜在生态风险评价. 环境科学学报, 33(2): 563-569.

高山, 陈伟琪, 陈祖峰. 2006. 厦门海域氮、磷的主要来源分析及其控制措施. 厦门大学学报(自然科学版), (S1): 286-291.

高亚辉, 虞秋波, 齐雨藻, 等. 2003. 长江口附近海域春季浮游硅藻的种类组成和生态分布. 应用生态学报, 14(7): 1044-1048.

郭洲华, 王翠, 颜利, 等. 2012. 九龙江口主要污染物时空变化特征. 中国环境科学, 32(4): 679-686.

候丽媛, 胡安谊, 于昌平. 2014. 九龙江-河口表层水体营养盐含量的时空变化及潜在富营养化评价. 应用海洋学学报, 33(3): 369-378.

胡嘉镗, 李适宇. 2012. 模拟珠江河网的污染物通量及外源输入对入河口通量的贡献. 环境科学学报, 32(4): 828-835.

胡莹莹, 王菊英, 张志锋, 等. 2011. 辽河口近岸海域水体营养物推荐基准值的制定方法. 中国环境科学, 31(6): 996-1000.

黄自强, 暨卫东. 1994. 长江口水中总磷、有机磷、磷酸盐的变化特征及相互关系. 海洋学报, 16(1): 51-60.

暨卫东. 2011. 中国近海海洋环境质量现状与背景值研究. 北京: 海洋出版社.

蒋玫, 沈新强. 2004. 杭州湾及邻近水域叶绿素 a 与氮磷盐的关系. 海洋渔业, 26(1): 35-39.

李俊龙, 郑丙辉, 刘永, 等. 2015. 中国河口富营养化对营养盐负荷的敏感性分类. 中国科学, 45(4): 455-467.

李俊龙, 郑丙辉, 张铃松, 等. 2016. 中国主要河口海湾富营养化特征及差异分析. 中国环境科学, 36(2): 506-516.

李磊, 沈新强. 2010. 春、夏季长江口海域营养盐的时空分布特征及营养结构分析. 生态环境学报, 19(12): 2941-2947.

李玲玲, 于志刚, 姚庆祯, 等. 2009. 长江口海域营养盐的形态和分布特征. 水生态学杂志, 30(2): 15-20.

李峥, 沈志良, 周淑青, 等. 2007. 长江口及其邻近海域磷的分布变化特征. 海洋科学, 31(1): 28-36, 42.

林和山, 俞炜炜, 刘坤, 等. 2015. 基于 AMBI 和 M-AMBI 法的底栖生态环境质量评价——以厦门五缘湾海域为例. 海洋学报, (8): 76-87.

林卫青, 卢士强, 矫吉珍. 2008. 长江口及毗邻海域水质和生态动力学模型与应用研究. 水动力学研究与进展, 23(5): 522-531.

刘浩, 尹宝树. 2006. 辽东湾氮磷和 COD 环境容量的数值计算. 海洋通报, 25(2): 46-54.

刘静, 郑丙辉, 刘录三, 等. 2016. 重金属在河口区潮汐界面与盐度界面响应规律研究. 环境科学, 37(8): 169-180.

刘录三, 李子成, 周娟, 等. 2011. 长江口及其邻近海域赤潮时空分布研究. 环境科学, 32(9): 2497-2504.

刘瑞玉, 徐凤山, 孙道元. 1992. 长江口区底栖生物及三峡工程对其影响的预测.//中国科学院海洋研究所. 海洋科学集刊. 第 33 集. 北京: 科学出版社: 237-248.

刘守海, 项凌云, 刘材材, 等. 2013. 2007—2008 年春夏季长江口水域浮游动物生态分布特征研究. 海洋通报, 32(2): 184-190.

刘希真, 李宏亮, 陈建芳, 等. 2011. 长江口跨越锋面颗粒磷季节分布变化特征及影响因素. 海洋学研究, 29(3): 88-98.

卢士强, 矫吉珍, 林卫青. 2013. 区域排污对长江口水源地水质影响的数值模拟. 人民长江, 44(21): 112-116.

罗秉征. 1994. 三峡工程与河口生态环境. 北京: 科学出版社.

马陶武, 黄清辉, 王海, 等. 2008. 太湖水质评价中底栖动物综合生物指数的筛选及生物基准的确立. 生态学报, 28(3): 1192-1200.

马迎群, 张雷, 赵艳民, 等. 2015. 大辽河主要污染源营养盐输入特征. 环境科学, 36(11): 4013-4020.

宁修仁, 史君贤, 蔡昱明, 等. 2004. 长江口和杭州湾海域生物生产力锋面及其生态学效应. 海洋学报, 26(6): 96-106.

潘胜军, 沈志良. 2010. 长江口及其邻近水域溶解无机氮的分布变化特征. 海洋环境科学, 29(2): 205-211, 237.

蒲新明, 吴玉霖, 张永山. 2000. 长江口区浮游植物营养限制因子的研究. Ⅰ. 秋季的营养限制情况. 海洋学报, 22(4): 60-66.

蒲新明, 吴玉霖, 张永山. 2001. 长江口区浮游植物营养限制因子的研究. Ⅱ. 春季的营养限制情况. 海洋学报, 23(3): 57-65.

全为民, 沈新强, 韩金娣, 等. 2010. 长江口及邻近水域氮、磷的形态特征及分布研究. 海洋科学, 34(3): 76-81.

沈焕庭. 1997. 对发展我国河口学的基本思考. (非正式出版物)

石晓勇, 陆茸, 张传松, 等. 2006. 长江口邻近海域溶解氧分布特征及主要影响因素. 中国海洋大学学报(自然科学版), 36(2): 287-290, 294.

孙霞, 王保栋, 王修林, 等. 2004. 东海赤潮高发区营养盐时空分布特征及其控制要素. 海洋科学, 28(8): 28-32.

孙亚伟, 曹恋, 秦玉涛, 等. 2007. 长江口邻近海域大型底栖生物群落结构分析. 海洋通报, (2): 66-70.

唐峰华, 伍玉梅, 樊伟, 等. 2010. 长江口浮游植物分布情况及与径流关系的初步探讨. 生态环境学报, 19(12): 2934-2940.

唐启升, 苏纪兰. 2000. 中国海洋生态系统动力学研究. Ⅰ: 关键科学问题与研究发展战略. 北京: 科学出版社.

王保栋, 战闰, 藏家业. 2002. 长江口及其邻近海域营养盐的分布特征和输送途径. 海洋学报, 24(1): 53-58.

王建国, 黄恢柏, 杨明旭, 等. 2003. 庐山地区底栖大型无脊椎动物耐污值与水质生物学评价. 应用与环境生物学报, 9(3): 279-284.

王金辉. 2002. 长江口 3 个不同生态系的浮游植物群落. 青岛海洋大学学报, 32(3): 422-428.

王金辉, 黄秀清, 刘阿成, 等. 2004. 长江口及邻近水域的生物多样性变化趋势分析. 海洋通报, 23(1): 32-39.

王奎, 陈建芳, 金海燕, 等. 2013. 长江口及邻近海区营养盐结构与限制. 海洋学报, 35(3): 128-136.

王蒙光. 2008. 九龙江河口湾沉积物粒度和元素地球化学特征对沉积动力环境的指示. 厦门: 厦门大学硕士学位论文: 37-45.

王寿景. 1989. 九龙江口水文泥沙断面输运的分析. 台湾海峡, 8(4): 366-375.

王帅, 胡恭任, 于瑞莲, 等. 2014. 九龙江河口表层沉积物中重金属污染评价及来源. 环境科学研究, 27(10): 1110-1118.

王伟强, 黄尚高, 顾德宇, 等. 1986. 福建九龙江口河海水混合特征. 台湾海峡, 5(1): 12-19.

王晓晨. 2009. 乳山湾及邻近海域大型底栖动物群落的生态学研究. 青岛: 中国海洋大学硕士学位论文.

王延明, 方涛, 李道季, 等. 2009. 长江口及毗邻海域底栖生物丰度和生物量研究. 海洋环境科学, 28(4): 366-370, 382.

王延明, 李道季, 方涛, 等. 2008. 长江口及邻近海域底栖生物分布及与低氧区的关系研究. 海洋环境科学, 27(2): 139-143, 164.

王元领, 陈坚, 曾志, 等. 2005. 九龙江河口湾高浓度悬沙水体的分布与扩散特征. 台湾海峡, 24(3): 383-394.

吴迪, 王菊英, 马德毅. 2010. 基于 PSR 框架的典型河口富营养化综合评价方法研究. 海洋技术, 29(3): 29-33.

吴玉霖, 傅月娜, 张永山, 等. 2004. 长江口海域浮游植物分布及其与径流的关系. 海洋与湖沼, 35(3): 246-251.

谢志发, 章飞军, 刘文亮, 等. 2007. 长江口互花米草生长区大型底栖动物的群落特征. 动物学研究, 28(2): 167-171.

徐茂泉, 沈兴兴, 李超, 等. 2003. 海沧邻近海域表层沉积物中重矿物研究. 海洋科学, (11): 54-59.

徐双全. 2008. 长江河口河海分界的探讨. 中国水利, (16): 37-40.

徐兆礼, 蒋玫, 白雪梅, 等. 1999. 长江口底栖动物生态研究. 中国水产科学, 6(5): 59-62.
颜秀利, 翟惟东, 洪华生, 等. 2012. 九龙江口营养盐的分布、通量及其年代际变化. 科学通报, (17): 1575-1587.
杨德周, 尹宝树, 俞志明, 等. 2009. 长江口叶绿素分布特征和营养盐来源数值模拟研究. 海洋学报, 31(1): 10-19.
杨福霞, 简慧敏, 田琳, 等. 2014. 大辽河口 COD 与 DO 的分布特征及其影响因素. 环境科学, 35(10): 3748-3754.
杨逸萍, 宋瑞星, 胡明辉. 1996. 河口悬浮物与海洋表层沉积物中藻类可利用颗粒磷的数量研究. 厦门大学学报(自然科学版), 35(6): 928-935.
叶属峰, 杨颖, 田华, 等. 2016. 河口水域环境质量检测与评价方法研究及应用. 北京: 科学出版社.
叶属峰, 袁丁, 黄秀清, 等. 2002. 长江口及邻近海域赤潮形式及其成灾可能性和影响途径.//韦鹤平, 汪松年, 洪浩, 等. 海峡两岸水资源暨环境保护上海论坛论文集. 西安: 陕西人民出版社: 273-278.
殷鹏, 刘志媛, 张龙军. 2011. 2009 年春季黄河口附近海域营养状况评价. 海洋湖沼通报, (2): 120-130.
余小青, 金海燕, 陈建芳, 等. 2011. 2009 年初夏长江口及毗邻海区表层浮游植物群落结构的色素表征. 海洋学研究, 29(3): 145-154.
俞志明, 沈志良. 2011. 长江口水域富营养化. 北京: 科学出版社.
袁兴中, 陆健健. 2001. 长江口潮沟大型底栖动物群落的初步研究. 动物学研究, 22(3): 211-215.
张晋华, 于立霞, 姚庆祯, 等. 2014. 不同季节辽河口营养盐的河口混合行为. 环境科学, 35(2): 569-576.
张静怡, 李莉君, 李文祥. 2010. 长江河口划分问题探讨. 水文, 30(4): 28-32.
张雷, 曹伟, 马迎群, 等. 2016. 大辽河感潮河段及近岸河口氮、磷的分布及潜在性富营养化. 环境科学, 37(5): 1677-1684.
张雷, 秦延文, 马迎群, 等. 2014. 大辽河感潮段及其近海河口重金属空间分布及污染评价. 环境科学, 35(9): 3336-3345.
张明, 郝品正, 冯小香, 等. 2010. 辽河口三角洲前缘岸滩演变分析. 海洋湖沼通报, (3): 142-148.
张晓萍. 2001. 厦门马銮湾水域无机氮的化学特征. 台湾海峡, 20(3): 319-322.
张莹莹, 张经, 吴莹等. 2007. 长江口溶解氧的分布特征及影响因素研究. 环境科学, (8): 1649-1654.
张远辉, 王伟强, 黄自强. 1999. 九龙江口盐度锋面及其营养盐的化学行为. 海洋环境科学, (4): 1-7.
赵保仁, 任广法, 曹德明, 等. 2001. 长江口上升流海区的生态环境特征. 海洋与湖沼, (3): 327-333.
赵卫红, 王江涛, 李金涛, 等. 2006. 长江口及邻近海域冬夏季浮游植物营养限制及其比较. 海洋学报, 28(3): 119-126.
郑丙辉. 2013. 入海河口区营养盐基准确定方法研究: 以长江口为例. 北京: 科学出版社.
郑丙辉, 刘静, 刘录三. 2016. 探析入海河口水质评估标准的合理性. 环境保护, 44(S1): 43-47.
周晓蔚, 王丽萍, 郑丙辉, 等. 2009. 基于底栖动物完整性指数的河口健康评价. 环境科学, 30(1): 242-247.
邹景忠, 董丽萍, 秦保平. 1983. 渤海湾富营养化和赤潮问题的初步探讨. 海洋环境科学, 2(2): 41-54.
Alpine A E, Cloern J E. 1992. Trophic interactions and direct physical effects control phytoplankton biomass and production in an estuary. Limnology & Oceanography, 37(5): 946-955.
Andersson U B, Hogdahl K, Sjostrom H, et al. 2006. Multistage growth and reworking of the Palaeoproterozoic crust in the Bergslagen area, southern Sweden: evidence from U-Pb geochronology. Geological Magazine, 143: 679-697.
Attrill M, Rundle S D. 2002. Ecotone or ecocline: ecological boundaries in estuaries. Estuarine Coastal and Shelf Science, 55(6): 929-936.
Balls P W, Macdonald A, Pugh K, et al. 1995. Long term nutrient enrichment of an estuarine system: Ythan, Scotland (1958–1993). Environmental Pollution, 90: 311-321.
Barbour M T, Gerritsen J, Griffith G E, et al. 1996. A framework for biological criteria for Florida streams

using benthic macroinvertebrates. Journal of the North American Benthological Society, 15: 185-211.

Barry J P, Baxter C H, Sagarin R D, et al. 1995. Climate-related, long-term faunal changes in a California rocky intertidal community. Science, 267: 672-675.

Benoit G, Oktay-Marshall S D, Cantu A H, et al. 1994. Partitioning of Cu, Pb, Ag, Zn, Fe, Al and Mn between filter-retained particles, colloids, and solution in six Texas estuaries. Marine Chemistry, 45(4): 307-336.

Berounsky V M, Nixon S W. 1993. Rates of nitrification along an estuarine gradient in Narragansett Bay. Estuaries, 16: 718-730.

Bianchi M, Feliatra F, Lefevre D. 1999. Regulation of nitrification in the land-ocean contact area of the Rhône River plume. Aquatic Microbial Ecology, 18: 301-312.

Bird P, Gardner M, Ravenscroft J E, et al. 1996. Zinc inputs to coastal waters from sacrificial anodes. Science of the Total Environment, 181(3): 257-264.

Bode R W, Novak M A. 1995. Development and application of biological impairment criteria for rivers and streams in New York state.//Davis W S, Simon T P. Biological Assessment and Criteria: Tools for Water Resource Planning and Decision Making. Ann Arbor: Lewis Publishers.

Boesch D F, Wass M L, Virnstein R W. 1976. The dynamics of estuarine benthic communities. Virginia: Estuarine Processes.

Borja A, Bricker S B, Dauer D M, et al. 2008. Overview of integrative tools and methods in assessing ecological integrity in estuarine and coastal systems worldwide. Marine Pollution Bulletin, 56(9): 1519-1537.

Borja A, Dauer D M, Grémare A. 2012. The importance of setting targets and reference conditions in assessing marine ecosystem quality. Ecological Indicators, 12(1): 1-7.

Borja A, Franco J, Pérez V. 2000. A marine biotic index to establish the ecological quality of soft-bottom benthos within European estuarine and coastal environments. Marine Pollution Bulletin, 40(12): 1100-1114.

Borja A, Tunberg B G. 2011. Assessing benthic health in stressed subtropical estuaries, eastern Florida, USA using AMBI and M-AMBI. Ecological Indicators, 11(2): 295-303.

Bricker S B, Ferreira J G, Simas T. 2003. An integrated methodology for assessment of estuarine trophic status. Ecological Modelling, 169(1): 39-60.

Brown C, Nelson W G, Boese B L, et al. 2007. An approach to developing nutrient criteria for Pacific northwest estuaries: A case study of Yaquina estuary, Oregon, 146. Durham: USEPA Office of Research and Development, National Health and Environmental Effects Laboratory, Western Ecology Division.

Buchanan J B, Warwick R M. 1974. An estimate of benthic macrofaunal production in the offshore mud of the Northumberland coast. Journal of the Marine Biological Association of the UK, 54: 197-222.

Bulger A J, Hayden B P, Monaco M E, et al. 1993. Biologically-based estuarine salinity zones derived from a multivariate analysis. Estuaries, 16(2): 311-322.

Cai L Z, Tam N F Y, Wong T W Y, et al. 2003. Using benthic macrofauna to assess environmental quality of four intertidal mudflats in Hong Kong and Shenzhen Coast. Acta Oceanologica Sinica, 22(2): 309-319.

Cai W Q, Angel B, Lin K X, et al. 2015. Assessing the benthic quality status of the Bohai Bay (China) with proposed modifications of M-AMBI. Acta Oceanologica Sinica, 34(10): 111-121.

Cai W Q, Borja Á, Liu L, et al. 2014. Assessing benthic health under multiple human pressures in Bohai Bay (China), using density and biomass in calculating AMBI and M-AMBI. Marine Ecology, 35(2): 180-192.

Cai W Q, Meng W, Liu L S, et al. 2014. Evaluation of the ecological status with benthic indices in the coastal system: the case of Bohai Bay (China). Frontiers of Environmental Science and Engineering, 8(5): 737-746.

Cao W Z, Hong H S, Yue S P. 2005. Modelling agricultural nitrogen contributions to the Jiulong River estuary and coastal water. Global Planet Change, 47: 111-121.

Carstensen J, Sánchez-Camacho M, Duarte C M, et al. 2011. Connecting the dots: responses of coastal ecosystems to changing nutrient concentrations. Environmental Science & Technology, 45(21): 9122-9132.

Chen G C, Ye Y, Lu C Y. 2007. Changes of macro-benthic faunal community with stand age of rehabilitated Kandelia candel mangrove in Jiulongjiang estuary, China. Ecological Engineering, 31: 215-224.

Chen J Y, Li D J, Chen B L, et al. 1999. The processes of dynamic sedimentation in the Changjiang estuary. Journal of Sea Research, 41: 129-140.

Chen N W, Hong H S. 2012. Integrated management of nutrients from the watershed to coast in the subtropical region. Current Opinion in Environmental Sustainability, 4: 233-242.

Chen Z Y, Song B P, Wang Z H, et al. 2000. Late Quaternary evolution of the sub-aqueous Yangtze Delta, China: sedimentation, stratigraphy, palynology and deformation. Marine Geology, 162(2-4): 423-441.

Chrosniak L D, Smith L N, Mcdonald C G, et al. 2006. Effects of enhanced zinc and copper in drinking water on spatial memory and fear conditioning. Journal of Geochemical Exploration, 88(1-3): 91-94.

Clements W H, Vieira N K M, Sonderegger D L. 2010. Use of ecological thresholds to assess recovery in lotic ecosystems. Journal of the North American Benthological Society, 29(3): 1017-1023.

Cloern J E. 2001. Our evolving conceptual model of the coastal eutrophication problem. Marine Ecology Progress Series, 210: 223-253.

Comber S D W, Merrington G, Sturdy L, et al. 2008. Copper and zinc water quality standards under the EU Water Framework Directive: the use of a tiered approach to estimate the levels of failure. Science of The Total Environment, 403(1-3): 12-22.

Cortelezzi A, Capitulo A R, Bioccardi L, et al. 2007. Benthic assemblages of a temperate estuarine system in South America: transition from a freshwater to an estuarine zone. Journal of Marine Systems, 68(3): 569-580.

Dai M H, Guo X G, Zhai W D, et al. 2006. Oxygen depletion in the upper reach of the Pearl River estuary during a winter drought. Marine Chemistry, 102(1/2): 159-169.

Dauvin J C, Mouny P. 2002. Environmental control of mesozooplankton community structure in the Seine estuary (English Channel). Oceanologica Acta, 25(1): 13-22.

Davis W S, Simon T P. 1995. Biological Assessment and Criteria: Tools for Water Resource Planning and Decision Making. Boca Raton: CRC Press.

Diaz R J, Solan M, Valente R M. 2004. A review of approaches for classifying benthic habitats and evaluating habitat quality. Journal of Environmental Management, 73(3): 165-181.

Dodds W K K, Welch E B. 2000. Establishing nutrient criteria in streams. Journal of the North American Benthological Society, 19(1): 186-196.

Durán I, Óscar N. 2011. Electrochemical speciation of dissolved Cu, Pb and Zn in an estuarine ecosystem (Ria de Vigo, NW Spain): Comparison between data treatment methods. Talanta, 85: 1888-1896.

Edmond J M, Spivack A, Grant B C, et al. 1985. Chemical dynamics of the Changjiang estuary. Continental Shelf Research, 4(1-2): 17-36.

Ellis J I, Fraser G, Russell J. 2012. Discharged drilling waste from oil and gas platforms and its effects on benthic communities. Marine Ecology Progress Series, 456: 285-302.

Evans-White M A, Haggard B E, Scott J T. 2013. A review of stream nutrient criteria development in the United States. Journal of Environmental Quality, 42: 1002-1014.

Fairbridge R W. 1980. The Estuary: Its Definition and Geochemical Role. New York: John Wiley & Sons.

Feng C L, Wu F C, Dyer S D, et al. 2013b. Derivation of freshwater quality criteria for zinc using interspecies correlation estimation models to protect aquatic life in China. Chemosphere, 90: 1177-1183.

Feng C L, Wu F C, Mu Y S, et al. 2013a. Interspecies correlation estimation-applications in water quality criteria and ecological risk assessment. Environmental Science and Technology, 47: 11382-11383.

Folk R L, Ward W C. 1957. Brazos River Bar: a study in the significance of grain size parameters. Journal of Sedimentary Research, 27(1): 3-26.

Forchino A, Borja A, Brambilla F, et al. 2011. Evaluating the influence of off-shore cage aquaculture on the benthic ecosystem in Alghero Bay (Sardinia, Italy) using AMBI and M-AMBI. Ecological Indicators,

11(5): 1112-1122.

Fore L S, Karr J R, Wisseman R W. 1996. Assessing invertebrate responses to human activities: evaluating alternative approaches. Journal of the North American Benthological Society, 15(2): 212-231.

Gao P, Li Z Y, Gibson M, et al. 2014. Ecological risk assessment of nonylphenol in coastal waters of China based on species sensitivity distribution model. Chemosphere, 104: 113-119.

Glémarec M, Hily C. 1981. Perturbations apportées à la macrofaune benthique de la baie de Concarneau par les effluents marins et portuaires. Acta Oecologica - Oecologia Applicata, 2(2): 139-150.

Gozzard E, Mayes W M, Potter H A B, et al. 2011. Seasonal and spatial variation of diffuse (non-point) source zinc pollution in a historically metal mined river catchment, UK. Environmental Pollution, 159(10): 3113-3122.

Grundle D S, Juniper S K. 2011. Nitrification from the lower euphotic zone to the sub-oxic waters of a highly productive British Columbia fjord. Marine Chemistry, 126: 173-181.

Guildford S J, Hecky R E. 2000. Total nitrogen, total phosphorus, and nutrient limitation in lakes and oceans: is there a common relationship? Limnology and Oceanography, 45: 1213-1223.

Han S P, Zhang Y, Masunaga S, et al. 2014. Relating metal bioavailability to risk assessment for aquatic species: Daliao River watershed, China. Environmental Pollution, 189: 215-222.

Haynes R J. 1986. The Decomposition Process: Mineralization, Immobilization, Humus Formation, and Degradation. Oxford, USA: Academic Press: 52-126.

Hem J D. 1972. Chemistry and occurrence of cadmium and zinc in surface water and groundwater. Water Resources Research, 8(3): 661-679.

Hsiao S Y, Hsu T C, Liu J W, et al. 2014. Nitrification and its oxygen consumption along the turbid Chang Jiang River plume. Biogeosciences, 11(7): 2083-2098.

Huo S L, Ma C Z, Xi B D, et al. 2014. Defining reference nutrient concentrations in southeast eco-region lakes, China. Clean - Soil, Air, Water, 42(8): 1066-1075.

Huo S L, Xi B D, Su J, et al. 2013. Determining reference conditions for TN, TP, SD and Chl-a in eastern plain ecoregion lakes, China. Journal of Environmental Sciences, 25(5) 1001-1006.

Huo S L, Xi B D, Su J, et al. 2014. Defining physico-chemical variables, chlorophyll-a and Secchi depth reference conditions in northeast eco-region lakes, China. Environmental Earth Sciences, 71: 995-1005.

Ji C L, Wang Q, Wu H F, et al. 2015. A metabolomic investigation of the effects of metal pollution in oysters *Crassostrea hongkongensis*. Marine Pollution Bulletin, 90(1-2): 317-322.

Jiang X Z, Lu B, He Y H. 2013. Response of the turbidity maximum zone to fluctuations in sediment discharge from river to estuary in the Changjiang estuary (China). Estuarine, Coastal and Shelf Science, 131: 24-30.

Jiang Z B, Liu J J, Chen J F, et al. 2014. Responses of summer phytoplankton community to drastic environmental changes in the Changjiang (Yangtze River) estuary during the past 50 years. Water Research, 54: 1-11.

Justić D, Rabalais N N, Turner R E. 1995. Stoichiometric nutrient balance and origin of coastal eutrophication. Marine Pollution Bulletin, 30(1): 41-46.

Justić D, Rabalais N N, Turner R E, et al. 1995. Changes in nutrient structure of river-dominated coastal waters: stoichiometric nutrient balance and its consequences. Estuarine, Coastal and Shelf Science, 40(3): 339-356.

Karr J R. 1991. Biological integrity: a long-neglected aspect of water resource management. Ecological Applications, 1(1): 66-84.

Karr J R, Fausch K D, Angermeier P L, et al. 1986. Assessing Biological Integrity in Running Waters: A Method and Its Rationale. Champaign: Illinois Natural History Survey Special Publication.

Karydis M. 2009. Eutrophication assessment of coastal waters based on indicators: a literature review. Global Nest Journal, 11(4): 373-390.

Ketchum B H. 1951. The flushing of tidal estuaries. Sewage and Industrial Wastes, 23(2): 198-209.

Khlebovich V V. 1990. Some physico-chemical and biological phenomena in the salinity gradient.

Limnologica - Ecology and Management of Inland Waters, 20(1): 5-8.

King R S, Richardson C J. 2003. Integrating bioassessment and ecological risk assessment: an approach to developing numerical water-quality criteria. Environmental Management, 31(6): 795-809.

Koshikawa M K, Takamatsu T, Takada J, et al. 2007. Distributions of dissolved and particulate elements in the Yangtze estuary in 1997-2002: background data before the closure of the Three Gorges Dam. Estuarine Coastal and Shelf Science, 71(1): 26-36.

Kress N, Coto S L, Brenes C L. 2002. Horizontal transport and seasonal distribution of nutrients, dissolved oxygen and chlorophyll-a in the Gulf of Nicoya, Costa Rica: a tropical estuary. Continental Shelf Research, 22(1): 51-66.

Kroncke I, Dippner J W, Heyen H, et al. 1998. Long-term changes in macrofaunal communities off Norderney (East Frisia, Germany) in relation to climate variability. Marine Ecology Progress Series, 167: 25-36.

Lavauden L. 1927. Les foréts du Sahara. Revue des Eaux et Forêts, 65(6): 265-277.

Li B Q, Wang Q C, Li B J. 2013. Assessing the benthic ecological status in the stressed coastal waters of Yantai, Yellow Sea, using AMBI and M-AMBI. Marine Pollution Bulletin, 75(1-2): 53-61.

Li D J, Zhang J, Huang D J, et al. 2002. Oxygen depletion off the Changjiang (Yangtze River) estuary. Science in China Series D: Earth Sciences, 45: 1137-1146.

Li M T, Xu K Q, Watanabe M, et al. 2007. Long-term variations in dissolved silicate, nitrogen, and phosphorus flux from the Yangtze River into the East China Sea and impacts on estuarine ecosystem. Estuarine Coastal and Shelf Science, 71: 3-12.

Lin P, Guo L D, Chen M, et al. 2013. Distribution, portioning and mixing behavior of phosphorus species in the Jiulong River estuary. Marine Chemistry, 157: 93-105.

Liu C, Sui J Y, He Y, et al. 2013. Changes in runoff and sediment load from major Chinese rivers to the Pacific Ocean over the period 1955-2010. International Journal of Sediment Research, 28(4): 486-495.

Liu F J, Wang W X. 2012. Proteome pattern in oysters as a diagnostic tool for metal pollution. Journal of Hazardous Materials, 239-240: 241-248.

Liu L S, Zhou J, Zheng B H, et al. 2013. Temporal and spatial distribution of red tide outbreaks in the Yangtze River estuary and adjacent waters, China. Marine Pollution Bulletin, 72: 213-221.

Llansó R J, Dauer D M. 2002. Methods for calculating the Chesapeake Bay benthic index of biotic integrity. https://sci.odu.edu/chesapeakebay/data/benthic/BIBIcalc.pdf [2002-6-30].

Lu S, Zeng J N, Li Y B, et al. 2013. Temporal and spatial variability of benthic macrofauna communities in the Yangtze River estuary and adjacent area. Aquatic Ecosystem Health & Management, 16(1): 31-39.

Maskaoui K, Zhou J L, Hong H S, et al. 2002. Contamination by polycyclic aromatic hydrocarbons in the Jiulong River estuary and Western Xiamen Sea, China. Environmental Pollution, 118(1): 109-122.

Meng W, Liu L S, Zheng B H, et al. 2007. Macrobenthic community structure in the Changjiang estuary and its adjacent waters in summer. Acta Oceanologica Sinica, 26(6): 62-67.

Miltner R J, Rankin E T. 1998. Primary nutrients and the biotic integrity of rivers and streams. Freshwater Biology, 40(1): 145-158.

Moss A, Cox M, Scheltinga D, et al. 2006. Integrated estuary assessment framework. Queensland: Cooperative Research Centre for Coastal Zone Estuary and Waterway Management.

Mu Y S, Wu F C, Chen C, et al. 2014. Predicting criteria continuous concentrations of 34 metals or metalloids by use of quantitative ion character-activity relationships-species sensitivity distributions (QICA-SSD) model. Environmental Pollution, 188: 50-55.

Muxika I, Borja Á, Bald J. 2007. Using historical data, expert judgement and multivariate analysis in assessing reference conditions and benthic ecological status, according to the European Water Framework Directive. Marine Pollution Bulletin, 55(1-6): 16-29.

Nam S-H, Lee W-M, Shin Y-J, et al. 2014. Derivation of guideline values for gold (III) ion toxicity limits to protect aquatic ecosystems. Water Research, 48: 126-136.

Nilsson H C, Rosenberg R. 1997. Benthic habitat quality assessment of an oxygen stressed fjord by surface and sediment profile images. Journal of Marine Systems, 11(3-4): 249-264.

Ning X, Lin C, Su J, et al. 2010. Long-term environmental changes and the responses of the ecosystems in the Bohai Sea during 1960-1996. Deep Sea Research Part II: Topical Studies in Oceanography, 57: 1079-1091.

Nybakken J W. 1993. Marine Biology: An Ecological Approach. New York: Harper Collins.

OSPAR Commission. 2003. OSPAR Integrated Report 2003 on the Eutrophication Status of the OSPAR Maritime Area Based Upon the First Application of the Comprehensive Procedure. International Conference on Progress in Cultural Heritage Preservation.

Owens N J P. 1986. Esrcevine nitrfication: Anaturally ocurring fluidized reaction? Estuarine Coastal and Shelf Science, 22(1): 31-44.

Pakulski J D, Benner R, Amon R, et al. 1995. Microbial metabolism and nutrient cycling in the Mississippi River plume, evidence for nitrification at intermediate plume salinities. Marine Ecology Progress Series, 117: 207-281.

Paraskevopoulou V, Zeri C, Kaberi H, et al. 2014. Trace metal variability, background levels and pollution status assessment in line with the water framework and Marine Strategy Framework EU Directives in the waters of a heavily impacted Mediterranean Gulf. Marine Pollution Bulletin, 87(1-2): 323-337.

Pardo I, Gómez-Rodríguez C, Wasson J G, et al. 2012. The European reference condition concept: A scientific and technical approach to identify minimally-impacted river ecosystems. Science of the Total Environment, 420: 33-42.

Pearson T H, Rosenberg R. 1978. Macrobenthic succession in relation to organic enrichment and pollution of marine environment. Oceanography and Marine Biology Annual Review, 16: 229-311.

Peierls B L, Caraco N F, Pace M L, et al. 1991. Human influence on river nitrogen. Nature, 350: 386-387.

Pelletier M C, Gold A J, Heltshe J F, et al. 2010. A method to identify estuarine macroinvertebrate pollution indicator species in the Virginian Biogeographic Province. Ecological Indicators, 10(5): 1037-1048.

Pereira W E, Hostettler F D, Rapp J B. 1996. Distribution and fate of chlorinated pesticides, biomarkers and polycyclic aromatic hydrocarbons in sediments along a contamination gradient from a point-source in San Francisco Bay, California. Marine Environmental Research, 41(3): 299-314.

Poynton H C, Loguinov A V, Varshavsky J R, et al. 2008. Gene expression profiling in Daphnia magna part I: concentration-dependent profiles provide support for the no observed transcriptional effect level. Environmental Science & Technology, 42(16): 6250-6256.

Poynton H C, Varshavsky J R, Chang B, et al. 2007. *Daphnia magna* ecotoxicogenomics provides mechanistic insights into metal toxicity. Environmental Science & Technology, 41(3): 1044-1050.

Prichard D W. 1967. What is an estuary: a physical viewpoint. American Association for the Advancement of Science, 83: 3-5.

Qian S S. 2014. Ecological threshold and environmental management: a note on statistical methods for detecting thresholds. Ecological Indicators, 38: 192-197.

Quan X C, Tang Q, He M C, et al. 2009. Biodegradation of polycyclic aromatic hydrocarbons in sediments from the Daliao River watershed, China. Journal of Environmental Science, 21(7): 865-871.

Rabouille C, Conley D J, Dai M H, et al. 2008. Comparison of hypoxia among four river-dominated ocean margins: the Changjiang (Yangtze), Mississippi, Pearl, and Rhône rivers. Continental Shelf Research, 28(12): 1527-1537.

Reimann C, Garrett R G. 2005. Geochemical background-concept and reality. Science of The Total Environment, 350: 12-27.

Remane A, Schlieper C. 1971. Biology of Brackish Water. New York: Wiley-Inter-Science.

Rohm C M, Omernik J M, Woods A J, et al. 2002. Regional characteristics of nutrient concentrations in streams and their application to nutrient criteria development. Journal of the American Water Resources Association, 38(1): 213-239.

Santschi P H. 1994. Partitioning of Cu, Pb, Ag, Zn, Fe, Al, and Mn between filter-retained particles, colloids, and solution in six Texas estuaries. Marine Chemistry, 45: 307-336.

Schaeffer B A, Hagy J D, Conmy R N, et al. 2012. An approach to developing numeric water quality criteria for coastal waters using the SeaWiFS Satellite Data Record. Environmental Science & Technology, 46(2): 916-922.

Simboura N, Zenetos A. 2002. Benthic indicators to use in ecological quality classification of mediterranean soft bottom marine ecosystems, including a new biotic index. Mediterranean Marine Science, 3(2): 77-111.

Somville M. 1984. Use of nitrifying activity measurements for describing the effect of salinity on nitrification in the Scheldt estuary. Applied and Environmental Microbiology, 47: 424-426.

Soranno P A, Cheruvelil K S, Stevenson R T, et al. 2008. A frame for developing ecosystem-specific nutrient criteria: integrating biological thresholds with predictive modeling. Limnology and Oceanography, 53(2): 773-787.

Statham P J. 2012. Nutrients in estuaries – An overview and the potential impacts of climate change. Science of The Total Environment, 434: 213-227.

Straalen N M van, Rijn J P van. 1998. Ecotoxicological risk assessment of soil fauna recovery from pesticide application. Reviews of Environmental Contamination Toxicology, 154: 83-141.

Thongdonphu B, Meksumpun S, Meksumpun C. 2011. Nutrient loads and their impacts on chlorophyll a in the Mae Klong River and estuarine ecosystem: an approach for nutrient criteria development. Water Science and Technology, 64(1): 178-188.

Tian R C, Chen J Y, Zhou J Z. 1991. Dual filtration effect of geochemical and biogeochemical processes in the Changjiang estuary. Journal of Oceanology and Limnology, 9(1): 33-43.

Tian R C, Hu F C, Martin J M. 1993. Summer nutrient fronts in the Changjiang (Yangtze River) estuary. Estuarine Coastal and Shelf Science, 37: 27-41.

Tipping E. 1994. WHAM-a chemical equilibrium model and computer code for waters, sediments, and soils incorporating a discrete site/electrostatic model of ion-binding by humic substances. Computers & Geosciences, 20(6): 973-1023.

Tipping E. 1998. Humic ion-binding model VI: an improved description of the interactions of protons and metal ions with humic substances. Aquatic Geochemistry, 4(1): 3-47.

Tipping E. 2005. Modelling Al competition for heavy metal binding by dissolved organic matter in soil and surface waters of acid and neutral pH. Geoderma, 127(3): 293-304.

Tipping E, Lofts S, Sonke J E. 2011. Humic ion-binding model VII: a revised parameterisation of cation-binding by humic substances. Environmental Chemistry, 8(3): 225-235.

Tipping E, Rey-Castro C, Bryan S E, et al. 2002. Al(III) and Fe(III)binding by humic substances in freshwaters, and implications for trace metal speciation. Geochimica et Cosmochimica Acta, 66(18): 3211-3224.

US EPA. 1984a. Ambient Aquatic Life Water Quality Criteria for Arsenic. Duluth. Office of Research and Development.

US EPA. 1984b. Ambient Aquatic Life Water Quality Criteria for Lead. Duluth. Office of Research and Development.

US EPA. 1985. Guidelines for deriving numerical national water quality criteria for the protection of aquatic organisms and their uses. U.S. Environmental Protection Agency, Springfield, VA. PB-85-227049.

US EPA. 2000. Low Impact Development (LID): A Literature Review. Office of Water, Washington DC, EPA-841-B-00-005.

US EPA. 2001. Criteria Development Guidance: Estuarine and Coastal Waters. EPA-822-B-01-003.

US EPA. 2002. National Recommended Water Quality Criteria. EPA-822-R-02-047.

US EPA. 2007. An approach to developing nutrient criteria for Pacific northwest estuaries: a case study of Yaquina estuary, Oregon. Washington DC: USEPA Office of Research and Development.

US EPA. 2012. Water Quality Standards for the State of Florida's Estuaries, Coastal Waters, and South Florida Inland Flowing Waters. A Proposed Rule by the Environmental Protection Agency on 2012-12-18.

Van Sprang P A, Verdonck F A M, Van Assche F, et al. 2009. Environmental risk assessment of zinc in

European freshwaters: a critical appraisal. Science of The Total Environment, 407(20): 5373-5391.
Wang B D. 2007. Assessment of trophic status in Changjiang (Yangtze) River estuary. Chinese Journal of Oceanology and Limnology, 25(3): 261-269.
Weisberg S B, Ranasinghe J A, Dauer D M, et al. 1997. An estuarine benthic index of biotic integrity (B-IBI) for Chesapeake Bay. Estuaries, 20(1): 149-158.
Weiss R F. 1970. The solubility of N_2, O_2 and Ar in water and seawater. Deep-Sea Research, 17(4): 721-735.
Williamson M. 1996. Biological Invasions. London: Chapman and Hall: 244.
Wu J Z, Chen N W, Hong H S, et al. 2013. Direct measurement of dissolved N_2 and denitrification along a subtropical river-estuary gradient, China. Marine Pollution Bulletin, 66(1-2): 125-134.
Yan X L, Zhai W D, Hong H S, et al. 2012. Distribution, fluxes and decadal changes of nutrients in the Jiulong River estuary, southwest Taiwan Strait. Chinese Science Bulletin, 57(18): 2307-2318.
Zhang J. 1995. Geochemistry of trace metals from Chinese river/estuary systems: an overview. Estuarine, Coastal and Shelf Science, 41(6): 631-658.
Zhou F, Xuan J L, Ni X B, et al. 2009. A preliminary study of variations of the Changjiang diluted water between August of 1999 and 2006. Acta Oceanologica Sinica, 28(6): 1-11.
Zhu D Y, Zheng B H, Lei K, et al. 2008. A nutrient-distribution-based partition method in the Yangtze estuary. Acta Scientiae Circumstantiae, 28(6): 1233-1240.
Zhu Y Z, Liu L S, Zheng B H, et al. 2011. Relationship between spatial distribution of zooplankton and environmental factors in the Changjiang estuary and its adjacent waters in spring. Marine Sciences, 35(1): 59-65.